北京工业大学研究生创新教育系列著作

暗物质及相关宇宙学

A Survey of Dark Matter and Related Topics in Cosmology

杨炳麟 著

柳国丽 王雯宇 王 飞 译

科学出版社

北 京

内 容 简 介

本书分为两部分，第一部分主要是对当前暗物质研究现状的综述。内容包括：暗物质的观测证据、银河系和星系暗物质密度分布、暗物理理论基础、暗物质候选者、弱相互作用大质量粒子、轻暗物质粒子，以及暗物质直接和间接探测实验现状的总结等。第二部分主要是对研究暗物质物理所需引力论和宇宙学相关课题的较为详细的介绍。内容涵盖宇宙学入门知识、原初核合成、大质量粒子的冻结、宇宙微波背景各向异性和宇宙学距离及时间等。

本书适合理论物理、粒子物理专业研究生和物理类高年级本科生阅读，也可供从事暗物质研究的学者参考。另外从事理论物理和天体物理等研究方向的学者，以及对暗物质研究感兴趣的公众也可以由此书了解暗物质的研究现状。

图书在版编目（CIP）数据

暗物质及相关宇宙学/杨炳麟著. —北京: 科学出版社, 2019. 10
(北京工业大学研究生创新教育系列著作)
ISBN 978-7-03-062342-3

Ⅰ. ①暗… Ⅱ. ①杨… Ⅲ. ①暗物质 ②宇宙学 Ⅳ. ①P145.9 ②P159

中国版本图书馆 CIP 数据核字（2019）第 206909 号

责任编辑：钱　俊　陈艳峰 / 责任校对：彭珍珍
责任印制：吴兆东 / 封面设计：无极书装

科 学 出 版 社 出版
北京东黄城根北街 16 号
邮政编码：100717
http://www.sciencep.com

北京九州迅驰传媒文化有限公司印刷
科学出版社发行　各地新华书店经销
*
2019 年 10 月第 一 版　开本：720×1000　1/16
2024 年 10 月第四次印刷　印张：24 1/2
字数：493 000
定价：268.00 元
(如有印装质量问题，我社负责调换)

序

当前物理学界基本上有这样一个共识: 宇宙中存在暗物质, 而且它是宇宙物质组分的主要部分。特别是天体物理学和宇宙学中, 暗物质已经是理解众多实验观测的必然需求, 也是大量数值模拟的必要输入, 因此暗物质研究成为前沿物理的重要研究方向。不管是在实验探测, 还是模型构建等各个方面, 都在飞速发展。许多实验已经给出了振奋人心的信号, 相关理论研究持续得到检验, 新的思想也不断涌现。山雨欲来风满楼! 可以说, 发现及检验暗物质也许是基础物理中最可能产生突破的领域之一。特别值得一提的是, 我国的暗物质实验和理论研究都已经有了很好的基础。在暗物质的直接探测方面, 中国暗物质实验 (China dark matter experiment, CDEX)、熊猫计划 (PandaX) 给出的暗物质核子散射截面的排除线在全球范围内具有相当的竞争力。间接探测暗物质的卫星 "悟空号", 已经在轨运行多年。2017 年底实验组公布的电子能谱结果引起了世界轰动。国内相关理论物理学家在暗物质理论模型构建、数据分析等领域也取得了令人瞩目的成绩。相信随着暗物质实验和理论的不断深化和发展, 国内必定会有更多的新生力量参与进来。因此暗物质相关的基础教学就显得尤为重要了。据本文作者以及译者了解, 暗物质研究的相关入门中文教材在国内略有不足, 这正是本书成因之一。

暗物质研究属于交叉学科, 牵涉到高能粒子物理、天体物理以及宇宙学等众多领域。虽然天体物理观测基本确认了暗物质的存在, 严谨的物理学界仍然需要在地球实验室中 "触摸到" 暗物质, 准确测量其质量、自旋等内禀属性之后, 才能真正接纳它。当然, 以上论述是基于暗物质和标准模型粒子一样是由某种基本粒子组成的假设而做出的。因此, 当前所谓的暗物质研究, 多是从粒子物理学角度出发来进行实验和理论的探索, 这也是暗物质研究队伍中粒子物理专业研究生人数较多的原因之一。而粒子物理专业的研究生所受的教育, 以量子场论、群论、粒子物理和对撞机物理课程为主, 如果要从事暗物质研究, 引力论、宇宙学等理论基础是必需的。鉴于此, 本书假定读者为粒子物理专业的学生, 这个考虑贯穿了本书所有章节。前八章主要讨论了暗物质及其实验探测; 其余章节是天体物理学和宇宙学的相关课题, 旨在为粒子物理专业学生提供一些必要的背景知识。第 9 章和第 13 章是宇宙学简介。三个天体物理课题: 第 10 章的宇宙大爆炸核合成, 第 11 章的玻尔兹曼输运方程和大质量粒子的冻结, 以及第 12 章宇宙微波背景各向异性, 在做适当近似后都可以通过解析形式来研究。本书所采用的原始解析形式, 是由粒子物理学家给出的。可以说, 了解暗物质研究现状, 理解相关宇宙学理论是暗物质前沿研究的基础。希望本书能够弥补国内暗物质教学的空白,对暗物质研究有所帮助。

需要说明的是,暗物质理论正在不断发展,相关论著需要时刻更新才能保持其前沿性。因此,此类课题的综述在正式刊印时无疑会有所欠缺。希望本书可以帮助那些有志于暗物质物理研究的学生奠定适当的基础,研究者也可以将此书作为适当的参考。读者可以查阅参考文献了解本书所涉猎内容的更多细节。

本书前八章的主要内容来自于作者过去几年在一些暑期学校和研究所讲课和报告的讲义。这些单位包括:中国科学院理论物理研究所、中国科学院大学、卡弗里理论物理研究所(北京)、新竹清华大学、上海交通大学、威海高能物理暑期学校(2015)以及山东大学等。作者感谢这些单位的研究同行为作者的报告提供了必要支持,他们是:吴岳良教授、耿朝强教授、季向东教授、王萌教授、蔡荣根教授和梁作堂教授。没有他们和其他一些国内同行的帮助,本书是不能完成的。在此作者向他们致以深深的谢意!

作 者 译 者

2019 年 2 月 22 日

作 者 补 序

在此我向柳国丽教授、王雯宇教授和王飞教授表示深切的感谢，感谢他们在两年的时间里为完成这一翻译所付出的巨大努力。我们共同的目标是为中国下一代粒子物理学家的培养做出贡献。借此机会，我还要向许多中国同事表示深切的感谢！感谢他们给予我的帮助和深厚情谊！由于名单太长，这里不能一一提及。

杨炳麟

2019 年 2 月 22 日

译 者 补 序

《暗物质及相关宇宙学》一书英文版 *A Survey of Dark Matter and Related Topics in Cosmology* 以综述论文形式发表在 *Frontiers of Physics*, [Front. Phys. 12(2), 121201 (2017)]。作者杨炳麟先生是国际著名理论物理学家，曾任美国华人物理学会会长。杨先生多年来一直关心和支持中国发展，为中国物理学默默付出。从20 世纪 80 年代和李政道先生一起在国内讲课开始，杨先生于繁忙工作之余，总会抽出时间，精心准备讲义，辛苦为国内研究生授课。如此凡数十年，拳拳赤子之心可鉴！而今杨先生已年逾古稀，仍夙兴夜寐，撰此呕心之作，着实令人叹服。感动之情，不可言表！在此，译者向杨先生致敬。译者在中国科学院理论物理所学习期间，曾多次聆听杨先生教诲。杨先生的课深入浅出，娓娓动听，严谨又不失活泼，听众如沐春风。余音绕梁，三日不绝，至今仍难以忘怀！翻译杨先生的书，译者深感能力不足，唯恐不能尽言原文妙处。勉为其难方完成之，纰漏在所难免。欢迎各位专家、学者、老师、同学提出意见，大家共同进步。另外，祝斌、武雷、鲍守山、宋玉书、张宏升等同行对本书译稿提出了非常有益的建议！译文初稿的中文输入由王丝雨、赵思宇、别素雅等多名同学协助完成；许洋、吴海麟同学帮忙美化了书中相关图片。译者向所有给予帮助的老师、同学表示诚挚的感谢！翻译工作得到郑州大学物理学科推进计划项目、北京工业大学研究生创新教育系列著作基金、国家自然科学基金 (NSFC11675147、11775012) 的资助。

柳国丽　王雯宇　王 飞

2019 年 2 月 24 日

说　　明

本书中有很多图片和卡通图是作者过去几年从互联网上下载下来的，其中的一些图片作者找不到出处，因此没有明确标注。对于其他图片的来源，作者都在脚注或者图形的标题中予以标注。无论哪种情况，作者都要对这些图片的作者致以诚挚的感谢。而取自于已发表论文中的图片的相关论文都列在了书后的参考文献中，正文给出了引用。

本书参考引用了相关研究领域的很多文献。但是，需要特别说明的是，有两个章节，作者紧紧地跟随、重复了两个文献：第 10 章重复了文献 [233] 的处理办法；第 12 章重复了文献 [204]。特别是文献 [204]，本书对其详细引用已经到了具体的某个方程式的程度。这些章节在适当的近似下给出了天体物理和宇宙学中重要课题的解析推导。

对相关课题的详细处理，特别是各种表达式的推导，使得本书有点冗长。在第二部分，每章都尽量做到独立。目录很长的原因，也是为了详尽列出本书所讨论的课题。

本书撰写过程持续了好几年，其中早期撰写的，很大一部分的内容是基于粒子物理数据合作组（PDG）2012 年版《粒子物理综述 (RPP)》进行的；而后面撰写的内容，则是基于 RPP 2014 年版本进行的。书中所讨论的很多数据，如物质能量丰度等，在两个版本中的差异不大，大部分都在 1σ 内。本书在讨论数据时，一般都指明了引用的是哪个版本的 RPP。虽然原则上相关讨论都应该使用最新的数据，但是作者认为当前的情况还不必必须如此。因此，整本书并没有对所讨论数据进行更新。

目　　录

上篇　暗物质研究现状

下篇　宇宙学相关课题

上篇

暗物质研究现状

1 | 绪论

"物理学兴于忧患，那些重要进展都源于应对曾经的各种危机。"

— 史蒂夫·温伯格[1]

"自然界不会承认学术界人为划分的传统学科。"

— 大卫·格罗斯[2]

"极大 (宇宙学) 和极小 (基本粒子) 的研究就要同时到来。"

— 大卫·斯克拉姆 1

"最能说明科学内在统一性的莫过于将探索宇宙最大物体，即宇宙学，和探索宇宙最小物体，即粒子物理学，结合在一起所进行的研究。"

——E. W. 科尔博[3]

　　人类历史上一个特别的智力成就就是 20 世纪后半叶产生的夸克和轻子的标准模型。这回答了几乎和人类文明同样古老的一个问题：物质世界的组成基元是什么？标准模型清楚地描述了地球实验观测到的所有物质的基本单元，同时也利用数学工具准确表达了这些基本粒子的运动行为。2012 年，在 LHC 的两个探测器上观察到标准模型的最后一个缺失的关键砖块，即希格斯玻色子[4-7]。

　　然而标准模型是不完美的。理论中出现的 19 个参数必须由实验确定，而且模型仅描述了尺度在 10^{-17} cm 以上或者说能量小于几百个 GeV 的物理。理论研究和实验观测都表明在对微观世界的描述中，标准模型并不是故事的终点。标准模型理论结构存在一些问题：规范等级问题；味道问题；质量问题；强 CP 问题2。现在还不清楚这些问题是否都是标准模型的结构性问题。20 世纪末，中微子质量不为零这一发现明确显示了质量问题的存在。虽然可以略微修改理论，通过加入相关希格斯耦合用传统方式引入中微子质量项，但这已经使得标准模型显得相当不自然。3 除了中微子质量这个直接证明，当跳出微观世界的局限，去深入观测宇宙的

---

　　1 虽然我已经知道这句名言很长时间，但是找不到它的出处。我能找到的最近的资料是于 2005 年 12 月 2 日芝加哥卡弗里宇宙物理学研究所成立仪式研究会上的宣传册，该册子是为了纪念大卫·斯克拉姆。相关新闻查看网页 http://www-news.uchicago.edu/releases/05/051202.newviews.shtml, 但是这句话在该新闻之前已经有了。我在相关文献中读到并在 2004 年高能物理前沿国际工作组/学校的报告中引用，透明片可以在 TTP 的网站地址/HEP_2004_7_2-10/yangbl/中下载。

　　2 即强电荷共轭和宇称守恒 (CP) 问题。

　　3 尽管如此，在标准模型中引入右手中微子和中微子质量项在唯象上是可行的，并已进行了一定的研究。

极大尺度时，人们就可以确定更多超出标准模型的令人信服的证据：存在暗物质和暗能量。暗物质和暗能量现在是组成宇宙物质-能量中不可或缺的两部分，[4] 然而，众所周知它们并不是成功的标准模型所必需的。

标准模型已经在地球上实验室中得到了无数次的检验。如果我们完整理解了所有物质的基本成分，那么夸克、轻子和有质量中微子，以及其他必需的理论组成部分，应该就是构建宇宙现象研究的理论所需要的一切。然而事实并非如此。一旦脱离地球的限制来研究宇宙大尺度，如星系团，我们就会发现夸克、轻子、规范玻色子和希格斯玻色子等标准模型全部组分却远远不足以提供宇宙的基本组分。

20 世纪物理学的另外一个同样重要的标志性事件，是基于对自然界的另一端的研究，即极大尺度宇宙研究。和谐宇宙学模型，或者冷暗物质大爆炸模型，提供了对宇宙及其演化的最好描述。[5] 它是另一组基本问题的答案：我们赖以生存的宇宙的本质是什么，它是如何形成的，它的最终命运是什么？这个宇宙学标准模型是基于 FLRW 度规下广义相对论的爱因斯坦场方程 (见 §9.1 节)，再加上在大爆炸之后的暴胀图景，给出了平坦时空几何，(除了夸克、轻子等物质之外) 以及冷暗物质和类宇宙学常数组分的暗能量。宇宙暗组分在当前宇宙物质能量配比中占主导地位，未来更甚于此。它们都不能包含在标准模型的夸克和轻子的范畴内。包含了暗组分的冷暗物质模型可以对高统计量天体物理观测量给出令人满意的描述，如宇宙微波背景辐射 (CMB)，其温度各向异性主要来自于宇宙暗组分。假定宇宙原初温度涨落是绝热的幂律谱，仅关于温度的数据就要求存在大量的非重子冷暗物质。因此，宇宙的组成比我们从地球上微观尺度物理实验中所领会的要多很多。

图 1.0.1 展示了当前以及宇宙大爆炸后 38 万年时的宇宙物质组分。宇宙 38 万岁的时期也被称为最后散射面，此时光子从其他组分中退耦并开始自由传播。右图展示了当前时代的物质组分，数据来源于观测；而左图展示了最后散射面时的组分，是从理论上计算出来的。这两个时代组分的差异是由于宇宙经历哈勃膨胀时，不同物质能量密度的变化速度不同。第 9 章将讨论这一点。

图 1.0.1 给出当前时期物质成分的两组数据和最后散射面时期物质成分的两组数据，相关结果展示了观测宇宙学的迅猛进展。划上短蓝线字体小一点的数字表示的是 WMAP 实验 5 年的数据[6]，这是 WMAP 在 2008 年 3 月公布的第三批数据，并被收入 2012 年《粒子物理综述》[10]：宇宙年龄 $13.75 \pm 0.13\,\mathrm{Gyr}$，暗能量占 $(73 \pm 3)\%$，暗物质占 $(11.1 \pm 0.6)h^{-2}\%$，重子物质组成为 $(4.5 \pm 0.3)\%$，而哈勃膨胀

---

4 本文采用了接受暗物质和暗能量存在的宇宙学主流观点。在下一章结尾将对修正牛顿动力学 (MOND) 这种替代模式做一个简单评论。

5 要保持适当的全面性，我们应该知道一些标准宇宙学理论和观测的矛盾，具体可以查看文献 [8]。

6 这是 WMAP 在 2006 年三月释放的第三批数据，具体内容请看网页

http://map.gsfc.nasa.gov/news/5yr_release.html。

运行九年的数据可以查看 WMAP 主页 http://map.gsfc.nasa.gov/。

率标度因子为 $h = 0.710 \pm 0.025$。它们已经被最近的 WMAP 实验 9 年数据 (2010 年 1 月第 4 次公布结果) 和 Planck 实验 2013 年结果[7] 所代替。最近的结果由字体较大的数字表示。正如 2014 年《粒子物理综述》[11] 所述,结果更新为:宇宙年龄为 13.81 ± 0.05 Gyr,暗能量占 $(68.5 + 1.7 - 1.6)\%$,冷暗物质占 $(11.98 \pm 0.261.1)h^{-2}\%$,普遍重子物质[8] $(4.99 \pm 0.22)\%$,$h = 0.673 \pm 0.012$。另外的 0.44% 由光子和中微子组成。[9] 两组数据不同,但差别在 1σ 之内。

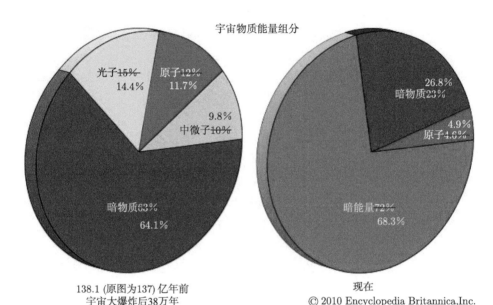

宇宙物质能量组分

光子15%
14.4%　原子12%
11.7%

9.8%
中微子10%

暗物质63%
64.1%

26.8%
暗物质23%

4.9%
原子4.6%

暗能量72%
68.3%

138.1 (原图为137) 亿年前
宇宙大爆炸后38万年

现在
© 2010 Encyclopedia Britannica, Inc.

图 1.0.1　宇宙的组分:右图是当前宇宙情况,左图是最后散射面情况。最后散射面指的是宇宙大爆炸后 38 万年时物质和辐射开始退耦。图形是基于古老数据的原图,来源于出版 244 年之久的权威英语普及引用书系,最新版的《大英百科全书》

　　从上面的讨论中可知,宇宙的 95% 能量–物质场是标准模型不能解释的。图 1.0.1 的右边给出了宇宙的辐射场和物质场大约在 130 亿年前退耦时的宇宙组

---

　　7 Planck 数据各种情况的发表物列表可以查看网页 http://planck.caltech.edu/publications2013 Results.html。

　　8 重子物质,或者说普通物质,指的是原子及其组分,包括轻子。然而,观测到的重子物质以发光星系和扩散气体的形式存在,只占了不到 1%。占重子物质大部分的其余部分在哪里,很长时间以来一直是个谜。然而,最近的 X 射线观测发现,这部分普通物质是以稀薄的星系间氢原子的形式存在,约为每立方米 6 个原子。作为对比,星际空间中每立方米有约 100 万个原子。参见钱德拉 X 射线天文台在 2011 年 5 月 11 日公布的结果 http://chandra.harvard.edu/press/10_releases/press_051110.html。更多的细节参考文献 [12]。

　　9 宇宙中微子的绝大多数存在于宇宙背景中微子中。虽然尚未直接观测到宇宙中微子背景,但是氕、氦等轻元素的产生理论,即大爆炸核合成理论,已经为宇宙背景中微子存在提供了强烈的证据,其性质与我们在粒子物理学中所知的中微子相一致。

成，此时宇宙处于大爆炸之后的 38 万年时。在 38 万年后，宇宙对光子变得透明。因此，暗物质是这个早期宇宙的主要组成部分，应该在早期宇宙演化，如星系的形成等过程中，起到重要作用。总结这个基本理论的现状，我们可以引用 WMAP 在 2010 年 1 月 26 日公布的 7 年结果[10]："WMAP 现在对宇宙标准模型 (冷暗物质和平坦宇宙的宇宙学常数) 给出了改进达 50% 的更加严格的限制，同时没有发现明显偏离这个模型的迹象。"以及"WMAP 已经探测到了暴胀的关键信号。"[11]

暗物质存在的证据来自于天文观测到的星系和星系团由于引力效应产生的行为。累积的证据越来越多地表明宇宙大部分物质是由与标准模型之间可能有极弱相互作用的不发光成分组成的，因此它们可以逃脱地球实验室的探测[13]。现在，宇宙中超过 5/6 的物质是暗的，而小于 1/6 的物质由夸克、轻子、光子和中微子组成。这个结论与大爆炸核合成给出的宇宙重子组分在 13.3% 和 17% 之间的限制结果是一致的。

但是什么是暗物质？为了了解暗物质的属性，需要用到适当的实验工具，现有的工具都是在地球环境中开发出来的，用以探测普通物质粒子。因此，我们不禁要问，利用粒子物理还原论者的工具来研究暗物质是否真有意义？

天体物理学研究的方法一直都是利用包括微观物理学在内的物理学的定律和工具[14]：对星系的观测，研究星体的诞生、演化及其死亡，甚至星系团的碰撞等。关于暗物质研究的方法，让我们首先来查看基本粒子和宇宙学之间的关系。这两个成功的基本理论在极端不同的长度和时间标度上运行。粒子物理的尺度标度在 10^{-17}cm，而宇宙学最大可达 10^{28}cm 量级。它们之间有 45 个数量级的差别。基本粒子反应时间标度小于仄秒 (10^{-21} 秒)，而天体物理过程持续了数百万年。两种时间标度差别在 10^{35} 的量级上。它们能够联系在一起么？在联合研究的模式下，大爆炸理论认为它们应该可以联系在一起[15]。让我们追溯宇宙大爆炸之后的最初时刻。现在可到达的世界必须开始于一个非常小的空间点，如果超出标准模型 (BSM) 的新物理理论框架的形式可以扩展到普朗克能量尺度附近，那么粒子物理定律就应该起主导作用。那么暗物质一定是 BSM 的一部分。按照宇宙学的观点，在宇宙演化的某一时刻，如果质量足够重，物质场的暗组分应该在辐射与正常物质退耦前与其他普通粒子退耦。但是由于引力效应，暗物质继续产生决定性作用。这个统一的粒子物理和宇宙学图像为在粒子物理框架内研究暗物质提供了动机。同时，理想情况下，无需建设一个能量远超过 LHC 的加速器提供指导，一个结合宇宙学和超出标准模型新物理的更加精细的理论就会出现。

---

10 网页: http://map.gsfc.nasa.gov/news/index.html.

11 WMAP 对宇宙在最初的万亿分之一秒的爆发性增长，即暴胀，给出了严格限制，在暴胀时期产生了宇宙结构中的涟漪。7 年数据提供了证据，表明大尺度涨落比小尺度涨落略强，这是许多暴胀模型共同的预测。

暗物质的故事通常认为是开始于 20 世纪 30 年代初瑞士天文学家佛利兹·佐维基在 1933 年的论断：观测到的星系团中星系的旋转速度表明，宇宙发光物质外还有额外的质量贡献。[12] 这种额外物质与地球实验发现任何已知物质不同。在过去的二十年中，对暗物质属性的理解取得了长足的进展，主要的结论是它们不能是什么：

- 它们不能是重子物质，不带电荷与色荷。
- 它们不能由标准模型粒子组成。
- 它们不参与电磁作用，因此也不发光也不吸收光。
- 它们大部分是冷的和/或温的，非相对论的或者至少非极端相对论的。
- 它们确实通过引力产生相互作用。暗物质的引力效应在宇宙结构的各个方面无处不在。

尽管所知甚少，还是可以在粒子物理的一些框架下研究暗物质，并且已经有一些包含暗物质可能候选者的理论模型。目前，暗物质研究正处于实验驱动阶段。有大量的已经完成，正在进行或正在建造中实验，来寻找暗物质粒子。也可以从这些实验中了解暗物质的性质。根据实验结果，不断修改暗物质的理论框架，新思想也持续涌现。最终的挑战是挑选出适合于描述暗物质的理论框架。

虽然本书进行了很多详细的计算并加以论证，但作者必须声明其中很少有原创性的工作。详细的计算主要在第二部分宇宙学/天体物理章节中进行。主要目的是为了获得更好的理解，或者检验一些相关文献给出的结果，或者只是为了满足作者个人对某些特定课题的好奇心。这正是第二部分更为冗长的原因。在第一部分，关于暗物质研究中，几乎所有的图片都来自于宇宙学/天体物理的相关文献以及作者可以访问的相关网页，其中的一部分，可以给出其出处。对于那些未知出处的图形我只能在这里向其作者致歉。第二部分的大多数图形由作者本人绘制。

有必要简单说一下是如何得到这些数值结果的。第二部分的大多数数值计算和图形绘制都是用一个叫做 Mathcad 的商业计算软件完成的，该软件不需要使用特殊的程序语言。输入通常使用的数学公式的标准形式可以直接得到数值结果。该软件在现代台式机或者笔记本电脑上运行很快。软件也可以以各种形式很快画图，

---

12 真实的故事脉络并不像正文说的那么干净利落，反而要复杂很多。人们已经认识到暗物质，在 1932 年，简·奥尔特对星系中恒星的旋转曲线做了类似的观测。佐维基 1933 年的结果是基于更大星系团背景下的观测。比这更早的暗物质可能存在的报告还有 1930 年柯纳特·兰德马克以及更早的 1922 年的雅克比·卡普特思的报告。兰德马克的工作可以参见"物理洞察力论坛"的清单

https://www.physicsforums.com/insights/.

卡普特思的文献可参见赫尔辛基大学暗物质讲义集，比如通过搜索

∼xfiles/cosmology/12/cosmo2012_07.pdf

以及文献 [17]。关于暗物质的研究历史可参见文献 [18]。也可以在网页

www.eclipse.net/∼cmmiller/DM/ 中发现暗物质一般的、精炼的但是非常清晰的描述。

但不幸的是，图形自身质量并不太适合发表。[13]

还需要说明的是，第一部分讨论的暗物质很可能在理论及实验上都更新为更好的结果。虽然人们常说物理学的目标就是在最基本层次上理解宇宙，但是一个仍处在探究过程中的课题总会有许多结论实际上都只是过渡性的。通常这并不会妨碍学生去积极追求真理。回顾一下尼尔斯·玻尔的名言：*科学的目标并不是理解自然，而是我们能有意义地说些什么*[14]。所有寻找暗物质的努力都是试图有意义地说明它是什么或者不是什么。

关于参考文献也要说几句。暗物质和宇宙学的文献卷帙浩繁且快速增长，其中有很多非常优秀的综述文章。因此，本文很难全部引用。但这里需要特别提到两篇关于暗物质的文献 [20]和文献 [21]。前者给粒子暗物质以很好的处理办法，这是大多数暗物质实验研究的重点，因此论文被大量引用。后者是暗物质最近的综述之一，它简单扼要且专门以研究生为对象。推荐对本文感兴趣的读者也读一下这个 TASI 系列讲义。

另外，2014 年 SLAC 暑期学校报告[15] 也是非常好的。这是一个是专门针对高年级学生的素材资料库。因为只有讲义的透明片，对初学者来说有一定难度。然而，它们可以指导和检验在专家眼中学生应该知道些什么。

在深入正文讨论之前，我们做以下总结并结束本书绪论。多年来，物理学家提出了许多不同暗物质粒子模型。这显示了暗物质研究领域的高度兴旺。但这种兴旺同时也表明了超出标准模型的新粒子实验限制的缺失。所以无论是粒子物理还是天体物理都面临着严峻挑战。

---

13 这里必须要做一个免责声明。这些评论并不是关于 Mathcad 的广告，只是为了揭示数值计算是如何进行的。作者本人认为 Mathcad 非常适用做快速计算。它不使用晦涩的程序语言，可以很快进行调试。我确信读者自己都有一个自己喜欢的计算工具，比如 Mathematica。

14 这两句楷体字给出的名言都可以在文献 [19]中找到。

15 这是 SLAC 42 届暑期学校 (2014) 上的报告讲义，网址为

https://indico.cern.ch/event/297618/other-view?view=standard。

2 | 观测证据

虽然当前的各类实验，无论是地面设施还是太空卫星，都没有观测到暗物质，但是暗物质的存在有一系列强烈的天文学证据。非重子冷暗物质的存在是许多天文和宇宙现象的共同需求，而这些现象在没有暗物质组分的宇宙学理论中是无法解释的。这些观测包括星系旋转曲线、星系团 X 射线行为、星系及星系团引力透镜效应、星系红移、宇宙微波背景各向异性等。下文我们将对每一类观测进行简单讨论。

最早的暗物质证据发现于 20 世纪 30 年代。伴随着各种天文观测证据持续不断地涌现，在 20 世纪 80 年代初，天体物理学界确认维持星系以及星系团所需引力来自于不可见的质量。通常人们假定暗物质以有质量球形晕的形式笼罩在每个星系周围。

简言之，各种系统的观测证据如下：在螺旋星系中，圆盘中的恒星和气体云做近似圆周轨道运动。轨道速度的径向变化可以方便地由多普勒效应来测量。观测结果表明轨道速度在径向距离的很大范围内近似为一个常数，这明显违背了牛顿万有引力定律。而在我们自己的星系 —— 银河系，由于我们生活于星系盘中而难以测量大半径的旋转曲线，但是可用其他方法来估计其质量。对于椭圆星系，由于它们并不旋转，需要其他的动力学质量测量方法来测量其全部质量，而不是旋转曲线。例如一些最大的椭圆星系具有热 X 射线气体外层。根据热气体的径向温度分布，可以计算出椭圆母星系的全部质量。对于星系团，通过单个星系的多普勒效应也可以推断很大尺度处暗物质的存在。例如，在 1933 年佐维基发现，把某个星系束缚在星系团的引力范围内需要有可见发光物质质量 10 倍左右的质量。动力学上，在星系的相互作用中，暗物质通过引力透镜效应显现出来。

暗物质发现的早期历史，各种细节和重点，可以在网络上方便地找到。例如我们可以参阅文献 [23][1]，其中给出了历史事件的列表如下，从中我们可以找到更多的细节和文献。

暗物质早期历史：

- 1922–卡普特恩：银河系星系盘“暗物质”；
- 1933, 1937–佐维基：后发星系团“暗物质”；
- 1937–史密斯：室女座星系团“大质量的星云物质”；

---

1 这个报告是 2009 年在普林马克做的。报告强调了早期暗物质证据的一些关键文献。

- 1937–霍姆伯格：来自于几对星系质量，$5 \times 10^{11}\, M_{太阳}$；
- 1939–巴布考克发现了 M31[2] 的上升旋转曲线；
- 1940 年代–许多观测证实了星系团大 σv 结果；
- 1957–范德华斯特：M31 的高 HI 旋转曲线；
- 1959–卡恩和沃尔特加：MWy-M31 交汇处 $\rightarrow M_{定域群} = 1.8 \times 10^{12} M_{太阳}$；
- 1970–鲁宾和福特：M31 平坦光学旋转曲线；
- 1973–奥斯戴克和皮布斯：晕稳定了星系盘；
- 1974–爱因纳斯托，卡西尔和萨尔，奥斯特雪克，皮波斯，亚希尔：总结了 M/L 星系随半径增长的证据；
- 1975, 1978–罗伯茨，波斯马：HI 扩展的平旋转曲线；
- 1978–马西尔斯：X 射线揭示室女座星系团的巨大质量；
- 1979–法布尔和卡莱佛：提出暗物质令人信服的证据；
- 1980–大多数天文学家相信暗物质存在于星系和星系团周围。

2.1 星系旋转曲线

星系中恒星以及星系团中星系的普遍运动模式，提供了大量非重子物质存在的早期证据。图 2.1.1 给出了这种运动模式的示意图。图形显示了典型的螺旋星系中恒星的旋转速度与距离的关系，称为旋转曲线，其中单个恒星在圆形轨道围绕星系中心运动。横轴是距星系中心的距离，纵轴是某个恒星的速度。虚线 A 是根据观测到的星系质量分布预测的旋转曲线。实线 B 是实际观测到的旋转曲线。注意，当恒星距星系中心距离增大时，观测到的旋转曲线变得平坦。同时旋转速度的平坦一直延伸到很远的距离，那里几乎看不到可见物质。因此，要么在星系的光晕中存在着不发光物质，即暗物质，或者要么牛顿万有引力定律在宇宙学尺度不再适用。存在具有某种特性的暗物质是最好的解释方案。在某些情况下，甚至要求暗物质存在于星系可见物质半径十倍以外的地方。

利用大学物理中的力学，即可由以下简单质量分布粗略地再现图 2.1.1 中给出的曲线 A 和 B。令 $M_{\mathrm{A}}(r)$ 和 $M_{\mathrm{B}}(r)$ 是两个球对称质量分布，它们产生在半径为 r 的球体内的总质量，其形式为

$$M_{\mathrm{A}}(r) = M_{\mathrm{T}}\left(\frac{r}{R}\right)^3 \theta(R-r) + M_{\mathrm{T}}\theta(r-R), \tag{2.1.1}$$

$$M_{\mathrm{B}}(r) = M_{\mathrm{T}}\left(\frac{r}{R}\right)^3 \theta(R-r) + M_{\mathrm{T}}\left(\frac{r}{R}\right)\theta(r-R),$$

其中，R 是一个固定的半径。对于 $M_{\mathrm{A}}(r)$，在半径 R 的球体内，质量密度为常数，

---

2 M31 指离银河系最近的仙女座螺旋星系。仙女座星系团是当地星团中最大的星系，也包括银河系、三角星系以及其他 44 个左右的较小星系。

总质量为 M_T。半径 R 的球体之外，质量密度为 0，因此对于任意 $r > R$ 的球体，总质量为常数。这种情况下质量密度为

$$\rho_A(r) = \left(\frac{M_T}{\frac{4\pi}{3} R^3} \right) \theta(R - r). \tag{2.1.2}$$

这表示了一个这种情况：星系是由重子物质组成的，而重子物质限制在半径为 R 的球体中。对于 $M_B(r)$，在 $r \leqslant R$ 时，质量分布与 $M_A(r)$ 相同。但在半径 R 之外的球体中，$M_B(r)$ 的质量密度不为零，而是以 r^{-2} 的形式减小。此时质量密度为

$$\rho_B(r) = \rho_A(r) + \left(\frac{M_T}{4\pi R} \right) \frac{1}{r^2} \theta(r - R). \tag{2.1.3}$$

因此情况 B 时，在半径 r 的球体内的总质量随着 r 增长而增长，即使在 $r > R$ 时也是如此。

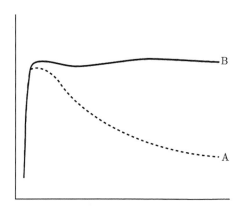

图 2.1.1　螺旋星系中恒星的典型旋转曲线。纵轴是恒星的速度，横轴是距星系中心的距离

现在我们可以计算两类星系的旋转曲线。距离球心半径 r 处具有一定质量的物体以速度 $v(r)$ 做圆周运动，满足方程

$$\frac{v(r)^2}{r} = G_N \frac{M(r)}{r^2}. \tag{2.1.4}$$

在此基础上，两种质量分布给出的速度分布不同，

$$v_A(r) = \sqrt{\frac{G_N M_T}{R}} \left(\frac{r}{R} \theta(R - r) + \sqrt{\frac{R}{r}} \theta(r - R) \right) \tag{2.1.5}$$

$$\sim \frac{1}{\sqrt{r}}, \qquad \text{当 } r > R,$$

$$v_B(r) = \sqrt{\frac{G_N M_T}{R}} \left(\frac{r}{R} \theta(R - r) + \theta(r - R) \right)$$

$$\sim \text{常数}, \qquad \text{当 } r > R.$$

$v_{\rm A}(r)$ 和 $v_{\rm B}(r)$ 分别表征了图 2.1.1 中两种速度曲线。当 $r < R$ 时，两种速度都随 r 的增长线性增长；当 $r > R$ 时，曲线 A 随 r 的增长而以 $1/\sqrt{r}$ 的形式下降，而 B 则保持不变。注意，为了保证系统总质量是有限值，质量分布 $M_{\rm B}$ 必须在某个大于 R 的半径 $R_{\rm c}$ 处有一个截断。但是球半径 $R_{\rm c}$ 以内物体的旋转曲线不受影响。因此，令人迷惑不解之处就在于人们观测到的质量分布由 $\rho_{\rm A}$ 给出，而观测到的旋转曲线却由 $v_{\rm B}$ 给出。暗物质弥补了这两种观测之间的分歧。[3]

另外一个需要注意的情况是，如果只考虑质量分布 A，即质量分布限制于半径为 R 的球体内，但是取旋转曲线 $v_{\rm esc}$，这样将会有一些奇特的事情发生：在半径 $2R$ 的球体外，所有物体的速度都大于逃逸速度。这种有限的质量分布没有足够的引力来吸住那些太远而具有恒定旋转速度的物体。在现实的星系中，这意味着这些恒星不能与星系结合，成为星系的一部分。对于质量分布 $\rho_{\rm A}(r)$，可以直接计算出逃逸速度 $v_{\rm esc}$。令恒星在 r_e 处逃逸，此时恒星总能量为零，

$$\frac{1}{2}mv_{\rm esc}^2 - G_{\rm N}\frac{mM_{\rm T}}{r_e} = 0, \tag{2.1.6}$$
$$v_{\rm esc}^2 = \frac{2G_{\rm N}M_{\rm T}}{r_e}.$$

将公式 (2.1.5) 中的 $v_{\rm B}$ 代入，可得

$$r_e = 2R. \tag{2.1.7}$$

然而观测表明，在典型螺旋星系中的恒星在半径 R 的许多倍处依然存在，而旋转曲线在这里变平。

上述讨论的特征也适用星系团。星系团是受引力束缚的，即星团轨道内的星系围绕着彼此旋转。例如，银河系处在一个由 50 多个星系组成的小星系团，它由银河系和仙女座星系 (表示为 M31 或者 NGC224) 主导。这个星系团称为本星系群。[4] 图 2.1.2 是星系团 NGC6503 的观测旋转曲线[5,6]，用 "盘" 标记的虚线是基于星系盘可见质量的旋转曲线。分布在星系中的气体的旋转曲线，用标记为 "气体" 的淡实线来表示。二者相加在一起，远低于由实线拟合的数据点组成的观测曲线，特别

---

3 我们给出的例子是人为的，因为这两个质量分布的差异发生在区域 $r > R$ 中。可以取质量分布 B 中的 $M_{\rm T}$ 大于质量分布 A 的 $M_{\rm T}$，这样在半径 R 的球体内就会有暗物质。

4 仙女座星系是距离银河系最近的螺旋星系，距地球约 150 万光年。仙女座星系和银河系以及三角星系连同其他 50 个小一些的 (矮) 星系构成了本星系群。仙女座和银河系主导了我们局域的星系群。仙女座是本星系群中最大的星系，大约由 10^{12} 个恒星组成，比拥有 200 亿 $\sim$400 亿 (10^{11}) 颗恒星的银河系还要多。

5 NGC6503 是一个大小约 3 万光年的螺旋矮星系，距地球约 170 万光年。矮星系的恒星数目小于银河系，不到数百亿颗，因此质量也比较小。

6 NGC 表示深太空天体的 "新总表"。天体是由字母和数字来命名的。NGC 加上数字是命名方法之一。其他的有 IC(星云星团新总表续编) 和 M(梅西耶)。上文提到的仙女座表示为 NGC224 或者 M31。

是在大半径处。标记为"晕"的虚线是预期暗物质的速度贡献。标记为"晕"的虚点线是期望的暗物质给出的速度贡献。暗物质主宰着晕 (halo)。

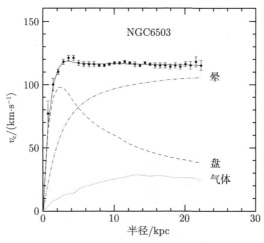

图 2.1.2　拟合总速度曲线 $v_c = \sqrt{v_{\text{晕}}^2 + v_{\text{盘}}^2 + v_{\text{气体}}^2}$

由它们的旋转曲线可知,一些星系,如低表面亮度 (LSB) 星系等,以暗物质为主,其 95% 左右的成分都是暗物质。它们是扩散星系,表面亮度比从地球上观测到的周围夜空小一个数量级。它们大多是具有重子物质组成的矮星系,其形式是中性气态氢,而不是恒星。见脚注 5,银河系是由许多卫星矮星系组成的,其中许多星系是在过去十年中发现的。

2.2　大尺度结构, 冷、热暗物质

宇宙的大尺度结构已经在星系巡天和相关理论研究中探讨过。星系巡天,又称为红移观测,通过测量特定红移区间单位立体角中星系的数目,得到天空视场的质量分布三维图,由此来研究宇宙大尺度结构的统计性质。结合宇宙微波背景辐射 (CMB) 测量,可以强烈限制一些宇宙学参数,如平均物质密度和哈勃常数等。有很多星系测量已经完成或正在进行中: CfA 红移巡天、2dF 星系红移测量、斯隆数字巡天、DEEP2 红移巡天和 VIMOS-VLT DEEP 测量。理论研究利用基于理论模型的大量数值模拟来预测宇宙的结构。下面简述相关结果。

让我们首先从宇宙极大尺度开始。在极大尺度上,宇宙看起来是均匀的。但是星系却有不同的尺寸以及不同数量的恒星,它们也不像网格上的点一样均匀分布。宇宙大尺度结构的主要特征是墙和空洞。

- 墙: 墙是包含典型宇宙平均密度物质丰度的宇宙区域。此外,墙还有以下两

个子结构特征。[7]

- – 星系团: 这是些物质高度聚集区域，在那里墙与墙相交，人们在那里发现星系团，星系团实际上就是由大量星系组成的。
- – 细丝: 它们是墙的支臂。支臂的尺寸可以长到几十个百万秒差距 (3.262×10^6 光年或者 3.086×10^{22} 米)。
- 空洞: 空洞是宇宙平均密度很低的广袤区域，不到宇宙平均密度的十分之一。它们一般在给定方向上有千万秒差距的距离。

墙和细丝又可以进一步划分为超星系团、星系团、星系群、星系和恒星。宇宙大尺度结构的一个模拟结果显示在图 2.2.1 中，它展示了上文所提到的特征。[8]

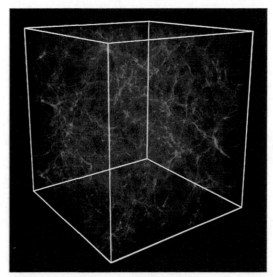

图 2.2.1　宇宙大尺度结构的数值模拟结果。注意图中展示了墙、细丝和空洞的存在。预计墙相交区域的红色斑点，会包含星系团或者超星系团。模拟中同时包含冷暗物质和热暗物质。请参阅本节稍后的讨论

　　如果我们从小尺度到大尺度的顺序观测，就会发现恒星往往聚集成星系，星系往往聚集成星系群、星系团等。一般来说，星系团由 50 个到 1000 个星系构成，直径最大可达千万秒差距。一个著名的超结构是由斯隆数字巡天 (SDSS) 观测到的斯隆长城。这种等级结构类似于非常微小尺度的物理，从夸克到强子，特别是到稳定质子和中子，再到原子和分子，最后到大的可视经典物体。在这里，我们看到了宇宙动力学的必要性。这当然是由适当质量分布的引力引起的。

　　在不断膨胀的宇宙中，空间持续扩大，固定在空间纤维上的任意两个点之间的

---

7 宇宙平均密度通常定义为单位体积内星系数目，而不是全部质量。

8 图形取自网站 http://www.astro.virginia.edu/ jh8h/Foundations/chapter14.html。

距离也在不断增大。如果没有某种力来吸住它们, 它们之间将永远分离。单个普通物体由质子、中子和电子或者原子构成, 它们由电磁力和强相互作用而束缚在一起。而一组恒星则在具有足够质量的情况下, 被它们之间的引力而束缚在一起。在引力不稳定性理论框架内, 由小的物质密度涨落到大尺度结构形成存在多种方案。典型的方案有由下而上集群, 称为层次聚类理论; 由上而下的碎裂称为烙饼理论, 以及混合方案即介于两个极端之间的方案。

烙饼方案认为, 在早期宇宙中, 辐射使物质涨落平滑, 以抑制小尺度的涨落, 从而形成超星际烙饼结构。烙饼结构吸积物质而生长, 最终崩坍并碎裂成星系。这类理论预言了在星系片间存在具有低物质密度空洞的大星系片, 而星系团在星系片的交界处形成。在层次聚类理论中, 宇宙结构形成的顺序刚好相反。所有相关标度上均存在涨落。小尺度系统, 如小星系中恒星团大小的物体首先形成。接着由万有引力吸引而聚集, 它们合并形成尺寸越来越大的系统, 如星系、星系团、细丝和墙。空洞也会出现。

所有的理论都需要存在大量的暗物质, 因不同的方案而具有不同的运动类型, 暗物质质量可达到总质量的 90%。粗略地说, 人们可以用以下方法论证暗物质的存在: 例如, 在一个星系团中, 每一个星系都相对于其他星系以一定速度运动。一般说来, 星系团中的星系动能似乎足够大, 星系团中的可见物质不足以提供足够的引力势来防止星系逃逸从而将星系团聚集在一起。除了修正广义相对论外, 解释大星系团存在的一种自然方法就是假设星系团中存在大量的不发光物质, 以弥补重子质量的明显不足。此外, 大爆炸剩余的普通重子物质温度太高, 因此压强太大。所以, 只有重子类物质很难让总质量坍缩形成较小的结构。

自下而上的方案中, 如果暗物质是粒子的话, 它是由重的、低速、非相对论粒子构成, 这被称为冷暗物质(CDM)。冷暗物质使物质聚集到小的区域。由此宇宙中弥漫着大量的较小的矮星系。由上而下的方案要求暗物质是由具有弱相互作用的相对论性粒子组成, 称为热暗物质(HDM)。由于它们的高速度, 小结构平滑地形成大的烙饼结构, 从而开始形成结构。冷暗物质和热暗物质模型分别预言了不同的宇宙大尺度结构, 如图 2.2.2 所示。[9]

观测表明, 星系中最古老的恒星年龄在 100 亿年和 140 亿年之间, 同时许多星系团仍然正在形成过程中。这就证明了宇宙是按照层次形成的, 星系是在星系团之前形成的, 因此倾向于由下而上方案。这种由下而上结构形成方案需要有冷暗物质才能起作用。大爆炸剩余的重子物质温度太高, 因而压强太大, 因而不能坍塌形成小的结构。暗物质充当压实器, 使物质坍塌形成结构。

物理学家已经进行了包含数十亿暗物质粒子的大型计算机模拟[24]。结果证实,

---

9 图形取自网址 http://burro.astr.cwru.edu/Academics/Astr222/Cosmo/Structure/darkmatter.html。

冷暗物质模型预言的结构形成与通过星系观测，如斯隆数字巡天，2dF 星系红移测量和莱曼–阿尔法森林等得到的大尺度结构是一致的。这些研究对构造有宇宙学常数的冷暗物质宇宙学模型 (ΛCDM) 模型是至关重要的。

图 2.2.2　宇宙大尺度结构的数值模拟。上图是冷暗物质模型，下图是热暗物质模型

虽然冷暗物质模型在宇宙大尺度结构方面是成功的，但它在与星系形成的小尺度问题，如丢失卫星、大不能倒、尖核问题等方面，都面临着困难。通常冷暗物质模型预言了太多的矮星系，与观测相矛盾。但是，所有这些问题或者部分问题都可以通过引入重子反馈或者动力学摩擦，或者引入热暗物质组分来解决。

2.3　引力透镜，星系团的碰撞

引力透镜指的是由于广义相对论的结果，光在大质量物体，如星系团，附近的光线弯曲的现象。这是一个对所有类型的物质都敏感的几何效果，它不依赖于任何天体物理假设。它是一种不借助动力学测量质量的方法。引力透镜以两种方式扭曲背景物体，如星系的图像，这两种扭曲方式分别称为汇聚和剪切。汇聚通过增大背景物体的尺寸来放大背景物体，剪切是在前景质量周围沿着物体的切向方向拉伸图像。

正常情况下，引力透镜效应用来寻找被前景物体如星系或星系团遮挡的背景星系。在暗物质探测中，前景和背景物体分布的角色互换。背景星系透镜图像能够揭示用其他方式看不到的前景质量分布情况。前景质量分布一般称为透镜质量。总之，对于暗物质探测，引力透镜可以

- 提供一个独特的物质分布，不管是对发光的物质还是暗物质；
- 作为可见物质和暗物质之间关系的校准器。

一般情况下，一个星系或者星系团由三种物质组成：固体恒星、扩散气体和暗

物质。每一种都可以用特定的方法进行研究：恒星是光学可见的，气体可以利用 X
射线探测，暗物质则通过引力来研究。除了旋转曲线外，引力效应还可以通过减除
恒星和气体的引力效应后，由引力透镜来研究。事实证明引力透镜是探测暗物质并
研究其相关属性的一种有效、可靠的工具。正如星系团碰撞中的发现一样，引力透
镜揭示了许多关于暗物质行为的最新发现。

2.3.1 引力透镜和暗物质

图 2.3.1[10] 描绘了这样的引力透镜效应：位于前景可见的星系和星系团后面的
背景恒星，可以和前景可见物质一起，像海市蜃楼一样展现出来。左图显示了形成
两幅图像的恒星的透镜效应。从一个合适的角度来看，当透镜质量足够大时，也可
以看到两幅以上的多幅图像。右图显示了在背景星系团中星系的透镜。星系团由于
其暗物质质量成分比较大 (发光区域小) 而使得 (边缘处的) 引力透镜更容易被分
辨出来。由于前景质量如此巨大，它能把背景星系发出的光强烈弯曲半度左右，使
得图像产生了强烈的扭曲。在这个例子中，透镜图像形成了一个 (蓝色) 的环，被
称为爱因斯坦环，它由同一遥远背景星系的多幅图像构成。这是一个强引力透镜的
例子，在透镜质量密度大于某个临界值时，会形成多个图像，弧或者爱因斯坦环。

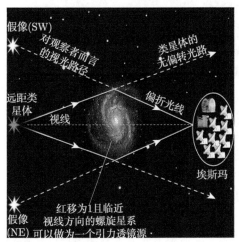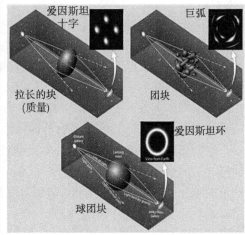

图 2.3.1　引力透镜效应的艺术再现。右图显示了不同透镜图像的可能性，这取决于产生透镜
图像的前景的质量分布

作为强引力透镜效应的例子，由哈勃太空望远镜观测到的图像如图 2.3.2[11] 左
图所示[12]。前景是星系团 CL0024+1654，距离地球 40 亿光年，显示为黄色亮点。同

---

10 左图取自网址 http://stevenasimpson.com/illo9.html。

11 此图右边是业余天文学家朱迪·施密特从哈勃数据中发现的，并提交了哈勃鉴宝大赛。它于 2015
年 3 月 9 号首次出现在《华盛顿邮报》上。

12 NASA 大型综合巡天望远镜网页：http://www.lsst.org/lsst/public。

时还显示了一个单一背景星系的多幅蓝色图像。前景星系团中看不见的暗物质的
巨大质量使得背景星系的光线弯曲，形成五张蓝色图像，一张在中心，其他四个排
列成爱因斯坦环。右图是星系团斯隆数字巡天 J1038+4849 的所谓的哈勃笑脸图。

图 2.3.2　左图：来自于 NASA 的大型综合巡天望远镜 (LSST) 拍摄的星系团 CL0024+1654
的图像；右图是星系团斯隆数字数码巡天 J1038+4849 的哈勃图像。"眼睛"是两个星系

　　沿着地球视线的大多数方向，由单个背景源引起的星光偏折往往太弱而无法
观测。目前，物理学界已经发展出一种叫做弱引力透镜的技术[25]。该技术应用于统
计分析大量的星系巡天研究。通过系统性地校准背景源，背景星系图像由于引力透
镜效应产生的微小畸变很容易被分析出来。在研究背景星系的表观图像变形时，暗
物质的平均分布可以用统计的方法来描述，并且，与通过其他大尺度结构测量预测
的暗物质密度相对应的质光比也可以确定下来。

　　暗物质的一个有力证据是哈勃太空望远镜拍摄的星系团 CL0024+17 的图像，
如图 2.3.3 所示，该星系团也被称为 Zw CL0024+1652。左图显示了前景星系团和
透镜的哈勃图像。图中最亮的、最引人注目的星系是 CL0024+17 的一部分，通常
呈棕褐色。几乎所有的小棕色斑点代表一个星系。接下来，围绕星系团的中心显示
出有一些不寻常且重复的星系形状，显示为蓝色。这是由前景星系团透镜产生的远
背景星系的多幅图像。除了这些突出特征之外，还有许多遥远背景星系的微小扭曲
图像，同样以蓝色表示，这也表明了暗物质的存在。

　　图 2.3.3 的右图显示了叠加了暗物质图像的哈勃图像。暗物质分布表现为在中
心区域弥散的环状带蓝色图像。由于暗物质和可见物质之间的相互引力吸引，人
们通常认为暗物质和可见物质是在一起的。在宇宙的大多数区域的确如此[26]。然
而，图 2.3.3 右图显示暗物质分布与恒星和热气体并不一致。这是人类第一次发现
暗物质分布与普通物质分布有很大的不同。这个环宽有 260 万光年，距离地球约

50 亿光年，因此这是宇宙仅为现在年龄三分之二时的图像。这个在 2007 年 5 月公布的发现被认为是暗物质存在的最强有力的证据之一。[13] 对巨大暗物质环形成的一种解释为，它是 CL0024+17 在十亿年前与另外一个星系团相撞时形成的瞬变特征，而碰撞轴恰好与当前的地球观测视线一致。由于引力效应，导致了暗物质的环状分布。在此五年之前已经有一篇论文[27]讨论了星系团在其形成历史中的对撞问题。这种暗物质分布很难用修正引力方案来解释[14]。修正引力方案给出了星系旋转曲线观测特性另外一种解释。

图 2.3.3　左图：星系团 CL0024+17(Zw CL0024+1652) 的哈勃图像；右图：叠加在哈勃图像上的引力图，它显示暗物质分布在中心区域和周围厚环上。图片来自：NASA, ESA, M.J. 李和 H. 福特, 约翰·霍普金斯大学

2.3.2　星系和星系团的碰撞

由于暗物质和普通物质之间相互作用非常弱，研究星系团和星系之间的碰撞是确认暗物质存在和研究暗物质自相互作用的动力学性质的有力工具。此外，碰撞研究也是检验各种暗物质思想的完美手段。

当两组暗物质互相穿过，比如说一个星系的暗物质晕通过一个暗物质背景时，暗物质的自相互作用可以导致晕的减速和蒸发。两种情况下星系的质心在碰撞后都会改变。更明确一点，如果暗物质自相互作用产生频繁的相互作用，但动量转移却很小，比如它们之间通过交换轻中间态粒子而产生长程相互作用，暗物质晕会由于相互作用的拖拽而减速。碰撞产生的暗物质将会减缓速度。然而，相反的情况下，相互作用不很频繁，但动量转移却很大，比如，通过交换重中间粒子而产生的超短直接相互作用，暗物质的蒸发就能被看到。因为末态暗物质粒子可能因为散射

---

13 参见 2007 年 5 月 15 日哈勃新闻稿 (#STSci-2007-17)

　　　　http://hubblesite.org/newscenter/archiev/releases/2007/17/。

14 更多内容看网页：http://www.spacetelescope.org/news/html/heic0709.html。

而 (从晕中) 丢失。两种情况下的碰撞都不可能激烈到能够完全分离暗晕和原始星系的程度。大多数情况下，气体云、恒星和暗物质等物质组分仍然受到碰撞前后相同的引力势的束缚。参见文献 [28]以获得更多的细节。

下面简要描述一下迄今为止关于星系团碰撞的三项最富成果的研究，第一个是关于 2004 年著名的子弹星系团的研究，其余两个是 2015 年最新发表的结果。

2.3.2.1 子弹星系团

另外一个来自于引力透镜的暗物质的强烈证据是哈勃观测到的子弹星系团 (1E 0657-56)，它由两个碰撞后正相互分离的星系团组成。如图 2.3.4 所示。透镜效应反映出来的详细质量分布表明重子物质的分布与暗物质的分布不同。这一特征可以理解为两个星系的近距离相遇的结果。当它们以 1600 万公里每小时的速度通过对方时，两个星系团的发光部分相互作用，速度减缓。但是这两个星系团的暗物质组分除了引力效应外，没有明显的相互作用，它们互相穿过对方而没有受到太大的干扰。这种相互作用的差别导致暗物质组分的运动超前于它们的发光部分。因此每个星系团可分成两个部分；在前的暗物质和拖曳在后的发光物质。

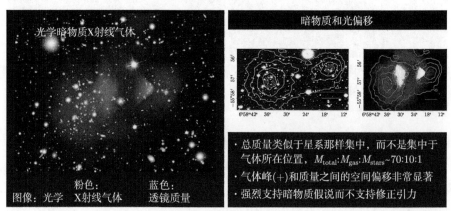

图 2.3.4　子弹星系团显示了两个星系碰撞后的质量分布。粉色是重子物质，蓝色是暗物质。X 射线: NASA/CXC/CfA/M. 马凯维奇等; 光学: NASA/STScI，马格兰/U. 亚里桑那/D. 克罗伊等; 透镜地图:NASA/STScI, ESO WFI, Magellan/U. 亚里桑那/D. 克罗伊等

由 X 射线观测而描绘气体分布表明，大量重子物质汇聚于可见系统的中心，而弱引力透镜观测显示出很大一部分总质量，主要是暗物质，位于重子气的中心区域之外。如图 2.3.4 所示。其中左图显示了星系可见物质和拟合的暗物质分布图。大部分重子物质质量处于由钱德拉 X 射线天文台探测到的热气体中，并以粉色显示。暗物质占总质量的绝大部分，在引力效应中占主导地位，其用蓝色来表示。如图形所示，总质量、气体、恒星的质量比为 70:10:1。暗物质和重子物质分布的分离是碰撞的结果。右图说明了这三种物质的分布情况。在这个例子中，碰撞轴与地球

视线垂直。

子弹星系团的质量分布观测结果公布于 2006 年 8 月，为暗物质的存在提供了迄今为止最好的证据。新闻稿可参见网页，[15] 出版论文则参见文献 [29]。总质量中心和重子类物质质量峰的空间偏移很难用修正引力理论来解释。[16] 其他星系团碰撞的观测，如 MACSJ0025.4-1222[32]，也显示了可见物质中心和引力质量中心的明显偏移。暗物质没有显著的减速效应这一观测结果强烈限制了暗物质自相互作用的强度，它是以长程力自相互作用截面 $\sigma_{DM}/m < 1.25$ cm^2/g(68% 的置信度或者 1σ 的显著性) 来表示的。[17]

在子弹星系团之后，已经发现了六次星系团碰撞。在星系碰撞的分析中，存在着由于确定星系团初始质量和三维对撞几何的不确定性而带来的固有的限制。后者影响星系运动和观测视线之间的夹角，以及碰撞的碰撞参数和碰撞速度等的确定。最新的研究没有给出更严格的限制。

2.3.2.2 多个星系团对撞事件的统计分析

最新的进展改变了上文所述的情况。各种层次的研究持续进行，所得到的有意义的结果也扩展了人类关于暗物质动力学行为的认知。文献 [33]中，作者利用钱德拉和哈勃太空望远镜的数据，研究了 72 个星系团碰撞案例，包括与地球观测者在不同角度、不同时间发生的各种大大小小的碰撞。结合这些统计数据，这项研究证实了暗物质在显著性为 7.6σ 范围内存在。[18]

利用钱德拉 X 射线图像循迹气体云，用哈勃图像循迹可见物质，用引力透镜循迹暗物质，我们就可以用不同的视角来研究碰撞并描绘出这三类物质的分布图。结果表明，由于气体云之间的相互作用产生的拖拽效应，气体云大大减速甚至因碰撞而停止。恒星基本上都是互相滑过对方，除非刚好迎面撞上，但是这是极其稀少的。这也正和人们预期的一样，恒星之间仅通过引力相互作用。研究发现，暗物质类似于恒星，通过任何物质时都明显不受影响。这不仅表明暗物质与普

---

15 http://chandra.harvard.edu/photo/2006/1e0657/,
http://home.slac.stanford.edu/pressreleases/2006/20060821.html.
16 M. 米尔格罗姆，修正牛顿动力学 (MOND) 的提议者则声称并非如此，参见他的在线论文 http://www.astro.umd.edu/ ssm/mond/moti_bullet.html.
文献 [31]详细讨论了针对子弹星系团的各种不同的 MOND 版本。
17 这是一个在强相互作用或者核对撞截面的量级。核对撞在 1 barn$=10^{-24}$ cm^2 的量级，所涉及的粒子单位取为 GeV。所以 $\sigma_{nucl}/m = 1$ barn/GeV$= 1 \times 10^{-24}$ cm$^2/(1.783 \times 10^{-24}$ g)$=0.56$ cm^2/g。这比弱相互作用截面要大得多，即比 10^{12}barn 的弱相互作用截面大了 12 个量级。
18 置信度的百分比限以及 σ 显著性之间关系如下。令 σ 定义为 n_σ，而相应的置信度定义为 CL(n_σ)，那么 CL$(n_\sigma) = $ erf$(n_\sigma/\sqrt{2})$，其中 erf$(z) = (2/\sqrt{2}) \int_0^z \exp(-x^2)\mathrm{d}x$ 是误差函数。因此，对于 7.6σ 显著性来说，置信度限为 CL$(7.6) = 1 - 2.964 \times 10^{-14}$。在高能物理中，确认发现一个事例需要不低于 5σ 的显著性，这意味着置信度大于 $1 - 5.733 \times 10^{-7}$。

通物质的相互作用很弱，而且暗物质粒子自身之间除了引力之外也几乎没有相互作用。这就为暗物质自相互作用截面设置了更严格的实验限制：在 95% 置信度上 $\sigma_{\mathrm{DM}}/m < 0.47\mathrm{cm}^2/\mathrm{g}$，这是子弹星系团结果一个重大改进。在这个限制下，一些暗物质模型已经被排除了。稍后我们继续讨论这个问题。图 2.3.5 给出了展示三类物质组分相对位置的卡通图，该图直接取自原始文献 [33]。

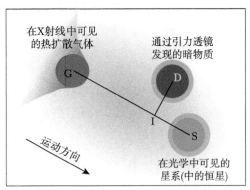

图 2.3.5　星系团三类物质的碰撞后典型位置。这幅卡通画直接摘自文献 [33]，在文中可找到对这幅画的详细解释

2.3.2.3　阿贝尔 3827 的四星系对撞

利用哈勃望远镜和欧洲南部天文台 (ESO) 的极大型望远镜 (VLT) 的图像发现，在星系团阿贝尔 3827 中同时发生了四星系碰撞的现象。文献 [34]循迹了分布在该系统内的质量，并比较发光恒星和暗物质的位置和分布。图 2.3.6 再现了论文中的图形。[19]

如图 2.3.6 所示，在四星系之一，即左边标记为 N1 的星系中，暗物质聚集在星系可见部分的后面，约 5000 光年的地方，相应于 4.7×10^{10} 米。与星系 N1 相关的质量与其恒星质量偏离这一显著性质从未在单个星系系统中见到过。这种偏离，在目前牵扯到了四个星系的情况下，除了引力之外，还可以理解为暗物质之间自相互作用的结果，虽然天体物理的解释仍然不能被完全排除。抛开天体解释不谈，这是迄今为止发现的第一个暗物质非引力自相互作用的信号。这种影响可以转化为一个自相互作用截面

$$\sigma_{\mathrm{DM}}/m = (1.7 \pm 0.7) \times 10^{-4} \left(\frac{t_{汇流}}{10^9\ \mathrm{yr}}\right)^{-2} \mathrm{cm}^2/\mathrm{g}, \tag{2.3.1}$$

其中 $t_{汇流}$ 是汇流时间，它必须小于星系团红移 $z = 0.099$ 时的宇宙年龄，即约为 10^{10} 年。但是，很有可能 $t_{汇流} \lesssim 10^9$ 年，我们由此可得到相互作用截面的下限

---

19 这个图形摘自 ESO 的新闻稿 http://www.eso.org/public/usa/news/eso1514/# 4，其中对银河系恒星和透镜图像的评论参见文献 [34]中的图 1。此外，网上还可以找到一个一分钟左右的视频。

$$\sigma_{\mathrm{DM}}/m \gtrsim (1.7 \pm 0.7) \times 10^{-4} \mathrm{cm}^2/\mathrm{g}. \tag{2.3.2}$$

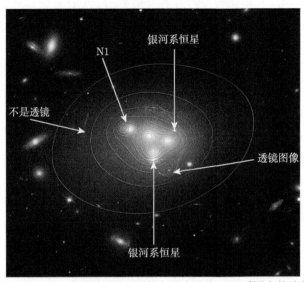

图 2.3.6 星系团阿贝尔 3827 的哈勃图像。用蓝色等高线表示星系团中的暗物质分布。星系左侧的暗物质团与星系本身的位置有很大的位移,这可能意味着正在发生未知属性的暗物质–暗物质相互作用

这种暗物质非引力自相互作用似乎与前文讨论的 72 个星系团碰撞的最新研究结果相矛盾。先前的结果表明,暗物质除了万有引力作用之外,与自身几乎没有相互作用。[20] 但是这两项研究侧重于不同尺度的系统。这个新的研究集中在单个碰撞星系上,而早期的论文则关注整个星系团,因此可能对单个星系碰撞中小的偏移不那么敏感。也可能是由于新研究的对撞比以前研究的对撞持续时间更长,这样即使很微小的影响累积起来,也成为可观测效应。这两项研究为暗物质在两种不同宇宙尺度上可能的自相互作用的性质提供一些有趣的理解。说的更直白一点,这两种研究给出了暗物质非引力相互作用的上限与下限。鉴于这是首次进行此类研究,我们期望接下来会有更多的观测研究,并进行精细的数值模拟来澄清这些疑问。

2.4 星系中的暗物质和暗物质宇宙地图

2.4.1 暗物质晕

到目前为止,本书都只是在定性讨论暗物质。其中存在性的论证是令人信服的,因为证据是基于整个天体尺寸,从矮星系和螺旋星系,再到尺度大得多的星系团,一直到宇宙学尺度。定量上,暗物质现在是研究所有相关宇宙学行为的标准理

---

20 我们注意到这两篇论文有很多相同的作者。

论框架的一部分, 这些宇宙学行为包括诸如结构形成等的关键问题等。在这个框架中, 宇宙的能量-质量是由宇宙学常数和冷暗物质主导的。小的密度扰动会因为引力的不稳定性而生长, 形成暗物质晕。暗物质晕反过来又为宇宙更精细结构形成提供了平台。在严格的数学形式下, 这个框架也是对宇宙学暗物质模型的检验。

传统的数值模拟中利用了显式暗物质轮廓线。常用的是由两个参数描述的 NFW (纳瓦罗–弗伦克–怀特) 轮廓线 ρ_{NFW} [35] 及其三参数推广形式 ρ_{gNFW}。两参数 NFW 轮廓线形式为

$$\rho_{\text{NFW}}(r) = \frac{\rho_c \delta_c}{\dfrac{r}{r_s} \left(1 + \dfrac{r}{r_s}\right)^2}, \tag{2.4.1}$$

其中 r 是到星系中心的径向距离, ρ_c 是临界密度, δ_c 是无量纲参数, r_s 是特征半径。推广的 NFW 轮廓线为

$$\rho_{\text{gNFW}}(r) = \frac{\rho_c \delta_c}{\left(\dfrac{r}{r_s}\right)^{\gamma} \left(1 + \dfrac{r}{r_s}\right)^{3-\gamma}}. \tag{2.4.2}$$

另外还有一个爱因纳斯托轮廓线[36,37]

$$\rho_{\text{爱因纳斯托}}(r) = \rho_0 \exp\left(-\frac{2}{\alpha}\left(\left(\frac{r}{r_s}\right)^{\alpha} - 1\right)\right), \tag{2.4.3}$$

其中 ρ_0 和 α 是常数。Planck 数据中 NFW 和爱因纳斯托轮廓线的比较可参见文献 [38]。最初用在矮星系研究第四个轮廓线形式为[39]

$$\rho_{\text{波克特}}(r) = \frac{\rho_0}{\left(1 + \dfrac{r}{r_0}\right)\left(1 + \dfrac{r^2}{r_0^2}\right)}. \tag{2.4.4}$$

前面三个轮廓线的对比图可参见文献 [40], 如图 2.4.1 所示。

2.4.2 暗物质的宇宙地图

弱透镜可以重建发光和暗物质在天空中的质量密度的空间分布, 这为宇宙学研究提供了有力的工具。因此, 通过将透镜、光学和 X 射线三种成像结果相关联, 有可能用以识别暗物质晕, 并研究重子物质 (恒星和气体云) 与暗物质之间的联系。2015 年 4 月 13 日, 暗能量调查 (DES) 实验组首次发布了关于综合关联地图

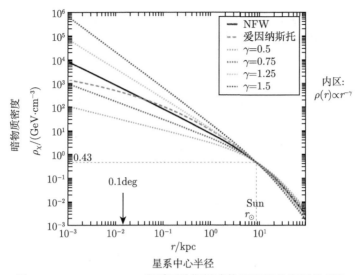

图 2.4.1 NFW, gNFW 和爱因纳斯托暗物质密度轮廓图的对比

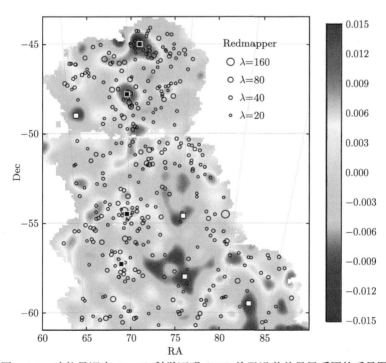

图 2.4.2 暗能量调查 (DES) 科学证明 (SV) 关于沿着前景星系团的质量图

的数据。相关细节可参见文献 [41][21]，并在图 2.4.2 给出了总结。红色区域表示暗物质的密度最高的区域，橙色和黄色次之，蓝色区域是发现低密度暗物质和星系团的空洞区域。可以明显看到暗物质丝状结构在红色、橙色和黄色区域中的存在。灰色的点表示星系团，点越大表示星系团越大。同样明显的是，这些星系团更倾向于出现在红色区域，以及橙色和黄色的细丝结构中。它们很少出现在蓝色空洞中。因此，聚集在星系团中的重子物质的密度分布与暗物质密度分布一致。

图 2.4.2 显示了未来五年运行时间内扫描全部区域 3% 的数据。DES 实验组测量了普通物质和包裹着不同类型星系和星系团的暗物质是如何在宇宙时间内共同演化的。未来几年，将会有更多的数据用于对理论模型和暗物质图像本身进行更严格的检验。毫无疑问，得到的星系和星系团更新结果将是非常有用的。比如，观测提供了更多的星系和星系团碰撞样本用于研究。

2.5　宇宙微波背景各向异性

宇宙微波背景 (CMB) 是早期宇宙大爆炸之后 38 万年时的辐射残留，那时光子与荷电重子物质退耦，并且，由于宇宙在目前观测到的 138.1 亿年的寿命内膨胀，所以光子已经红移到微波波段。虽然温度的主要特征是处处均匀和各向同性的，但是严格说并非如此。在最后一次散射之后，CMB 光子在宇宙中自由传播。残留的温度涨落反映了早期宇宙中光子退耦时发生的情况，并在今天表现为天空中微小的 CMB 温度变化，形成 CMB 各向异性特征。因此，今天观测到的在某个给定角度标度上的各向异性与早期宇宙的密度扰动有关。CMB 各向异性可以理解为在 CMB 辐射之前的光子–重子等离子体中的声学振荡，其中引力提供了恢复力。重子物质与辐射有显著的相互作用，而暗物质却没有。但这两种物质都可以通过其引力效应来影响振荡，并且它们对 CMB 各向异性产生了不同的效果。CMB 各向异性的功率谱，如图 2.5.1 所示，清晰地显示了一个大的主峰和接下来的小一些的峰。0 到 $\ell = 3000$ 之间可以分辨出来有 5 个明显的峰。第 12 章详细讨论了 CMB 各向异性和较新的数据。

下面简要说明一下峰和谷对应的相关物理信号，其详细讨论参见第 12 章。整个天空中的温度涨落可以表示为角球谐函数 $Y_{\ell m}$ 的完备集的多级展开。展开系数决定了功率谱函数 C_ℓ，即图 2.5.1 的纵轴。横轴 ℓ 是多极矩的阶数，正比于天空角

---

21 费米实验室公布的数据可以查看网址

http://www.fnal.gov/pub/presspass/press_releases/2015/Mapping-The-Cosmos-20150413.html/

下面网址中可以看到一篇用外行语言撰写的美国科学报告：

http://blogs.scientificamerican.com/cocktail-party-physics/2015/04/13/new-dark-matter-map-confirms-current-theory.

范围或者 CMB 各向异性角分辨率的倒数，

$$\ell \approx \frac{180°}{\theta_{\text{res}}(\text{度})},\tag{2.5.1}$$

ℓ 被视为连续变量。下面描述前几个峰的物理特性：

- 第一个峰中心值在 $\ell_1 = 200$ 处，它包含了宇宙中全部能量–物质信息：暗能量、暗物质、重子物质、光子、中微子以及其他任何可能存在但现在未知的物质。峰的大小和位置与宇宙的几何结构有关。它告诉我们宇宙有多"平坦"。第一个极大值倾向于总能量–物质密度比 $\Omega_{\text{总}} = 1$。结合 CMB、超新星和大尺度结构数据，可以得到各种能量物质组分的密度，从而可以计算出将在第 9 章和 13 章讨论的宇宙年龄。

- 第一个峰包括了 $\Delta\ell \approx 250$ 大小的 ℓ 值，这对应的角大小大于天空的 $1°$（太阳在天空角大小仅为 $0.5°！$）。这远大于我们看到的温度涨落对应的角度。因此它并不是早期宇宙声波生成的，而是由驱动膨胀的早期宇宙的总能量密度产生的。注意，最大组分暗能量起着排斥力的作用，并具有以下影响：宇宙以越来越快的速度膨胀，并冻结了使哈勃膨胀平滑的宇宙网络。

- 在 $\ell_2 \approx 500$ 处的第二个峰值对应于角分辨率 $\theta_{\text{res}} \approx 0.36°$，这是由声波引起的，它告诉了我们宇宙中有多少普通物质。

- 在 $\ell_3 \approx 700$ 处第三个峰值对应的角分辨率为 $\theta_{\text{res}} \approx 0.24°$，它与普通物质和暗物质都相关。第三峰和第二峰之间的差别给出了早期宇宙中暗物质的密度。

如图 2.5.1 所示，具有显著暗物质组分的 ΛCDM 模型与观测结果非常吻合。

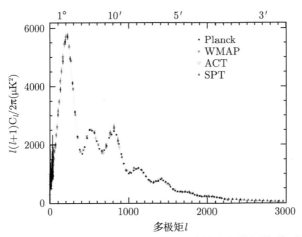

图 2.5.1　宇宙微波背景辐射温度各向异性以复合动量为横坐标的幂律谱。图形取自文献 [43] 粒子物理综述中 CMB 综述

2.6 原初核合成：宇宙的重子组分

到目前为止，所有暗物质存在的证据均来自于引力效应。但是还有一个证据，不通过引力效应就可以论证非重子物质的存在。这就是核合成，它是天体物理学中，基于被广泛验证的基础物理学原理所开展的计算中最成功的案例之一。

原初核合成，或者大爆炸核合成 (BBN)，指的是宇宙早期除了单核子以外的轻原子核的产生过程。BBN 发生在大爆炸之后一个很短的时间内，大约在几百秒的时期。它负责产生氢以外的一系列轻元素：如氢的 (一种较重的) 同位素氘 (D)、氦同位素 ^{3}He 和 ^{4}He 及锂同位素 ^{6}Li 和 ^{7}Li 等。除了这些稳定核之外，在原初核合成中还产生了一些其他不稳定的同位素，比如氚 (^{3}H)、铍 (^{7}Be) 和铍 (^{8}Be) 等。这些同位素要么衰变，要么与其他核聚变合成稳定同位素。

BBN 计算预言了一直到锂的轻核丰度，包括氘、氦 3、氦 4 和锂。正如引言所述，它将重子物质的丰度限制在宇宙物质成分的 13.3% 到 17% 之间。而其余成分占 86.7% 到 83%，即大部分物质必须是非重子的。第 10 章讨论了 BBN 的计算问题。

2.7 冷暗物质模型的挑战和暗物质的替代理论

2.7.1 冷暗物质模型面临的挑战

由弱相互作用粒子组成的冷暗物质模型在宇宙标度上非常成功，而在宇宙学尺度上，引力在宇宙结构的形成和成长中占主导地位。然而，在较小的尺度，星系或者亚星系尺度，最简单、无耗散或者无碰撞暗物质的冷暗物质模型由其预言与观测结果存在矛盾而面临挑战。然而，这些较小标度的验证对于冷暗物质模型的确认至关重要。对这些挑战的分析和可能的解决方案可参阅文献 [44][22]。争论的焦点在于，冷暗物质模型预言的星系中心暗物质密度过大，特别是在矮星系中心。下面简要总结这些挑战：

- 尖核问题。假定星系及其星系团基本上被暗物质的球形晕包裹着。宇宙学模拟表明晕中暗物质分布应该被假定为尖心结构，即峰值在星系中心处。公式(2.4.1)给出的 NFW 暗物质轮廓图就选取了这种形式，在中心附近正比于 r^{-1}。然而，观测到的旋转速度并没有显示暗物质高度聚集在星系中心。大多数星系有一个平坦的恒定的核心暗物质轮廓图。对于小星系，如低

---

22 这篇文章的总结可供外行查阅，请参阅 Phys.org 的新闻网站
http://phys.org/news/2015-02-small-scale-cold-dark.html。

表面亮度 (LSB) 星系, 这个尖核问题最为严重。[23]

- **丢失卫星问题。** 简单冷暗物质模型预言了大质量星系周围存在大量的子结构, 如卫星星系或者矮星系。它们中的每一个都有各自的暗物质晕。这种预言的物理机制是直接的。冷暗物质粒子的非相对论性质倾向于保留各种尺度的原初涨落, 因此保留了许多小的涨落, 形成子晕, 从而形成亚结构。[24] 因此冷暗物质模型预言了大星系, 比如银河系, 有大量的卫星星系, 大约有 50~200 个。在 2000 年前, 人们已知银河系有 9 个矮星系。然而, 由于卫星结构的表面亮度很低, 它们的观测非常困难, 因此许多子晕可能仍然是暗的, 因而无法被探测到。在过去的十年中, 改进的观测手段发现了更多的银河系的卫星星系。在 2005 年, 斯隆数字巡天发现了 15 个超微弱的卫星结构, 这仅覆盖了 20% 的天空。最近 DES 从它们 3% 的数据中又发现至少 3 个矮星系。因此卫星星系丢失问题得到了极大的缓解。

- **大不能倒问题。** 简单冷暗物质模型预言了大质量暗物质子晕的存在, 这与观测结果矛盾。观测到的大质量卫星星系寄生在晕中, 但是晕的数量比预言的少很多。由于大质量暗物质晕一般被认为寄生着很多星系 (因此一般是能被发现的), 暗物质不可见属性并不能解释为什么晕的数量比预言的少。这个问题首先在银河系中出现[45], [25] 但后来发现这是已知星系的普遍问题[46][26]。

文献 [44] 总结了简单冷暗物质模型所面临挑战的可能解决方案。文献 [47] 给出了最近的简明总结。下文将简要介绍这些总结, 详情请参阅这些参考文献。

- **重子物理的解决方案** 小尺度处, 星系形成物理过程基于复杂的重子相互作用过程。当理论模拟中考虑了星系形成的细节和超新星的 (物质) 反哺效应之后, 对于恒星质量 M_* 大于 $10^7 M_\odot$ 的较大的矮星系来说, 其星系中

---

23 LSB 星系, 大多数是矮星系, 从地球看其表面亮度比周围夜空至少暗一个量级, 它们是向外扩散的。旋转曲线测量表明它们的质光比很大, 这表明恒星和发光气体对 LSB 星系的整体质量贡献非常小。不少于 95% 的质量是非重子物质, 重子物质大多是中性氢气而不是恒星。这些星系的重子物质比例比宇宙中重子物质的比例平均值低很多, 大约低 15% 左右。LSB 没有显示出中心恒星密度过大的现象, 而在通常的星系如银河系中心却有一个恒星密度的实增。看上去 LSB 星系也没有超新星活动。

24 外行可以看懂的论文总结可以查看新闻网址
http://www.cam.ac.uk/research/news/welcome-to-the-neighbourhood-new-dwarf-galaxies-discovered-in-orbit-around-the-milky-way。

25 这个名字是在当时的全球经济危机影响下命名的。在投资项目 (Investtopedia) 中 TBTF 的定义为这样的思想: "一家公司在经济中如此庞大和根深蒂固, 使得政府必须时时提供援助以防止其倒闭。'大不能倒'描述了这样的信念: 如果一家庞大的公司倒闭, 它将在整个经济中产生灾难性的连锁反应。"参见 http://www.investopedia.com/terms/t/too-big-to-fail.asp。

26 读者可在下面网址中参阅一篇可供外行参阅的评论文章, 名字为 "大到不能崩溃但无论如何都崩溃的星系": http://www.preposterousuniverse.com/blog/2014/07/18/galaxies-that-are-too-big-to-fail-but-fail-anyway/。

心过密问题得到极大的缓解。然而,对于较小的矮星系,特别是质量介于 $10^6 M_\odot \sim 10^7 M_\odot$ 的星系,还需要进一步的检验。

- **温暗物质解决方案** 这一方法是在放松非相对论和无碰撞暗物质的运动学和/或动力学性质来寻找解决方案。温暗物质 (WDM) 指暗物质粒子的自由传播长度与演化出矮星系区域长度大小相当的情况。此时小的密度扰动就会被抹掉,但是更大尺度的扰动则不受影响。因此温暗物质模型与冷暗物质模型在宇宙大尺度结构、星系团和大星系尺度上类似。但是温暗物质模型预言的矮星系的丰度较少,并可能降低大星系中心区域的暗物质密度,然而无碰撞温暗物质模型仍然会导致尖–核问题。在解决冷暗物质问题时,不同的问题需要的温暗物质质量范围不同,这些质量范围是不重合的。所需的总质量范围是 0.75~2keV。然而,最近的斯隆数字巡天莱曼–阿尔法森林数据要求温暗物质质量是 4keV。这个质量值的温暗物质粒子实质上是冷暗物质模型。有了这个限制以后,如文献 [48] 得出的结论,温暗物质并不比冷暗物质模型更好。

- **自相互作用暗物质解决方案-SIDM** 自相互作用暗物质 (SIDM) 方法是指冷暗物质粒子与重子物质之间有弱的相互作用,但它们自身之间的相互作用强度在原子核相互作用量级[49]。人们提出这类模型用以解决冷暗物质在星系和一些小的尺度上碰到的问题。在 SIDM 模型中,在暗物质晕极密的中心区域,冷暗物质粒子之间的弹性散射足够频繁,使得暗物质粒子重新分配能量,从而形成等温的、近似常数的核心密度。需要的弹性散射截面约为 $\sigma_{\rm SIDM}/m = 1 {\rm cm}^2/{\rm g}$,其中 m 是暗物质粒子质量。早期的一些数值研究表明这种想法是行不通的。然而,最近的完全宇宙学模拟表明 SIDM 模型似乎比温暗物质模型更有希望。在质量和散射截面上存在着一个可行的窗口,在 $\sigma_{\rm SIDM}/m = 0.1 \sim 0.5 {\rm cm}^2/{\rm g}$ 范围内,SIDM 模型可以产生与银河系矮星系、螺旋星系和星系团差不多大小的冷暗物质晕核密度轮廓。还需要进行进一步的详细理论工作[44]。

- **其他暗物质物理的解决方案** 还有其他降低暗物质晕中心密度的方案,它们依赖于暗物质粒子的性质。这些模型包括粒子衰变,粒子–反粒子湮灭,味道混合量子态。参见文献 [44]。

2.7.2 暗物质的替代理论

到目前为止,天体物理唯象学的暗物质解释是基于广义相对论的严格有效性,它是标准引力理论。广义相对论和经典牛顿引力理论在太阳系尺度得到了检验,但并没有在银河系及更大的尺度进行验证。因此,如果没有实验证实它的存在,或者没有解决所有观测困难的理论证明,那么暗物质的引入就不是唯一可行的方案。其他可能性就是对引力理论本身的修改。理论的修正有两个不同的方向，即修正的牛顿动力学 (MOND) 和量子引力。

MOND 首先由文献 [50] 提出。这是一个适用于星系动力学的非相对论理论，与宇宙学无关。它随后发展了相对论性扩展，特别是 TeVeS(张量–矢量–标量) 理论[51]，使它能够处理诸如结构形成等问题。最近，文献 [52] 详尽地综述了与现在天体物理观测有关的 MOND/TeVeS。也可参见文献 [30] 和 [31]。更新的文献 [53] 做了一项在星系尺度上用强大的引力透镜来针对 MOND/TeVeS 的观测。得到的结论是，为了解释全部观测，即使在 MOND/TeVeS 框架中也需要暗物质成分。[27,28]

文献中还提到了其他替代理论。2006 年提出修正引力 (MOG)[54]理论，但其结果与观测冲突。更多评论参阅文献 [53]。

从粒子物理的角度看，暗物质方案是非常吸引人的。新粒子的存在，特别是那些源自新范畴的粒子，打开了一个新的可能性，并为寻找超出标准模型的新物理指明了方向。对于天体物理和宇宙学来说，暗物质是对粒子物理的巨大回报。因为粒子物理为宇宙学和天体物理学的研究提供了各种工具和基本成分。正如本书开头第三句名言所说，暗物质和暗能量使得粒子物理学和宇宙学之间构成闭合环链成为可能。后文将把暗物质作为给定的存在，并将完全聚集之。

2.8 寻找解决方案

暗物质是一个关于多元、多维度的问题，需要互补的方法来研究它：

- 找出暗物质是由什么组成的。这是一个粒子物理问题，与寻找新物理相对应。这同时需要理论和实验两方面的努力。寻找方向包括天体物理和加速器实验。这将是本文的关注点。
- 假定暗物质是存在的，要详细研究它对星系、星系群和星系团的影响。这种方案的工具是 N 体模拟，严重依赖于超级计算机之类的计算工具。它已经提供了暗物质粒子运动学特性的重要信息，为粒子物理研究提供了重要约束，如排除了热暗物质的可能性，确定冷暗物质和温暗物质的关系，复活了惰性中微子等。最近关于暗物质效应的 N 体模拟的总结可以参考文献 [55]。
- 显然，这一总体努力的另一个不可或缺的组成部分是上述两种方法的交接。

27 应该指出，有一些工作可以确定 MOND 是冷暗物质的一个特定案例，它具有特定的暗物质分布函数来协调 MOND 和冷暗物质模型。例如可参阅文献 arXiv:0811.3143 [astro-ph] 和 arXiv:1310.6801 [astro-ph.CO]。然而文献 arXiv.1404.7525 [astro-ph.CO] 比较了这两种方案，认为 MOND 和冷暗物质是两个不同的范例。

28 关于冷暗物质和 MOND 的争论很有趣。与冷暗物质阵营的研究人员相比，倾向于 MOND 的研究人员人数较少，而冷暗物质阵营中也包括相当数量的粒子物理学家。但是，有一个致力于 MOND 的团体严厉批评冷暗物质模型在银河尺度上的失败，而 MOND 在此标度上是非常成功的。

为了说明这一点，假设 LHC 发现了一个新的中性弱相互作用的大质量粒子，如超对称粒子。我们自然要问它是不是暗物质粒子。无论是与不是，都需要对其性质进行深入研究，并在天体物理实验中寻找该粒子，然后继续在 N 体模拟中检验它。它的详细性质，如质量、自旋–宇称、衰变道以及某些散射截面都可以在 LHC 上研究。加速器的结果必须与暗物质寻找实验得到的结果进行比较和匹配成功，这样才能确定所研究的新粒子是暗物质粒子。

3 | 银河系和星系暗物质密度分布

有很多理由表明，在天体物理和暗物质粒子寻找中，绘制银河系暗物质密度分布地图是非常重要的。

- 我们可以在银河系中对暗物质做近距离观测，并为暗物质的存在提供独立的信息。
- 这对设计暗物质粒子寻找实验具有重要意义。直接寻找是探测太阳系中的暗物质。间接寻找严重依赖于暗物质高度聚集的区域，比如在星系和星系团中。
- 利用暗物质分布可以对演化成卫星星系的暗物质子晕分布的模拟和观测进行详细比较。
- 像利用其分布研究银河系演化一样，利用暗物质分布也可以用来研究大盘星系的星系形成和演化。

3.1 银河系简介

星系有不同的大小和形状，是组成宇宙的基本单元，也是宇宙的窗口。星系的质量范围从 $10^9\ M_\odot$ 到 $10^{13} M_\odot$ 不等，分为矮星系、中等星系和巨星系。矮星系中最低可以仅包含数十亿颗恒星，而中等星系则最低包含有数千亿颗恒星。超大星系，例如 IC 1101，有多达十万亿 (10^{14}) 颗恒星，尺寸大到有 200 千光年的量级。星系聚集在一起形成星系团，包含 50 到几千个星系。星系团聚集形成超星系团。本星系群主要是由三个星系，即银河系、仙女座和三角座，再加上 50 多个矮星系组成的，它也是室女座局域超星系团的外围成员。本星系群的大小约为十兆光年，本超星系团的直径约为 110 兆光年。本超星系团以室女座星系团为中心，距离银河系约 10 兆秒差距。在超星系团之间是非常巨大的空洞，其中很少有星系。

我们自己所处的星系，银河系，是一个中等大小的棒旋星系，全部质量有约 1000 亿个太阳质量，直径约为 10 万光年或者 31 千秒差距，含有 3000 亿颗恒星。它有一个厚约为 2000 光年或 0.6 千秒差距的中心圆盘。太阳距银河系中心约为 26 千光年或者 8 千秒差距。

下面给出银河系一些相关特征的卡通图描述。初步了解一下暗物质如何在星系中分布以及它的周围全局环境如何。图 3.1.1 给出了这些卡通图，两图取自网页[1] 和文献 [56]。上图描绘了在银河系中暗物质的分布。可以看出在晕中暗物质延伸到很远的地方。下图显示银河系的一些关键特征。暗物质寻找必须以这些特征为指导。地球实验室进行的暗物质直接探测实验是测量太阳系中的暗物质。间接探测的事例可能发生在我们星系的其他部分或者远离地球的其他星系，如星系中心等，这些地方是暗物质高度集中的区域。

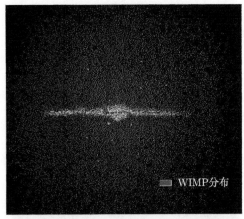

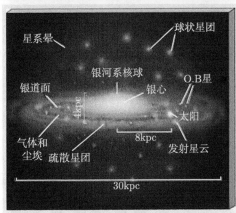

图 3.1.1　银河系的卡通图。上图: 暗物质粒子的分布；下图: 银河系的一些特征，图形来自文献 [56]

　　银河系周围环境的另一特征是在银河系附近、本星系群内存在卫星矮星系。图 3.1.2 显示了一些已知的卫星星系。最近发现了很多卫星星系，其中许多星系是暗物质主导的，质光比可以达到 1000。随着观测手段的改善，将会发现更多的卫星。在 2015 年前几个月就发现多达 9 个新的卫星星系。[2]

---

1 http://zebu.uoregon.edu/ soper/Mass/WIMPS.html。

2 银河系 35 个卫星星系清单可以在网址

　　http://en.wikipedia.org/wiki/List_of_satellite_galaxies_of_the_Milky_Way 找到。

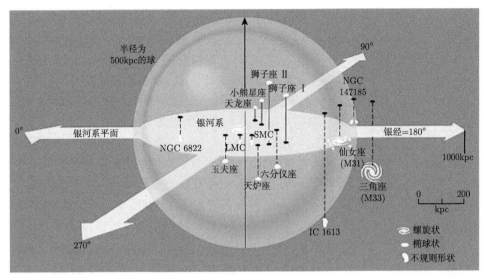

图 3.1.2 描述最近发现的一些矮星系卡通图,在距银河系中心 500 kpc 半径范围内,矮星系绕银河系旋转。图形来自

http://www.ualberta.ca/ pogosyan/teaching/ASTRO_122/lect23/lecture23.html

3.2 银河系中的暗物质

正如文献 [57] 引用的,暗物质综述文章 [11] 中给出的太阳附近的暗物质局域径向密度为

$$\rho_\chi \approx 0.39 \text{ GeV/cm}^3 = 6.95 \times 10^{-25} \text{g/cm}^3. \tag{3.2.1}$$

不同区域数值有 2~3 倍的差别。我们在前面第 §2.4.1 节中也已经用过 $\rho_\chi \approx 0.43 \text{GeV/cm}^3$。对比宇宙临界密度 $\rho_c = 1.0538h^2 \times 10^{-5} \text{GeV/cm}^3 \approx 0.5 \times 10^{-5} \text{GeV/cm}^3$ 可知,星系中暗物质是高度聚集的。星系中的暗物质分布有几种不同形式。应用最广泛的一个是在第 §2.4.1 节中讨论的 NFW 暗物质径向轮廓图。假定暗物质运动与普通物质类似,由于太阳系以 240km/s 的速度绕银心运动,而星系的逃逸速度不大于 610 km/s,因此银河系暗物质粒子是非相对论的,其贝塔因子为

$$\beta_\chi \approx \frac{v_\chi}{c} \approx 10^{-3}. \tag{3.2.2}$$

这个数值经常用于计算暗物质反应率。

银河系的径向轮廓图有一些参数化形式。早期在银河系获得暗物质径向轮廓的方法是基于对假定特定参数化函数模型的拟合。这种方法容易在结果中引入偏差。

从天体物理观测结果中获得银河系暗物质分布是一个长期的挑战，特别是星系中心，包括太阳系的区域。星系的大部分恒星位于半径小于 18 千秒差距的区域内，太阳距银心的距离为 8 千秒差距。因此人们通常把半径小于 20 千秒差距的区域定义为银河系的中心区域[58]。重子类物质对银河系 (中心区域的) 总质量有很显著的贡献，以至于在此区域确认暗物质是否存在都已经很困难。确定暗物质分布的难点在于在其中进行观测的太阳系处于星系核心并与之一起运动，因此很难确定这个区域其他恒星的距离和旋转速度。另外，关于怎样精确确定银河系中恒星分布的方法也没有共识，使得问题更为复杂。在许多关于银河系内部暗物质的研究中，通常是选择一个重子物质形态分布的模型，从而得到的结果可能是模型依赖的。因此，到现在为止，尽管有很多理论研究和观测的进步，银河系暗物质轮廓图依然未受实质限制。

文献 [58]进行了模型无关的研究，该论文作者利用了 2780 个测量结果，通过研究星际气体和不同恒星形态中的恒星运动，从中抽取重子物质部分以及它们的旋转曲线。然后论文比较了旋转曲线与所谓的可见物质效应。他们得到如下结论：从 2.5 千秒差距到 30 千秒差距之间，拟合都需要 (可见恒星外的) 额外物质。半径小于 3 千秒差距时显著性较小，但是当半径大于 6、7 千秒差距之后，显著性就达到了 5σ，这个范围包含了人们发现的太阳系位置。[3,4]

如上所述，暗物质存在的确定性证据是详细描述银河系内部区域暗物质分布的重要一步。这将促进暗物质的实验，包括地球上的和天空中的所有实验，去寻找暗物质，检验暗物质物理图像的正确性。根据最新的运动学数据和观测到的气体和恒星的分布，在没有预设形式的情况下，我们的星系内部的暗物质分布已经在最近的一篇文章[59]中被描绘出来了。在给定的径向范围，在 2.5 到 25 千秒差距之间，基于不同的重子模型，论文给出的暗物质密度会在较大范围内变化。常用的暗物质密度模型 NFW 和爱因纳斯托，大致在允许范围的中间。在太阳系的附近，密度大约在 $0.4\text{GeV}/\text{cm}^3$ 左右，与公式(3.2.1)一致。这就是说，大约每 2.3 立方厘米存在一个质子，或者每 pc^3 有 $0.011M_\odot$。这样确定的密度的不确定度是显著的。归化为上文提到的在太阳为 $R_S = 8$ 千秒差距时定义的局域密度 ρ_L，即 $\rho_L \equiv \rho_{\text{NFW}}(R_S) \approx 0.4\text{GeV}/\text{cm}^3$，拟合公式(2.4.1)NFW 轮廓图，得到参数为 $r_s = 20\text{kpc}$ 以及 $\rho_0\delta_0 = 0.314\text{GeV}/\text{cm}^3$。图 3.2.1 画出了文献 [59]给出的几种不同的暗物质密度径向密度拟合曲线。式(2.4.1)和式(2.4.3)给出了 NFW 和爱因纳斯托

---

3 对文献 [58]结果的简明总结及其意义的讨论，见《物理世界》上一篇名为《银河系核心的暗物质》的科学评论，

http://physicsworld.com/cws/article/news/2015/feb/10/dark-matter-seen-in-the-milky-ways-core。

4 两个反驳文献 [58]结果的短论可参见高能物理文献数据库:arXiv:1503.07501 [astro-ph.GA] 和 arXiv:1503.07813 [astro-ph.GA]。文献 [58]作者对此的回应参见文献 arXiv:1503.08784 [astro-ph.GA]。

径向轮廓图的拟合结果, 这是通过将密度值 $0.4\text{GeV}/\text{cm}^3$ 化为太阳位置 $r = 8$ 处得出的:

$$\rho_{\text{NFW}}(r) = \rho_{0N}\left(\frac{r}{r_s}\left(1 + \frac{r}{r_s}\right)^2\right)^{-1}, \tag{3.2.3}$$

$$\rho_{\text{爱因纳斯托}}(r) = \rho_{0E}\exp\left(-\frac{2}{\alpha}\left(\frac{r}{r_s}\right)^{\alpha}\right),$$

其中 $r_s = 20$, $\rho_{0N} = 0.3136\text{GeV}/\text{cm}^3$, $\alpha = 0.17$, $\rho_{0N} = 9.428 \times 10^3 \text{GeV}/\text{cm}^3$。

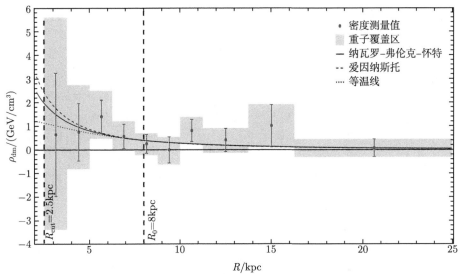

图 3.2.1 摘自文献 [59]的银河系暗物质径向密度曲线。红点表示 1σ 测量结果。灰色区域是从重子模型抽取的, 在 1σ 不确定度内预言的暗物质范围。这些曲线是一些轮廓图模型: 其中实线是 NFW, 其标度半径为 $r_s = 20$ pc。虚线是爱因纳斯托, 其中 $r_s = 20$ pc, $\alpha = 0.17$。详情参见文献 [59]

　　未来的观测数据将会改进暗物质轮廓图的抽取精度。例如, 盖亚天文台[5] 将绘制银河系恒星三维地图, 同时以前所未有的精度监视其运动。

---

　　5 盖亚是欧洲航天局 (ESA) 的太空天文台。它的科学目标是对约占银河系天体 1% 的 10 亿个天体, 主要是恒星, 编制 3D 目录。详情可见盖亚网站

http://www.esa.int/Our_Activities/Space_Science/Gaia_overview。

4 | 暗物质候选者

作为粒子形态的存在，暗物质粒子的个体信息非常稀少。我们不知道它们有多重，怎样产生，不知道除了引力之外它们还会参与怎样的相互作用。但是通过它们在宇宙中的运动，人类确实已经对其集体行为有了大量的了解。我们知道它们是宇宙物质组分的主要部分；知道在宇宙中，它们可能的聚集处；知道它们运动学上基本是"冷"的，它们和普通物质之间相互作用很弱，以及它们可以自相互作用。首先总结暗物质作为众多类型基本粒子之一的普遍性质：

- 它们不带电荷和色荷。不带电荷是因为没有证据表明它们与光子有任何直接相互作用。没有色荷是因为没有任何奇异同位素存在的证据。因此，如果暗物质是基本粒子聚集在一起形成的分布，它们必须由与普通物质相互作用非常弱的中性粒子组成。也就是说，它们必须是超出标准模型的粒子。

- 它们必须在早期宇宙由其母粒子在辐射为主向物质为主转换之前通过热产生或者由母粒子衰变非热产生。它们必须有正确的残留丰度。

- 它们在宇宙学时间尺度上保持稳定，这才使得它们今天仍然存在。它们可以由多种组分、多种类型的粒子组成。

- 它们群体特性应该可以解释观测到的大尺度和小尺度结构。理论上这些结构的特征可以通过天体物理的 N 体模拟进行研究。实验上，由于其主导性的存在，即当今整个宇宙的近 27% 以及物质世界的近 85% 都是暗物质，它们不应该一直隐藏自己的踪迹或无止境地掩盖其存在。

暗物质在 20 世纪 70 年代成为天体物理和粒子物理的焦点之后，物理学家提出了各种候选者。这些候选者大多是未知的天体或者超出夸克和轻子标准模型理论框架中的假设粒子：大质量致密晕 (MACHO)、原初黑洞、中微子、轴超子、弱相互作用大质量超对称粒子 (弱相互作用的大质量粒子WIMP)、普适额外维度卡鲁扎–克莱茵激发态、强自相互作用粒子，或者其他奇异粒子。在这些众多类目中，暗物质可以是重子的或非重子的。MACHO 是重子类型的，而中微子、WIMP 和轴超子是非重子类型的。这些可能的候选者的质量相差达到 80 个量级[21]。第 §4.4 节将进一步讨论有关质量范围。多年来，一些假设的候选者被排除，但是新的可能性又不断添加进来。

根据其物理属性，它们属于不同的物理分类。下面进行分别说明。

4.1　暗物质：运动类型和产生机制，宽泛的特征

暗物质的运动特性影响 CMB 各向异性谱，也在宇宙结构形成过程中起着重要作用。暗物质退耦速度对星系和星系团的形成，以及随后的宇宙小尺度和大尺度演化有直接影响。因此根据暗物质可以依据其退耦时的速度划分为三个运动类型 [60]。[1]

- 热暗物质 (HDM)：热暗物质由大量的轻粒子组成。一个典型的候选者就是普通的轻中微子。热暗物质的质量在 eV 量级或者更轻，$m_{\text{热暗物质}} \lesssim 1\text{eV}$。它退耦时是相对论性的，而且，当宇宙光子温度在数十开尔文，星系结构开始形成之时，它仍然是相对论的。由于高度相对论粒子产生高压，它们将抹平物质的小致密分布点。因此，如 N 体模拟所示，热暗物质将通过破坏宇宙的小尺度结构，阻碍星系形成，从而与观测到的宇宙尺度结构发生冲突。所以热暗物质模型并不受欢迎。热暗物质，虽然它确实以中微子形式存在于宇宙中，只能是整个暗物质故事的小插曲。根据现在的观测数据，标准模型中微子对宇宙质量的贡献不超过 0.25%。

- 冷暗物质 (CDM)：冷暗物质位于暗物质质量–速度谱的另一端。它退耦时是非相对论的，其质量可以在 GeV 和 TeV 量级甚至更大。有很多冷暗物质候选者，包括弱相互作用大质量粒子如中性超子、哥斯拉级暗粒子 (WIM-PZILLA)、孤子等。由于非相对论粒子压强很小，相对于宇宙尺度扩散距离可以忽略，在宇宙小尺度结构上应该存在丰富的结构。事实上，无相互作用冷暗物质的 N 体模拟表明冷暗物质为主的情况可以导致星系和星系团存在许多矮星系。它也预言了暗物质的尖点分布的形成，即星系中心暗物质浓度急剧增加，这就是所谓的尖核问题。虽然冷暗物质是大家喜欢的暗物质候选者，但从现有的观察来看，小尺度结构的这些特性，并不属于宇宙学的分支，但它是暗物质，必须面临这些挑战。这些问题和冷暗物质的大不能倒及其解决方案，已在 §2.7 节有过讨论。

- 温暗物质 (WDM)：温暗物质是介于热暗物质和冷暗物质之间的某种物质，包含质量在 KeV 量级或者更重一点的粒子，$m_{\text{WDM}} \gtrsim 1\ \text{KeV}$，它的相互作用甚至可以比中微子更弱一些。它们在退耦时是相对论的，但是在辐射为主向物质为主转换过程中是非相对论的。温暗物质可能的候选者包括惰性中微子，轻引力超子和光超子。虽然温暗物质可以预言更加平滑的暗物质分布，以及较少的矮卫星星系数量，缓解尖核问题，但真实的模拟表明温暗

---

1 热、温，冷暗物质这三个术语是在 1983 年的文献 [61] 和 [62]中引入的。可参阅网页
http://ned.ipac.caltech.edu/level5/Primack4/frames.html，
如前文所述，暗物质简史可以参阅文献 [23]。

物质并不比冷暗物质做得更好[47, 48]。

很明显，热暗物质作为暗物质主要成分的可能已经被排除了。温暗物质已经被大家详细地研究过。从 2010 年开始，有一系列会议，致力于研究温暗物质。[2] 但是冷暗物质方案地位很稳固，仍然是最受欢迎的。观测发现在银河系本星系群有更多的卫星矮星系存在。相互作用冷暗物质更加复杂的 N 体模拟可以缓解尖核问题和大不能倒问题。作为一个历史记录，关于 2011 年之前冷暗物质与热暗物质对比的简明总结可参见文献 [55]。

作为早期宇宙的残留，暗物质也可以根据其产生机制分类：热产生或非热产生的。对比一般讨论请参阅文献 [63]。文献 [64]给出了关于暗物质热产生和非热产生的较新综述，其重点在于后者。

- **热产生残留**：由于相关粒子的散射、产生和湮灭过程，这些粒子在早期宇宙中处于热平衡态。它们具有热平衡分布，即粒子数密度正比于 T^3，$n \sim T^3$。[3] 随着宇宙膨胀，宇宙温度下降，粒子数密度减小，粒子湮灭率也随之减小。当粒子湮灭率减小到低于宇宙膨胀率，粒子湮灭就会失效而粒子从宇宙热浴退耦而冻结下来。随后粒子数密度就会哈勃膨胀而改变，即密度正比于 $a^{-3} \sim T^3$。冻结下来的粒子形成暗物质。退耦时，暗物质粒子可以是相对论的，也可以是非相对论的。

  相对论退耦的一个例子就是中微子在宇宙温度 $T \sim 1\,\mathrm{MeV}$ 附近冻结，MeV 是远远大于中微子质量的单位。对于我们关心的中微子丰度，它的数密度在冻结前后都正比于 T^3。因此中微子似乎总是处于平衡态。但由于退耦的中微子温度比宇宙热浴的温度低 (这是因为电子质量使得电子光子平衡温度并不像中微子温度一样按照 $1/a$ 下降)，中微子会将其熵倒入宇宙热浴中 (温度低更有序)。这样，由 CMB 光子温度定义的宇宙温度就高于中微子温度。更加系统的讨论参见 §9.4 和 §9.5 节。

  非相对论性冻结的情况产生了冷暗物质。在冻结之前，由于非相对论性，粒子密度函数是一个具有指数压低的密度分布，即 $n \sim \exp(-m_{\mathrm{DM}}/T)$，其中 m_{DM} 是粒子的质量。冻结之后，与相对论性情况类似，密度函数随着哈勃膨胀而回到 T^3 行为。最终暗物质密度分布依赖于粒子湮灭截面，湮灭率越小密度越大。退耦是大质量粒子残留下来的重要机制。[4] 如果允许一个粒子一直处于热平衡以维持指数压低的密度分布形式，它将最终全部耗尽。后

---

2 Daniel Chalonge Workshop CIAS Meudon 2010-2014, 查看网页

　　　http://chalonge.obspm.fr/Cias_Meudon201X.html, X=0,1,2,3,4。

3 关于热平衡分布的相关讨论在 §9.3 中给出。

4 在关于退耦的讨论中，文献 [65]中 5.2 节的题目为《冻结：物质起源》，这里将其作为本小节标题的一部分加以借用。

面的 §5.3 节和 11 章将重新讨论这个话题。

这个简单而漂亮的热产生机制和冻结机制带来了 WIMP 奇迹。它广受欢迎，并成为了大多数暗物质探测实验的理论基础。WIMP 奇迹依赖于两个假设，一个来自于宇宙学，另一个是粒子物理的假设。在宇宙学上，它假设，正如标准宇宙学所做，冻结之前宇宙以辐射为主。而在粒子物理中，这要求暗物质湮灭成标准模型粒子具有弱相互作用截面的量级。更多的讨论在第 §5.3 节和 11 章给出。

根据幺正性，热残留的质量上限为 340 TeV。更多细节参见 §4.4 节。

- **非热残留**：这是一些具有非热平衡历史的暗物质粒子。它们非热产生且从未与宇宙中其他粒子处于平衡，因此它们的能量分布与正常热分布不同。寻求暗物质的非热产生是出于理论和实验两方面的考虑。WIMP 奇迹的两个假设并没有盖棺定论。在宇宙学方面，在 BBN 到物质辐射相等阶段，即宇宙温度从 1MeV 到 1eV 范围内，辐射主导相关物理过程，但这并没有被探测证实。在粒子物理方面，WIMP 参数空间的很大区域已经被各种直接和间接的 WIMP 探测结果给排除了。因此应该考虑新的可能性。

暗物质有很多非热残留的可能候选者，包括宇宙弦辐射的轴子，非常重的粒子聚合物即所谓的哥斯拉级暗粒子，它超级重，在 10^{12} 到 10^{16} GeV 的量级。还有一类由被称为模场的标量场构成的模型，模场可以衰变为，如 W 超子之类的暗物质。最近的一篇文章[66]系统地讨论了一大类非热暗物质。为了说明建立这一模型的动机和物理理由，这里列出这篇论文引言中的一段：

> 上面提到的标准热宇宙学史的一个很好的替代品就是非热宇宙学历史，在这一历史中，BBN 发生在一个无压物质主导的物态相中。这种情况在许多自上而下的新物理理论中都有预言，比如超引力的低能极限和弦/M-理论紧致化等。这些理论，在一些非常简单的假设下，包含以引力强度耦合的标量场（也被称为模场）。当哈勃参数降到模场质量以下时，模场开始相干振荡，表现为无压强物质，主导着宇宙能量密度，直到寿命最长的模场 (ϕ) 衰变而重新加热宇宙。在这些宇宙演化历史中，电弱标度 W 超子提供了一个自然的超对称暗物质候选者，条件是模场主导的相在低于一个 GeV 左右的温度时结束。

由于它们是非热生产的，所以它们并不遵循上文提到的幺正性限制。

4.2 暗物质：粒子类型

更为细节的暗物质分类就是由粒子具体类型来分类，这些类型来自于具有动机良好的物理思想。大多数暗物质候选者也因其自身原因而为人所知，因为它们是作为解决暗物质以外的一些现存问题的方案而提出的。也有可能暗物质是一些现有理论从未涉及的事物，还没有被任何人讨论过。已知的粒子类型显然包括中微子。

要成为暗物质的候选粒子，粒子必须满足一些一般性的约束限制：

- 它必须在宇宙时间尺度上稳定，这样它才能到今天仍然存在。
- 它没有强或者电磁相互作用。
- 所有的候选者加在一起必须有合适的残留丰度。
- 基于已知的情况，重子物质不能在暗物质组分占有太大比例。

合格的非重子暗物质候选粒子都来自于超出标准模型的新理论。它们包括一大类弱相互作用粒子 (WIMP)[5]，包含中微子、中性超子、轴子等。另一类粒子是超弱相互作用大质量粒子(超 WIMP)，它们的湮灭截面远小于弱相互作用反应截面。这些粒子包括惰性 (右手) 中微子、引力超子、卡鲁扎–克莱因粒子等。下面我们简单描述并讨论这些暗物质粒子候选者。

- 中性超子 ($\tilde{\chi}$)：在 R-宇称守恒的最小超对称标准理论模型中，中性超粒子由 4 个中性场组成：规范超子 $\tilde{Z}$、光超子 $\tilde{\gamma}$，以及希格斯超子 $\tilde{H}_1^0$ 和 $\tilde{H}_2^0$。它们的混合物形成 4 个马约拉纳费米子质量本征态。中性超子是指四个质量本征态中的最轻的那一个。同时，在大多数超对称模型中，作为最轻的超粒子，由于 R-宇称守恒，它是稳定的。中性超子可取的参数范围是：质量 $m_{\tilde{\chi}} \sim M_{\rm SUSY} \sim 0.1 - 1$ TeV 相互作用在弱作用强度下约为 $\sim 10^{-4}\sigma_{\text{弱作用}}$。

- 普通中微子 (ν)：中微子，包括那些标准模型中的中微子，很早就被提出作为暗物质的候选者。由于标准模型中微子是相对论的，它们是热暗物质。因此宇宙大尺度结构的形成和 CMB 各向异性分析不倾向于这种可能性。另外，目前振荡实验和天体物理观测表明，通常的中微子的质量非常微小，而且它们已知的数密度对宇宙全部物质的贡献不超过几个百分点。现有观测给出的轻中微子分量为 $\Omega_\nu < 0.0055$[11]。

- 标中微子 ($\tilde{\nu}$)：标中微子具有大的散射和湮灭截面，因此如果能量超过阈值的话应该很容易在强子对撞机上产生。然而，Tevtron 上对它的寻找结果是负面的，这意味着它们非常重，很可能几百个 GeV。这么大的质量使其很难成为最轻超粒子。迄今为止在 LHC 上也没有超粒子的迹象。

- 重中微子 (N)：LEP 数据要求任何第四代 $SU(2)$ 中微子的质量必须大于

---

5 缩略词WIMP已经做为一个专业词汇被电子词典 *The Free Dictionary by Farlax* 收录。另见美国宇航局题为想象宇宙的网站：

    http://imagine.gsfc.nasa.gov/docs/teachers/galaxies/imagine/dark_matter.html，

这是一个专门对外行和学校老师科普的网页。

$m_Z/2$。如果这么重的中微子与轻的轻子有任何混合的话，它就不会是稳定的。如果它只与惰性中微子混合，重中微子的衰变才能被高度压低。但是这样的模型往往相当不自然。

- 惰性中微子 (ν_R)：为了构造中微子质量项，可以引入右手中微子来扩展标准模型。由于右手中微子处于所有标准模型规范群的单态表示中，没有任何标准模型量子数。因此，它们和标准模型粒子不直接产生相互作用，也就是说它们是惰性的。惰性中微子可以是狄拉克也可以是马约拉纳类型的。由于马约拉纳型粒子没有量子数，所以它们可以是自身的反粒子。马约拉纳粒子质量由跷跷板机制给出，该机制使左手粒子获得非常小的质量，而右手粒子则有非常大的质量。这个模型的另一个结果是出现了比最小标准模型更多的希格斯场。惰性中微子一般被归类为温暗物质。

- 轴子：轴子是一个赝南部–哥得斯通玻色子，它是由派斯–奎因 $U(1)$ 对称性破缺而产生的一种假想粒子。它是在 1977 年提出的一种解决强 CP 问题的方法。在早期宇宙中，轴子可以在 QCD 相变中非热产生。轴子的玻色爱因斯坦凝聚物可以自然做为冷暗物质的候选者。综述性文章可参见文献 [67] 和文献 [68]。

- 超轴子或轴超子 ($\tilde{a}$) 和引力超子 ($\tilde{G}$)：它们可以是温的 ($\sim$ KeV)，也可以是冷的。它们是可行的且有趣的暗物质候选者，它们虽然不能被直接测量，但 LHC 可以给它们存在提供一些提示。

- 普适额外维度 (UED)：这牵涉到把空间扩充到高维的超出标准模型的理论。此类理论在超弦理论和额外维理论中可以出现，为暗物质候选者提供了另一种有趣的可能性。它们通常被称为卡鲁扎–克莱茵态 (KKS)。其中最轻的态，被记为 LKP，可能是稳定的，从而作为暗物质的候选者。LKP 的质量在 400GeV$\sim$1.2TeV 之间，与中性超子范围相似，但远在现有实验限制之上。它们很可能是可以检验的。有很多关于卡鲁扎–克莱茵暗物质的工作，例如，在文献 [69] 中，可以找到 LKP 作为暗物质候选者的综述。

- 更多的奇异粒子：在超出标准模型理论如小希格斯和人工色模型中还有其他可能的候选者。

- 哥斯拉级暗粒子：以上讨论的暗物质候选者除了轴子外都是早期宇宙的热残留。热残留暗物质到底有多重可以由幺正性给出一个质量上限[70]。这个上限是 340TeV。然而，除了热产生的暗物质之外，也存在非热产生暗物质的可能性，它们由早期宇宙非热产生的超大质量态构成。这就是所谓的哥斯拉级暗粒子[71,72]。它们的质量比标准模型标度大很多个数量级，在 10^{12} 到 10^{16}GeV 的范围内。哥斯拉级暗粒子有几种产生机制。它们可以在太阳中心吸积而富集。它们的信号是它们的湮灭产生的极高能中微子。但是它们所需要的截面似乎已经被直接探测实验给的限制所排除。

- 孤子：包括 Q 球和 F 球，都是非拓扑孤子。它们被认为是奇异暗物质候选者。Q 球可以在带有守恒 $U(1)$ 荷的标量场理论中产生。Q 球是守恒荷固定时 (固定 $U(1)$ 荷) 对应最低能态的解。粗略地讲，这是一个由于吸引力而造成的大量粒子聚集在一起的有限大小的稳定球。关于 Q 球作为暗物质一个组成部分的提议，可参见文献 [73]。F 球产生于 Z_2 近似对称性的破缺。最简单的类型是被连接有多个零模费米子的畴壁所环绕的假真空泡。最早的 F 球可以作为暗物质的提议，可以参见文献 [74]。

除了单个粒子物质外，在早期寻找暗物质的过程中，还有一些大型天文物体也被认为是暗物质候选者。由于 BBN 和 CMB 各向异性给重子物质的限制，这些候选者是重子类型的，并且大多数此类模型已经不再可行。但是它们也应该被研究和探测，这样才能保证没有意外出现。为了完整起见，下面简单说明一下这些理论：

- 大质量致密晕 (MACHO): 这是包含普通重子物质的暗物质可能性，包括极暗恒星，即比太阳质量 10% 还小一些的棕色矮星系；或者是小而密的重元素块，它们统一被称为“MACHO”。可以由引力透镜寻找它们。然而，大爆炸核合成的研究已经令人信服地表明重子物质如 MACHO 在全部暗物质中只能占非常小的部分。

- 大质量致密物体 (MCO): 与 MACHO 类似，它们由致密普通物质结块，不会释放出可测量的辐射量。这些物体如果分布在宇宙中，很可能通过超新星研究中的透镜效应中探测它们。许多被研究过的超新星发出的光已经旅行了 50 亿年到达地球。经过一个 MCO，光会发生色散。对 300 个遥远超新星的观测表明没有发现质量超过太阳质量 1%[75] 的 MCO 的迹象。因此可以由此得出结论[75]，可以排除掉质量不小于 10% 地球质量的 MCO。所以 MCO 不可能是暗物质的重要组成部分。

- 黑洞和原初黑洞：星系尺度极大质量黑洞已经被引力透镜数据排除，不能作为暗物质候选者。但是微小黑洞仍然是可能的[76]。然而，一般说来，黑洞，不论大小，都不可能构成暗物质的主要成分，除非它们是在核合成之前的早期宇宙中形成的。原因与上文反对 MACHO 的原因类似。如果它们在核合成之后形成，黑洞就必须包含在重子密度中。然而，如果产生更早，在核合成之前，它们就可以计入暗物质密度了。早期宇宙可以产生小于太阳质量的非常小的黑洞，即所谓的原初黑洞 (PBH)。它们将在宇宙中引力作用下漂浮在宇宙中且形成团簇。PBH 是非相对论和无碰撞的，因此它们是一个有趣的冷暗物质候选者。一个小 PBH 可能只有一个原子的大小，但是它的质量有小行星那么重，大约是 10^{17}kg 甚至更重。当一个 PBH 经过一个恒星, 比如太阳时, 它的引力效应可以使恒星产生振荡, 因此是可以观测到的[77]。

4.2.1　扩展阅读: 暗部分简介

暗物质候选者中还可以存在一种相对较新的部分: 暗部分。由于所有的暗物质证据都来自于其引力效应, 所以暗物质粒子可以来源于一个隐蔽区域, 即与已知标准模型粒子无相互作用的区域。暗物质粒子自身可以相互作用, 由此可以构建不同种类的模型。一个简单的例子就是暗部分可以是一个纯超对称 SU(N) 规范理论。这样的模型, 可以发生没有 WIMP 粒子的奇迹, 从而在可见区域产生了 WIMP 奇迹。这将在后文做更详细的讨论。另外, 最近的星系碰撞的宇宙学观测表明, 暗部分粒子可以有很强的自相互作用。参见文献 [78,79]。

暗部分的另外一个着眼点涉及含有某些暗物质粒子但并不是 WIMP 类型[80]的物理理论。这些理论包括动机良好的轴子和类轴子粒子 (ALP), 以及更广泛意义上和标准模型无关的隐藏区域。宇宙的主要组分是暗能量和暗物质, 这个事实使得当然它们很可能 (为什么不呢?) 拥有自己完整的理论结构。暗部分的存在开辟一个新世界的大门。它可以导致各种各样的可能性, 包括各种新粒子和新的相互作用。但是它们被假定和普通粒子具有相似的理论结构框架, 如规范原理和场论结构, 它们将成为这个新世界的门户。下面给出一些可能性, 更多的细节和参考资料, 参见文献 [80]。

- 暗光子: 这是假定存在一个新的 $U(1)$ 规范玻色子场, 表示为 A'。它通过与普通光子的运动学混合而与带 (电) 荷粒子有极弱的相互作用, 从而产生与普通区域的有效相互作用。如 $\sim A'_\mu J^\mu_{EM}$, 其中 J^μ_{EM} 是普通荷电粒子的电磁流。
- 不参与通常强或电磁相互作用的新的、轻的弱耦合粒子。这种方案源于 (解释) 不同 WIMP 框架中暗物质 (几百个 GeV 弱相互作用粒子) 检测的零结果。这些探测包括各种暗物质和对撞机实验。有宇宙学常数的冷暗物质模型在天体物理和宇宙学研究中出现问题也是提出这种方案的原因之一。标量粒子构成的质量介于 MeV∼GeV(GeV 以下) 范围内的轻暗物质在理论是允许的。这个轻粒子可能相当复杂, 涉及许多不同种类的粒子, 它们也可以是热残留。

4.3　对可行的暗物质候选者的评论

暗物质候选者, 如超对称暗物质中的中性超子, 超弦理论和额外维度理论中的最轻卡鲁扎–克莱因粒子, 以及超出标准模型的其他粒子, 通常质量比较大且与可见区域粒子的相互作用很弱。因此，它们被称为弱相互作用的大质量粒子(WIMP)。它们在粒子物理中的存在具有与暗物质完全无关的良好动机[81]。由于大多数候选者都存在于良好定义的理论框架中来解决粒子物理问题，比如中性超子，它们的效应可以从理论上计算得到，也可以在实验上对它们进行系统地检验。它们的天体物理行为大体如下：在极早期宇宙中，它们与普通粒子处于热和化学平衡状态，直到宇宙温度降到 WIMP 的质量以下，然后它们就退耦了，它们的密度就冻结了。事实证明，WIMP 可以自然地给出冷暗物质所要求的正确密度。后文将讨论一些相应的细节。因此，这类暗物质候选者得到了最广泛的关注和最彻底的研究。WIMP 质量估计在 10GeV 到 1TeV 的范围内。

并非所有在粒子物理中产生的暗物质候选粒子都是 WIMP。轴子就是一个非 WIMP 暗物质候选者粒子的例子。通常认为 WIMP 和轴子是冷暗物质的主流候选者。其他粒子类型是非 WIMP 的，它们可以是冷的或温的，也可以是热产生的，如哥斯拉级暗粒子、引力超子、超弱相互作用大质量粒子 (超 WIMP) 等，这些被称为奇异态。也有非热产生的候选者。由于大家注意力大多集中在对暗物质的探索上，所以往往忽略了暗物质粒子自身的动力学效应。

最近的进展进一步扩大了暗物质候选者的可能性，这既有实验的也有理论上的原因。实验方面，使用了众多的技术，无数的实验搜索中并未发现暗物质的任何信号，从而排除了 WIMP 的大部分参数空间。天体物理观测表明暗物质粒子之间有可能有显著的相互作用。近期理论方面的进展开辟了产生暗物质残留的新的可能产生机制。WIMP 之外，早期 SIMP(强相互作用大质量粒子) 系统[82]，和 SIDM[49]，即自相互作用暗物质，它们的相关研究非常活跃。这里只引用关于两种框架最近的几篇论文，更多参考资料可参见其中的参考文献。最近，人们提出一种新的机制来产生热平衡暗物质，这种机制在高维理论的隐蔽区域中发生。相关的隐蔽区域粒子具有强的自相互作用，这种粒子被称为 SIMP [83]。关于实现这种机制的模型可以参见文献 [84]。

依据文献 [85]，表 4.3.1 总结列出了最具吸引力的暗物质候选者，包括 WIMP 和非 WIMP。表中也给出了其他一些相关信息：它们存在的动机，它们的一般性质，以及它们的探测方法等。

表 4.3.1　暗物质候选者及其相关物理的总结。表格取自文献 [85]

(译者对原表格做了翻译)

	WIMP	超 WIMP	轻 $\tilde{G}$	暗部分 DM	惰性 ν	轴子
动机	GHP	GHP	GHP NPFP	GHP NPFP	ν 质量	强 CP
自然给出 合适的 Ω	是	是	否	可能	否	否
产生机制	冻结	衰变	热产生	多种	多种	多种
质量范围	GeV~TeV	GeV~TeV	eV~keV	GeV~TeV	keV	μeV ~ meV
温度	冷	冷/温	冷/温	冷/温	温	冷
是否对撞				✓		
早期宇宙		✓✓		✓		
直接探测	✓✓			✓		✓✓
间接探测	✓✓	✓		✓	✓✓	
粒子对撞机	✓✓	✓✓	✓✓	✓		

GHP 表示规范等级问题；NPFP 表示味道问题的新物理；✓✓ 意味着普通探测信号；✓ 表示可能的信号。

4.4　暗物质候选者质量的范围和限制

　　尽管暗物质不能是什么的条件很明确，但允许的候选者的数目是巨大的，对它们的性质的限制却很有限，只有质量、反应截面等。图 4.4.1 给出了各种暗物质候选粒子的质量范围及其相互作用截面，此图是最初文献 [86] 给出结果的更新版本。

　　从图 4.4.1 下面的图中可以看到质量变化在 30 个数量级，从 10^{-15} 到 10^{15}GeV，多数候选者粒子的反应截面覆盖了从 10^{-31} 到 10pb 的 32 个数量级的范围。注意 WIMP 包括几种不同的粒子：卡鲁扎-克莱因粒子、小希格斯还有超对称粒子。包含在 WIMP 中的超对称中性超子比一般的 WIMP 粒子具有更严格的质量和截面的限制。

　　有趣的是，基于一般的讨论，某些类别的暗物质粒子的质量存在上限和下限，而且很大程度上是模型无关的。上限是适用于 WIMP 热残留的幺正性限制。下限是适用于在粒子如轴子上的所谓的特里梅因-葛恩限。下面简单讨论一下这两个限。应该强调的是，幺正性限不适用于非热产生的暗物质粒子。

幺正性限

　　对于热暗物质粒子来说，文献 [70] 说明了幺正关系为粒子质量设置了一个上限。它是由早期宇宙演化一度处于热平衡的粒子导出的。S 矩阵的分波幺正性限制了湮灭截面, 进而限制了暗物质粒子的残留丰度和质量。由此得到两个限制。它排除了 (a) 质量大于 $M_{\max}$ 的稳定的基本点粒子, (b) 半径小于 $r_{\min}$ 的复合粒子。文献 [70] 给出 $M_{\max}$ 和 $r_{\min} = 7.5 \times 10^{-7}$ fm。特别地, 热平衡暗物质的质量上限为[6]

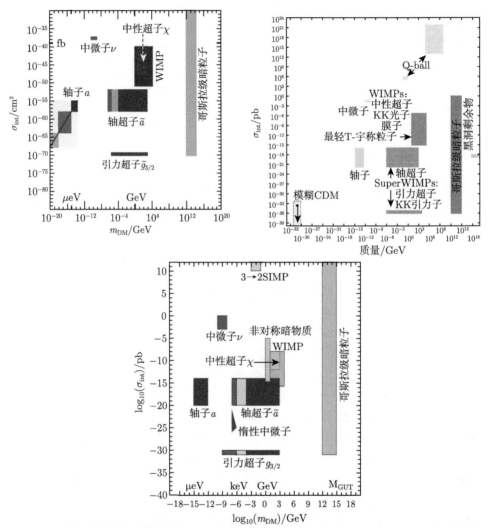

图 4.4.1　暗物质候选粒子的质量和相互作用截面。左上图是文献 [86] 给出的图形的更新版。右上图是由 K.-E. Park 在文献 [87] 引用给出的。下图是根据文献 [64] 给出的, 它是对一些良好动机的暗物质候选者进一步的更新版本。需要注意的是, 这三幅图的时间跨度超过了十年, 而参数空间改变却不大, 仅仅是增加了一些新的候选者而已。图中, SIMP 表示强相互作用大质量粒子 (§4.3), ADM 表示不对称暗物质 (§8.3.3.2)。模糊冷暗物质是一种假设的非常轻的标量粒子, 质量在 10^{-22} eV 左右, 它是为了解释尖核问题而引入的

---

6 文献 [70] 公式 (12) 给出的马约拉纳费米子的质量限制。详情请参阅文献 [70]。

$$m_{\mathrm{TDM}}(\mathrm{TeV}) \leqslant 10^3 \cdot \sqrt{\frac{\Omega_{\mathrm{TDM}} h^2}{1.7\sqrt{X_f}}}, \tag{4.4.1}$$

$$X_f = \frac{m_{\mathrm{TDM}}}{T_f},$$

其中 T_f 暗物质的冻结温度，$X \approx 28$。当暗物质提供所有的质量来源，同时约化哈勃常数取一，即 $\Omega_{\mathrm{TDM}} h^2 = 1$ 的情况下，得到文献 [70] 给出的质量限。如果取得最新的观测数据 $\Omega_{\text{冷暗物质}} h^2 = 0.12^{[11]}$，则 $m_{\mathrm{TDM}} \leqslant 115\ \mathrm{TeV}$。有关暗物质粒子的质量上限的讨论可以参阅 2014 SLAC 暑期学校[22] 网站，其中给出了一个更加小的数值上限为 30TeV。[7] 虽然上限是相当大的，几十或上百 TeV，这使得幺正性限制比较弱，但存在这个限制本身就是有趣的。如果冷暗物质是由多种大质量粒子组分构成的，那单个成分都满足公式(4.4.1)。因此单个组分对应的 Ωh^2 都减小了 (小于 1)，相应暗物质组分粒子的幺正性质量限制也减小了。由于质量限变化近似于 $\sqrt{\Omega h^2}$，所以每个质量限下降并不快。

应该注意到幺正性限制并不适用于非热产生的暗物质粒子。

特里梅因–葛恩限

特里梅因–葛恩限[88] 指的是暗物质粒子的质量下限。它是基于相空间密度演化的论证，最初是为费米型暗物质导出的。这种相空间密度演化论，简单概括而言，考虑了给定天体中暗物质粒子的平均相空间密度与简并费米气体的相空间密度的关系。这种论点已推广到玻色子[89]。特里梅因–葛恩限已经广泛用于在惰性中微子作为暗物质粒子的情况下为惰性中微子设置质量下限。更多的讨论参见 §7.2 节。

---

7 这是一个名为《暗物质最大质量》的报告，报告时间是 2014 年 8 月 14 日下午。

5 | 弱相互作用大质量粒子 (WIMP)

5.1 弱相互作用大质量粒子 (WIMP)

在粒子物理广阔的理论研究中，WIMP 是暗物质最受欢迎的候选者。首先，重子和暗成分的密度是可比的，$\Omega_{\mathrm{DM}}/\Omega_{\mathrm{B}} \approx 5.4$ [11]。这意味着重子物质和暗物质很有可能是相互关联的。其次，WIMP 大多出现在超出标准模型理论中，建立这种关联将会为当今粒子物理学中一些突出的基本问题提供解决方案。如果暗物质的主要成分是 WIMP，人们可以在微观基本粒子和大尺度宇宙之间建立更深层次的联系。[1]

5.2 超对称 WIMP

超对称性的引入是由规范等级问题、规范耦合常数的统一和弦理论共同推动的，它提供了一个引入扩展的对称原理来扩充标准模型的具体实例。最小超对称标准模型具有离散的 R-宇称对称性，它具有所有理想的特性，给人们提供了动机良好的 WIMP 候选者，其形式是最轻的稳定超粒子，如中性超子。粒子的 R 宇称由其重子数 B、轻子数 L 和自旋 s 来定义

$$R = (-1)^{3(B-L)+2s}.\tag{5.2.1}$$

显而易见，所有的标准模型粒子都具有正 R-宇称，它们的超对称伙伴具有负 R-宇称。如果 R-宇称守恒，最轻超粒子 (LSP) 将是绝对稳定的。LSP 称为中性超子，表示为 $\tilde{\chi}^0$，是由光子、Z 玻色子 ($\tilde{W}^0$ 和 $\tilde{B}^0$ 的混合物) 的超伙伴以及希格斯粒子 ($\tilde{H}_1^0$ 和 $\tilde{H}_2^0$) 的超伙伴混合而成的

$$\tilde{\chi}^0 = a_1\tilde{W}^0 + a_2\tilde{B}^0 + a_3\tilde{H}_1^0 + a_4\tilde{H}_2^0.\tag{5.2.2}$$

最小超对称标准模型一个非常吸引人的特点是规范耦合统一，它在高能标统一了标准模型强、电弱相互作用的三种耦合强度，因此有可能实现大统一。经常展

---

1 人们试图强调粒子物理学和宇宙学之间的联系。到目前为止，这种联系已得到很好的承认。例如，请注意 M.E.C. 斯旺森标题为《天空中的粒子物理学和地下的天体物理学: 连接宇宙最大和最小的尺度》的博士学位论文，参见 arxiv: 0808.0002[astro-ph]。

示的图 5.2.1，描述了最小超对称标准模型中在高能标下的耦合系数的统一。左图显示在没有超对称的标准模型中，三个耦合系数的跑动并不相交于一点。而右图则表示在最小超对称标准模型中，这三个耦合系跑动系数的确在比普朗克能标低三个量级的 10^{16}GeV 附近相交于一点。

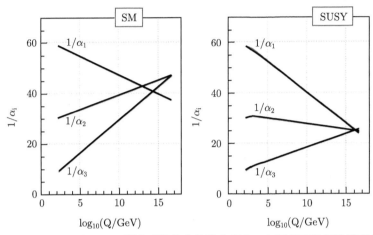

图 5.2.1 $SU(3)$、$SU(2)$ 和 $U(1)$ 耦合系数的高能演化行为，左图表示的标准模型的演化，规范耦合并没有统一。而右图显示，在最小超对称标准模型中，规范耦合在 10^{16} GeV 左右是统一的。图形取自文献 [90]

从美学上讲，超对称 WIMP 作为暗物质，为从高能到低能的粒子物理和宇宙学所面临的问题提供了统一的解决方案。在粒子物理中，超对称稳定了低能区域，如几百个 GeV 的标准模型，使之不受更高能标的大统一理论的太大影响，从而解决了规范等级问题。对于宇宙学来说，超对称处于宇宙的暗的一面。超伙伴粒子和普通物质共同构成了我们所知的宇宙。

这里我们对超对称进行简单的一般性评述。超对称包含了大量的特定模型和方案，会带来大量自由参数。即使是最小超对称标准模型也具有很大的参数空间。在某些特定的模型中，在特定的条件，参数数目可以大大减少。最流行且被最广泛研究的是最小超引力模型 (mSUGRA) 和受限最小超对称标准模型 (CMSSM)。关于这两种模型中暗物质候选者的详细讨论可参见文献 [91]。

5.3 WIMP 物理和宇宙学

按照传统的做法，用 χ 和 $\bar{\chi}$ 表示暗物质粒子和它的反粒子。如果暗物质是马约拉纳粒子的话，χ 和 $\bar{\chi}$ 是一样的。在一般的讨论中，χ 即表示暗物质粒子也表示其反粒子。由于暗物质参与宇宙的演化，所以假定 χ 是热产生的。因此，在高温

$T \gg m_\chi$ 时，χ 与宇宙热浴处于热平衡态。

在早期宇宙中，χ 与普通物质通过高效的湮灭和产生过程，以及交叉道 (t 道或者 s 道四顶点相互作用) 的弹性散射过程而处于热平衡态，湮灭产生过程形式为

$$\chi + \bar{\chi} \leftrightarrow \wp + \bar{\wp}, \tag{5.3.1}$$

其中 $\wp$ 和 $\bar{\wp}$ 分别表示普通的标准模型粒子和其反粒子，如轻子、夸克和光子等。平衡态中所有粒子具有相同的温度。给定温度下，平衡态 χ 的数密度为

$$n_\chi^{(\text{eq})} = \frac{g}{(2\pi)^3} \int f(p) \mathrm{d}^3 p, \tag{5.3.2}$$

其中 g 是内部自由度数目，即对 χ 来说，内部自由度由自旋确定为 $2s+1$。函数 $f(p)$ 是狄拉克–费米或者玻色–爱因斯坦分布[2]，具体依赖于 χ 的统计性质。它是 χ 的动量大小 p 的函数。对于暗物质粒子有质量的情况，在高温，也就是 $T \gg m_\chi$ 时，暗物质粒子的数密度为 $n_\chi^{(\text{eq})} \propto T^3$。在低温时，$T \ll m_\chi$，能量很低，$\wp$、$\bar{\wp}$ 对撞产生 $\chi\bar{\chi}$ 过程被压低，但 $\chi\bar{\chi}$ 的湮灭过程却仍然保持不变，(大量粒子湮灭到无质量粒子的过程没有压低。) χ 的数密度呈指数压低，$n_\chi^{(\text{eq})} \propto \exp(-m_\chi/T)$。当宇宙温度降得足够低时，如果平衡保持，密度就会指数压低地减小。幸运的是，宇宙动力学会干预这个过程。随着宇宙膨胀并冷却下来时，χ 数密度的减少使 χ 和 $\bar{\chi}$ 都越来越难以找到对方来进行湮灭，同时 χ 也很难再找到普通物质进行散射。最终，当宇宙温度足够低时，湮灭过程就停止了，χ 与由光子和其他相对论粒子组成的宇宙热浴退耦。然后，除了极其稀少的湮灭和与普通物质散射外，χ 与宇宙其余部分退耦。但是，它继续随着哈勃膨胀而自由膨胀，以在共动体积 a^3 保持为常数，即 $a^3 n_\chi$ 为常数。于是，χ 的数密度恢复了正比于 T^3 的行为。下面对物理中的热退耦或冻结导致的热残留的粒子，给出一个定性推导。详情参见第 11 章。

5.3.1 热残留

本节将概述相对论和非相对论两种情况处理热残留的公式。相对论情况下，热残留会产生热暗物质，而非相对论情况则产生冷暗物质。这里假定暗物质粒子与其反粒子的数密度相同 $n_{\bar{\chi}} = n_\chi$。从玻尔兹曼输运方程 (BTE) 开始，该方程处理粒子 χ 的数密度 n_χ 的随时间的演化。具体推导过程参见第 11.11 节，

$$\frac{\mathrm{d}n_\chi}{\mathrm{d}t} = -3H n_\chi - \langle v\sigma_{\text{ann}} \rangle (n_\chi^2 - n_\chi^{(\text{eq})2}), \tag{5.3.3}$$

其中 $n_\chi^{(\text{eq})}$ 由公式(5.3.2)给出，H 是哈勃参数，σ_{ann} 是公式(5.3.1)的 $\chi\bar{\chi}$ 湮灭截面，其中湮灭对所有相关末态求和，v 是 χ 和 $\bar{\chi}$ 的相对速率。$\langle v\sigma_{\text{ann}} \rangle$ 是 $v\sigma_{\text{ann}}$ 的热平均。

---

2 参见第 9 章的讨论，特别是关于公式 (9.2.1) 的讨论。

可以直接检验上述方程两边的量纲符合预期，为体积倒数除以时间，即 $cm^{-3}s^{-1}$。为了后面使用，定义 χ 和 $\bar{\chi}$ 的两种湮灭率。[3]

$$\Gamma_{\mathrm{ann}} = n_\chi \langle v\sigma_{\mathrm{ann}} \rangle, \tag{5.3.4}$$
$$\Gamma_{\mathrm{ann}}^{(\mathrm{eq})} = n_\chi^{(\mathrm{eq})} \langle v\sigma_{\mathrm{ann}} \rangle.$$

在共动体积 a^3 中，粒子总数目 $a^3 n_\chi$ 的时间变化率有更简单的形式

$$\frac{\mathrm{d}(a^3 n_\chi)}{\mathrm{d}t} = -\langle v\sigma_{\mathrm{ann}} \rangle a^3 \left(n_\chi^2 - n_\chi^{(\mathrm{eq})2} \right), \tag{5.3.5}$$

可改写为

$$\frac{1}{2}\frac{\mathrm{d}(a^3 n_\chi)^2}{\mathrm{d}t} = -\Gamma_{\mathrm{ann}} \left((a^3 n_\chi)^2 - (a^3 n_\chi^{(\mathrm{eq})})^2 \right). \tag{5.3.6}$$

由于共动体积 a^3 不是一个可观测量，而且在现在这种设置下宇宙时间也难以确定。可以通过下面定义用熵密度 s 来代替 a^3

$$Y \equiv \frac{n_\chi}{s}, \qquad Y_{\mathrm{eq}} \equiv \frac{n_\chi^{(\mathrm{eq})}}{s}. \tag{5.3.7}$$

玻尔兹曼输运方程(5.3.5)变为

$$\frac{\mathrm{d}Y}{\mathrm{d}t} = -\langle v_\chi \sigma_{\mathrm{ann}} \rangle s (Y^2 - Y_{\mathrm{eq}}^2). \tag{5.3.8}$$

更方便的变量为

$$x \equiv \frac{m_\chi}{T}. \tag{5.3.9}$$

由于在共动体积中熵守恒，所以 $a^3 s \sim$ 常数。因此在公式 (9.2.18) 中用 a^3 来代替 s^{-1} 是自然的。变量 x 可以用来直接区分相对论情况和非相对论情况。粗略地讲，$x = 2$ 可以用做两种情况的判断标准，$x < 2$ 是相对论情况，$x > 2$ 是非相对论情况。

为了得到关于变量 x 的玻尔兹曼输运方程，需要宇宙温度的时间导数

$$\frac{\mathrm{d}}{\mathrm{d}t} = -x \left(\frac{\dot{T}}{T} \right) \frac{\mathrm{d}}{\mathrm{d}x}, \tag{5.3.10}$$

---

3 回顾一下，在相对论和非相对论极限下，平衡态数密度的表达式为：

$$n_{\text{相对论费米}}^{(\mathrm{eq})} = \frac{3}{4} g \frac{\zeta(3)}{\pi^2} T^3, \qquad n_{\text{相对论玻色}}^{(\mathrm{eq})} = g \frac{\zeta(3)}{\pi^2} T^3$$

$$n_{\mathrm{non}}^{(\mathrm{eq})} = g_\chi m_\chi \left(2\pi \frac{m_\chi}{T} \right)^{-3/2} \exp\left(-\frac{m_\chi}{T} \right).$$

详情参见 §9.3。

上式用到了惯例符号 $\dot{T} \equiv \mathrm{d}T/\mathrm{d}t$。为了计算 $\dot{T}/T$，需要用到公式 (9.4.3) 给出的 s 的明确表达式，即 $s = (2\pi^2/45)g_{s*}T^3$，$a^3 s \sim$ 常数。由此得到 $\dot{s} = -3Hs$

$$\frac{\dot{T}}{T} = -H\left(1 + \frac{T}{3}\frac{\mathrm{d}}{\mathrm{d}T}\ln(g_{s*})\right)^{-1}. \tag{5.3.11}$$

于是[4] 玻尔兹曼输运方程(5.3.8)可以写成各种不同的形式，这些形式都可以在文献中找到，例如

$$\begin{aligned}
\frac{\mathrm{d}Y}{\mathrm{d}x} &= \frac{\langle v\sigma_{\mathrm{ann}}\rangle}{3H}\frac{\mathrm{d}s}{\mathrm{d}x}(Y^2 - Y_{\mathrm{eq}}^2) \tag{5.3.12}\\
&= -\frac{\langle v_\chi\sigma_{\mathrm{ann}}\rangle}{H}\frac{s}{x}\left(1 + \frac{T}{3}\frac{\mathrm{d}}{\mathrm{d}T}\ln(g_{s*})\right)(Y^2 - Y_{\mathrm{eq}}^2)\\
&= -\sqrt{\frac{\pi}{45}}g_{\mathrm{eff}}^{1/2}m_\chi M_{\mathrm{P}}\frac{\langle v\sigma_{\mathrm{ann}}\rangle}{x^2}(Y^2 - Y_{\mathrm{eq}}^2),\\
g_{\mathrm{eff}}^{1/2} &= \frac{g_{s*}}{\sqrt{g_{\rho*}}}\left(1 + \frac{T}{3}\frac{\mathrm{d}}{\mathrm{d}T}\ln(g_{s*})\right),
\end{aligned}$$

其中 $M_{\mathrm{P}} = 1/\sqrt{G_{\mathrm{N}}}$ 是普朗克质量。此处用到了公式(5.3.11)上面一行中的熵公式，以及假定辐射为主时，用宇宙总能量密度公式 (9.4.2) $\rho = (\pi^2/30)g_{\rho*}T^4$ 表示的哈勃膨胀率 $H \equiv \sqrt{(8\pi G_{\mathrm{N}}/3)\rho}$。根据公式(5.3.12)第二个等式，可以以另一种形式重写玻尔兹曼输运方程，它特别地揭示了玻尔兹曼输运方程的物理性质，

$$\frac{x}{Y_{(\mathrm{eq})}}\frac{\mathrm{d}Y}{\mathrm{d}x} = -\frac{\Gamma_{\mathrm{ann}}^{(\mathrm{eq})}}{H}\left(1 + \frac{T}{3}\frac{\mathrm{d}\ln(g_{s*})}{\mathrm{d}T}\right)\left(\left(\frac{Y}{Y_{\mathrm{eq}}}\right)^2 - 1\right). \tag{5.3.13}$$

后面将继续讨论这个公式。[5]

上面任何形式的玻尔兹曼输运方程都含有温度依赖的 g_{s*} 和 $\Gamma_{\mathrm{ann}}^{(\mathrm{eq})}$，必须进行数值求解。它们是非线性的里卡蒂方程，没有已知的一般解析解[6]。然而，了解了方程行为之后，可以得到近似解。

比率 $\Gamma_{\mathrm{ann}}^{(\mathrm{eq})}/H$ 是玻尔兹曼输运方程解的控制因子。在早期高温宇宙时，$T \gg m_\chi$，$\chi\bar\chi$ 平衡湮灭率 $\Gamma_{\mathrm{ann}}^{(\mathrm{eq})}$ 远远大于宇宙膨胀率 H。当 χ 最开始处于平衡态时，玻尔兹曼输运方程(5.3.13)中的大系数 $\Gamma_{\mathrm{ann}}^{(\mathrm{eq})}/H$ 由于负反馈效应强制 χ 处于平衡态。随着宇宙膨胀，H 和 $\Gamma^{(\mathrm{eq})}$ 都减小，但后者比前者慢，因此系数 $\Gamma_{\mathrm{ann}}^{(\mathrm{eq})}/H$ 减小。[7] 随着这一趋势的继续，在某一时刻，$\Gamma_{\mathrm{ann}}^{(\mathrm{eq})}/H$ 将变得足够小，Y 将不再保持 Y_{eq}。这种

4 下面第一个等式可以在文献 [21] 中找到，其中该公式由等式 $\mathrm{d}s/\mathrm{d}x = -(3s/x)(1+(T/3)\mathrm{d}(\ln(g_{s*}))/\mathrm{d}T)$ 与第二个等式相关联。

5 公式(5.3.13)来自于文献 [65]；公式 (5.26) 来自于文献 [21]中公式 (3)，其中忽略了 g_{s*} 对温度的依赖。

6 详情将在第 §11.3 节中讨论。

7 由于 $n_\chi^{(\mathrm{eq})} \sim T^3$ 和在辐射为主的时代，$H \sim T^2$，$\Gamma_{\mathrm{ann}}^{(\mathrm{eq})}/H$ 将以 T 或更快的速度减小。

情况只有对有质量的粒子成立，同时这也是粒子残留的关键机制。如果某种粒子不能脱离其平衡态，它的数密度就会指数变小，最终也就没有残留了。n_χ 开始偏离平衡态的温度表示为冻结温度 T_f，此时 χ 变量记为 x_f

$$\Gamma_{\mathrm{ann}}^{(\mathrm{eq})} = H|_{x=x_f}. \tag{5.3.14}$$

对于 $x_f < 2$，冻结在 χ 是相对论性时发生，并导致热残留。而对 $x_f > 2$，非相对论性 χ 冻结给出冷残留。

5.3.2 热暗物质残留

这种情况是当粒子仍然是相对论性的时候就冻结了，所以 $x_f \lesssim 2$。[8] 在退耦或冻结时，χ 仍然是相对论性的，同时

$$Y_{\mathrm{eq}}(x_f) = \frac{n_\chi^{(\mathrm{eq})}(x_f)}{s(x_f)} = \frac{45\zeta(3)}{2\pi^4}\frac{g_{\chi*}}{g_{s*}(T_f)} \qquad (x_f < 2) \tag{5.3.15}$$

是常数。[9] 这样，Y 的近似值 Y_∞ 对温度不敏感。可得

$$Y_\infty = Y_{\mathrm{eq}}(x_f) = \frac{45\zeta(3)}{2\pi^4}\frac{g_{\chi*}}{g_{s*}(T_f)}. \qquad (x_f < 2) \tag{5.3.16}$$

为计算当前时代的数密度，我们可以确定 $Y_0 = T_\infty$，同时利用当前的熵 s_0[11]

$$n_{\chi 0} = s_0 Y_\infty = s_0 \frac{45\zeta(3)}{2\pi^4}\frac{g_{\chi*}}{g_{s*}(T_f)} \qquad (x_f < 2) \tag{5.3.17}$$

在这种情况下，χ 平衡态时的密度 $n_\chi^{(\mathrm{eq})} \sim T^3$，宇宙熵密度 $s \sim T^3$，于是 Y_{eq} 与时间无关。对于相对论性粒子，公式 (9.3.1) 和公式 (9.3.4) 给出 χ 的数密度和系统的熵

$$n_\chi(T) = g_{\chi*}\frac{\zeta(3)}{\pi^2}T^3, \tag{5.3.18}$$

$$s(T) = g_{s*}\frac{2\pi^2}{45}T^3,$$

其中 $\zeta(3) = 1.20206$。对于玻色子，$g_{\chi*} = g_\chi$；对于费米子，$g_{\chi*} = 3g_\chi/4$。g_χ 是 χ 的自旋自由度。g_s 是温度 T 时系统熵的有效自由度，其值为

$$g_{s*} \equiv g_{\mathrm{B}} + \frac{7}{8}g_{\mathrm{F}}, \tag{5.3.19}$$

---

8 本小节的讨论主要参考了文献 [65]，122~123 页。

9 已知在 x_f 时，$n_\chi^{(\mathrm{eq})} = g_{\chi*}(\zeta(3)/\pi^2)T^3$，对于费米子 $g_{\chi*} = (3/4)g_\chi$，玻色子 $g_{\chi*} = (3/4)g_\chi$。$s = g_{s*}(T_f)(2\pi^2/45)T^3$，$g_{s*}(T_f)$ 是在温度 T_f 时计算的 g_{s*}。这样 $Y_{\mathrm{eq}} = (45\zeta(3)/(2\pi^4))(g_{\chi*}/g_{s*}(T_f))$。

g_B 和 g_F 分别是所有玻色子和费米子对熵贡献的总自由度数。可得

$$Y(T) = \frac{n_\chi(T)}{s(T)} = \frac{45\zeta(3)}{2\pi^4}\frac{g_{\chi*}}{g_{s*}}. \tag{5.3.20}$$

它经常被看作常数。因此，决定暗物质残留丰度的 Y_∞ 渐近值可以由公式(5.3.16)给出。暗物质 χ 当前的热残留 χ 数密度、质量密度及其在宇宙总能量中的比例分别为

$$n_{\chi 0} = s_0 Y_\infty = \frac{45\zeta(3)}{2\pi^4}\frac{g_{\chi*}}{g_{s*}}s_0, \tag{5.3.21}$$

$$\rho_{\chi 0} = m_\chi n_{\chi 0} = \frac{45\zeta(3)}{2\pi^4}\frac{g_{\chi*}}{g_{s*}}s_0 \cdot m_\chi,$$

$$\Omega_\chi h^2 = \frac{m_\chi n_{\chi 0}}{\rho_c h^{-2}} = \frac{45\zeta(3)}{2\pi^4}\frac{g_{*\chi}}{g_s}\frac{s_0 \cdot m_\chi}{\rho_c h^{-2}}.$$

其中 s_0 是当前的熵密度，ρ_c 是宇宙的临界密度。将 $s_0 = 2891.2\ \mathrm{cm}^{-3}$ 和 $\rho_c = 1.0538 \times 10^4 h^2 \mathrm{eV/cm}^3$ [11]代入，可得数值表达式

$$n_{\chi 0} = 8.0276 \times 10^2 \frac{g_{\chi*}}{g_{s*}}, \tag{5.3.22}$$

$$\rho_{\chi 0} = 8.0276 \times 10^2 \frac{g_{\chi*}}{g_{s*}}\left(\frac{m_\chi}{1\mathrm{eV}}\right)\ \mathrm{eV/cm}^{-3},$$

$$\Omega_\chi h^2 = 7.6178 \times 10^{-2}\frac{g_{\chi*}}{g_{s*}}\left(\frac{m_\chi}{1\ \mathrm{eV}}\right).$$

这意味着热残留有一个上限。由上述方程的第三式左边 Ω_χ 有上限 $\Omega_\chi < 1$，可得

$$m_{\chi \mathrm{hot}} < 13.13\left(\frac{g_{s*}}{g_{\chi*}}\right)\ \mathrm{eV}. \tag{5.3.23}$$

由于热残留不能在所需的暗物质中占比过多，满足 $\Omega_{\mathrm{dm}}h^2 = 0.1198$ 时，可得 $m_{\chi \mathrm{hot}} < 1.6(g_{s*}/g_{\chi*})\mathrm{eV}$。

我们可以利用公式(5.3.22)推导中微子对宇宙物质组成通常的贡献。中微子在宇宙温度约为 1 MeV(见 §9.5 节) 时退耦。对熵贡献的粒子包括光子、三种中微子及其反粒子、电子和正电子。正如表 9.3.2 第二行所示，$g_{s*} = 10.75$。对于两分量中微子理论 $g_{\nu*} = 2(3/4)$，由公式(5.3.22)第三式可得

$$\Omega_\nu h^2 = \frac{\sum m_\nu}{94.1\ \mathrm{eV}}. \tag{5.3.24}$$

粒子物理数据合作组[11]给出的现在的中微子质量限是 $\sum m_\nu < 0.23\ \mathrm{eV}$，这意味着 $\Omega_\nu h^2 < 0.00245$。该值还不到现在暗物质残留丰度 $\Omega_{\mathrm{dm}}h^2 = 0.1198$ 的五十分之一。

5.3.3 冷暗物质残留

对于非相对论性退耦来说，冻结温度小于 χ 质量，满足 $x_{\mathrm{f}} > 2$ 时。退耦是所考虑的大质量粒子数密度随时间演化的结果。下面首先定量描述这个随时间演化过程，接着按照文献 [92][10]的方法，根据公式(5.3.12)的一个表达式以及可用的近似进行计算。现在重复公式(5.3.13)下面给出的论证。在高温下，χ 热产生之后，$T \gg m_\chi$ 或者 $x \ll 1$，χ 是相对论的，与宇宙热浴处于热平衡状态。因此，它有一个平衡分布，其数密度正比于 T^3，从而得到 $Y = Y_{\mathrm{eq}}$。在这一阶段，湮灭率远远大于哈勃膨胀率。所以 Y 非常接近 Y_{eq}。随着温度的降低，x 增大，平衡湮灭率按照 x^{-3} (T^3) 或者更快速度下降，而 H 在辐射主导时按照 $x^{-2}(T^2)$ 下降。因此比率 Γ_{ann}/H 随着温度的降低而减小。当温度降到低于 m_χ 或 $x > 2$ 时，平衡数密度将取非相对论性的玻尔兹曼–麦克斯韦分布形式，该分布按照指数递减，$\sim \exp(-x)$。在 $x_{\mathrm{f}} > 2$ 附近，Y 值开始偏离 Y_{eq}，并随着温度进一步降低这种偏离越来越多。在足够低的温度下，粒子密度过低以致于使得湮灭过程不再有效，在共动体积中的粒子数冻结为一个常数，并成为膨胀宇宙的残留。由公式(5.3.14)求得的 x_{f} 的解依赖于湮灭截面的大小，因为湮灭截面越大，湮灭率越大，粒子能够保持非相对论分布的时间就越久，因此残留丰度就越小。图 5.3.1[65]给出了退耦过程的图形描述。关于退耦更为详细的描述参见第 11 章，特别是图 11.4.1。

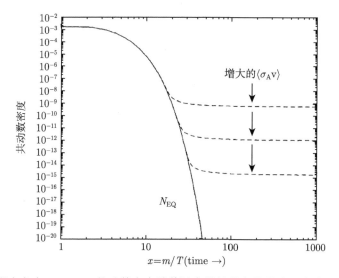

图 5.3.1 早期宇宙中，WIMP 共动数密度随着温度降低的变化曲线。虚线是退耦以后的密度[65]。注意，x_{f} 随着湮灭截面增大而增大，这导致了残留丰度的降低

---

10 文献 [92]，74-77 页。

下面定量估计期望的残留丰度。改写公式(5.3.12)的第三式

$$\frac{\mathrm{d}Y}{\mathrm{d}x} = -\frac{\tilde{\lambda}}{x^2}(Y^2 - Y_{\mathrm{eq}}^2), \tag{5.3.25}$$

$$\tilde{\lambda} \equiv \sqrt{\frac{\pi}{45}} g_{\mathrm{eff}}^{1/2} m_\chi M_{\mathrm{P}} \langle v\sigma_{\mathrm{ann}}\rangle.$$

把 $\tilde{\lambda}$ 近似看作常数并在 $T \leqslant T_{\mathrm{f}}{}^{10}$ 区域重点讨论上述方程。因为 Y_{eq} 是指数压低的，冻结之后 Y 就远大于 Y_{eq}，所以可以忽略 Y_{eq}。这样就可以改写公式(5.3.26)

$$\frac{\mathrm{d}Y}{\mathrm{d}x} = -\tilde{\lambda}\frac{Y^2}{x^2}. \tag{5.3.26}$$

对上式从 x_{f} 到 ∞ 积分，得到

$$\frac{1}{Y_\infty} - \frac{1}{Y_{\mathrm{f}}} = \frac{\tilde{\lambda}}{x_{\mathrm{f}}}, \tag{5.3.27}$$

其中 Y_∞ 和 Y_{f} 分别是 Y 的渐近值和冻结点值。通常 $Y_{\mathrm{f}} \gg Y_\infty$，这可得到近似的渐近值 Y_∞，从而确定冻结密度

$$Y_\infty \simeq \frac{x_{\mathrm{f}}}{\tilde{\lambda}}. \tag{5.3.28}$$

为了得到冻结密度，用熵密度 s_1 乘以 Y_∞，其中 T_1 值远大于宇宙现在的温度 T_0，但同时其取值要保证足够低到使得 Y 可以十分接近渐近值。在 T_1 之后，密度将遵循哈勃膨胀以 a^{-3} 方式改变。利用 $s_1 = (2\pi^2/45)g_{s*}T_1^3$，可得当前数密度为

$$n_{\chi 0} = Y_\infty s_1 \left(\frac{a_1}{a_0}\right)^3 \tag{5.3.29}$$

$$= \sqrt{\frac{4\pi^3}{45}}\frac{g_*^{1/2}}{m_\chi M_{\mathrm{P}}}\frac{x_{\mathrm{f}}}{\langle v\sigma_\chi\rangle}T_0^3\left(\frac{a_1 T_1}{a_0 T_0}\right)^3,$$

$$g_*^{1/2} \equiv \frac{g_{s*}}{g_{\mathrm{eff}}^{1/2}} = g_{\rho *}^{1/2}\left(1 + \frac{T}{3}\frac{\mathrm{d}}{\mathrm{d}T}\ln(g_{s*})\right)^{-1}.$$

上式用到了 $g_{\mathrm{eff}}^{1/2}$ 的公式(5.3.12)。

5.3.4 WIMP 奇迹

为了更进一步，必须估计 x_{f}、g_* 和 $(a_1 T_1)^3/(a_0 T_0)^3$ 的值。如图 5.3.1 所示，x_{f} 量级是几十，将 x_{f} 标准化为 10。宇宙温度是由光子温度定义的，如果 T_1 和 T_0 之间没有发生任何过程，宇宙温度将简单地按 a^{-1} 的规律变化。这样的话 aT 将是一个常数，$(a_1 T_1)/(a_0 T_0)$ 是 1。但事实并非如此。一个常见的例子就是光子温度和中微子温度。当宇宙温度是几个 MeV 或者更高时，光子和中微子处于热平衡状态，它

们具有相同的温度。电子与正电子相互湮灭加热宇宙热浴和光子。在这之前，中微子在温度为 1MeV 时与光子退耦，因此中微子不受影响。因此宇宙温度比中微子温度高。相同的机制也适用于 χ 的退耦。温度在 100 GeV 与 1 MeV 之间时，许多标准模型粒子可以相互湮灭进而加热宇宙温度，因此 $a_0 T_0$ 要远远大于 $a_1 T_1$。标准模型粒子相关的各种湮灭过程可以参见表 9.3.2。文献 [92] 给出 $(a_1 T_1)^3/(a_0 T_0)^3 \approx 1/30$。由于同样原因，估计 g_* 的大小也在 100 作用。现在对现阶段暗物质 χ 在质量组分中的占比做一个数值估计，它可以以各种单位来表达：

$$\Omega_\chi h^2 \equiv m_\chi n_{\chi 0} \frac{h^2}{\rho_c} = \sqrt{\frac{4\pi^3}{45}} \frac{g_*^{1/2}}{M_{\mathrm{P}}} \frac{x_{\mathrm{f}}}{\langle v\sigma_\chi \rangle} \frac{T_0^3 h^2}{\rho_c} \left(\frac{a_1 T_1}{a_0 T_0}\right)^3 \tag{5.3.30}$$

$$= 0.282 \left(\frac{x_{\mathrm{f}}}{10}\right) \left(\frac{g_*}{100}\right)^{1/2} \frac{10^{-37}\ \mathrm{cm}^2}{\langle v\sigma_\chi \rangle}$$

$$= 0.847 \left(\frac{x_{\mathrm{f}}}{10}\right) \left(\frac{g_*}{100}\right)^{1/2} \frac{10^{-27}\ \mathrm{cm}^3\mathrm{s}^{-1}}{\langle v\sigma_\chi \rangle}$$

$$= 0.752 \left(\frac{x_{\mathrm{f}}}{10}\right) \left(\frac{g_*}{100}\right)^{1/2} \frac{10^{-10}\ \mathrm{GeV}^{-2}}{\langle v\sigma_\chi \rangle}.$$

由通常的方法我们可以把截面表示为

$$\langle v\sigma_\chi \rangle = a + \frac{3}{x_{\mathrm{f}}} b, \tag{5.3.31}$$

其中 a 表示 s 波，b 表示 p 波的湮灭截面。平均速度可以取为 0.27c。公式 (5.3.30)[11] 的第二行可以改写为

$$\Omega_\chi h^2 = 0.1 \times \left(\frac{x_{\mathrm{f}}}{10}\right) \left(\frac{g_*}{100}\right)^{1/2} \frac{0.282\ \mathrm{pb}}{a + \dfrac{3}{x_{\mathrm{f}}} b}, \tag{5.3.32}$$

其中 pb 是皮靶 ($10^{-36}\ \mathrm{cm}^2$)。因为冷暗物质的贡献是 $\Omega_{\mathrm{dm}} h^2 = 0.11$，根据公式 (5.3.32)，残留丰度要求湮灭截面在 pb 的量级。这是不平庸的结论。这个截面也是一些超出标准模型的假设粒子的期望截面，包括 WIMP，因此，这被称为 WIMP 奇迹。

5.4 热产生和非热产生浅谈

大多数暗物质候选者，比如 WIMP，如图 5.3.1 所示是热产生的。但是暗物质候选者也可以非热产生，比如轴子，超级 WIMP 和哥斯拉级暗粒子。这里简单总结一下它们的不同之处。

---

11 该公式是文献 [92] 的公式 (3.60)。

　　热产生暗物质是指在早期宇宙中处于热平衡状态的暗物质候选者。它们按照热平衡分布演化直到它们的反应率小于哈勃膨胀率，它们失去了与宇宙其他部分的联系而退耦。然后，它们自由地随着哈勃膨胀而膨胀，数密度保持 T^3 行为。这类粒子也被称为早期宇宙的热残留。如上所述的热演化过程中，它们遵循热力学和宇宙学定律，没有自由调节的空间。这是 WIMP 奇迹受到如此重视的原因，并说明 WIMP 应该被严肃地看作冷暗物质的候选者。

　　非热产生的暗物质粒子是通过它们存在于早期宇宙中的母粒子衰变而产生的。因此暗物质粒子初始时刻数密度非常小甚至为零，并且随着时间的推移，它们的数量随着母粒子的衰变而不断增加。最终，非热产生的暗物质粒子达到所需的数密度。从那以后，它们也会随哈勃膨胀而自由膨胀，数密度保持 $T^3 \sim a^{-3}(t)$ 行为。以这种方式，暗物质从未与宇宙其余部分保持过热平衡。图 5.4.1[12] 给出了冷、热暗物质热产生残留以及非热产生等不同情况密度演化的差别。

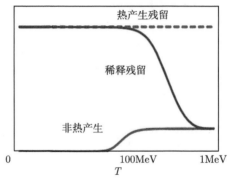

图 5.4.1　蓝色曲线是热残留作为温度函数的演化，粉色曲线表示粒子非热产生情况时数密度为零。图形取自文献 [93]

---

12 图形取自文献 [93]。

6 | 暗物质探测 I——WIMP 相关

如前文所述，目前的暗物质研究是由实验驱动的。虽然天体物理观测已经对其存在性给出完全令人信服的证据，但这只是整个故事的一半。从基本物理学的观点来看，观察暗物质在非引力环境中的行为，对于鉴别暗物质粒子并研究其属性是不可或缺的。因此，必须把暗物质放入一个适当的粒子物理框架中去做实验验证和理论分析。

此类工作的一般框架是，暗物质是由单个粒子组成的，与普通粒子分类一样，它们也应该具有一定的质量和量子数。如果暗物质只有引力作用，那么从粒子物理角度来看，就没什么好研究的了。然而，除了引力相互作用，它们也可能与普通粒子有弱相互作用。这样的话，暗物质粒子就可以和普通粒子一起加入到一个扩展的理论框架中。于是，暗物质粒子就可以和普通粒子发生弹性碰撞，并且暗物质粒子之间也可以湮灭成普通的粒子。如果有一个暗物质粒子和普通粒子相互作用的理论框架，我们就可以写下暗物质粒子和普通物质的弹性散射截面和湮灭截面。接下来，人们应该可以通过适当的太空装置和地球实验室来探测它们。

下面我们将用本章和下一章两章的篇幅来讨论暗物质粒子的探测。

暗物质驱动星系和星系团演化的动力学，并生成宇宙大尺度结构。人类所处银河系的晕应该布满暗物质粒子，其能量密度在 $0.4\mathrm{GeV/cm^3}$ 的量级。我们可以尝试通过测量它们和普通粒子之间的弹性散射以及湮灭到普通粒子的信号来探测它们的存在。在高能加速器中，它们可能是由于普通标准模型粒子的碰撞中成对产生的。不论在哪种探测中，人们必须严格控制背景和不确定度，研究并验证一个相关的理论框架所能预言的各个方面，才能确认发现了暗物质粒子。这当然不是一件容易的事情。从粒子物理学的角度来看，暗物质中最有趣的候选者是 WIMP、轴子和惰性中微子。这些种类的暗物质粒子候选者有着良好的动机。研究它们在宇宙学中的作用与研究其在粒子物理中的作用同等重要。

寻找暗物质粒子并研究它们的性质，包括 WIMP 和其他类型粒子，主要有三类不依赖它们的引力效应的探测方法：
- 深地直接探测；
- 深地实验室，水或冰下大面积望远镜以及卫星实验等开展的间接探测；
- 暗物质粒子的对撞机产生。

这些探测各自独立，又是互补且必需的。直接和间接探测对确认暗物质粒子存在是非常必要的。在地球实验室中进行的直接探测的目的是探测它们被核子散射出来的信号,与地球周围暗物质相关。间接探测是探测它们湮灭成普通粒子的过程,如图 5.3.1 所示,与人类所在星系集中分布的暗物质有关。这些探测可以在宇宙环境中确定暗物质的存在,并了解它们可以和哪些普通物质产生相互作用。暗物质粒子在对撞机上的产生使人类可以在可控环境中研究它们的详细性质,并确定它们到底属于哪种粒子物理理论框架。在暗物质的直接和间接探测中,实验通常都是在事先对暗物质性质做某些特定的假设的前提下设计的,因此会存在相应的不确定度。

在对撞机和引力探测手段之外,在地球实验室和银河系环境中,有大量的实验在寻找星系暗物质。它们大部分正在运行或正在建设。这么多的实验和各种先进技术的应用也反映了人类对暗物质所知甚少。与对撞机实验动辄需要成百甚至上千的合作者来完成巨大的探测器安装调度不同,现在的暗物质实验通常只需要几十个合作者使用一个适度尺寸的探测器来完成。设计的探测器必须对某种信号非常敏感,并保证可以大大压低背景。因此,目前大多数暗物质实验都是证明存在性的探索实验,这是一种合乎逻辑的方法,即在尽可能多的不同可能性中很好地窥视未知事物。

6.1   全球深地实验

暗物质候选者的直接探测最主要的是压低任何可能的背景。一个非常严重的背景是来自于大气宇宙射线中穿透能力很强的缪子产生的高能中子,由此导致的相互作用和暗物质事例不可区分。由于这类背景是可控的,所以实验应该尽可能压低背景。对于地球实验来说,实用的压低背景的方法是利用足够多的固体或液体等地球物质对探测器进行屏蔽,来降低缪子宇宙线的强度。因此暗物质直接探测实验必须在深地、冰下或者水下的实验室中进行。由图 6.1.1[1] 和图 6.1.2[2],现在世界上有许多地下实验室。图 6.1.1 给出了深地实验室在世界上的位置。图 6.1.2 给出那些在物理和天体物理中非常活跃的相关实验室的物理参数、它们的以标准石为度量的深度、以水等价度量的深度以及它们剩下的缪子宇宙线强度。

注意图 6.1.1 中 #22 深地实验室并不出现在原始的图形中,它是大亚湾深地实验室,安置了同名的正在进行的反应堆中微子实验。这是第一次准确测定了中微子混合角 θ_{13} 的实验。地下实验室 #24,中国锦屏山深地实验室 (CJPL),也是一个新增的实验室。它是世界上最深的实验室,上面覆盖有 2400 米标准石或者 6720MWE。

---

1 目前的图片是一个更新的版本,于 2007 年出现在一篇名为《深度科学》的文章中,图中含有 21 个地点。可以参阅网页 http://www.deepscience.org/contents/facilities.shtml。

2 这类图片也来自于 2007 年的《深度科学》文章中,参阅网站

http://www.deepscience.org/contents/underground_universe.shtml。本图出自 P. Cushman 的报告[22],题为《WIMP 的直接探索:背景技术》。

它测量到的缪子宇宙线强度约为每年每平方米 40 个。关于 CJPL 早期的内部讨论可以在文献 TAUP2011[95]中找到，而最近的总结可参阅文献 [96]。#26 ANDES 深地下实验室，正处于策划阶段。如果建成，它将是南半球第一个地下科学实验室。它能解决三个暗物质实验观测到的年度调制信号的冲突 (其中 DAMA 实验的数据最多也最早)，并能最终确定调制信号是否源于暗物质。文献 TAUP2011[95]总结了新世纪第一个十年的世界地下实验室。更多最近的关于深地和大型地下实验室的描述可以查阅文献 [97]。

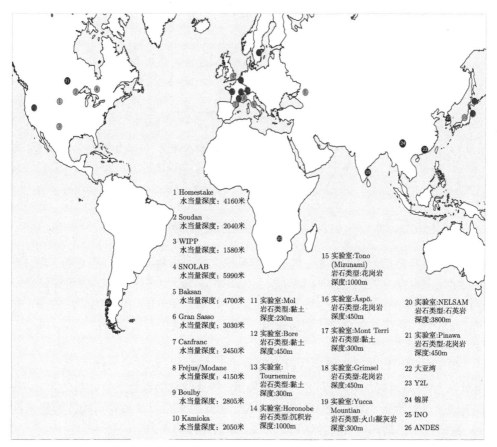

图 6.1.1 全球深地物理探测实验室的分布地图。注意 #26 ANDES 深地实验室，目前还只是一项决议，将是南半球唯一科学地下实验室

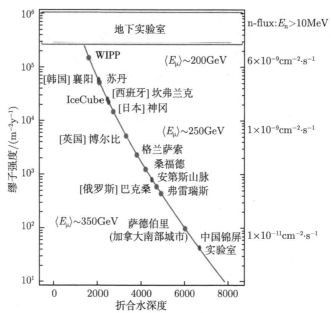

图 6.1.2　深地实验室及其岩石覆盖层 (顶部标度)、折合水深度 (以米为单位)—— 图形下方
水平轴的标度，以及预期宇宙射线缪介子通量和中子通量 (纵轴标度)。本图取自 P. Cushman
的报告[22]

6.2　直接探测 —— 地球实验室的暗物质

　　根据宇宙结构形成的模型，星系的可见物质被引力束缚于一个更重的、范围更
大的暗物质晕中。在银河系中，地球以及太阳系会不断地在星系晕暗物质粒子流中
穿梭。在某个时刻，一旦暗物质粒子，比如一个 WIMP，会与普通物质发生相互作
用，在这个过程中，单个核子就会被其从 (探测器) 整块普通物质中敲掉，发出信
号表明它遇到了暗物质。

　　假定暗物质和普通物质的散射在弱相互作用标度，根据 WIMP 奇迹，星系暗
物质粒子可以在探测器中释放出一定的能量。释放能量的数量级估计不会太大，在
$1 \sim 100 \mathrm{KeV}$ 的量级，后文将加以说明。这个能量积累可以通过合适的探测器来测
量。探测信号包括热、光或者电离。大致上，估计探测率为

$$R = \varpi n_\chi \langle v_\chi \sigma_{\mathrm{ela}} \rangle, \tag{6.2.1}$$

其中 ϖ 是一个常数，n_χ 是 WIMP 数密度，v_χ 是 WIMP 相对于探测器的速度，σ_{ela}
是弹性散射截面。注意公式(6.2.1)具有正确的时间倒数的量纲。目前大多数实验都
使用以下三种探测器技术中的一种或任意的结合：低温热产生、低温电离和光闪
烁。还有其他的技术有可能应用到极小的，在 10^{-8} 到 $10^{-10}\mathrm{pb}$ 量级的截面测量上。

直接探测通常是针对几个 GeV 到几百个 GeV 质量范围内的 WIMP 而进行的寻找。实验探测结果通常以截面与 WIMP 质量之间的关系图的形式给出。低核子反冲动能导致的探测器阈值效应限制了其对低 WIMP 质量的灵敏度，这一点可以在粗略查看直接 WIMP 探测原理时，通过公式(6.2.2)予以解释。很大的 WIMP 质量灵敏度受方程(6.2.1)的限制，这是由于星系暗物质的固定能量密度约为 $0.4\,\mathrm{GeV/cm^3}$，当 WIMP 质量很大时，数密度 n_χ 较小。

低温和闪烁光探测器都能把暗物质粒子与核子散射的信号与背景分离。背景信号是由普通原子构成的探测器靶中的电子散射产生。图 6.2.1 中的左图给出了核-WIMP 散射过程以及信号的背景，也就是原子中的电子被光子和电子散射事例的示意图。

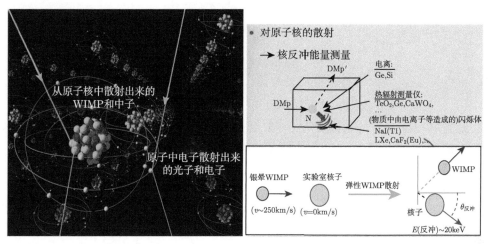

图 6.2.1　WIMP–核子的散射和探测示意图。单个电离核散射反冲事例大约比伽马射线和电子本地引起的电子反冲小三倍

6.2.1　基本理论概略

这里将快速学习一下暗物质粒子探测实验分析中所必需的基本公式。这绝不是对相关物理过程详尽分析的全面综述。我们甚至并不试图得到论证最终的逻辑结论。但是阅读以下论点可以了解相关的物理。更多细节可以参阅文献 [98−101]。

首先总结一下局域暗物质分布的性质。正如前文所述，星系晕中的 WIMP 局域密度约为 $\rho_{\chi 0} \approx 0.4\mathrm{GeV/cm^3}$。现在考虑在太阳系中弥散的质量为 m_χ 的 WIMP，与一个质量为 m_A 的核发生弹性散射。需要知道的是此类散射的发生率。在地球静止参考系，简称为地球系中，核子相对 WIMP 入射方向有 θ_r 的夹角。作为一个例子，可参考图 6.2.1 的右图。χ 相对于有关探测器的初始速度表示为 v，是由太阳系中星系自转决定的, 约为 220km/s。[3,4] 因此散射过程可以看作是非相对论性的。

考虑质量为 m_χ 的 WIMP 与核子数为 A 质量为 m_A 的原子核发生弹性散射, 可以直接算出原子核的反冲动量 q_r, 它是对撞过程中转移到原子核的动量

$$q_r = 2m_R v \cos\theta_r,$$

(6.2.2)

$$m_R = \frac{m_A m_\chi}{m_\chi + m_A},$$

其中 m_R 是 $\chi - N$ 系统的约化质量。反冲核的动能为

$$E_r = \frac{q_r^2}{2m_A} = \left(\frac{1}{2}m_\chi v^2\right)\left(\frac{4m_\chi m_A}{(m_A + m_\chi)^2}\right)\cos^2\theta_r.$$

(6.2.3)

在极限情况下

$$E_r \approx \frac{1}{2}m_\chi v^2 \cos^2\theta_r \begin{cases} 4\dfrac{m_A}{m_\chi}, & \text{当 } m_\chi \gg m_A, \\ 1, & \text{当 } m_\chi = m_A, \\ 4\dfrac{m_\chi}{m_A}, & \text{当 } m_\chi \ll m_A. \end{cases}$$

(6.2.4)

因此当 WIMP 质量与靶核质量相等时会有最大的反冲能量。由于 $v^2 \sim 10^{-6}$, 靶核获得的动能一般非常小。最大的核反冲动能在核向前散射时发生, 约为 $10^{-6}m_\chi$。因此当核靶质量和 WIMP 质量约为 100GeV 时, 反冲动能在 0 到 100KeV 的范围内。

探测率必须依赖 WIMP 和原子核对撞反应的截面。这种情况因为存在许多因素而变得复杂。截面可以是自旋无关, 也可以自旋依赖。在低能下也存在一些相干效应。由于原子核的有限大小而产生的形式因子, 对于自旋依赖和自旋无关的相互作用是不同的。详细的讨论可以参见文献 [98]。反冲原子核的微分散射截面可以用核转移动量来参数化

$$\frac{\mathrm{d}\sigma(q_r)}{\mathrm{d}q_r^2} = \frac{\sigma_0}{q_{rM}^2}F^2(q_r),$$

(6.2.5)

其中

$$q_{rM} \equiv 2m_R v$$

(6.2.6)

---

3 地球轨道速度约为 30 km/s, 地球绕轴自转产生的最大切向速度为 0.5 km/s。因此, 最低阶的估计可以忽略地球运动的影响。但是, 在更加严格的研究中, 比如在 DAMA/LIBRA 实验中, 则必须考虑地球的运动。后文将详细讨论这些影响。正是地球的运动给出了可能的探测信号。

4 最近, 日本国家天文台 (NAJA) 宣布太阳最新的绕银心速度为 240 km/s。参见网页 www.nao.ac.jp/E/release/2012/10/03/mass-of-dark-matter-revealed-by-precise-measurements-of-the-galaxy.html。但这并不影响文中的相关讨论。

是动量转移的最大值, 在向前散射时取该值。$F(q_r)$ 是形式因子, 归一化为 $F(0) = 1$。σ_0 是总的反冲截面, 由自旋无关的部分 $\sigma_{0\mathrm{id}}$ 和自旋依赖的部分 $\sigma_{0\mathrm{de}}$ 组成。

$$\sigma_0 \equiv \sigma_{0\mathrm{id}} + \sigma_{0\mathrm{de}}, \qquad (6.2.7)$$

$$\sigma_{0\mathrm{id}} = \frac{4\mu^2}{\pi} \left(f_p N_p + f_n N_n \right)^2,$$

$$\sigma_{0\mathrm{de}} = \frac{4\mu^2}{\pi} \frac{8 G_{\mathrm{F}}^2 (J+1)}{J} \left(a_p \langle S_p \rangle + a_n \langle S_n \rangle \right).$$

$\sigma_{0\mathrm{id}}$ 中, f_p 和 f_n 分别是 WIMP 与质子和中子的耦合系数, 在大多数理论中它们是相等的。因此, 自旋无关的截面有一个 A^2 的抬高效应, A 是靶核的原子序数。自旋依赖的截面正比于核子的平均自旋, 因此没有相干抬高。

由公式(6.2.5), σ_0 也可以由零转移动量时的微分截面来定义

$$\sigma_0 = q_{rM}^2 \left. \frac{\mathrm{d}\sigma(q_r)}{\mathrm{d}q_r^2} \right|_{q_r=0}. \qquad (6.2.8)$$

对于暗物质粒子的探测来说, 单位质量间隔探测率 R 定义如下

$$\mathrm{d}R = n_\chi \left(\frac{v}{m_A} \right) \frac{\mathrm{d}\sigma(q_r)}{\mathrm{d}q_r^2} \mathrm{d}q_r^2 \tilde{f}_1(\vec{v}) \mathrm{d}^3 v. \qquad (6.2.9)$$

注意, 所有的变量都是在包含散射靶的探测器静止参考系中定义的。这里解释一下各种因子:

- n_χ 是暗物质粒子的数密度, 由 $n_\chi = \rho_\chi / m_\chi$ 给出, 其中星际暗物质密度为 $\rho_\chi \approx 0.4 \ \mathrm{GeV/cm^3}$。
- v/m_A 因子定义为单位质量间隔率。乘积 $v\sigma$ 是单位时间有效相互作用。
- $\tilde{f}_1(\vec{v})$ 是暗物质粒子在地球 (静止) 系统中的速度分布。

在星系 (静止) 参考系中, 速度分布取麦克斯韦分布形式, 最概然速率为 v_0

$$f_1(\vec{v'}) = \left(\frac{1}{\sqrt{\pi} v_0} \right)^3 \exp\left(-\frac{\vec{v'}^2}{v_0^2} \right), \qquad (6.2.10)$$

其中 $\vec{v'}$ 是暗物质速度矢量, $f_1(\vec{v'})$ 在全部速度范围内 $-\infty < v_j' < \infty$, $j = x$, y 和 z 的积分, 归化为一。星系和地球 (静止) 参考系中暗物质速度矢量与地球的星系速度 $\vec{v}_E$ 有关, 其表达式为

$$\vec{v'} = \vec{v} + \vec{v}_E, \qquad (6.2.11)$$

$$\vec{v}_E = \vec{v}_0 (1.05 + 0.07 \cos \omega t),$$

其中 $1.05v_0$ 是太阳的星系速度。$0.07v_0\cos\omega t$ 项，是由地球绕太阳旋转[101]而产生的修正，其中 $\omega = 2\pi/c = 6.39\times 10^{-8}\pi s^{-1}$。现在可以写下来

$$\tilde{f}_1(\vec{v}) = f_1(\vec{v}+\vec{v}_E).\tag{6.2.12}$$

固定核子反冲能，对 WIMP 速度分布进行积分得到

$$\frac{\mathrm{d}R}{\mathrm{d}E_r} = \frac{n_\chi\sigma_0}{2m_R^2 m_\chi}F^2(q_r)\int_{v\geqslant v_{\min}}\mathrm{d}^3v\frac{f_1(\vec{v}+\vec{v}_E)}{v},\tag{6.2.13}$$

其中

$$v_{\min} = \sqrt{\frac{m_A E_r}{2m_R^2}}\tag{6.2.14}$$

是地球 (静止) 参考系中固定的原子核反冲能量 E_r 时暗物质粒子的最小速度。对 WIMP 速度分布积分可以由以下公式简单实现

$$\int_{v\geqslant v_{\min}}\frac{f_1(\vec{v}+\vec{v}_E)}{v}\mathrm{d}^3v = \frac{1}{2v_E}\left(\mathrm{erf}\left(\frac{v_{\min}+v_E}{v_0}\right)-\mathrm{erf}\left(\frac{v_{\min}-v_E}{v_0}\right)\right),\tag{6.2.15}$$

其中 $\mathrm{erf}(x_0)$ 是误差函数，定义为

$$\mathrm{erf}(z) = \frac{2}{\sqrt{\pi}}\int_0^z \mathrm{e}^{-x^2}\mathrm{d}x,\tag{6.2.16}$$

最后得到微分产生率的表达式

$$\frac{\mathrm{d}R}{\mathrm{d}E_r} = \frac{n_\chi\sigma_0}{4m_R^2 v_E}F^2(\sqrt{2m_A E_r})\left(\mathrm{erf}(\frac{v_{\min}+v_E}{v_0})-\mathrm{erf}(\frac{v_{\min}-v_E}{v_0})\right).\tag{6.2.17}$$

注意，暗物质粒子的相关星际速度不可能任意地大，不可能超过其逃逸速度 $v_{\mathrm{esc}} = 650\mathrm{km/s}$。速度超出 v_{esc} 之后暗物质粒子不能停留在星系内。因此更准确的计算中，以上速度积分应取 v_{esc} 作为上限。然而速度大于逃逸速度区域的贡献通常很小，所以积分上限可以取为无穷。

现在已经达到了我们的目的，所以这里就不再继续这个话题。继续讨论需要考虑核子形状因子。目前的讨论已经说明了暗物质粒子的探测物理所涉及问题的复杂性。

6.2.2 直接探测实验

现在回顾一下，直接探测实验寻找银河系晕中的暗物质在探测器上的能量沉积。大量的实验正在运行，有的已经完成，有的正在建设或筹划中。图 6.2.2 给出

了直接和间接探测的实验清单。列表包括了暗物质协议 (Dark Matter Portal)[5] 和暗物质枢纽 (Dark Matter Hub)[6] 中给出的实验。二者都提供了每个实验的超链接。图 6.2.2 也包含一些暗物质协议和枢纽中没有提及的实验。[7]

暗物质直接探测

ADMX	ArDM	CDMS	COUPP	CoGeNT	CRESST	CUORE
DAMA	DAMIC	DarkSide	DEAP/CLEAN	DM-TPC	DM ice	Drift
Edelweiss	Eureca	IGEX	LIBRA	LUX	MIMAC	NAIAD
NEWAGE	ORPHEUS	PandaX	Picasso	ROSEBUD	SIMPLE	TEXONO
UKDMC	Xenon	XMASS	WARP	ZEPLIN	ANAIS	CDEX
DARWIN	FUNK	KIMS	CASPAR	HDMS	Majorana	Utima
COSM	LZ	MAX/XAX	SIGN	CAST	LAXO	

暗物质间接探测

AMANDA	AMS	ANTARES	BAIKAL	BESS	CAPRICE	GAPS
GLAST	HEAT	IceCube	IMAX	MACRO	Nestor	NINA
PAMELA	Super-K	ACTS	ATIC-2	CTA	EGRET	FermiLAT
HESS	MAGIC	MASS	PPB-BETS	VERITAS	Whipple-GC	

图 6.2.2 暗物质协议和暗物质枢纽给出的暗物质直接和间接探测实验的订正列表。清单上的一些实验已经完成，另一些还只是初步计划可能无法执行。此外，其中一些实验相互联合组合成更大的探测器，一些已经改了名字。间接探测实验 GLAST 已经更名为 FermiLAT。因此表中有些实验室重复计数。间接实验列表中，应该添加上 ALPS 实验组

对上面列表做以下评论:

- 一些直接探测实验已经被合并。DAMA 和 LIBRA 合并为 DAMA/LIBRA。LUX 和 ZEPLIN 合并之后简写为 LZ。
- ADMX 是轴子的直接探测实验。FUNK 寻找轻暗光子类型的暗物质粒子。
- 除了 Super-K 之外，在亚洲又新增了一些新的直接探测实验: CDEX、PANDA-X、TEXONO 和 KIMS。CDEX 和 Panda-X 实验是在世界最深的地下实验室，中国锦屏山地下实验室 (CJPL)[96]中进行的。CDEX 的首次结果公布在 2013 年。而 Panda-X 公布在 2014 年。KIMS 实验组位于韩国的襄阳地下实验室。[8] KIMS 在 2012 年发表了它的首次物理结果[103]。
- 一些间接实验是气球实验。
- 名单中有一些策划中的暗物质实验，这些实验曾经频繁出现，但似乎没

5 网址:http://lpsc.in2p3.fr/mayet/dm.php。
6 网址:http://www.interactions.org/cms/?pid=1034004。
7 还有其他网站提供暗物质探测实验的清单，并给出提供网页的超链接，例如维基百科:
　　https://en.wikipedia.org/wiki/Category_Experiments_for_dark_matter_search。
8 襄阳 (Yangyang) 实验室位于地下 700m 处，与苏丹 (Soudan) 和神冈 (Kamioka) 实验室类似，都有将近 2000 MWE 的岩石包裹。

有取得进展。这些实验包括的直接探测实验有 CASPER, CAST, COSM, HDMS, IAXO, Majorana, MAX/XAX, Ultima 等，间接探测有 ACTS, ATIC-2, EGRET, GLAST, PPB-BETS, Whipple-GC 等。

- 截止到 2012 年的对更新实验的讨论和现有实验情况的升级的讨论可以参阅文献 IDM2012。[9]

现在的 20 多个正在运行的实验中没有一个有清晰的信号，这表明暗物质探测需要新的方向，应用新的技术和手段才能做进一步的探测。另一种新的实验趋势是增大探测器的尺寸，这样可以增加数据统计性，并在实验中使用多种探测手段。就像下一代的一些实验一样，可以通过不同实验组的通力合作来实现这一点。比如 LZ 实验组就联合了 LUX 和 ZEPLIN 两组人马，它们期望得到比现在的 WIMP 敏感度高三个量级的结果。另一个例子是 EURECA(欧洲深地稀有事例量能器阵列) 实验，它包括了未来欧洲一吨低温暗物质探测和另外三个实验组 EDELWEISS, CRESST 和 ROSEBUD，同时有可能增加新的组员。[10]

如上文所述，图 6.2.3 [104]给出了各种实验使用的探测技术的卡通图。许多实验的描述可以参考文献 [104]和 IDM2012。许多实验更详细的描述也可以在它们自己的网站通过暗物质协议和暗物质枢纽给出的超链接找到。

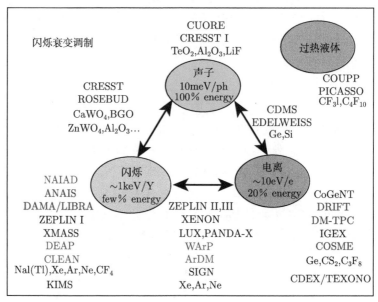

图 6.2.3   直接暗物质探测实验所采用的技术和探测器材料[104]

---

9 第九届国际暗物质会议，芝加哥，2012 年 7 月 23—27 日，PDF 文件下载地址 http://kicp-workshops.uchicago.edu/IDM2012/program.php。

10 为了联合全部力量，自 2006 年 7 月开始，建立了一个由欧洲国家政府机构组成的网络，负责协调和资助包括暗物质探测在内的国家天体物理研究工作，称为 ASPERA (星际粒子 ERA 网)。

6.3 星际暗物质的间接探测

暗物质的间接探测是寻找湮灭或者衰变成标准模型粒子的暗物质对。这可以发生在宇宙的广阔区域: 地球、太阳、银河系晕、其他星系晕中。图 6.3.1 给出了暗物质聚集较高的星际位置的卡通图。

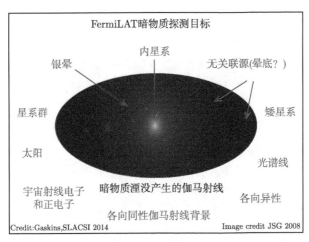

图 6.3.1　描述暗物质聚集较高的星际位置的卡通图

间接探测对暗物质粒子与普通粒子之间的相互作用很敏感,因此可以检验暗物质湮灭截面。间接探测信号通常表现为宇宙线的反常事例。湮灭末态粒子有质子、轻核、电子、光子、中微子及其反粒子。反粒子信号更容易被发现,因为它们在普通宇宙线中极其稀少。探测器可以在陆基上、卫星上、水下或者厚厚的冰下,采用的技术是极其先进的。宇宙线在粒子物理学研究中有着悠久的历史,它基本上启动了最初关于基本粒子的实验研究。[11] 暗物质的间接探测是对直接探测的补充。它可以探索特殊情况的暗物质,比如极大质量、异常耦合等。但在这里不得不提到,一般来说,伽马射线背景并没有得到完全理解,因此基于伽马射线的反常事例可能并不总是可靠的。

WIMP,如中性超子,可以湮灭成普通的粒子–反粒子对,如 $\gamma\bar{\gamma}$、$\nu\bar{\nu}$、e^+e^-、$p\bar{p}$ 等。由于暗物质粒子的非相对论性质,这些末态粒子对应该是能量为 m_χ 的单能态。图 6.3.2 给出了湮灭过程的示意图。下面描述一下一些有趣的信号:

- 末态中微子可能是极好的信号,特别是对于由引力束缚而聚集于太阳和地球中心的暗物质来说更是如此。中微子可以轻松逃出包围它们的致密产生源而到达地球表面的探测器。

---

11 作为宇宙线研究的一部分,一个容易理解和简明的历史描述,包括空间计划,可参阅可读性很强的历史介绍[105]。

- 一类有趣的信号是反粒子的超出，包括正电子、反质子，可能还有反氘核，因为反粒子在自然界中是极其稀少的。
- 当末态粒子的方向信息已知，并指向致密物质的方向，如我们星系的中心、附近的矮星系、太阳，以及地球中心这些预计暗物质密度较高的地方，这些事例会增加暗物质信号的可能性。
- 由于湮灭过程是味道无关的，地球上暗物质湮灭产生的缪子中微子和反中微子有可能会在非常深的地下探测器上产生缪子超出。

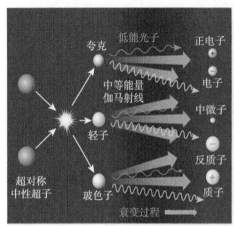
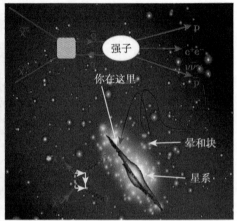

图 6.3.2   WIMP-WIMP 湮灭到粒子–反粒子对的示意图。暗物质粒子的衰变也应该被作为暗物质信号考虑进来

湮灭过程的事例产生率取决于湮灭截面和暗物质粒子密度的平方，

$$R_{\mathrm{ann}} \propto \int n_\chi^2 \langle v_\chi \sigma_{\mathrm{ann}} \rangle \mathrm{d}V. \tag{6.3.1}$$

为了识别信号，必须从可能的天体物理背景中区分出 WIMP 湮灭过程。和直接探测中暗物质和普通物质的散射发生在探测器内不同，间接探测的暗物质湮灭过程发生在银河系的其他地方，甚至是在临近的星系中。虽然信号的广泛性是间接探测的一个优势，但天体物理背景也是严重问题，必须加以理解和筛选。

下面将更详细描述一些可能的信号，以及它们的一些实验。注意所有这些信号都是模型依赖的。间接探测的实验列表可以查看图 6.2.2。

- 反物质 e^+, $\bar{p}$, $\bar{D}$ 等，从几个 kpc 范围内星系晕中的 WIMP 对湮灭而来。相应的探测器包括 MASS(物质反物质太空望远镜)、PAMELA (反物质探测和轻氢天体物理的有效载荷)、费米伽马射线太空望远镜等。
- WIMP 一般源自星系晕或星系外来源特别是在星系中心，它们湮灭产生的高能伽马射线对。实验合作组包括 GLAST, VERITAS, Whipple GC (银心)探测。

- 在致密介质中发生的暗物质到高能中微子的湮灭，致密介质包括星系、太阳或地球中心。高能中微子可以轻松离开致密介质抵达探测器。预计湮灭率会很高，因为致密介质中可能会有由引力捕获的，较高密度的暗物质。探测器包括 IceCube, Super-Kamiokande 等。
- 还有其他想法：从 WMAP 迷雾、矮星系、富星系团等中寻找 WIMP 湮灭的迹象[106]。

暗物质间接探测的设备包括了通常的各种形式的望远镜和卫星观测站，也包括寻找过伽马射线超出的望远镜、高能中微子望远镜、正电子和反质子的反物质观测等。根据望远镜的类型将之分类，可分为

- 伽马射线望远镜：EGRET, Fermi 和 MAGIC。
- 中微子望远镜：IceCube, Super-K 和 ANTARES。
- 反物质望远镜：观测正电子和反质子的 PAMELA。其他反物质的探测器包括 AMS 和 GAPS。

可以理解，间接探测没有直接探测那么令人信服，部分是由于数据积累和背景问题。当然，如果暗物质不湮灭或衰变，间接探测就会失败。相关总结参见文献[107]。

6.4 高能对撞机的暗物质产生

如果暗物质粒子是在早期宇宙的高温环境中产生的，那么它应该也可以在高能加速器，比如 LHC 上产生，除非他们极重，如质量在 TeV 标度，或者它们是亲轻子的，只与轻子相互作用。加速器上暗物质粒子产生的一个重要特征就是普通粒子与暗物质粒子一起产生或者与暗物质相关的普通粒子也能够产生。这可以促进对暗物质背后的物理学的理解。过去人们花费了很大精力在高能对撞机上寻找新粒子，比如 LEP 和 Tevatron。但到现在为止没有任何积极成果，有可能因为能量仍然不够。在这种情况下，更强大的 LHC 也许可以产生它们。

下面简短评论一下相关的超对称 WIMP 暗物质探测。超对称 WIMP 的实验信号依赖于超对称破缺机制和破缺能标。在一个给定的对称破缺框架中，可以存在不同的模型，需要不同的参数来描述它们。因此 WIMP 的寻找必须在一个给定的超对称理论模型中进行。实现超对称破缺有几种方法，比如，在 GMSB(规范中介超对称破缺) 中，超对称破缺是通过引入新的手征超多重态 (称为信使) 来实现的，即所谓的粒子诱导破缺。信使粒子质量远小于普朗克质量，它直接和表征超对称破缺的源耦合。在 R-宇称守恒情况中，所有的超伙伴衰变到次轻超粒子 (NLSP)，NLSP 可能是标轻子或标中微子。标中微子衰变到引力超子加上一个中微子。要解决超对称规范等级问题需要轻引力超子质量在 keV 的量级。这样并不自然地得到冷暗物质，但引力超子可以作为温暗物质的候选者。

关于 LHC 确认暗物质粒子的工作非常多，这里的简单总结很难做到公平。详情请参阅文献 [108]。关于超对称理论和实验的简单综述参见文献 [11]。

下面简单介绍 LHC：它是一个质子–质子对撞机，质子束流最高设计能量为 7TeV。因此质心能最大是 14TeV。LHC 设计亮度为 $10^{34}\mathrm{cm}^{-2}\cdot\mathrm{s}^{-1}$，比 Tevatron 的 $10^{32}\mathrm{cm}^{-2}\cdot\mathrm{s}^{-1}$ 亮度高两个量级。也有计划到 2018 年 LHC 的亮度再提高一个量级，达到 $10^{35}\mathrm{cm}^{-2}\cdot\mathrm{s}^{-1}$。[12] 在原设计亮度 $10^{34}\mathrm{cm}^{-2}\cdot\mathrm{s}^{-1}$ 下，标准模型粒子产生事例率相当高，例如在运行一半时间后，$t\bar{t}$ 夸克对产生事例数会达到每秒 1.6 个，或者每年 1.7×10^7 个。两个大型的通用探测器 ATLAS 和 CMS，另外两个小一些的实验组 ALICE 和 LHCb，设计用作寻找希格斯粒子和研究标准模型的一般特征，同时寻找超对称粒子或者其他任何在对撞机能量产生范围内的超出标准模型的新粒子，包括暗物质粒子。

LHC 在 2010~2013 年间做了第一期运行，在此期间，2012 年 7 月 4 日宣布发现了希格斯粒子，质量接近 125GeV。实验发现了这个新粒子和一些稀有衰变，全部与标准模型预期一致。2013~2015 年间 LHC 升级到更高的对撞能量。第二期运行从 2015 年 4 月 5 日开始，初始对撞机能量是 13TeV，计划在后面提高到设计的 14TeV 的对撞能量。在 2015 年 6 月 3 日重新开始收集物理数据。[13]

WIMP 奇迹意味着 LHC 可能产生暗物质粒子。在中性超子为暗物质的情况下，它可以直接产生，也可以通过其他粒子的衰变产生。除非 WIMP 非常重，否则它应该可以在 LHC 上大量产生。然而，如果 WIMP 碰巧非常轻，标准模型背景就会非常大，这将使其寻找变得非常困难。

在 LHC 上，超粒子的主要产生机制涉及超粒子对在部分子层次的产生过程，

$$q + q' \to \tilde{q} + \tilde{q}' \tag{6.4.1}$$
$$q + g \to \tilde{q} + \tilde{g}'$$
$$g + g' \to \tilde{g} + \tilde{g}',$$

其中 $\tilde{q}$ 和 $\tilde{g}$ 分别是标夸克和超胶子。最小超对称模型中，标夸克和超胶子衰变到夸克、胶子、中性超子和荷电超子。重的中性超子依次衰变到最轻中性超子，加上希格斯、Z_0、轻子等。从末态看反应的形式为

$$p + p \to \tilde{\chi}_1^0 + \tilde{\chi}_1^0 + X, \tag{6.4.2}$$

---

12 这种亮度的升级被称为超级 LHC，或称为 sLHC。详情可参阅大型对撞机网站 http://project-slhc.web.cern.ch/project-slhc/about/。

13 大型强子对撞机一般方面的一篇易懂的文章，它面向外行，但对科学家也有帮助，可在网站 https://en.wikipedia.orgwikiLarge_Hadron_Collider 中找到。

其中 X 表示多轻子末态或强子末态, $\tilde{\chi}_1^0$ 表现为丢失横向能量。丢失横向能量是量能器中能量角分布的不平衡部分, 如图 6.4.1 所示。[14]

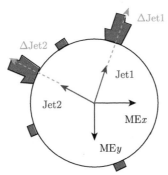

图 6.4.1 显示量能器中不守恒能量沉积的卡通图。这意味着一个或多个粒子逃出了探测器时, 某个事例丢失了能量。也就是丢失粒子与探测器物质没有相互作用或者相互作用很弱

中性超子典型的事例率是每个 fb^{-1} 积分亮度上有 10^5 个[108], 而普通粒子数事例率为 $10^8 \sim 10^9$, 高 3 到 4 个数量级。这些含有普通粒子的事例可以是 WIMP 暗物质信号的背景。因此确认一个信号面临很大的挑战。

如果从对撞机实验数据证实了一个模型, 就可以对它进行相应的宇宙学预测。例如, 利用模型参数计算暗物质残留丰度, 并与 WMAP 结果进行比较, 以确定 WIMP 到底是不是暗物质粒子的候选者, 或者是否应该寻找其他的候选者。因此强子对撞机上识别 WIMP 信号并不等同发现了暗物质粒子。这只是一个阶段的开始, 即这是确认 WIMP 粒子是 (至少做为部分) 提供显著宇宙引力效应的暗物质所必经的阶段。

---

14 在强子对撞机上, 反应以部分子–部分子对撞的形式进行。虽然无法确定对撞粒子的初始动量, 但已知设计中垂直于对撞粒子光束轴的横向动量的和应该非常接近于零。因此, 末态横向动量之和也为零。一个中性粒子离开探测器不会留下痕迹, 但其他末态粒子横向动量的不守恒会揭示其存在。测量通常在一个量能器中进行, 量能器能记录它所寄存的能量。最小的电离粒子, 如缪子, 在量能器中沉积能量很少。这会导致所有能观测到的粒子横向动量矢量和很大。于是这种不守恒, 即横向动量矢量和的负值, 对应于丢失的横向能量 (MET)。

然而, 虽然这是一个很好的 "技巧", 由于丢失横向能量测量是对所有离开探测器粒子的矢量和, 我们既得不到单个粒子能量/质量/方向的信息, 也得不到总的粒子数目信息。由于量能器的某些不完善之处, 如支撑结构的裂缝、构件之间的过渡区域等, 仪器性质也可能是产生丢失的横向能量的原因。

7 | 暗物质探测 II—— 轻粒子

这一章简单讨论轻暗物质粒子候选者的探测问题，轻暗物质指质量小于 1GeV 的暗物质粒子。这些候选粒子包括轴子、惰性中微子、轴超子、SIMP、暗光子、引力超子、模糊暗物质以及其他的可能粒子。本章将讨论以下有趣的粒子：轴子、类轴子粒子和 keV 惰性中微子。这些粒子在超出标准模型的新物理中有良好的动机，也得到了大量的理论研究。

7.1 轴子和类轴子粒子寻找

轴子最初是用来解决强 CP 问题而被提出的。之后它被推广为具有类似性质的所有粒子。为了明确起见，原始轴子也被称为 QCD 轴子。有两种典型模型，DFSZ 模型和 KSVZ 模型。这里概述一些轴子简单的动力学。更多的细节参见文献 [109] 和 [110]。轴子与普通粒子相互作用拉氏量可以表示为它与 π^0 介子和 η 粒子的混合的流及其与光子的耦合。用 $\phi_{\rm a}$ 表示轴子场，则轴子的有效相互作用拉氏量为

$$\mathcal{L}_{\rm a} = G_{\rm f} J_\mu \partial^\mu \phi_{\rm a} + \frac{g_{a\gamma}}{4} F^{\mu\nu} \tilde{F}_{\mu\nu} \phi_{\rm a}, \tag{7.1.1}$$
$$G_{\rm f} = \frac{g_{\rm f}}{f_{\rm a}},$$
$$G_{a\gamma} = \frac{\alpha}{2\pi} \frac{g_\gamma}{f_{\rm a}},$$

其中 J_μ 是整体 $U(1)$ 对称性自发破缺产生的诺特尔流，α 是电磁学精细结构常数，$F^{\mu\nu}$ 是电磁场张量，$\tilde{F}_{\mu\nu} \equiv \epsilon_{\mu\nu\lambda\tau} F^{\lambda\tau}$ 是 $F_{\mu\nu}$ 的对偶张量。$f_{\rm a}$ 具有能量量纲，它是轴子的衰变常数，提供了轴子物理的能量标度。耦合参数 $g_{\rm f}$ 和 g_γ 是模型依赖的，但期望它们在 1 的量级。对于与标准模型相关的轴子，$f_{\rm a} \sim V_{\rm SM}$，其中 $V_{\rm SM} = (\sqrt{2} G_{\rm f})^{-1/2} = 247$ GeV 是标准模型破缺能标，$G_{\rm f}$ 是费米常数。这样的轴子称为标准轴子。轴子相互作用拉氏量(7.1.1)右边第二项定义了轴子与两个光子的相互作用。它在轴子物理中起到至关重要的作用。如下所述，从轴子探测到它在恒星演化中的作用都是如此。

公式(7.1.1)第一个方程右边第一项是与通常费米子的耦合项。一个特别有趣的可能性是与电子–正电子对的耦合。该耦合在天体物理过程中有重要效应。尽管强子模型 KSVZ 中没有电子正电子耦合，但 DSFZ 模型中却可以存在。耦合形式为 $\bar{\psi}_e \gamma^\mu \gamma_5 \psi_e \partial_\mu \phi_{\rm a}$，与汤川耦合等价，

$$\mathcal{L}_{ae} \equiv g_{ae}\bar{\psi}_e i\gamma_5 \psi_e \phi_a, \tag{7.1.2}$$

$$g_{ae} \equiv \frac{C_e m_e}{f_a},$$

其中 ψ_e 是电子场, C_e 是与模型中两个希格斯场真空期望值比例相关的一个常数。

轴子质量可以根据其与 π^0 的混合, 从关系式 $f_a m_a \sim f_{\pi^0} m_{\pi^0}$ 估计为

$$m_a = \frac{\sqrt{z}}{1+z} \frac{f_\pi m_\pi}{f_a} \approx \frac{6.0 \text{ eV}}{f_a/(10^6 \text{ GeV})}, \tag{7.1.3}$$

其中 $z = m_u/m_d \approx 0.56$, $m_{\pi^0} = 135$ MeV, $f_{\pi^0} = 92$ MeV 是 π 介子衰变常数。m_u 和 m_d 分别是上下夸克质量。以上质量表达式是为轴子质量在 meV (10^{-3}eV) 的情况下写出, 这就意味着轴子衰变常数非常大, 达到 10^{10}GeV。对于 keV 轴子, 轴子衰变常数为 10^4GeV。对于 $f_a \sim 250$GeV 的标准轴子来说, 质量约为 24keV。因此即使 f_a 有很大的误差, 轴子也将会是一个轻暗物质粒子。

标准轴子和变异模型中的轴子 (称为变异轴子) 的质量都在数百个 keV。在变异模型中, 相同手征不同味道的夸克分配了不同的 PQ 荷, 这使得它们可以分别和不同的希格斯场 (即上型夸克与 H_u, 下型夸克与 H_d) 耦合。但这两类轴子都已经被实验排除了。剩下的可能性就是极轻轴子, 通常称为**不可见轴子**, 它的标度因子为 $f_a \gg V_{SM}$。这样的例子可以参见公式(7.1.3)。现在的轴子探测主要集中在具有额外动力学机制的不可见轴子上。轴子和普通粒子的耦合中最有用的是轴子与双光子的耦合, 即公式(7.1.1)给出的有效耦合项 $\gamma\gamma\phi_a$, 图 7.1.1 左边也给出了相应的费曼图。双光子耦合项可以通过普里马科夫效应来探测轴子, 普里马科夫效应包含一个来自原子核内或强磁场区域中的虚光子。轴子和双光子的耦合对于原子序数 Z 的较高原子核会有很大抬高。图 7.1.1 右边给出了普里马科夫效应。普里马科夫光子可以作为轴子的信号。

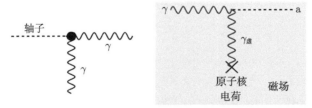

图 7.1.1　左图: 轴子和双光子顶角; 右图: 普里马科夫效应。其中原子核或磁场的相互作用标记为一个叉号

普里马科夫效应是早期宇宙中产生轴子的机制, 此时的宇宙环境是光子密度大、磁场强、荷电粒子多。一旦产生轴子, 就可以在宇宙中停留足够长的时间。同时由于轴子可以通过自由从恒星核心流出从而带走恒星的能量, 它可以影响恒星的

天体物理过程。最近，文献 [111] 利用 8~12 个太阳质量的大质量恒星限制轴子–光子的耦合为

$$g_{a\gamma\gamma} < 0.8 \times 10^{-10} \text{ GeV}^{-1}. \tag{7.1.4}$$

由公式(7.1.1)和(7.1.3)可知 $f_a \gtrsim 3.6 \times 10^6$ GeV，$m_a \lesssim 1$eV。[1] 这一限制与现有的限制是一致的，但是并不比现有限制更强。但是，它再次指明了一个有趣的研究方向，即利用恒星作为研究粒子物理的实验室，这与轴子是否是暗物质候选者无关。更全的相关讨论可以参看文献 [112] 和 [113]。

　　天体物理和宇宙学以及实验室实验都限制了轴子的性质。实验室实验包括 CAST (CERN 轴子太阳望远镜)、CARRACK (共振腔中里伯德原子的轴子探测)、ADMX (轴子暗物质实验室)、PVLAS(意大利语的首字母缩写) 以及 RBF 和 uH 的早期实验。实验覆盖了一个大范围的质量，从 MeV 以下到 μeV，同时已经排除了大部分区域。但是其中的一些结果是模型依赖的。当前实验的限制以及更多细节可参阅文献 [114]，图 7.1.2 给出了其中的当前限制。图 7.1.2 的一些性质可以总结如下：

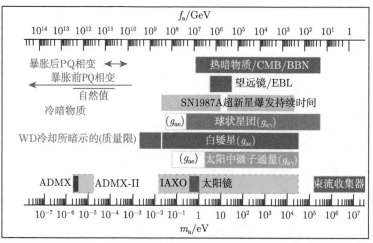

图 7.1.2　基于各种天体物理、宇宙学观测和实验室探测得到的轴子排除范围。参考相关正文了解相关解释

- 标记为 ADMX、太阳镜和望远镜/EBL 的暗色区域是这些实验的近似寻找范围。太阳镜指的是 CAST 和其他实验。望远镜/EBL 指的是 FermiLAT 和钱德拉 X 射线望远镜，其中 EBL 表示河外背景光。
- 这两个绿色区域表示了计划中的未来对各自实验升级之后探测的区域。
- 束流收集器大体代表了标准轴子及其变异轴子的排除范围。

---

1 再次表明这里的轴子不是标准的轴子，其物理标度远远高于标准模型的。因此，如果轴子真的存在，除非是一些偶然的原因，它的物理应该是在一个很高的能量标度上。

- "球状星系团"和"白矮星"结果是利用 DFSZ 模型得到的，其中 $C_e = 1/6$，$g_{a\gamma}$ 和 g_{ae} 分别表示轴子光子和轴子电子耦合。
- "冷暗物质"结果非常不确定。

对于当前轴子探测的现状，文献 [114] 中给出综述："这些粒子的直接探测和关于对恒星冷却过程和超新星 SN1987A 的轴子效应的计算排除了 $f_a < 10^9$ GeV 的绝大部分区域。其中一些结果仅限制了轴子和光子的耦合 ($g_{a\gamma\gamma}$)，而另一些则限制了轴子和电子的耦合 (g_{ae})。最近的和未来的实验 (后者以绿色表示) 可以检验 $f_a \lesssim 10^9$GeV，或者 $f_a \gtrsim 10^{12}$GeV (可能更高)，但二者之间的数值范围的检验更有挑战性。"

前面简述了轴子寻找的情况。由于其强烈的理论动机和优雅的理论表述，轴子有很多热情的追随者。其质量和耦合的持续更新可在文献，如 [114] 中查找到。最近暑期学校关于轴子理论和实验的讲座可以参看文献 [22]。其研究方向、长期未来展望以及轴子的其他方面可以查看脚注网页[2]。

7.2 keV 惰性中微子

有一类质量在 keV 的温暗物质候选者粒子引起了广泛的关注。这些粒子包括惰性中微子、轻中性超子、引力超子、马约拉纳子等。其中惰性中微子在粒子物理和天体物理方面都特别有吸引力。在粒子物理中，中微子振荡表明中微子有质量，这意味着标准模型三代中微子之外还存在右手中微子，也就是惰性中微子。天体物理中的冷暗物质存在小尺度结构问题。标准模型之外的惰性中微子与标准模型相互作用极弱。尽管已经对与 LSND 相关的 eV 量级惰性中微子探测 20 余年，但大部分都是零结果[115]，[3] 然而人们对惰性中微子仍然非常关注。这是因为在粒子物理中惰性中微子有很好的存在理由。在理论上，惰性中微子的概念非常吸引人，因为它可以做为右手中微子自然地出现在很多超出标准模型新物理模型中。它可以是一个马约拉纳粒子，具有大胆而优雅的理论结构。实验方面，若干年来，MiniBooNE 实验的数据与 LSND 数据一致，这意味着存在额外的中微子态。更多细节可以参考 MiniBooNE 最近的分析[116,117]，其中有关于惰性中微子唯象的简短总结。

有大量关于惰性中微子的研究文献。要成为暗物质粒子候选者，为了在早期宇宙得到合适的残留丰度，通常需要一些精细调节。更多细节可以参考脚注网站[4]以及最近的关于轻惰性中微子[118]的白皮书。

---

2 INT Workshop 12-50W *Vistas in Axion Physics: A Roadmap for theoretical and Experimental Axion Physics through 2050*, 西雅图，2012 年 4 月 23-26,

http://www.int.washington.edu/talks/WorkShops/int_12_50W/。

3 这个网站给出了很多 LSND 的信息: http://www.nu.to.infn.it/exp/all/lsnd/#1。

4 这个网站给出了惰性中微子各种信息: http://www.nu.to.infn.it/Sterile_Neutrinos/。

下面的讨论将集中在一个简单的有质量中微子模型上，它是在最小标准模型加入一组右手中微子得到的。该模型被称为 νMSM (ν 最小标准模型) [119,120]，下面将简单描述一下该模型及其唯象学。

正如 νMSM [119,120] 模型所述，标准模型中引入 N 个右手中性轻子，称它们为右手中微子。作为轻子，它们是 $SU_C(3)$ 色单态；右手意味着它们必须是 $SU_L(2)$ 弱同位旋单态；同时电中性意味着它们 $U_Y(1)$ 超荷数必须为零。这表明，(a) 这些右手中微子没有标准模型相互作用；(b) 它们可以通过希格斯机制与通常的左手中微子产生质量项；(c) 它们可以是马约拉纳型粒子。[5] 含有右手中微子项的拉氏量可以方便地将荷电轻子设置对角形式，并将右手中微子的马约拉纳质量项也设为对角形式。

在 νMSM 中，右手中微子数目设置为 3，表示为 N_j，$j = 1$, 2, 3。除了标准模型的参数外，还多出了 18 个新的参数。新参数是 3 个狄拉克质量，3 个马约拉纳质量，6 个混合角，6 个 CP 破坏相位。其物理排列方式如下：N_1 获得 keV 量级的质量，$M_1 \sim$ keV，N_2 和 N_3 给出了普通的、活泼中微子质量，并产生了重子数不对称。它们的质量在标准模型能量标度数量级。比如 M_2 和 M_3 有几百个 GeV。惰性中微子 N_1 存在小的混合，[6] 因此可以通过荷电流和中性流与标准模型粒子耦合。它们的相互作用强度依赖于混合角，可以是超弱的。三个惰性中微子都是不稳定的。N_1 的寿命 $\tau_1 > \tau_U$，其中 $\tau_U \sim 10^{17}$ 秒，这是宇宙的年龄。N_2 和 N_3 寿命小于 0.1 秒。

N_1 作为暗物质候选者是非常合适的。N_1 可以热产生，也可以非热产生，它在早期宇宙中可能存在，也可能不存在。假设 N_1 最初在早期宇宙并不存在，它可以通过非热方式产生，具体过程为轻子和夸克湮灭产生，

$$\ell + \bar{\ell}, \quad q + \bar{q} \to \nu + N_1. \tag{7.2.1}$$

N_1 可以通过普通中微子混合而发生衰变，该过程是通过 W 玻色子和荷电轻子中间态的单圈效应实现的。该过程为

$$N_1 \to \nu + \gamma, \tag{7.2.2}$$

---

5 理论模型构建中一般都有一个不明说的原理，那就是，一旦确定了模型的对称性，就应该在拉氏量中写下对称性允许的所有可能项。在这个原理下，右手中微子的加入是自然的。标准模型之所以没有引入右手中微子的原因有两条：首先右手中微子没有标准模型量子数，所以没有理由将它包含在内。另一原因可能是，在中微子振荡现象被确认以前，大多数物理学家认为中微子是无质量的。应该指出的是，中微子质量并不一定要在基本拉氏量层次引入，它们可以以有效质量的形式出现在超出标准模型新物理中。回溯过去，人们本应该在很多年前就详细研究 νMSM 模型。甚至仅仅是因为它可以作为一种非常经济的方法引入马约拉纳费米子就值得研究，因为此时存在跷跷板机制可以自然地得到非常小的中微子质量。

6 和左手中微子部分的混合。   —— 译者注

寿命为[121]

$$\tau_{\nu_s} = 1.8 \times 10^{21} (\sin\theta)^{-2} \left(\frac{1\ \text{keV}}{m_{N_1}}\right)^5, \tag{7.2.3}$$

其中 θ 是混合角。由于宇宙年龄为 $4.34 \times 10^{17}\text{s}$，keV 惰性中微子在当前时期表现为一个稳定粒子。此衰变道为探测 N_1 提供了信号。末态 γ 以单色光子的形式出现，能量为 $E_\gamma = M_1/2$。这个 keV 的 X 射线可以在太空中探测。该模型在粒子物理中也存在相关效应。除了上述 N_1 衰变的 X 射线之外，惰性中微子的马约拉纳性质还可以引起无中微子的双 β 衰变。N_1 也可以参与强子衰变，特别地在 K 介子衰变中表现为丢失能量。

惰性中微子在粒子物理和天体物理中都是非常活跃的研究课题，但是粒子物理和天体物理关注的质量范围却是不同的。粒子物理中，LSND 实验表明它们与活泼中微子混合角并不小，因此粒子物理学家关注于 eV 的质量范围。而作为温暗物质的候选者，有意义的质量在 keV 的范围内。天体物理学家通过不同的道来探测 keV 的惰性中微子，比如星系和星系团的 X 射线谱、超新星爆发以及其他限制等。X 射线探测已经排除了 N_1 质量–混合角的绝大部分参数空间。[7] 取自文献 [124] 的图 7.2.1[8]，就是一个 νMSM 排除参数空间的例子。注意强烈限制了允许的区域：N_1 质量大于 1keV，混合角非常小，$\theta < 10^{-4}$（见图形说明）。这些限制的明显特征是：上面或下面暗区域由于太多或者太少暗物质粒子而被排除。应该注意到，"没有足够的暗物质"排除限是假定惰性中微子是唯一的暗物质粒子。在暗物质由多种成分组成的理论中，惰性中微子是多种暗物质粒子成分之一，那这个排除限就不存在了。右上的蓝色区域被排除是由于没有观测到暗物质衰变产生的 X 射线。左边粉色区域是由特里梅尼–葛恩限[88]和莱曼 α 观测限得到的排除区域。更多的实验限制细节以及参考资料可以查阅文献 [121]。[9] 粒子物理和天体物理关于惰性中微子已有的和未来的实验总结可以参见文献 [118]。脚注网站[10] 提供了各种惰性中微子的参考资料以及许多有用链接。

7.2.1　7keV 惰性中微子的可能候选粒子

2014 年，两个合作组[123, 124] 宣称在 73 个星系团的叠加 XMM-牛顿观测光谱中发现了 $E_\gamma = 3.5\text{keV}$ 的弱 X 射线。这个线谱并没有在已知的星系或星系团谱中出现过，它在面向假定射线源中心的方向有明显的增强趋势，但在其他空白位置方向却没有数据。这条反常 X 射线，如果是真实存在的话，可以从暗物质粒子的衰

---

[7] 回顾一下，X 射线的能量范围在 100eV 到 100keV 之间。软 X 射线在 10keV 以下，硬 X 射线在 10keV 以上。

[8] 图形最先在文献 [122] 中出现。

[9] 见文献 [121]，图 2。在文献 [121] 中可以找到其他的各种限制。

[10] 惰性中微子参考文献和有用网址：http://www.nu.to.infn.it/Sterile_Neutrinos/。

变来理解。暗物质粒子质量是 X 射线能量的 2 倍，即 7keV。对这一事件的解释详见文献 [124] 和 [125]。

该事例在图 7.2.1 中显示为蓝色数据点。它要求的 νMSM 中的混合角非常小，$\theta \approx 3.5 \times 10^{-6}$。

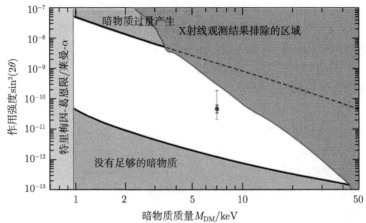

图 7.2.1　天体物理对 νMSM 中 keV 惰性中微子的限制图。竖轴上，θ 是惰性中微子与标准模型中微子的混合角，它实际上反映了惰性中微子的耦合强度。白色区域是允许的参数区域。其他彩色区域根据图中所示的不同类型的数据而排除在外。参看正文和文献 [122]。$M_{DM} = 7\mathrm{keV}$ 蓝色数据点是 §7.2.1 节讨论的 7keV 惰性中微子

8 | 暗物质探测现状总结

面对一个众多实验正在进行，新的计划不断落实，随时可能会出现新的结果的课题，要做出一个概况总结是不容易的。相关论述必须时时更新，才能确保其不过时。无论如何，本章将拉拉杂杂地总结暗物质探测的现状，并尝试给出快速发展的暗物质研究领域一些相对固定的特征。

迄今为止，对暗物质大多数探测，直接、间接和加速器实验，都给出了越来越严格的限制。也有一些令人兴奋的信号。但它们似乎与其他观测结果相冲突，因此这些实验需要进一步理解以及独立检验。本章首先快速介绍一下那些宣称发现信号的实验，然后给出大部分与之相关实验的总结结果。更多细节见最近几次会议的报告，其中的一些会议在 2015 年上半年举行。[1]

8.1 直接探测

直接探测实验大多集中于探测有良好动机的 WIMP。它们的探测是基于在地球探测器中寻找 keV 量级的核反冲。此类超出事例，可以解释为暗物质粒子的候选者，早在 1997 年 DAMA/NaI 实验组就曾宣称发现了这种超出。目前共有四个实验组宣称发现了可能的暗物质候选者：DAMA [126]，CDMS [127]，CoGeNT [128]以及 CRESST [129]。四组数据的 WIMP 质量都在 6~30GeV 之间，散射截面在 $5 \times 10^{-4} \sim 4 \times 10^{-7}$pb 之间。然而，除了 CoGeNT 和 CDMS 外，它们允许的质量–截面参数空间在很大程度上是不重叠的。此外，这些空间也在其他实验排除区域中。下面将讨论这四组数据。

---

1 这里列出其中的一些会议：

Workshop on Off-the-Beaten-Track Dark Matter and Astrophysical Probes of Fundamental Physics, 意大利，的里雅斯特，2015 年 4 月 13-17，ICTP，http://indico.ictp.it/event/a14282/; DARK MALT 2015, *Dark Matter: Astrophysical Probes, Laboratory Tests, and Theory Aspects*, 德国，慕尼黑，2015 年 2 月 2-27，MIAPP，http://www.munich-iapp.de/scientific-programme/programmes-2015/dark-matter/;

NDM15, *Neutrinos and Dark Matter in Nuclear Physics 2015*, 芬兰，2015 年 6 月 1-5，Jyväskylä，https://www.jyu.fi/en/congress/ndm15，https://indico.cern.ch/event/394248/timetable/#all.detailed.

8.1.1　直接探测：DAMA/LIBRA

DAMA 实验是基于高精度纯辐射闪烁体来探测稀有过程。它是与模型无关的，也是最早的在银河系晕中沿地球绕太阳公转轨道做暗物质直接探测的实验之一。探测器位于意大利靠法国边境的格兰·萨索地下实验室，深度为 1400 米。第一代探测器 DAMA/NaI 现在已经替换为目前的通用探测器 DAMA/LIBRA。

下面简要介绍 DAMA 探测器的物理原理。在银河系中，太阳以 232 公里每秒的速度飞向大力神附近的织女星，这个速度是以局域标准静止参考系为基准。由于地球绕太阳的轨道运动 ($v_{obs} \approx 30\mathrm{km/s}$)，银河系中的地球速度大小会有年度调制，因此在穿越地球的暗物质通量也会产生相应的改变。因此地球应该会在每年 6 月 2 号左右迎来最强暗物质粒子通量，而在 12 月 2 号左右迎来最弱通量。前一个日期中，地球的轨道速度与太阳系相对于星系的速度相加，而在后一个日期，二者则会相减。由于暗物质和普通物质反应事例率线性依赖于暗物质与 DAMA 探测器的相对速度，这会使探测器中的事例数产生季节性调制。图 8.1.1 的上图显示了该过程。

1997 年，DAMA/NaI 成为第一个宣称直接探测到暗物质信号的实验[126]。截至 2013 年，实验累积了 13 个年周期 1.17(吨·年) 的数据，其结果计数能自洽显示出年度调制的行为。文献 [131]发表了最近的 1.33 吨年数据累积结果，也可以在 DAMA 的网站[2] 上直接下载，这个结果展示在图 8.1.1 下图中，结果的数据分析也在其中。年度调制可以解释为地球静止参考系中 WIMP 速度季节性的改变。调制是一个 9.2σ 的效应。考虑所有已知的系统和背景效应[130]，实验组确认观测到的年度调制效应是暗物质粒子在星系晕中存在的一个独立的模型证据。DAMA 实验组也公开了新的 DAMA/LIBRA 第一阶段的年度调制。DAMA/LIBRA-2 第二阶段将会对其硬件和软件进行升级。

DAMA 数据也可以拟合出 WIMP 核子截面，该截面与最小超对称标准模型结果一致。文献 [132][3]指出，如果结果用暗物质理论框架来解释，DAMA 数据要么意味着一个质量 $m_\chi = 50\mathrm{GeV}$ 的 WIMP 核子弹性截面 $\sigma_{\chi p} \approx 7 \times 10^{-6}\mathrm{pb}$，要么意味着一个轻的质量在 6~10GeV 的 WIMP 暗物质，截面 $\sigma_{\chi p} \approx 7 \times 10^{-3}\mathrm{pb}$。然而，DAMA 的数据与其他具有较大分辨率的实验得到的当前上限不符合，后文将说明这一点。很多研究给出了 DAMA 与其他实验结果冲突的解释，但没有一个是完全令人满意的。后文将给出一些建议。在实验方面，至少计划了两个调制实验来验证 DAMA 的结果。详情和参考资料见文献 [104]。

---

2 DAMA 实验组主页：http://people.roma2.infn.it/ dama/web/home.html。
3 参见文献 [132]，9-10 页。

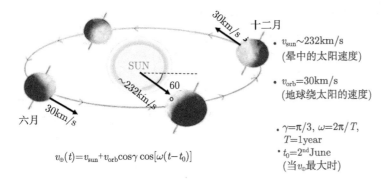

$$v_\oplus(t) = v_{\rm sun} + v_{\rm orb}\cos\gamma\,\cos[\omega(t-t_0)]$$

- $v_{\rm sun} \sim 232{\rm km/s}$
  (晕中的太阳速度)

- $v_{\rm orb} = 30{\rm km/s}$
  (地球绕太阳的速度)

- $\gamma = \pi/3$, $\omega = 2\pi/T$,
  $T = 1{\rm year}$
- $t_0 = 2^{\rm nd}{\rm June}$
  (当$v_\oplus$最大时)

模型无关的暗物质年调制结果
实验(扣除背景)残留的单次(暗物质)中靶导致的闪烁事例率/(时间和能量)
DAMA/NaI+DAMA/LIBRA-phase1

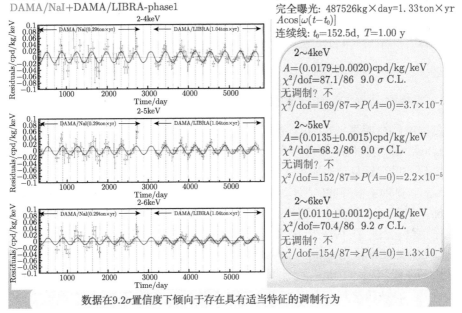

完全曝光: $487526{\rm kg}\times{\rm day} = 1.33{\rm ton}\times{\rm yr}$
$A\cos[\omega(t-t_0)]$
连续线: $t_0 = 152.5{\rm d}$, $T = 1.00~{\rm y}$

$2\sim4{\rm keV}$
$A = (0.0179\pm0.0020){\rm cpd/kg/keV}$
$\chi^2/{\rm dof} = 87.1/86$ $9.0~\sigma$ C.L.
无调制? 不
$\chi^2/{\rm dof} = 169/87 \Rightarrow P(A=0) = 3.7\times10^{-7}$

$2\sim5{\rm keV}$
$A = (0.0135\pm0.0015){\rm cpd/kg/keV}$
$\chi^2/{\rm dof} = 68.2/86$ $9.0~\sigma$ C.L.
无调制? 不
$\chi^2/{\rm dof} = 152/87 \Rightarrow P(A=0) = 2.2\times10^{-5}$

$2\sim6{\rm keV}$
$A = (0.0110\pm0.0012){\rm cpd/kg/keV}$
$\chi^2/{\rm dof} = 70.4/86$ $9.2~\sigma$ C.L.
无调制? 不
$\chi^2/{\rm dof} = 154/87 \Rightarrow P(A=0) = 1.3\times10^{-5}$

数据在9.2σ置信度下倾向于存在具有适当特征的调制行为

图 8.1.1 上图: 地球实验室的速度调制; 下图: DAMA/LIBRA 和 DAMA/NaI 的年度调制数据和分析。图形取自文献 [130]和 [131],与 DAMA 的其他介绍一起,都可以从实验组主页下载获得

有人认为,DAMA/LIBRA 数据是由于宇宙射线背景造成的,而宇宙射线背景也是随季节变化的[133]。然而,最近的一次细致模拟[134]中发现,缪子背景贡献相当小,不足以解释 DAMA/LIBRA 数据。一种试图解决这种困境的理论框架可以参见文献 [135],它通过一个特定的动力学提出了一个解决方案:一个狄拉克暗物质粒子通过交换一个轻赝标粒子与普通粒子发生相互作用。这种耦合极大地增强了暗物质粒子和质子的相互作用强度,而对其和中子的作用强度则增加得不多。因此

赝标粒子的亲质子性质使得暗物质粒子通过未配对质子和未配对中子与核子产生相互作用时,前者强度远大于后者。DAMA/LIBRA 实验用 Na(11) 和 I(53) 作为靶粒子,包括圆括号所示的奇数个的质子。而其他与之矛盾的实验,如 Xenon100,利用的是 Si(14),Ge(32) 和 Xe(54) 作为靶粒子,它们含有偶数个的质子。因此,在这种情况下,只有 DAMA/LIBRA 实验对现在的暗物质粒子的存在很敏感。

尽管长期以来收集到的 DAMA 数据具有令人印象深刻的一致性,学术界仍然不能确信其发现了暗物质,而且认定 DAMA 数据不是因为季节性环境效应才出现的。特殊环境效应产生于已知具有季节性变化强度的宇宙射线。要解决这个难题,需要直接证明 DAMA 调制并不是由这个效应引起的。这可以通过在南半球环境重复 DAMA 实验来实现。南半球的宇宙线季节性振荡与北半球刚好相反,因此其观测数据也与 DAMA 的数据刚好相反,而假定的暗物质效应在南北半球都是一样的。事实上,自 2011 年 7 月以来,有一个名为 DM Ice17 的实验正在与 IceCube 一起运行。它的第一个报告是基于头两年运行的背景数据变形,其内容可以参见文献 [136]。另一项实验 ANDES 是在南美洲的深地科学实验室中进行的。

8.1.2　直接探测:CDMS-II 和超 CDMS

低温暗物质探测 (CDMS) 利用锗和硅探测器来寻找 WIMP 暗物质粒子。第一代 CDMS-I 实验位于斯坦福大学校园的地下管道中。从 2003 年开始,第二代 CDMS-II 实验已迁移至明尼苏达北部的苏丹矿井中。实验装置位于地下约 700 米深的位置,它提供了很好的屏障,以抵御如缪子宇宙射线等源自宇宙的事例。CDMS-II 探测器的探测方案设计为测量探测器晶体中原子核与 WIMP 弹性碰撞产生的微小声子信号。入射的 WIMP 在探测器中沉积的能量可能会低到几十个 keV。探测器保持极低的 10mK 的基准温度,这样做的目的是为了压低探测器中原子核热运动造成的能量沉积。CDMS 探测器的进一步升级称为超 CDMS,它已经于 2012 年开始运行,将被转移到一个更深的地下实验室 SNO 实验室中,约在地下 2000 米处,探测器体积也将增加。

2007 年对可能的暗物质候选者进行了第一次观测,2009 年又宣布了两个可能的候选事件,预计背景为 0.9 ± 0.2 个事例。CDMS-II 结果发表在 2013 年[127],而超 CDMS 结果发表在 2014 年[137],图 8.1.2 展示了这些结果。在 2013 年的结果中,CDMS-II 硅探测器提供了可能信号的数据,显示为图 8.1.2 的淡蓝区域 (68% 置信度),该区域可能的 WIMP 质量覆盖了 6~20GeV 的范围,同时 WIMP-核子散射截面在 $10^{-42} \sim 4 \times 10^{-40} \text{cm}^2$ 范围,其中最大似然点在 8.6GeV 和 WIMP-核子截面为 $1.9 \times 10^{-41} \text{cm}^2$ 处 (没有展示在当前的图片中)。指定为 "本结果" 的暗曲线显示了超 CDMS 结果的排除区域。当 WIMP 质量为 8GeV 时,自旋无关 WIMP-核子散射截面的上限为 $1.2 \times 10^{-42} \text{cm}^2$。

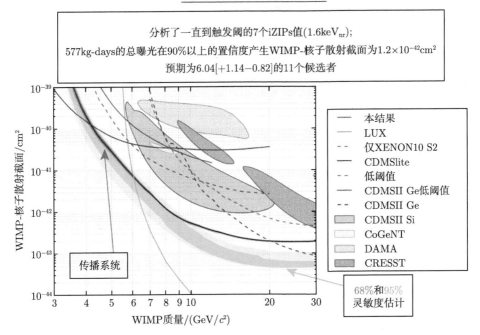

图 8.1.2 允许和排除的参数空间。文献 [137]给出了各种排除线和允许区域的基本图形。现在的图形加入了彩色曲线和区域的解释，出自文献 [138]。注意，主要的暗物质排除线标记为"本结果"

超 CDMS 将移到美国北部最深的底下实验室中，SNOLAB 实验室，同时更名为超 CDMS-SNOLAB。这个新地方将宇宙中子引起的背景降低 100 倍。对于质量在 30~100GeV 范围的 WIMP，散射截面的限制有望达到 10^{-46}cm^2 或 10^{-10}pb。

需要指出，美国科学基金部门 DOE 和 NSF 已经确认三个下一代暗物质探测实验：LZ 和超 CDMS-SNOLAB 探测轻或重的 WIMP 以及 ADMX-Gen2 探测轴子，这表示了美国对暗物质探测方面所做的努力。

另外，新一代的低温实验，EURECA (欧洲深地稀有事例量能器陈列) 1 吨项目将替代 EDELWEISS、CRESST 和 ROSEBUD，该项目正在计划中。它的设计范围与超 CDMS 相当，但截面最终会降到 10^{-11}pb[139]。

8.1.3 直接探测：CoGeNT

CoGeNT (锗中微子技术) 是一个专门探测轻质量 WIMP 的实验组，它使用高纯度和低辐射的锗进行探测。实验室也位于苏丹矿井中。探测器调试到探测质量在 10GeV 左右的 WIMP，远低于其他大多数直接探测实验。实验组[128,140]所采用的技术也可以很好地用到寻找低质量 WIMP 的年度调制信号中，如 DAMA/LIBRA。

该实验从 2009 年 12 月份开始采集数据。CoGeNT 数据已经分析了实际数据集的年度调制效应。连续 450 天运行后,在 0.5~3.0keVee[4][141] 数据集中发现了调制效应。文献 [128] 的调制图重现在图 8.1.3 的上面。最近,有人对 CoGeNT 数据的时间相关性进行了独立分析,使用了各种统计检验,作者证实在统计极限[142]内存在年度调制效应,相关结果展示在图 8.1.3 的下面。一些工作专门研究了 DAMA 和 CoGeNT 之间的相容性。在 WIMP 质量–截面图中二者并不重合,但 CoGeNT 的允许区域非常接近 DAMA 允许区域的低质量区域。由于天体物理的不确定性和截面提取的复杂性,很难得出一个明确的结论。更多细节可以参考两个文献 [143] 和 [144],在其中也可以找到相关的参考文献。

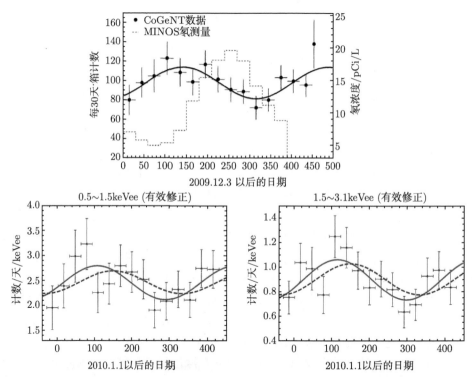

图 8.1.3 CoGeNT 年度调制。上图取自 CoGeNT 出版物[128];下图显示了在文献 [142] 中进行的独立分析的结果

CoGeNT 数据倾向于轻 WIMP,这与大多数倾向于几百个 GeV 的重 WIMP 的理论模型不一致。与 DAMA 一样,CoGeNT 的实验结果也与其他未发现任何暗物质候选事例的实验结果存在矛盾。XENON100 的结果也已经排除了 DAMA/LIBRA 和 CoGeNT 允许的区域。当然,采用一些非常规的天体物理途径可以避免这种直

---

4 keVee 是等效电子能量,就是把每个事例的能量转化为电子反冲能量。

接冲突。

　　文献 [146]给出了基于从 2009 年 12 月 3 日开始连续 1200 天运行数据所做的进一步分析。在大部分计数区仍然倾向于存在年度调制信号。但是振荡幅度比标准 WIMP 的预言大 4~7 倍。非麦克斯韦局部晕速度分布的可能性有助于调和其与其他观测的差别。对 CoGeNT 数据的更多独立分析可在文献 [147]中找到，其结论是 CoGeNT 数据在小于 1σ 的置信度下倾向于轻暗物质。

8.1.4　直接探测: CRESST

　　CRESST-II(用超导温度计进行的低温稀有事件探测) 是一种直接探测实验，它通过 WIMP 粒子在 $CaWO_4$ 晶体中的原子核靶上的散射来直接探测暗物质。其中核反冲产生声子和闪烁信号。光子可以测量相互作用的能量沉积。闪烁信号的产生，连同能量沉积，区分了不同的相互作用，并起到屏蔽背景事件的作用。完成 730 千克日 (kg·days) 数据后，CRESST-II phase 1 发现了 67 个可以接受的事例，它们分布在图 8.1.4 中标记为 M1(高质量区域) 和 M2(低质量区域) 的两个区域中。更多实验细节可以参考文献 [148]，其中，合作组总结了他们更早的数据以及其他现有数据。

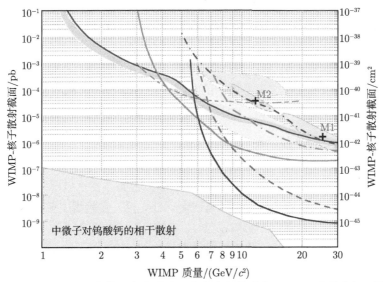

图 8.1.4　CRESST-II 以及其他几个实验给出的允许和排除的 WIMP 参数空间。图形取自文献 [149]。允许区域来自 CRESST、DAMA 和 CoGeNT 的数据。红实线是新排除区域。前面允许的低质量区域 M2 已经被明确排除。图中各曲线之上的区域是各种相关实验给出的排除空间。详见文献 [149]

文献 [149]于 2014 年公布了升级后的 CRESST-II 探测器的更新后的数据，其中宣布的最新结果，如图 8.1.4 所示：(a) 实验给出了一个新的质量低于 3GeV 暗物质自旋无关 WIMP-核子散射截面的限制区域；(b) 得到了一个新的排除限，如图 8.1.4 中红色实线所示；(c) 以前 phase 1 允许的低质量区域 M2 已经明确被排除。

8.2　间接探测

与直接探测一样，间接探测的目标也是研究暗物质粒子的类型以及它们与标准模型粒子的相互作用。与直接探测最大的不同在于间接探测的源可以是各种天体，如星系中心、附近的一些矮星系等，并不限定于太阳系。因此间接探测可以使我们了解暗物质在其他地方的分布。到目前为止，还没有探测到任何令人信服的证据可以称为暗物质的信号。然而，观测中存在一些天体物理难以解释的现象，它们通常被称为反常，在本节最后将讨论这些反常。

间接搜索讨论的范围很广，目前许多间接探测实验的大量探讨都可以参见 SLAC 2014 暑期学校的讲义。总结报告由丹·库珀和杰内佛·西格尔卡斯奇克给出，参见文献 [22]。关于间接探测细节的综述性文章可以参看文献 [150]。

卡通图 6.3.2 给出了暗物质参与的物理过程和探测机制，其中也包括了暗物质粒子的衰变可能性。根据探测到的普通粒子 (主要是荷电粒子或中性粒子) 的不同可以对探测结果进行分类。荷电粒子主要是正电子和反质子以压低背景事例，中性粒子主要是光子和中微子。信号事例的典型特征是这些荷电或中性的普通粒子相比于宇宙线背景的超出。因此，在间接探测中，了解常规的宇宙射线行为是至关重要的。

8.2.1　间接探测: 荷电粒子，正电子和反质子

暗物质寻找可以通过寻找荷电粒子来实现，比如寻找正电子、反质子等。这些粒子通常并不是初级宇宙射线，而是次级射线。相关实验组主要有 PAMELA 和 AMS，另外还有 FermiLAT、HESS、ATIC、CREAM 和 BESS 等。[5] 对于 WIMP 粒子的湮灭和衰变，反粒子 e^+ 和 $\bar{p}$ 的通量形状由 WIMP 粒子的质量和湮灭或衰变道决定。对于湮灭道，图 8.2.1 给出了正电子和反质子的超出。信号应具备的特征是超出发生在正电子和反质子的有限能谱范围内，取决于暗物质粒子的质量。最终，当暗物质粒子作用耗尽时，其能谱将回到正常的形状和大小。

---

5 以上首字母缩写的意义分别为，PAMELA: 反物质探测和轻核的有效载荷；AMS: α 磁谱仪；FermiLAT: 费米大区域望远镜；HESS: 高能立体系统；ATIC: 先进的薄电离量热仪；CREAM: 宇宙射线能量和质量；BESS: 超导光谱仪的气球传播实验。注意，FermiLAT，以前称为 GLAST，主要是一个高能光子探测器，但它也是一个电子探测器，并对早期正电子数据作出了贡献。

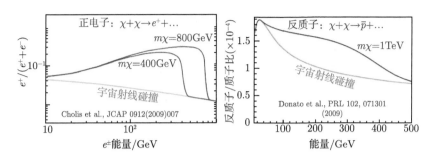

图 8.2.1　由 WIMP 粒子引起的在常规宇宙射线背景上的正电子和反质子超出。图形出自丁肇中在欧洲核子中心 AMS Day 所做的报告

去年年中，PAMELA 实验观测数据给出了宇宙射线荷电粒子的一般特征：随着能量的增加，正电子与正负电子总数目的比值也增加，而反质子与质子之比则遵循常规宇宙射线预期。然而这些结果的误差在可达到的高能端还很大。轻子和强子的这种不同行为给一些模型构造者提供了某些启示，他们提出了一些亲轻子的暗物质粒子，但总体说来并不令人非常满意。参看文献 [150] 的讨论。图 8.2.2 上面给出了这些早期结果。

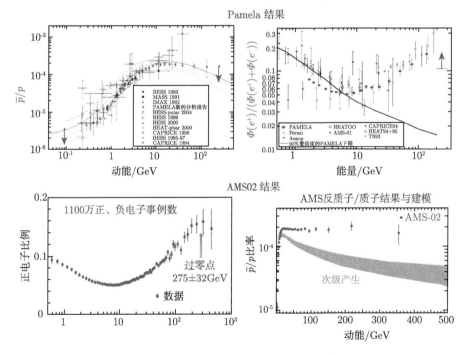

图 8.2.2　上图：AMS02 之前关于正电子和反质子的旧数据。暗线是人们预计的常规宇宙线的趋势；下图：AMS02 数据。图形出自丁肇中在欧洲核子中心 AMS Day 所做的报告

2014 年发布的关于新的 AMS 02 数据具有更高的准确性，并扩展到更高的能量。图 8.2.2 下面给出了这个结果。下面首先讨论正电子数据，然后讨论反质子数据。

8.2.1.1 正电子数据

正电子数据有一些有趣的特征：正电子组分从 7GeV 以来一直在上升。在 275±32GeV 后出现了下降趋势，如图中叉号所示，曲线斜率变负。最后数据点的中心值 500GeV 处清楚地表示了这一趋势，尽管那里的数据和以下数据的精度明显恶化。取数据中心值与图 8.2.1 的左面进行比较，人们可以强烈感觉到大质量粒子的存在。然而，也有人认为正电子事例可以由通常的天体物理源如附近的脉冲星[6]辐射等来解释。

可以理解的是，最新的 AMS02 数据已经激发了一系列的理论活动，以便理论模型应对准确的可用新数据。下面只能提及其中一部分工作，并对所有遗漏的工作表示歉意。文献 [151]给出了新的 AMS02 正电子数据的细节理论分析。它考虑了暗物质角方案和脉冲星方案。文章最终给出结论：由于伽马射线和 CMB 排除线的强烈限制，暗物质粒子质量只能在 0.5 到 1TeV 之间。正电子超出是暗物质通过轻标量或矢量中介粒子湮灭到四个轻子来解释。然而，这种超出也可以用附近五颗脉冲星中的一颗或多颗来解释。早一些的文献 [152]也得到了这种一般性的结论。另一篇文章 [153]专门研究了脉冲星对新的 AMS02 数据的解释，发现选择四颗脉冲星中的任何一颗或者它们的组合都可以完成这项任务。在多脉冲星贡献的情况下，正电子组分在高能端将显示出特殊结构。

8.2.1.2 反质子数据

宇宙射线中的反质子是天体物理高能唯象中的重要信使，是宇宙射线源和传播特性的重要诊断工具。在暗物质间接探测中，它也是暗物质湮灭的首要通道，这是由初级夸克的强子化和规范玻色子或轻子的标准模型过程实现的。在新的 AMS02 数据之前，次级反质子，是由宇宙射线和星际介质的碰撞后强子化而产生的，已经足以解释现有的大部分反质子数据，不需要额外的奇异反应道，譬如有暗物质粒子参与的过程。根据新的数据重新分析了情况的几篇论文已经出现。这里简单总结其中的两个，它们反映了关于这一问题的普遍结论。第一篇论文 [154]发现并没有确切证据表明存在显著超出。平坦的反质子与质子的比值意味着扩散系数的能量依赖性更平坦。这篇论文还估计部分暗物质湮灭或衰变的情况，并给出了新的严格限制。另外一篇论文 [155]认为平坦的反质子与质子的比值意味着超出，并得到结论，

---

6 对于非天文学家来说，脉冲星可以看作是一个旋转的磁化的中子星。当中子星形成时，它会迅速旋转。电磁辐射和荷电粒子在恒星磁极附近产生并加速。

这意味着需要 TeV 质量量级的暗物质粒子。特别地，约 3TeV 左右的超子暗物质粒子的残留丰度与当前暗物质残留丰度一致，可以解释 AMS02 的反质子超出。

8.2.1.3 关于荷电粒子的初步结论

AMS02 精确数据给学术界带来了极大的兴奋，并对相关物理建立了更严格的限制。荷电粒子超出的现况并没有从根本上得到解决。这反映了寻找暗物质并研究其性质方面面临着严峻挑战，并再次强调了这一课题的实验性质。最后，引用丁肇中报告[7] 中关于这个问题的要求：

确定暗物质信号需要：

(1) e^+, e^- 和 $\bar{p}$ 的测量；

(2) 宇宙射线通量的精确知识 (...)；

(3) 传播和加速 (Li，B/C 等)。

8.2.2 间接探测：光子

暗物质的光子特征是宇宙背景上的反常光子事件。暗物质的湮没和衰变可以产生瞬发线光子和扩散伽马射线。扩散伽马射线具有连续的能量分布，是由次级光子复杂过程产生的，首先暗物质湮灭到荷电粒子，这些荷电粒子被强子化，产生了诸如高能中性派介子等粒子，然后这些产生的粒子又衰变到两个高能光子。扩散伽马射线的另一种来源是在湮灭过程中产生的荷电粒子的内部韧制辐射。瞬发光子是单色的，是暗物质直接湮灭成一对单能光子的结果，或者是暗物质衰变的结果。在湮灭的情况下，每个光子的能量都几乎等于暗物质粒子的质量，这是因为当前暗物质粒子湮灭过程都发生在极低动能处。瞬发光子，几乎没有宇宙背景，因此可以将它看作是暗物质粒子存在的确凿证据[156, 157]。由于光子从产生到探测的传播过程基本不受干扰，因此瞬发光子的空间分布就和暗物质粒子空间分布一致。因此，在暗物质浓度较高的地方发现这些光子的可能性更大，比如在星系中心或者星系团卫星矮星系 ("矮球状星系" dSphs) 的中心。星系中心处的暗物质密度比太阳系高几个数量级 (见图 2.41)，而在 dSphs 中，暗物质平均密度则比太阳系暗物质密度高出几倍。

许多实验正在运行，包括 FermiLAT 空间望远镜、地基高能伽马射线探测器 HESS、VERITAS 和 MAGIC 以及空气喷注 ARGO-YBJ 等[8]。其中，FermiLAT 是目前主要的伽马射线探测器。

---

7 丁肇中在欧洲核子中心 2015 年 4 月 15—17 日的报告，题目 *The AMS Experiment*，网址为 http://indico.cern.ch/event/381134/other-view?view=standard。

8 这些首字母缩写分别为，FermiLAT: 费米大面积望远镜；HESS: 高能立体视野望远镜；VERITAS: 高能辐射成像望远镜阵列系统；MAGIC: 空气伽马射线切轮克服成像仪；ARGO-YBJ: 羊八井宇宙射线观测站。

人们正在 dSphs[158-160]，星系团[161, 162]，星系晕 (银河系)[163] 和河外伽马射线背景 (EGRB/IGRB)[164, 165] 中探测暗物质信号。实验数据主要来自于 FermiLAT，虽然一些数据已经得出了一些限制，但并没有确定暗物质信号。

前文总结过于简略。作为修正，这里我们说一下 FermiLAT 实验组是如何从相关观测中得到限制的。为增加数据样本，FermiLAT 联合观测银河系的 10 个卫星星系的观测数据，这些卫星星系是暗物质扩散 γ 射线最有希望的产生信号区域。对 10 个 dSphs 24 个月的观测数据的联合可能性分析中没有发现任何暗物质信号。但是在暗物质湮灭截面的三个道上却得到了可靠的上限[158]。结果如图 8.2.3 所示，此图出自文献 [158]。

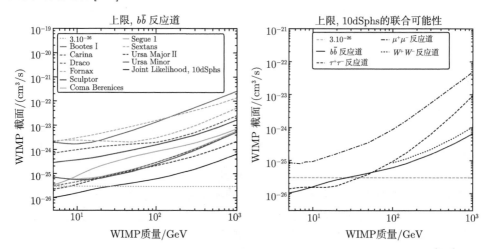

图 8.2.3   对 10 个 dSphs 观测数据的联合分析给出的 FermiLAT 实验限制图[158]

上述极为简化的讨论并不能对这些重要的课题做出公正的判定。幸运的是，有一些非常好的综述文献，如文献 [150] 给出了这些课题细节性的讨论以及足够多的参考资料。

8.2.2.1   诱人的迹象

在银河系中心和河外星系伽马射线背景 (EGRB) 的观测数据中，存在一些诱人的数据样本，这些样本揭示了暗物质信号的可能性。

银心观测

银河系中心估计会存在极高密度的暗物质。但是，由于它是一个非常复杂的天体物理区域，在那里对暗物质进行探测具有很大的挑战性。通过研究 FermiLAT 关于银心发射伽马射线三年数据的形态学和能谱特征，一组学者发现在 300MeV 到 10GeV 的能量范围内，能谱结构存在空间扩展的部分[166]。该扩展部分也被文

献 [167]和 [168]独立地确认。根据文献 [166]，该扩展发射可以用暗物质的湮灭来
解释，也可以用被银河系的超大质量黑洞所加速的高能质子的碰撞来解释。当解
释为暗物质事件时，若湮灭是以轻子道为主导的，则发射光谱需要暗物质质量在
7~12GeV 之间，若湮灭是以强子为主导的，则需要暗物质质量在 25~45GeV 之间。
文献 [166]的作者利用组合的湮灭道对数据进行了拟合，在三种不同的情况下给出
了明确的拟合结果。图 8.2.4 给出了暗物质湮灭被 $b\bar{b}$ 主导时的一种情景。另外两种
方案可以很好地拟合数据。

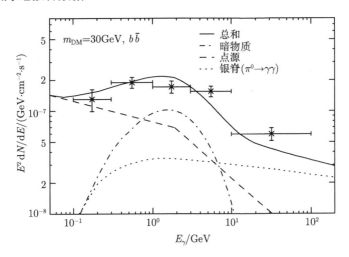

图 8.2.4   图形取自文献 [166]。30GeV 暗物质粒子湮灭到 $b\bar{b}$ 道，其截面为 $v\sigma \sim 6\times 10^{-27}\,\mathrm{cm}^3/\mathrm{s}$

最近对 FermiLAT 数据的更新分析[169]发现，用暗物质粒子的湮灭来解释超
出是令人信服的。质量在 36~51GeV 的暗物质粒子，其湮灭截面为 $v\sigma = (1 \sim 3) \times 10^{-26}\,\mathrm{cm}^3/\mathrm{s}$，可以给出很好的拟合数据。这与前面给出的分析结果是一致的。

谱线观测

单色光子线是奇异事例的有力证据，因此也同样是暗物质粒子存在可能性的
有力证据。下面讨论两个独立的观测：

- 130GeV 线

  三个研究组[157,170,171] 对包含 43 个月观测结果的早期 FermiLAT 观测
  数据进行了独立的分析，结果发现在 $E_{\gamma} \approx 130$GeV 处存在一条光子线迹象。
  如文献 [157]所示，基于对 50 个光子的观测结果，这一效应为 4.6σ。如果此
  观测结果解释为 WIMP 湮灭到 γ 光子，那么将意味着 WIMP 质量为 $m_{\chi} = 129.8 \pm 2.4^{+7}_{-13}$GeV，平均湮灭率为 $\langle v\sigma \rangle = (1.27 \pm 0.32^{+0.18}_{-0.28}) \times 10^{-27}\,\mathrm{cm}^3/\mathrm{s}$。

  最近，FermiLAT 实验组利用 5.8 年的数据累积，公布了他们在 200MeV

到 500GeV 能量范围内对星系暗物质单色谱线的更新探测结果[172]。结果表明并没有谱线存在的强烈证据，实验组还特别研究了 133GeV 线，根据新数据和新的事例重建和选择算法，结果表明单色光子线存在的置信度显著地降低，降至 0.73σ。

- 511keV 线

对星系 511 keV 发射的观测是粒子物理和天体物理发展过程中非常有意思的故事之一。第一个观测结果是在 20 世纪 70 年代初通过气球实验进行的。那是有史以来发现的第一条 γ 射线，它起源于太阳系以外，方向大致为银河系的中心。对这条谱线的公认解释是在银心发生的 e^+e^- 湮灭。它在地球上的通量为 $10^{-3}\text{cm}^{-2}\cdot\text{s}^{-1}$ 每平方厘米每秒，地球与银河系中心之间的距离为 8 kpc，这意味着每秒湮灭到 $\sim 1 \times 10^{43}$ 个 e^+。释放能量为 $10^4 L_\odot$，其中 $L_\odot = 2.83 \times 10^{26}$W 是太阳亮度。关于这个线有很多实验和理论的研究，但正电子的主要来源尚未确定。虽然传统的天体物理源如 Ia 型超新星等，可以看作是可能的源候选者，但暗物质湮灭也是可能的。关于该问题的综述文章，可以参看文献 [173]。

8.2.3　间接探测：中微子

在暗物质粒子的湮灭过程中产生的中微子和反中微子可以作为探测其母粒子的良好信号。虽然中微子很难探测，但是它们也携带了非常有价值的信息。中微子信号的一个优点是，由于它的相互作用很弱，它的平均自由程很长。对重的暗物质粒子来说，人们期望看到来自银河系中心的高能中微子，在那里人们预期有暗物质的富集。与光子不同的是，中微子可以在控制良好的地下实验室环境、如水或冰中来探测。水和冰作为探测介质，可以探测中微子通过荷电流相互作用产生荷电轻子的过程。在水和冰中的切伦科夫辐射及其巨大的穿透长度特别揭示了缪子末态。另一个优点在于重要的方向信息。当入射中微子能量足够高时，出射的缪子可以保持其运动方向。为了降低宇宙射线背景的影响，探测器中向上运动的中微子信号可以利用整个地球作为屏蔽。它的背景来自其他来源的中微子，如大气中微子，构成了主要的背景。探测中微子的另一个优势是存在大型中微子物理探测器，可用于从暗物质粒子中寻找中微子。

现在正在运行的中微子探测器包括超级神冈(Super-K)、IceCube和ANTARES。到目前为止，Super-K、IceCube 和 AMANDA 都没有观测到中微子信号，其中 AMANDA 是 IceCube 的前身实验。星系中心和太阳中没有高能中微子，这对暗物质粒子的质量和湮灭截面有很大的限制作用。一些早期的资料和分析可以参见文献 [174]、 [175]和 [176]，关于 Super-K 探测太阳中暗物质的最新结果参见文献 [177]。图 8.2.5 给出了上述结果，此图出自文献 [177]。

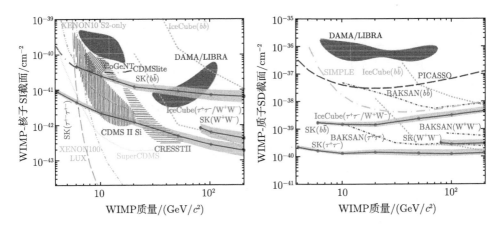

图 8.2.5 从直接和间接探测实验得到的允许和排除界限的对比。彩色区域是通过直接探测实验 DAMA、CoGeNT、CDMS 和 CRESST 获得的允许参数区域。图中曲线标记了排除区域。已知 Xenon、PICASSO、SIMPLE 和 LUX 是直接探测实验，而 BAKSAN、SK 和 IceCube 是间接探测实验。记住，直接探测实验测量暗物质 - 核子的碰撞，而间接探测实验测量的是暗物质湮灭。因此，间接探测实验必须标记排除线所针对的特定末态道。左图：自旋无关的情况；右图：自旋依赖的情况。图形取自文献 [177]

最近的关于 IceCube 寻找暗物质的情况可以参见文献 [178]。图 8.2.6 给出了上述结果，此图出自文献 [178]。

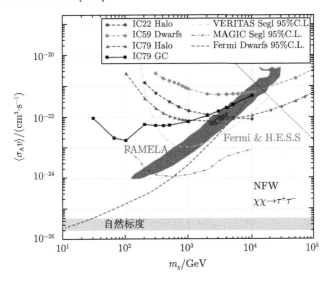

图 8.2.6 四个 IceCube 测量结果以及与其他间接实验探测结果的比较。灰色阴影区是可以用暗物质解释 PAMELA 正电子超出的区域。本图取自文献 [178]，详情请参阅文献 [178]

8.2.4   反氘核

如上所述，间接探测通常集中关注伽马射线、正电子、反质子和中微子等。然而，由于常见天体物理过程的不确定性，这些可能丰富的产生道可能会有严重的背景使之难以区分。宇宙射线中的反氘核，可以从 WIMP 的湮没产物中以次级粒子的形式出现，并且几乎没有预期的背景，已被认为是暗物质间接探测的一种有前途的信号[179]。反氘核的产生机制是由于 WIMP 暗物质湮灭产生的反质子和反中子的聚合。为了使 $\bar{p}$ 和 $\bar{n}$ 形成 $\bar{d}$，两个核子必须具有差不多同样大的动量，以便朝着同样的方向运动。这是一个相当严格的相空间要求，意味着产生截面非常小。幸运的是，根据文献 [179] 的计算，这样产生的反氘核的通量在低动能时达到峰值，峰值大约在几分之一个 GeV 左右。由于反氘核宇宙射线一般是由高能宇宙质子流的碎裂产生的，所以在这个低能区几乎没有宇宙射线背景。因此，探测到低能区的反氘核可以看作是 WIMP 暗物质粒子的确凿信号。最近对反氘核产生的分析表明了其他情况的可能性，比如聚合机制的可能比先前认为的强，所以来自于 WIMP 的反氘核也可能出现更高一些的能量区域[180]。

BESS 实验给出了反氘核探测的上限。进一步探测反氘核的实验包括有 GASP 和 AMS02。更多讨论和资料参见文献 [107]。宇宙射线中反氘核探测的理论和实验的最新综述可以参见文献 [181]。

8.2.5   其他反粒子的寻找

其他类型反粒子也可用作探测暗物质信号的粒子，如反氦-4。相关实验包括 BESS(超导光谱仪的气球实验)，它从 1993 年以来一直在进行反物质探测。截至 2011 年底，它已经收集 50 亿次宇宙射线事例，其中并没有发现反氦的证据，因此也把反氦与氦比率上限设定为 10^{-7}。

8.3   总结

8.3.1   实验探测现状

8.3.1.1   直接探测小结

图 8.3.1 总结了直接探测自旋无关截面的现状。此图取自文献 [182]。文献 [57]给出了重点排除区域的类似图形。注意，在大部分质量区间，除了 WIMP 质量小于 8GeV 的区间外，LUX 给出了最强烈的限制。对于小于 8GeV 的低质量区域，Xenon100、超 CDMS 和 DAMIC 提供了最好的限制。排除的总体范围包括所有这四个允许的参数空间：DAMA/LIBRA，CoGeNT，CDMS-Si 和 CRESST。两组实验存在严重的冲突。粗橙色棒线标记直接探测开始对中微子散射敏感的暗物

质质量–截面区域，这会极大地约束未来直接暗物质探测实验。

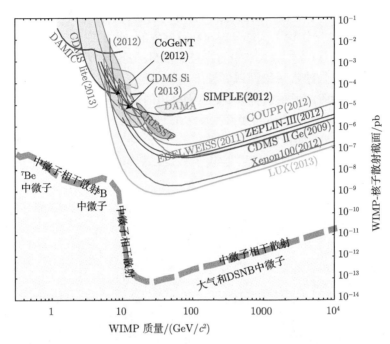

图 8.3.1　暗物质自旋无关散射探测实验现状综述。同时展示了允许和排除区域。右上图阴影排除区域包含了所有 DAMA/LIBRA, CoGeNT, CDMS-Si, 和 CRESST 允许的区域。本图取自文献 [182]

图 8.3.2 展示了各种自旋依赖的 WIMP- 核子散射排除限，此图取自文献 [183]。注意间接探测实验 IceCube 对 WIMP 和质子散射给出了相当强的排除限。

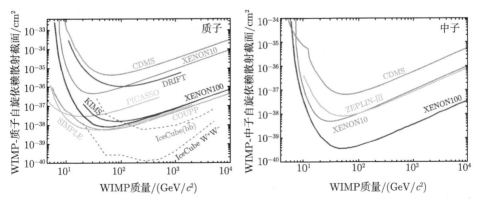

图 8.3.2　左图：质子-WIMP 散射截面的排除区域；右图：中子-WIMP 散射截面的排除区域

8.3.1.2 间接探测小结

目前间接探测一个非常突出的特点是，除了所获得的各种排除限之外，还存在着超出和反常。§8.2 节讨论了大部分超出和反常现象。图 8.3.3 根据库珀的报告[22] 总结了各种超出和反常，对 §8.2 节中讨论过的 AMS02 的结果进行了补充。这些反常事件可以源于未知的常规来源或者源于暗物质粒子的湮灭或衰变。根据库珀的报告[22]，对于暗物质粒子候选者来说，表中列出的最后一个反常，即银心 GeV 超出，在这么多年来出现的许多间接探测反常中，特别引人注目，它可以解释为质量在 31~40GeV，湮灭截面量级为 $\langle v\sigma \rangle \approx (1.7 \sim 2.3) \times 10^{-26} \mathrm{cm}^3/\mathrm{s}$，符合 WIMP 奇迹的 WIMP 粒子。未来对矮星系、宇宙射线反质子等的观测，才能揭开这一诱人事件的真谛。

超出和反常(约2014年)			
反常	信息	天体物理学?	暗物质?
511keV	适中	似可接受的 (LMXBs)	非标准、半可信的
无线电背景	适中	非标准 ($Z\sim6$)	非标准
正电子超出	适中	可以接受的（脉冲量）	非标准、半可信的
130GeV线	低显著性	NA	非标准、半可信的
3.5keV线	适中	未知原子线	比较标准的
GeV超出	高	不明显	标准的

警告：本表中的每一项都是高度主观的。

建议：自己了解详细信息并得出自己的评估。

图 8.3.3　截至 2014 年初，在发布新 AMS02 数据之前，间接探测实验中出现的超出和反常。在这个表中，应该加上 AMS02 数据中可能存在的反质子超出以及进一步削弱 130GeV 伽马射线重要性的 FermiLAT 新数据

8.3.2　展望未来

暗物质的存在，正如其引力效应所显示的，是明确的。几乎所有可能的暗物质理论已经提出。目前的实验情况也令人不安。几年前，物理学家曾设想暗物质信号可能会被很快发现。但现在现实已经如此，人们已经做好了长远的准备。

用于直接探测的大型探测器正在建设或者计划在未来几年内使用。它们的设

计是为了更好地探测暗物质质量与截面之间的关系，从而使暗物质粒子与核子的弹性散射精度提高一到两个量级。这些实验包括 XENON1T、XENONnT、Dark-Side、LUX-ZAPLIN(LZ) 以及 DARWIN。XENON1T[184]，从刚上线的格兰萨索的 XENON100 扩展而来，已于 2015 年 11 月 11 日正式启用。对于 WIMP 质量 $m_\chi > 6\text{GeV}$ 时，LUX 提供了迄今为止最强的排除极限，XENON1T 的灵敏度有望将 LUX 的灵敏度提高 50 倍。更进一步升级 XENONnT 计划于 2018 年开始。图 8.3.4 给出了 XENON1T 及其升级 XENONnT 的灵敏度以及现存的限制。XENONnT 实验更进一步的升级是 DARWIN(用惰性液体探测 WIMP 暗物质) 多吨项目，该项目计划测量 20 吨的探测物质[185,186]。DARWIN 的灵敏度有望接近中微子相干散射极限。

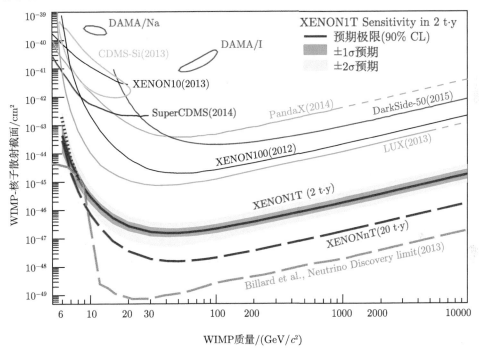

(原图标题)XENONE1T 的 WIMP 核子相互作用自旋无关灵敏度 (90% 置信度): 蓝色实线表示中心值, 1σ 和 2σ 灵敏度区域分别以绿色和黄色条带显示。在小 WIMP 质量区域内的蓝色点线显示了在 3keV 下假定 $\mathcal{L}_{\text{eff}} = 0$ 的灵敏度。XENONEnT 的灵敏度显示以蓝色虚线。图形也展示了 DAMA-LIBRA[84] 和 CDMS-Si[85] 的发现区域，以及其他实验排除线: XENON10[86]、SuperCDMS[87]、PandaX[88]、DarkSide-50[89]、XENON100[14]、LUX[16]。为了对比，我们也画出了文献 [55] 给出的 "中微子探测线"

图 8.3.4 在线 XENON1T 的灵敏度曲线以及其现有的结果和未来的扩展 XENONnT。本图及图下面的说明来自文献 [184]

Xe 探测器的 LZ(LUX-Zeplin) 是另一个下一代 (2 代) 大型暗物质实验，其灵敏度与 XENON1T 相当。该项目已经通过了第一轮审核，成为美国能源部的一个正式项目。LZ 实验将放置在斯坦福深地实验室 (SURF)，位于美国南达科他州里德市内的前霍姆斯塔克金矿其中。实验将分两个阶段进行。第一步将探测 1.5~3 吨物质，第二步将升级为 20 吨探测器。设计的灵敏度可以达到 $5 \times 10^{-49} \mathrm{cm}^2$，适用于 100GeV WIMP。关于 LZ 的最新状态可以参见文献 [187]。

2013 年 Snowmass CF1 总结[188]为 WIMP 直接探测提供了到 2020 年的路线图。图 8.3.5 展示了正在进行的以及未来计划的各种实验的以 WIMP 质量为函数的散射截面的探测灵敏度[188]。对下一代的实验，路线图给出了 DarkSide G2、LZ

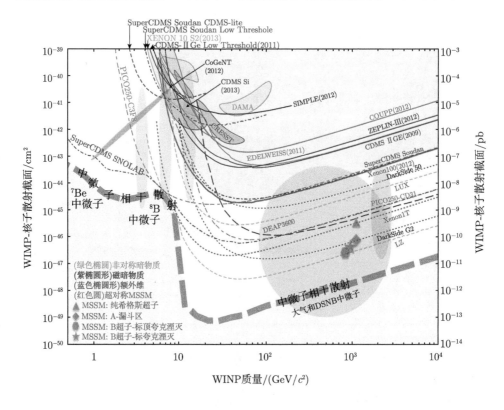

(原图标题)WIMP 核子相互作用自旋无关截面限制 (实线)，WIMP 信号迹象区域 (阴影封闭区域)，以及美国主导的，预计在下一个十年实施的直接探测计划 (点线以及点虚线) 的汇总图。图形也展示了 ^{8}B 太阳中微子、大气中微子以及超新星扩散中微子与原子核联合散射干扰直接探测的 (近似条带) 起始线。最后，图形也展示了一些合适的 (包括相关参考文献) 理论模型预言的区域，显示为阴影区域

图 8.3.5　图形和说明取自文献 [188]。实线是已建立的限制，点/虚线是截至 2013 年底的计划限制。LUX 限制用绿色虚线给出，它对 8GeV 以上的 WIMP 给出了最强的限制

的计划精度，以及中微子相干散射极限等信息。图 8.3.6 给出了包括 XENENOnT
和 DARWIN 等实验的类似精度要求，此图来自文献 [188]，也出现在文献 [186] 以
及其他资料中。

　　需要注意的是，自本报告在 2013 年底发表以来，一些图中以点线和虚线所示
的相关计划达到的地方已经成功实现了。例如 LUX，图中绿色虚线是目前最强的
排除范围。应该指出，这些探测器可以探测大部分超对称参数空间。

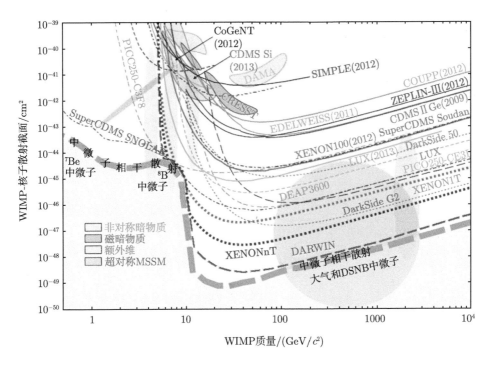

(原图标题) 实验允许的 WIMP 参数空间。实线显示 WIMP 核子自旋无关截面限制，点线和点虚线显示计
划达到的灵敏度。WIMP 的信号迹象显示为阴影封闭区域。底部展示了 ^{8}B 太阳中微子、大气中微子以及
超新星扩散中微子与原子核联合散射干扰直接探测的 (近似条带) 起始线。图形取自文献 [23]

图 8.3.6　本图取自文献 [186]，该文献又是从文献 [188] 取图并作补充

　　在直接和间接探测实验方面取得的进展是令人振奋的。直接探测灵敏度遵循
摩尔定律，大约每 20 个月增加一倍，如图 8.3.7 所示。未来的发展将把各种小型实
验合并成更大、更多用途的实验。采用传统高能物理研究方法的大型实验，涵盖了
所有重要的技术，相互竞争、合作，相互对照检验，大家的共同努力，可能会揭开
我们正面临的这一深层次谜团。

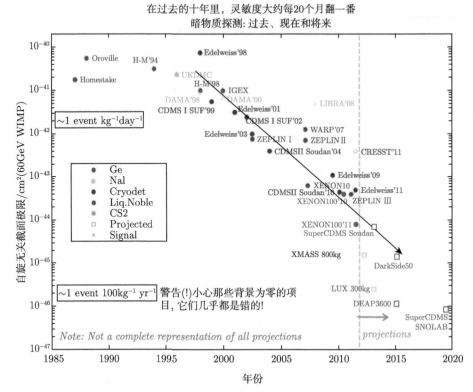

图 8.3.7　暗物质直接探测的摩尔定律。在过去的十年里，实验灵敏度大约每 20 个月翻一番。本图出自文献 [189]

8.3.3　理论杂评

　　本书并没有过多关注于暗物质粒子理论，这本身是一个很大的课题。下面我们对此稍作评论，特别关注于超对称的问题。这些评论将是暂时性的，可能会在暗物质探测实验和大型强子对撞机正在运行的第二阶段上进行的粒子物理实验中出现新的数据时发生改变。

8.3.3.1　超对称

　　超对称理论激发了 WIMP 暗物质的实验探测。图 8.3.8 展示了当前的超对称参数空间在 WIMP-核子散射截面图上的排除区域。图中右下区域是一些超对称框架的参数空间和被暗物质直接探测实验排除的区域。直接探测实验排除了越来越多的超对称参数空间。目前最强的限制是由 LUX 提供的。如图 8.3.5 所示，未来的实验将能够覆盖全部超对称参数空间。

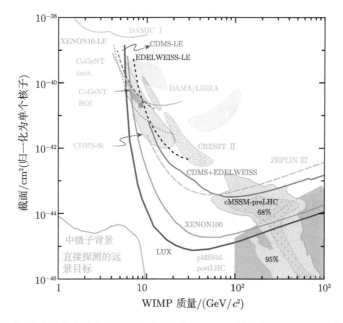

图 8.3.8 当前的超对称参数空间排除区域。这和图 8.3.1 给出的排除区域是相同的。本图出自文献 [57]。需要说明的是，该论文在 2015 年 9 月给出了更新的图形。新图形根据 CRESST 的更新数据去掉了 CRESST II 的信号区域。此外，Dark Side 50, CRESST 等实验的排除曲线都显示出来了。不再强调超对称排除区域。其他区域则与现在图形类似

　　随着大型强子对撞机的运行，已经开始系统性地检验超对称性质。大型强子对撞机的运行第一阶段对包括超对称在内的新物理的探测现状可以总结如下：还没有发现任何超对称粒子有统计显著的迹象。不管是 B 介子部分的精确测量还是对扩展希格斯部分的寻找，都没有发现任何新物理迹象。更一般地说，所有运行的第一阶段的精确结果都与标准模型很好地吻合。

　　更具体地，特别提到以下几点：一般认为大型强子对撞机上发现的低质量希格斯粒子不利于最小超对称模型。最近从 LHCb 上测得的稀有衰变 $B_s \to \mu\bar{\mu}$ 分支比和 Belle 上更新的稀有衰变 $B^- \to \tau^- \nu$ 均与标准模型的预言一致，这对超对称造成了进一步的压力。然而，实际情况尚不是完全清晰。例如，文献 [192] 发现两个高度限制的超对称模型：如受限的最小超对称标准模型和非通用希格斯模型中仍然有存活参数空间，虽然空间变小。

　　现在还很难说超对称会怎么样。大型强子对撞机第一阶段中质子能量在 7TeV 和 8TeV 运行，希格斯粒子的发现只是开始。[9] 下一步的运行已经于 2015 年开始，

_____

9 有关大型强子对撞机第一阶段的简介，请参阅 2012.12.17 的大型强子对撞机新闻稿：

http://press.web.cern.ch/press-releases/2012/12/first-lhc-protons-run-ends-new-milestone。

质子能量升级到了 13.5TeV。超对称将得到更有力的检验。

大型强子对撞机的简明总结见文献 [193]。文献 [194]系统性地给出了大型强子对撞机迄今为止的结果以及关于超对称和暗物质的讲座。超对称在大型强子对撞机第一阶段之后的状况可以参见文献 [195]。

8.3.3.2　暗物质模型的其他进展

这里关注于轻暗物质粒子，它们是几个 GeV 或更轻的粒子，而不是通常超对称中普遍预期的几百个 GeV 的 WIMP，此外还有前面讨论过的惰性中微子和轴子。这类粒子的寻找有理论和实验的双方面的动机。在实验上，在大型强子对撞机上探测超对称粒子却没有任何结果将推高超对称标度，使其在实验上更难达到。从现有的暗物质探测实验来看，所有直接探测 DAMA、CoGeNT 和 CRESST 的信号都声称在轻暗物质粒子的范围内。从理论上讲，超对称的高质量标度使得它不那么吸引人。此外，李–温伯格[196]的原始工作表明，对于热产生暗物质残留丰度来说，质量下限为 4GeV。[10] 因此，低质量暗物质粒子是可信的。

重子和暗物质密度的数值关系，即 $\rho_{DM} = 4.5\rho_b$，说明重子和暗物质粒子之间可能有密切的联系，而在一般的 WIMP 场景情形中，这种关联并不是必然的，两种密度接近也可能只是偶然的。众所周知的重子密度来源清晰地说明这种差别。重子密度是重子不对称引起的，而重子不对称性是 CP 破坏的结果。但 WIMP 起源于规范等级，没有此类关联。不对称暗物质 (ADM)[197]假定暗物质和重子有共同的源，二者都是 CP 破坏机制的结果。ADM 模型通常预言了数量级相同的重子和 ADM 密度。这说明暗物质质量在 4GeV 左右，这与李–温伯格退耦机制的结果一致。这种轻暗物质粒子的寻找策略与 WIMP 是不一样的。ADM 的综述见文献 [198]，轻暗物质的综述见文献 [199]。

另外一类暗物质模型称为暗部分[200]，模型中暗物质不是通常假定的一类粒子，而是假定其本身就是一个复杂的粒子部分。

---

10 在李–温伯格的论文 [196]中，质量下限是 2GeV，这是假定物质提供了全部临界密度的情况下得到的。现在的情况是暗物质占了临界密度的四分之一左右，因此下限提高到 4GeV。

下篇

宇宙学相关课题

这一部分将讨论几个与暗物质相关的宇宙学课题。由于它们也是构成当前宇宙图像基石的一部分，因此，对于那些尚未掌握现代宇宙学专业知识的读者，如大多数粒子物理学专业的学生来说，了解这些课题是非常有用的。本部分将试图尽可能多的给出作者认为有用的或者指出能够找到更多细节的地方，所以内容显得有些冗长。如果读者熟悉宇宙学，或者对细节不感兴趣，又或者满足于暗物质部分的讨论，那么这些章节就不需要阅读了。

宇宙学已经成为一门精确科学，例如已经在 0.4% 范围，1σ 标准偏差内确定了宇宙年龄，即 13.81 ± 0.05Gyr[11]，CMB 各向异性在 10^{-5} 以内，等等。许多关于宇宙学的综述都可以在文献中找到，也有非常好的、不同层次的教科书。比较经典的如文献 [65]、[201]、[202]、[203][1]等。在发现暗能量以及其他发展之后，在新千年出现了一些较新的书，如文献 [92]、[204]、[205]、[206], 最新的，文献 [207][2]。文献 [208]是无所不包的入门教程，包括主要思想、相关条件、涉及的科学家、观测计划等，可以作为宇宙学各种课题的快速索引。

从这些书中也可以看到宇宙学的框架是相当简洁的，其内容主要分为三部分：广义相对论的基本动力学方程和 FLRW 度规；当考虑物质时，热力学应用于宇宙行为的研究，如早期宇宙的热历史等；相关物理定律、扰动理论在 CMB 各向异性和大尺度结构形成中的应用。当然，宇宙中物质具体行为受物理定律的支配。特别是粒子物理学和核物理学为宇宙的内部运行提供了基本的物理机制。

宇宙学理论及其计算与粒子物理在一定程度上是相互平行的。宇宙学以均匀各向同性的 FLRW 度规为出发点，这也被称为背景宇宙，它并不关心宇宙中的个体子结构。这也许可以与粒子物理学中一个 (非常复杂的) 自由场论做类比。然后是对称性原理，即在一般四维共动系坐标变换下的不变性。由于宇宙的膨胀，满足坐标变换不变性并不平庸。这类比于粒子物理中的规范变换和规范不变性。接下来关于 CMB 各向异性以及由小扰动诱导的大尺度结构形成的微扰计算。粒子物理中微扰论源于不同的场的相互作用，而宇宙学的微扰则是在 FLRW 度规和能动量张量背景宇宙中的物理过程计算。正如约翰·惠勒所说："时空告诉物质怎样运动，而物质告诉宇宙如何弯曲。"[209]这两种微扰可以在某种假定的相互作用形式下等同起来。

在观测方面，哈勃在 20 世纪 20 年代后期观测到的星系红移和距离之间的线性关系[210]是建立宇宙膨胀图像的基石，佐维基[16]和其他人在 20 世纪 20 年代末和 30 年代初观察到，随着星系距离的增加，星系的旋转曲线变平。这是暗物质存在的证据，这些观测都是宇宙学早期进展中的标志性事件。在 20 世纪 60 年代之前，

---

1 这本书特别详述了暴胀理论，可在网上查阅 arXiv 版本：arXiv:hep-th/0503203。
2 这远远不是关于宇宙学现有书籍的完整清单。在亚马逊 http://www.amazon.com 搜索就会发现其他许多书籍。

大部分关于宇宙的信息都是从遥远星系的红移和距离观测中获得的。在 1960 年代中期，发现了近各向同性微波辐射背景[211]，称为宇宙微波背景 (CMB)，大大扩大了天体物理观测的范围，并引发了许多后续测量。但多年来，这种背景辐射的详细光谱还没有完全确定。微波背景辐射的黑体辐射谱作为理想的黑体辐射于 1990 年代早期为宇宙背景探索卫星 (COBE) 实验测定[212]，从而开创了精确宇宙时代。[3] 20 世纪 90 年代末发现暗能量[214, 215]使宇宙学在理解宇宙的过程中走上了新轨道。

　　和前文一样，本书的相关工作都是在自然单位制下表述的，这当然也包括温度。因此玻尔兹曼常数 $k_{\mathrm{B}}(= 8.6173 \times 10^{-5} \text{ eV/K})$ 也取作 1。所有的物理量只有一个单位，而各基本单位之间的关系可参见文献 [65]。[4]

---

　　3 首先详述 CMB 的书可参见文献 [204]第二章。彭齐亚斯和威尔逊的有趣描述可参阅温伯格的经典科普《宇宙最初的三分钟》[213]。

　　4 见文献 [65]，499-500 页，附录 A。本书将在第 C.1 章中表 C.1.2 再现不同单位之间的关系。

9 | 宇宙学入门

9.1 爱因斯坦方程和 FLRW 度规

9.1.1 基础知识综述

让我们首先快速回顾、勾勒一些已知的一般物理理论和概念，以便定义相关符号。空间度规用协变和逆变对称度规张量表示，分别是 $g_{\mu\nu}$ 和 $g^{\mu\nu}$，二者之间关系为

$$g^{\mu\lambda}g_{\lambda\nu} = \delta^\mu_\nu, \tag{9.1.1}$$

$$g_{\mu\nu} = g_{\nu\mu}, \qquad g^{\mu\nu} = g^{\nu\mu}.$$

在广义坐标变换 $x \to x'$ 下，张量的变换性质为

$$V^{\mu\cdots}_{\nu\cdots}(x) \to V'^{\mu\cdots}_{\nu\cdots}(x') \tag{9.1.2}$$

$$= \frac{\partial x'^\mu}{\partial x^\lambda} \cdots \frac{\partial x^\sigma}{\partial x'^\nu} \cdots V^{\lambda\cdots}_{\sigma\cdots}(x),$$

其中 $V'^{\mu\cdots}_{\nu\cdots}(x')$ 是 $V^{\mu\cdots}_{\nu\cdots}$ 的泛函变化形式，取值在变换后的时空坐标 x'。

接下来定义上述张量的协变导数

$$V^{\mu\cdots}_{\nu\cdots;\lambda}(x) = \frac{\partial}{\partial x^\lambda}V^{\mu\cdots}_{\nu\cdots}(x) + \Gamma^\mu_{\lambda\sigma}V^{\sigma\cdots}_{\nu\cdots}(x) + \cdots - \Gamma^\sigma_{\nu\lambda}V^{\mu\cdots}_{\sigma\cdots}(x) - \cdots, \tag{9.1.3}$$

其中 $\Gamma^\lambda_{\mu\nu}$ 叫做仿射联络，由下式给出

$$\Gamma^\lambda_{\mu\nu} = \frac{1}{2}g^{\lambda\sigma}\left(\frac{\partial g_{\mu\sigma}}{\partial x^\nu} + \frac{\partial g_{\sigma\nu}}{\partial x^\mu} - \frac{\partial g_{\mu\nu}}{\partial x^\sigma}\right). \tag{9.1.4}$$

因为 $g_{\mu\nu}$ 对称，仿射联络对下标 μ 和 ν 也对称。

基本宇宙学方程，即爱因斯坦场方程为

$$R_{\mu\nu} = -8\pi G_{\mathrm{N}}S_{\mu\nu} \tag{9.1.5}$$

$$= -8\pi G_{\mathrm{N}}\left(T_{\mu\nu} - \frac{1}{2}g_{\mu\nu}T^\lambda_\lambda\right) - \Lambda g_{\mu\nu},$$

其中 Λ 是宇宙学常数，G_{N} 是引力常数，其他参量留待以后解释。爱因斯坦场方程也可写为

$$R_{\mu\nu} - \frac{1}{2}g_{\mu\nu}R^\lambda_\lambda = -8\pi G_{\mathrm{N}}T_{\mu\nu} + \Lambda g_{\mu\nu}. \tag{9.1.6}$$

上面用公式(9.1.5)把 T_λ^λ 用 R_λ^λ 表示出来。

$R_{\mu\nu}$ 是用仿射联络(9.1.4)式表示的里奇张量,[1]

$$R_{\mu\nu} = \frac{\partial \Gamma_{\lambda\mu}^\lambda}{\partial x^\nu} - \frac{\partial \Gamma_{\mu\nu}^\lambda}{\partial x^\lambda} + \Gamma_{\mu\sigma}^\lambda \Gamma_{\lambda\nu}^\sigma - \Gamma_{\mu\nu}^\lambda \Gamma_{\lambda\sigma}^\sigma. \tag{9.1.7}$$

虽然看上去不明显,但是里奇张量在交换其两个指标时是对称的,可以很简单论证

$$R_{\mu\nu} = R_{\nu\mu}. \tag{9.1.8}$$

$T^{\mu\nu}$ 是能量-动量张量,也叫做应力-能量张量,它包含能量密度、动量密度、压强和应力等方面信息。无摩擦、连续理想流体的能量-动量张量为[2]

$$T^{\mu\nu} = \mathcal{P} g^{\mu\nu} + (\mathcal{P} + \rho) u^\mu u^\nu, \tag{9.1.9}$$

其中 u^μ 是速度四矢量。能动量守恒定义为能动量张量的协变导数为零,

$$T_{;\nu}^{\mu\nu} = \frac{\partial}{\partial x^\nu} T^{\mu\nu} + \Gamma_{\nu\lambda}^\mu T^{\lambda\nu} + \Gamma_{\nu\lambda}^\nu T^{\mu\lambda} = 0. \tag{9.1.10}$$

这里注意由于度规张量的协变导数为零,即

$$g_{;\lambda}^{\mu\nu} = \frac{\partial}{\partial x^\lambda} g^{\mu\nu} + \Gamma_{\lambda\sigma}^\mu g^{\sigma\nu} + \Gamma_{\lambda\sigma}^\nu g^{\mu\sigma} \equiv 0. \tag{9.1.11}$$

因此 $T^{\mu\nu}$ 中正比于度规张量 $g^{\mu\nu}$ 的常数项对能动量的守恒方程没有贡献,由式(9.1.11)我们可以把爱因斯坦方程(9.1.5) 中的宇宙学常数项吸收进能量-动量张量

$$T^{\mu\nu} \to T^{\mu\nu} - g^{\mu\nu} \tilde{\Lambda} \tag{9.1.12}$$

$$\tilde{\Lambda} \equiv \frac{\Lambda}{8\pi G_N}.$$

这样就可略去式(9.1.5)中的宇宙学常数 $g_{\mu\nu}\Lambda$。[3] 结束此节前做一小结:能动量守恒

---

1 我们采用文献 [204] 定义的里奇张量。其他的一些里奇张量的定义和公式(9.1.7)差一个负号。

2 重复一遍,这里使用自然单位制 $c = 1$。注意能量密度和压强的正则量纲是相同的:[质量][时间]$^{-2}$[长度]$^{-1}$。因此,质量密度和压强的量纲相差 c^2,即 $\mathcal{P}/c^2$。

3 注意很多书中的爱因斯坦场方程形式和公式(9.1.5)不同,即

$$R_{\mu\nu}' - \frac{1}{2} g_{\mu\nu} R' + \Lambda g_{\mu\nu} = 8\pi G_N T_{\mu\nu}, \tag{9.1.13}$$

其中 $R' = g^{\mu\nu} R_{\mu\nu}'$。公式(9.1.5)和 (9.1.13) 的符号差别可由定义里奇张量时符号差别来解释,$R_{\mu\nu}' = -R_{\mu\nu}$,脚注 1 已经提到这一点。其他差别可这样理解,把爱因斯坦方程中的 μ 和 ν 指标收缩掉,可以用能动量张量的迹 T_μ^μ 和 Λ 把里奇张量的迹 $R = R_\mu^\mu$ 表示出来:

$$8\pi G_N T_\lambda^\lambda = R + 4\Lambda = -R' + 4\Lambda.$$

这样,式 (9.1.13) 就是式(9.1.5)。此外,爱因斯坦方程经常由定义 $G_{\mu\nu} = R_{\mu\nu}' - (1/2) g_{\mu\nu} R'$ 写成更简洁的形式,

$$G_{\mu\nu} + \Lambda g_{\mu\nu} = 8\pi G_N T_{\mu\nu}. \tag{9.1.14}$$

方程(9.1.10)不是独立的, 而是从爱因斯坦场方程(9.1.6)推导出来的。将微分比安基恒等式改写成逆变张量的形式

$$\left(R^{\mu\nu} - \frac{1}{2} g^{\mu\nu} g^{\lambda\sigma} R_{\lambda\sigma} \right)_{;\mu} = 0. \tag{9.1.15}$$

然后将式(9.1.6)的爱因斯坦场方程取协变微分, 并利用度规张量协变导数为零 ($g^{\mu\nu}_{;\mu} = 0$) 的性质, 即可得能动量守恒方程(9.1.10)。比安基恒等式的证明可参见文献 [201]。[4] 尽管能动量守恒方程与爱因斯坦场方程并不独立。但是在不与其他体系交换能量和动量的孤立系统中, 能量和动量分别守恒, 这是一个重要性质。拿中微子体系做例子, 温度为 10^{10}K 或者 1MeV 时, 中微子退耦, 此后中微子本身的能动量分别守恒。

9.1.2 FLRW 度规

以星系相互远离所代表的膨胀宇宙图像来自于哈勃望远镜对于星系红移的系统观测。在 3 亿光年标度以上, 宇宙看起来是各向同性的, 即对所有*共动观测者*等价。下面给出*共动观测者*的定义。各向同性均匀膨胀的宇宙可由 Friedmann-Lemaître-Robertson-Walker (FLRW) 模型[201, 204]描述。[5, 6] 这个模型中笛卡儿共动坐标系的协变度规张量为

$$g_{00} = -1, \tag{9.1.16}$$
$$g_{0j} = g_{j0} = 0,$$
$$g_{ij} = g_{ji} = a^2(t) \left(\delta_{ij} + \kappa \frac{x^i x^j}{1 - \kappa r^2} \right),$$

其中 $i, j = 1, 2, 3$ 和 $\vec{r} = (x^1, x^2, x^3)$。[7] $a(t)$ 是描述宇宙膨胀的 FLRW 标度因子, κ 是曲率常数。

完整起见, 给出逆变度规张量 $g^{\mu\nu}$。首先注意对于 4×4 矩阵的 $g_{\mu\nu}$ 可表示为 $(g_{\mu\nu})$, 其行列式为

$$|(g_{\mu\nu})| = -\frac{(a^2(t))^3}{1 - \kappa r^2}. \tag{9.1.17}$$

---

4 见文献 [201], 146-147 页。

5 见文献 [204], 2-4 页, §1.1; 文献 [201], 395-403 页, §13.5。

6 可参见例如下面的网站了解 FLRW 的基本属性,

弗里德曼 (Friedmann)http://en.wikipedia.org/wiki/Alexander_Friedmann,

勒马特利 (Lemaître)http://en.wikipedia.org/wiki/Georges_Lemaître,

罗伯森 (Robertson)http://en.wikipedia.org/wiki/Howard_Percy_Robertson,

沃克 (Walker)http://en.wikipedia.org/wiki/Arthur_Geoffrey_Walker。

7 注意在大多数量子场论参考书中用 $g_{00} = 1$ 来描述狭义相对论, 而在引力中常用 $g_{00} = -1$ 来描述广义相对论。

而相应地，$(g_{\mu\nu})$ 的逆 $(g^{\mu\nu})$ 正是逆变度规张量矩阵，二者之间的关系为 $g_{\mu\nu} = g_{\mu\lambda}g_{\nu\sigma}g^{\lambda\sigma}$。$(g^{\mu\nu})$ 的矩阵元可直接写出为

$$g^{00} = -1, \tag{9.1.18}$$
$$g^{0j} = g^{j0} = 0,$$
$$g^{jk} = g^{kj} = \frac{1}{a^2(t)}\left(\delta_{jk} - \kappa x^j x^k\right),$$
$$|(g^{\mu\nu})| = -\frac{1 - \kappa r^2}{(a^2(t))^3}.$$

容易验证满足式(9.1.1)。在求解爱因斯坦场方程和能量–动量守恒方程时，需要度规张量分量的表达式。

FLRW 线元写成 $\vec{r}$ 空间的球坐标形式为[8]

$$ds^2 \equiv -g_{\mu\nu}dx^\mu dx^\nu \tag{9.1.19}$$
$$= dt^2 - a^2(t)\left((d\vec{r})^2 + \kappa\frac{(\vec{r}\cdot d\vec{r})^2}{1 - \kappa r^2}\right),$$

由恒等式

$$(d\vec{r})^2 = dr^2 + r^2 d\Omega^2, \tag{9.1.20}$$
$$\vec{r}\cdot d\vec{r} = rdr,$$
$$d\Omega^2 = d^2\theta + \sin^2\theta d^2\phi,$$

可得 FLRW 线元的一般球坐标形式

$$ds^2 = dt^2 - a^2(t)\left(\frac{dr^2}{1 - \kappa r^2} + r^2 d\Omega^2\right). \tag{9.1.21}$$

这种线元定义了更简单的空间度规形式

$$g_{00} = -1, \tag{9.1.22}$$
$$g_{rr} = \frac{a^2(t)}{1 - \kappa r^2},$$
$$g_{\theta\theta} = a^2(t)r^2,$$
$$g_{\phi\phi} = a^2(t)r^2\sin^2\theta,$$

---

[8] 如果用共形时间 η，$dt = a(t)d\eta$，dt^2 项用 $a^2(t)d\eta^2$ 代替。线元看起来对称性更好，但是此时 g_{00} 和 g^{00} 变得更加复杂，并且需要分别用 $a^2(t)$ 和 $a^{-2}(t)$ 代替。

所有非对角元都为零。

坐标 x^j, $j = 1, 2, 3$ 或者等价地, r, θ, ϕ 是共动坐标。参与宇宙膨胀的单个物体如星系沿着 x^j 或者 r, θ, ϕ 的常数测地线。$\sqrt{\mathrm{d}s^2}$ 叫做固有时间, t 是宇宙正则时间, 或者简单起见一般地称为宇宙时间。因此共动观测者定义为在共动参考系中随着哈勃膨胀一起运动的静止观测者。宇宙正则时间就是共动观测者测量的时间。

因为 κ 经常和 $x^j x^k$ 一起出现, 我们可以在不影响度规(9.1.16)的情况下, 对共动坐标做标度变换, 故 κ 可取下列三个值:

$$\kappa = \begin{cases} +1, & \text{球面, 正曲率, 封闭,} \\ -1, & \text{超球面, 负曲率, 开放,} \\ 0, & \text{欧几里德, 无曲率, 平坦.} \end{cases} \tag{9.1.23}$$

注意重新标度 κ 和 x^j 时, 需要重新调整 FLRW 标度因子 $a(t)$ 的标度, 这样 FLRW 线元(9.1.19)保持不变。这就是说, 虽然 $a(t)$ 是物理参量, 但它的具体数值却并不是物理量 (没有物理意义)。后来将看到在所有观测量中, 所有涉及 $a(t)$ 的可观测量都取决于 $a(t)$ 在不同时期的比值。$a(t)$ 常用的归一化是令 $a(t_0) = 1$, 其中 t_0 指当前时期。本书却不这样选择, 而是保持 $a(t)$ 任意。

欧几里德情形中曲率常数为零, $\kappa = 0$, 相应的表达都可以简化:

$$\mathrm{d}s^2 = \mathrm{d}t^2 - a^2(t)\mathrm{d}\vec{r}^2. \tag{9.1.24}$$

而且笛卡儿系的度规张量具有简单的对角形式

$$(g_{\mu\nu})|_{\kappa=0} = \begin{pmatrix} -1 & & & \\ & a^2(t) & & \\ & & a^2(t) & \\ & & & a^2(t) \end{pmatrix}, \tag{9.1.25}$$

$$(g^{\mu\nu})|_{\kappa=0} = \begin{pmatrix} -1 & & & \\ & \dfrac{1}{a^2(t)} & & \\ & & \dfrac{1}{a^2(t)} & \\ & & & \dfrac{1}{a^2(t)} \end{pmatrix},$$

这表明宇宙是一个各个空间方向均匀膨胀的平坦空间结构。

总之, 在 FLRW 模型中, 局域系统即共动参考系只是看起来像随时间均匀膨胀的球体, 其半径按依赖于时间的因子 $a(t)$ 标定。或者说, 看起来像, 在给定的球体半径内, 等效时间被 $a(t)$ 因子延缓。这样一个看似简单的系统, 当物质和能量按照广义相对论的爱因斯坦动力学方程与时空耦合时，有着非常有趣的性质。这是下面将要讨论的曲率常数 $\kappa = 0$ 的欧几里德情形。由于空间部分为平坦的欧几里德空间，接下来和以后章节的计算将大大简化，同时也符合初级观测数据。

9.1.3 FLRW 度规中的爱因斯坦方程

宇宙学动力学有三套基本方程[201] [9]：爱因斯坦方程(9.1.6)，能量动量守恒方程(9.1.10)，以及后面将详细讨论的状态方程。下面讨论这三个方程。为全面了解宇宙动力学，特别是热力学，要用到粒子物理和核物理的物理定律。热力学把大数目粒子体系的平均性质通过理想条件下稀薄气体系统来近似。粒子物理与核物理研究单个基本粒子之间相互作用规律和重子物质的形成。

9.1.3.1 能量和动量守恒

首先考虑能动量守恒。能动量守恒根据爱因斯坦场方程的能量–动量张量 $T_{\mu\nu}$ 来定义。它在经典物理学如经典电动力学中是广为人知的。所涉及的物理可以用图 9.1.1 中所示的卡通图来描述：[10]

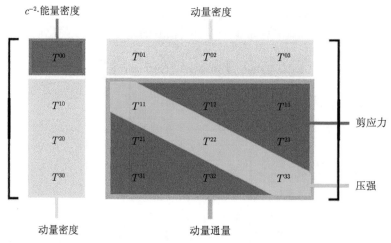

图 9.1.1　能动张量表示的物理量

在共动参考系中，对于确定类型的粒子，各向同性和均匀性要求出现在能动量张量式(9.1.9) 中的能量密度 $\rho(t)$ 和压强密度 $\mathcal{P}(t)$ 只是时间的函数[204]。[11] 速度四矢量可写为

---

9 见文献 [201]，473 页。

10 这个图取自维基百科，名字叫做应力–能量张量

　　　http://en.wikipedia.org/wiki/Stress-energy_tensor。

11 见文献 [204]，8 页。

$$u^0 = -u_0 = 1, \quad u^j = u_j = 0. \tag{9.1.26}$$

由方程(9.1.9)和(9.1.26)，当曲率常数 $\kappa = 0$ 和切应力为零时，能动量张量的分量形式 $T^{\mu\nu}$，以及 $T^\mu_\nu = g_{\lambda\nu}T^{\mu\lambda}$ 和 $T_{\mu\nu} = g_{\mu\lambda}g_{\sigma\nu}T^{\lambda\sigma}$ 可以很容易计算出来。它们是对角的，不为零的项为

$$T^{00} = \rho(t), \qquad\qquad T^0_0 = -\rho(t), \qquad T_{00} = \rho(t), \tag{9.1.27}$$
$$T^{jk} = \delta_{jk}a^{-2}(t)\mathcal{P}(t), \quad T^j_k = \delta_{jk}\mathcal{P}(t), \quad T_{jk} = \delta_{jk}a^2(t)\mathcal{P}(t),$$
$$T^\lambda_\lambda = -\rho(t) + 3\mathcal{P}(t).$$

曲率常数 $\kappa = 0$ 时联络张量也很简单，不为零的项[12]

$$\Gamma^0_{jk} = a\dot{a}\delta_{jk}, \tag{9.1.28}$$
$$\Gamma^j_{0k} = \frac{\dot{a}}{a}\delta_{jk},$$

和通常一样，符号上的点"·"是指宇宙时间导数。

现在可清楚写出式(9.1.10)给出的能量–动量守恒定律。利用式(9.1.27) 和式(9.1.28)可写出不为零的分量，

$$T^{0\nu}_{;\nu} = \frac{\partial}{\partial x^0}T^{00} + \Gamma^0_{jk}T^{jk} + \Gamma^j_{0j}T^{00} = 0. \tag{9.1.29}$$

上式给出能量–动量守恒的约束方程，

$$\dot{\rho}(t) + 3\frac{\dot{a}(t)}{a(t)}(\rho(t) + \mathcal{P}(t)) = 0, \tag{9.1.30}$$

也可改写为

$$\dot{\mathcal{P}}(t) - \frac{1}{a^3}\frac{\mathrm{d}}{\mathrm{d}t}\left(a^3(\rho(t) + \mathcal{P}(t))\right) = 0. \tag{9.1.31}$$

注意能量–动量守恒形式如此简单应该归功于宇宙学模型的两个简化处理。首先，$g_{\mu\nu}$ 不依赖于空间坐标，而且是对角的；其次，均匀与各向同性的要求使得能量和压强在各处都相同，只依赖于时间。

9.1.3.2 爱因斯坦方程

现在计算出爱因斯坦场方程(9.1.5)，它是宇宙膨胀的基本动力学方程。首先计算里奇张量(9.1.7)的分量形式：

---

12 球坐标下有限曲率常数 $\kappa \neq 0$ 时的联络张量和里奇张量可参见文献 [216]。

$$R_{00} = \frac{\partial}{\partial x^0}\Gamma^j_{j0} + \Gamma^j_{0k}\Gamma^k_{j0} = 3\frac{\ddot{a}}{a}, \tag{9.1.32}$$

$$R_{0j} = R_{j0} = 0,$$

$$R_{jk} = -\frac{\partial}{\partial x^0}\Gamma^0_{jk} + \Gamma^0_{j\ell}\Gamma^\ell_{0k} + \Gamma^\ell_{j0}\Gamma^0_{\ell k} - \Gamma^0_{jk}\Gamma^\ell_{0\ell} = -(2\dot{a}^2 + a\ddot{a})\delta_{jk}.$$

爱因斯坦方程(9.1.5)右边的 $S_{\mu\nu}$ 分量为

$$S_{00} = T_{00} - \frac{1}{2}g_{00}T^\mu_\mu + g_{00}\frac{\Lambda}{8\pi G_{\rm N}} = \frac{1}{2}(\rho + 3\mathcal{P}) - \frac{\Lambda}{8\pi G_{\rm N}}, \tag{9.1.33}$$

$$S_{0j} = S_{j0} = 0,$$

$$S_{jk} = T_{jk} - \frac{1}{2}g_{jk}T^\mu_\mu + g_{jk}\frac{\Lambda}{8\pi G_{\rm N}} = a^2\left(\frac{1}{2}(\rho - \mathcal{P}) + \frac{\Lambda}{8\pi G_{\rm N}}\right)\delta_{jk}.$$

这些结果的结构可以从均匀和各向同性的对称性质来理解：R_{00} 和 S_{00} 是标量，故可不为零。R_{0j} 和 S_{0j} 是 3 维空间矢量，必须为零。而 R_{jk} 和 S_{jk} 是二阶张量，必须正比于 δ_{jk}。

由上面两组表达式可将爱因斯坦方程(9.1.5)写成两个独立的方程。$(\mu\nu) = (00)$ 分量给出

$$\frac{\ddot{a}}{a} = -\frac{4\pi G_{\rm N}}{3}(\rho + 3\mathcal{P}) + \frac{\Lambda}{3}. \tag{9.1.34}$$

$(\mu\nu) = (jk)$ 分量正比于 δ_{jk}，可归结为一个方程：

$$\frac{\ddot{a}}{a} + 2\frac{\dot{a}^2}{a^2} = 4\pi G_{\rm N}(\rho - \mathcal{P}) + \Lambda. \tag{9.1.35}$$

9.1.3.3 哈勃膨胀率

将式(9.1.35)中的 $\ddot{a}/a$ 用式(9.1.34)的表达代替，可得哈勃膨胀率为

$$H^2 \equiv \left(\frac{\dot{a}}{a}\right)^2 = \frac{8\pi G_{\rm N}}{3}\rho + \frac{\Lambda}{3} \tag{9.1.36}$$

$$= \frac{8\pi G_{\rm N}}{3}(\rho + \rho_\Lambda),$$

其中，

$$\rho_\Lambda = \frac{\Lambda}{8\pi G_{\rm N}} \tag{9.1.37}$$

是宇宙学常数引起的能量密度。总能量密度可定义为

$$\rho_{\rm 总} \equiv \rho + \rho_\Lambda \tag{9.1.38}$$

$$= \rho_{\rm R} + \rho_{\rm M} + \rho_\Lambda,$$

其中 ρ_R 和 ρ_M 分别是辐射和物质的能量密度。哈勃膨胀率只是由总能量密度给出

$$H^2 = \left(\frac{\dot{a}}{a}\right)^2 = \frac{8\pi G_N}{3}\rho_{\text{总}}. \tag{9.1.39}$$

由式(9.1.34)和式(9.1.35)可得压强表示为

$$\frac{2\ddot{a}}{a} + \left(\frac{\dot{a}}{a}\right)^2 = -8\pi G_N \mathcal{P} + \Lambda \tag{9.1.40}$$
$$\equiv -8\pi G_N \left(\mathcal{P} + \mathcal{P}_\Lambda\right)$$
$$\equiv -8\pi G_N \mathcal{P}_{\text{总}},$$

其中

$$\mathcal{P}_\Lambda \equiv -\frac{\Lambda}{8\pi G_N}. \tag{9.1.41}$$

总压强定义为

$$\mathcal{P}_{\text{总}} \equiv \mathcal{P} + \mathcal{P}_\Lambda. \tag{9.1.42}$$

这里注意两点：
- 如果曲率常数不为零，则哈勃膨胀率式(9.1.36)的右边应该增加一项 $-\kappa/a^2$。
- 能量–动量守恒公式(9.1.30)并不是独立于爱因斯坦场方程，可由对哈勃膨胀率式(9.1.36)取时间导数并由式(9.1.34)消掉 $\ddot{a}$ 项得出。

9.1.3.4 状态方程

每个热力学系统都有它的特征，这是用变量之间的关系来表示的。一个简单的例子是稀薄气体的理想气体方程，它将气体的压强、体积和温度联系起来。宇宙学中使用了理想流体的状态方程，[13] 粒子压强和能量密度与状态方程有关，

$$\mathcal{P}_j = w_j \rho_j. \tag{9.1.43}$$

其中 j 表示所涉系统的不同组成部分：辐射、物质和真空；w_j 与时间无关。

文献 [217]给出了几种不同类型粒子和场的状态方程，供进一步讨论时参考。[14] 我们把它们列在表 9.1.1 中。下面在讨论宇宙热力学时将证明其中一些状态方程。注意非相对论粒子的压强密度虽然并不精确为零，但是远小于能量密度，故一般设之为零，见下面的方程式(9.3.10)。注意宇宙学常数的状态方程已由式(9.1.54)给出，即 $w_\Lambda = -1$。

---

13 大致地说，一个理想流体可以用其在静止系中的能量和压强密度来表征。理想流体没有切应力、粘性或者热传导。它的压强是各向同性的，能量–动量张量是式(9.1.9)以及式(9.1.26)所示的对角情形。

14 参见文献 [217]，22-23 页。

表 9.1.1　状态方程，压强密度和能量密度的比值 $\mathcal{P}_j/\rho_j$

w_j	粒子种类 j
1	无质量的自由标量场
$\frac{1}{3}$	辐射和相对论物质
0	尘埃，即非相对论物质
$-\frac{1}{3}$	空间曲率能量
$-\frac{2}{3}$	畴壁
-1	宇宙学常数

9.1.3.5　一些启示

下面研究上述几个方程的含义，以便能够获得目前宇宙学模型的一些大体特征。

由于能量密度和压强密度时间变化方程的线性特征，方程(9.1.30)和(9.1.31)对单个粒子种类 j 成立，

$$\dot{\rho}_j = -3(\rho_j + \mathcal{P}_j)\frac{\dot{a}}{a}, \tag{9.1.44}$$

$$\dot{\mathcal{P}}_j = \frac{1}{a^3}\frac{\mathrm{d}}{\mathrm{d}t}\left(a^3(\rho_j + \mathcal{P}_j)\right).$$

将所有粒子和能量分量求和，上面的关系对总质量和压强密度成立，也可进一步与哈勃膨胀率关联：

$$\dot{\rho}_{总} = -3(\rho_{总} + \mathcal{P}_{总})\frac{\dot{a}}{a} = \frac{3}{4\pi G_{\mathrm{N}}}H\dot{H}, \tag{9.1.45}$$

$$\dot{\mathcal{P}}_{总} = \frac{1}{a^3}\frac{\mathrm{d}}{\mathrm{d}t}\left(a^3(\rho_{总} + \mathcal{P}_{总})\right) = -\frac{1}{4\pi G_{\mathrm{N}}}\left(\ddot{H} + 3H\dot{H}\right).$$

因为 FLRW 标度因子的时间变化与式(9.1.36)给出的总能量密度有关，粒子 j 的能量密度和压力密度的时间行为也取决于其他共存的粒子种类。从公式(9.1.44)的第一个方程和状态方程式(9.1.43)，可得各种形式的能量密度作为标度因子的函数行为

$$\rho_j \sim a^{-3(1+w_j)}. \tag{9.1.46}$$

这样式(9.1.35)和式(9.1.34)的加速度和速度方程可写为

$$\frac{\ddot{a}}{a} + 2\left(\frac{\dot{a}}{a}\right)^2 = 4\pi G_{\mathrm{N}}(\rho_{总} - \mathcal{P}_{总}) = 3H^2 + \dot{H}, \tag{9.1.47}$$

$$\frac{\ddot{a}}{a} - \left(\frac{\dot{H}}{H}\right)^2 = -4\pi G_{\mathrm{N}}(\rho_{总} + \mathcal{P}_{总}) = \dot{H},$$

$$\frac{\ddot{a}}{a} = -\frac{4\pi G_{\mathrm{N}}}{3}(\rho_{总} + 3\mathcal{P}_{总}) = H^2 + \dot{H}.$$

在讨论宇宙扰动理论的规范变换中会用到上面的式子。从上面最后一个方程可看出物质和辐射减缓了宇宙膨胀，而宇宙学常数或者真空则能加速宇宙膨胀。因此如果一种形式的能量密度占主导，哈勃膨胀率的加速形式可总结如下：

$$\ddot{a} \begin{cases} < 0, & \text{当 } \rho_{\text{总}} + 3\mathcal{P}_{\text{总}} > 0, \quad \text{减速膨胀，物质以及辐射主导;} \\ = 0, & \text{当 } \rho_{\text{总}} + 3\mathcal{P}_{\text{总}} = 0, \quad \text{匀速膨胀;} \\ > 0, & \text{当 } \rho_{\text{总}} + 3\mathcal{P}_{\text{总}} < 0, \quad \text{加速膨胀，真空能主导。} \end{cases} \quad (9.1.48)$$

只要知道辐射、物质或者宇宙学常数，哪一种能量密度主导了哈勃膨胀，就可得到标度因子 a 的时间依赖关系。将式(9.1.46) 代入到式(9.1.39)中并取正根，可积分出时间

$$a \sim t^{\frac{2}{3(1+w_j)}}. \quad (9.1.49)$$

这当然在宇宙年龄内某一段时间内有效。在宇宙演化期间，哈勃膨胀在不同的时期可能由不同类型的能量密度主导。因此膨胀率是时间变化函数。

- 真空能主导时期，$1 + w_\Lambda = 0$, 此时上面的结果不成立，能量密度为常数，故哈勃膨胀率为常数，$H = \sqrt{\dfrac{\Lambda}{3}}$。于是由式(9.1.39)可得

$$a\big|_{\text{真空能主导}} \sim e^{Ht}. \quad (9.1.50)$$

这与加速度方程(9.1.47)一致，给出 $\ddot{a}/a = (8\pi G_{\text{N}}/3)\rho_\Lambda$，这种指数膨胀被称为德西塔空间，它与暴胀宇宙学有关。

- 辐射主导时期，$w = \dfrac{1}{3}$，则 $\ddot{a}/a = -(8\pi G_{\text{N}}/3)\rho_{\text{R}}$，膨胀减速。

$$a\big|_{\text{辐射主导}} \sim t^{\frac{1}{2}}, \qquad H\big|_{\text{辐射主导}} = \frac{\dot{a}}{a} = \frac{1}{2t}. \quad (9.1.51)$$

- 物质主导时，$w = 0, \ddot{a}/a = -(4\pi G_{\text{N}}/3)\rho_{\text{M}}$，膨胀也减速。

$$a\big|_{\text{物质主导}} \sim t^{\frac{2}{3}}, \qquad H\big|_{\text{物质主导}} = \frac{\dot{a}}{a} = \frac{2}{3t}. \quad (9.1.52)$$

表 9.1.2 总结了三种不同类型的能量密度、标度因子、时间变量和哈勃膨胀率等的关系。第六列 T 表示必然涉及光子的宇宙辐射热库温度。§9.2 热力学中将详细讨论温度，这里讨论温度和其他参数的关系。这些参数一起构成了描述宇宙演化的重要参数。

暂时离开这个表格一会儿。首先，可以看出随着宇宙膨胀，密度随着标度参数以确定的幂指数减少，对物质密度是 $1/a^3$，辐射密度是 $1/a^4$，而真空能量密度则仍是常数。因为 $\rho_{\text{R}}/\rho_{\text{M}} \sim 1/a$，在宇宙膨胀过程中物质密度在某个点终会大于辐射密度，即使在宇宙刚开始时后者远大于前者。其次，由于能量密度和标度参数之间

的联系，弗里德曼模型决定了标度参数对时间的依赖关系，因此也决定了能量密度的时间行为。这种情况对宇宙演化的编年记述法非常重要。

表 9.1.2 能量密度、标度因子、时间变量等之间的关系。T 是在相应时间或者标度因子的温度

主导因素	a	ρ_R	ρ_M	ρ_Λ	$T^{[1]}$	H	$p^{[2]}$
		a^{-4}	a^{-3}	常数	a^{-1}		a^{-1}
辐射	$t^{\frac{1}{2}}$	t^{-2}	$t^{-\frac{3}{2}}$	常数	$t^{-\frac{1}{2}}$	$1/(2t)$	
物质	$t^{\frac{2}{3}}$	$t^{-\frac{8}{3}}$	t^{-2}	常数	$t^{-\frac{2}{3}}$	$2/(3t)$	
真空	e^{Ht}	e^{-4Ht}	e^{-3Ht}	常数	e^{-Ht}	$\sqrt{\Lambda/3}$	

[1] 根据下面熵讨论中的熵守恒得出；

[2] 粒子动量总是用宇宙膨胀的标度参数的倒数表示，$p \sim a^{-1}$。参见文献 [204]、方程 (1.1.23) 以及 109 页的讨论。

重新定义能量和压强密度

注意宇宙学常数可以不像式(9.1.5)那样作为单独的一项出现在爱因斯坦场方程中，而是纳入到能量–动量张量中。这时，需要重新定义式(9.1.9)中的能量和压强密度

$$\rho \to \rho_总 = \rho_M + \rho_R + \rho_\Lambda, \tag{9.1.53}$$
$$\mathcal{P} \to \mathcal{P}_总 = \mathcal{P}_R + \mathcal{P}_\Lambda,$$

对非相对论物质 $\mathcal{P}_M = 0$。做这种包含宇宙学常数 Λ 的代换后，前面的表达式仍然是成立的，而无需明确分离出宇宙学常数 Λ。与宇宙学常数相关的能量和压强密度的关系为

$$\mathcal{P}_\Lambda = -\rho_\Lambda. \tag{9.1.54}$$

从现在开始，舍去下标"总"而使用 ρ 来代替 $\rho_总$ 来表示总能量密度，同样压强也是如此，二者都包含真空、辐射和物质项。在最一般的情况下，总能量密度等也包含和曲率常数项等效的项，稍后将对此进行讨论。

9.1.4 宇宙红移

考虑从某个星系发出并朝我们射来的光信号的传播。由于均匀性和各向同性可选我们所在位置为坐标原点并可根据自己的方便选取空间方向。因为光沿类光路径传播，且目前 θ 和 ϕ 为常数，这样，从方程(9.1.21)出发，在讨论中考虑曲率常数项的存在，以证明结果与曲率常数无关，

$$d^2s = 0 = dt^2 - \frac{a^2(t)}{1 - \kappa r^2}dr^2, \tag{9.1.55}$$

$$\frac{dt}{a(t)} = -\frac{dr}{\sqrt{1 - \kappa r^2}}.$$

第二个式子右边的负号是由于计算 $\sqrt{dt^2}$ 是采用了负解。这是因为光子从径向位置 r 传播到观察者所处的共动参考系原点的传播。注意第二个方程的有趣之处：左边是 t 的函数，而右边是 r 的函数。

下面给出可直接由式(9.1.55)推导出来的宇宙红移，关于这一点可参见，例如文献 [201][15]。考虑到光波的特征点，例如，波峰在 t_1 时刻离开位于 r_1 处的星系到达位于 $r = 0$ 和 t_0 的地球探测器上，其中 t_0 是现在时间，即参考时间，则有

$$\int_{t_1}^{t_0} \frac{dt}{a(t)} = \int_0^{r_1} \frac{dr}{\sqrt{1 - \kappa r^2}} \tag{9.1.56}$$

$$= \frac{1}{\sqrt{\kappa}}\sin^{-1}(\sqrt{\kappa}r_1) = \begin{cases} \sin^{-1} r_1, & \kappa = 1 \\ r_1, & \kappa = 0 \\ \sinh^{-1} r_1, & \kappa = -1 \end{cases}.$$

接着考虑下一个光波波峰，从 r_1、$t_1 + \delta t_1$ 出发在 $t_0 + \delta t_0$ 时刻辐射到探测器上。第二个光波的表达形式除了左边积分限换成 $t_1 + \delta t_1$ 和 $t_0 + \delta t_0$ 以外，其他与式(9.1.56)完全相同。因此有

$$\int_{t_1}^{t_0} \frac{dt}{a(t)} = \int_{t_1 + \delta t_1}^{t_0 + \delta t_0} \frac{dt}{a(t)}. \tag{9.1.57}$$

可改写为

$$\int_{t_0}^{t_0 + \delta t_0} \frac{dt}{a(t)} = \int_{t_1}^{t_1 + \delta t_1} \frac{dt}{a(t)}. \tag{9.1.58}$$

对小的 δt_1 和 δt_0，有[16]

$$\frac{\delta t_0}{a(t_0)} = \frac{\delta t_1}{a(t_1)}. \tag{9.1.59}$$

自然单位制中，这些时间间隔只是共动参考系中在各自的发射点和观察点传播的波长，$\delta t_1 = \lambda_1$ 和 $\delta t_0 = \lambda_0$。由式(9.1.59)可得在 r_1 和 $r = 0$ 处标度因子和波长/频率的关系，并定义红移 z_1：

$$\frac{\delta t_0}{\delta t_1} = \frac{a(t_0)}{a(t_1)} = \frac{\lambda_0}{\lambda_1} = \frac{\nu_1}{\nu_0} \equiv 1 + z_1. \tag{9.1.60}$$

---

15 见文献 [201]，415-418 页。

16 可见光独立传播时，δt_1 和 δt_0 量级为 10^{-15} 秒，因为，除非是非常非常长的波长，式(9.1.59)才会改变。

定义 $a_0 \equiv a(t_0)$ 和 $a_1 \equiv a(t_1)$, 可将标度因子写成红移的函数

$$a_1 = \frac{a_0}{1 + z_1}. \tag{9.1.61}$$

既然 a_0 是常数, 则有下面重要关系式

$$\frac{\mathrm{d}a}{a} = -\frac{\mathrm{d}z}{1 + z}. \tag{9.1.62}$$

注意狭义相对论平坦空间的多普勒效应为

$$1 + z_{多普勒} = \gamma(1 + v_{||}) = 1 + v_{||} + v^2 + \cdots, \tag{9.1.63}$$

其中 v 是速度的大小, $v_{||}$ 是沿着视线的速度分量。利用哈勃定律, 宇宙学频移对小 r_1 的多普勒效应有着自然的解释。对于一阶 r_1, 由式(9.1.61)和式(9.1.56)可得[17]

$$z_1 \sim (t_0 - t_1)H(t_0) \sim \frac{\mathrm{d}}{\mathrm{d}t}(r_1 a(t))|_{t_0} \tag{9.1.64}$$
$$\rightarrow v_{||}.$$

这和上面的多普勒效应的速度展开的第一阶结果一致。然而, 遥远星系的光频率也受引力效应影响。只考虑狭义相对论效应引起的频率改变将不再适合甚至不再正确。上述结果也可解释如下: δt_1 是光源发出的两个光子之间的时间间隔, 故 δt_0 是观测者接收到两个光子的时间间隔。从

$$\delta t_0 = (1 + z_1)\delta t_1, \tag{9.1.65}$$

看出接收的时间间隔被拉伸了 $1 + z_1$ 因子, 这个结果将在后面第 13 章讨论光度距离时使用。

9.1.5 作为红移函数的早期宇宙能量分量

现在开始稍微改变一下符号。总能量密度和总压强密度不再带下标总,

$$\rho_总 \rightarrow \rho = \rho_\Lambda + \rho_R + \rho_M, \tag{9.1.66}$$

但是对于某种特定类型的密度要带上明确的下标。根据表 9.1.2 给出的密度对标度参数的依赖关系, 从先前的某个时刻开始, 所有类型的密度组分都可以用它们各自的当前取值和相应的红移值表示出来。相关讨论从较早时期开始, 具体时间下文将

---

17 见文献 [201], 417 页。

详细给出:

$$\rho_j = \begin{cases} \rho_{\mathrm{R}}(z) = \left(\dfrac{a_0}{a(z)}\right)^4 \rho_{\mathrm{R0}} = (1+z)^4 \rho_{\mathrm{R0}}, & \text{辐射以及相对论粒子,} \\[3mm] \rho_{\mathrm{M}}(z) = \left(\dfrac{a_0}{a(z)}\right)^3 \rho_{\mathrm{M0}} = (1+z)^3 \rho_{\mathrm{M0}}, & \text{物质, 所有非相对论物质,} \\[3mm] \rho_{\Lambda}(z) = \rho_{\Lambda}, & \text{宇宙学常数,} \end{cases} \tag{9.1.67}$$

其中 ρ_{R0}、ρ_{M0} 和 ρ_{Λ} 分别是现代的辐射、物质和真空能的密度。知道了某种密度的当前取值后,只要已知宇宙早期的红移,就可得到那时的密度信息,尽管这个密度详细信息的获得过程很复杂。

可将哈勃定律式(9.1.39)改写为

$$H^2(z) = \left(\frac{\dot{a}(z)}{a(z)}\right)^2 = \frac{8\pi G_{\mathrm{N}}}{3}\rho(z) \tag{9.1.68}$$

$$= \frac{8\pi G_{\mathrm{N}}}{3}\left((1+z)^4\rho_{\mathrm{R0}} + (1+z)^3\rho_{\mathrm{M0}} + \rho_{\Lambda}\right)$$

$$= H_0^2\left((1+z)^4\Omega_{\mathrm{R}} + (1+z)^3\Omega_{\mathrm{M}} + \Omega_{\Lambda}\right),$$

其中 H_0 是当前观测到的哈勃参数值,可从文献 [11] 查到,

$$\Omega_j \equiv \frac{\rho_{j0}}{\rho_c} = \begin{cases} \Omega_{\mathrm{R}}, & \text{辐射} \\ \Omega_{\mathrm{M}}, & \text{物质} \\ \Omega_{\Lambda}, & \text{宇宙学常数} \end{cases} \tag{9.1.69}$$

和

$$\rho_c \equiv \frac{3H_0^2}{8\pi G_{\mathrm{N}}}, \tag{9.1.70}$$

叫做坍缩临界密度或者宇宙临界密度。

上面定义的临界密度的意义不言而喻。如果当前总能量密度大于 ρ_c,或者 $\Omega_{\Lambda} + \Omega_{\mathrm{R}} + \Omega_{\mathrm{M}} > 1$,这样曲率不为零,$\kappa = +1$,宇宙将最终坍塌、挤压到非常小体积。平坦宇宙的条件是,总能量密度,包括暗能量、辐射和非相对论物质等的密度,不需要曲率项就能使膨胀率饱和。在当前时期,对应于定义 $\Omega_{\Lambda} + \Omega_{\mathrm{R}} + \Omega_{\mathrm{M}} = 1$。这一点将在下一小节中详述曲率效应时看得更清楚。临界密度数值为[11],

$$\rho_c = 1.87847(19) \times 10^{-26} h^2 \ \mathrm{kg/m^3} \tag{9.1.71}$$

$$= 10.5375(11) h^2 \mathrm{GeV/m^3}.$$

取 $h = 0.673$,按每立方米质子数来帮助记忆各种不同的密度:临界密度等于 $4\frac{3}{4}$ 个质子,暗能量大约是 $3\frac{1}{4}$ 个,冷暗物质大约 $1\frac{1}{4}$ 个,而重子大约有 $\frac{1}{4}$ 个。

9.1.6 空间曲率项效应和平坦空间

前文完全忽略了空间曲率，现将对它详加考虑。空间曲率不为零，即 $\kappa \neq 0$ 时，必须修改影响哈勃膨胀率式(9.1.39)的密度公式，因此需要在总密度式(9.1.66)上加上有效空间曲率能量项，

$$\rho_\kappa(z) = -\frac{3}{8\pi G_{\mathrm N}}\frac{\kappa c^2}{a^2(z)} = (1+z)^2 \rho_{\kappa 0}, \tag{9.1.72}$$

$$\rho_{\kappa 0} = -\frac{3}{8\pi G_{\mathrm N}}\frac{\kappa c^2}{a_0^2},$$

其中 $\rho_{\kappa 0}$ 是当前时期的空间曲率密度。进入哈勃膨胀率的总曲率密度变为

$$\rho(z) \to \rho_\Lambda(z) + \rho_{\mathrm R}(z) + \rho_{\mathrm M}(z) + \rho_\kappa(z). \tag{9.1.73}$$

当前时期空间曲率密度与临界密度的相应比值为

$$\Omega_\kappa = \frac{\rho_{\kappa 0}}{\rho_c}. \tag{9.1.74}$$

现在可将之写为恒等式

$$\Omega_\Lambda + \Omega_{\mathrm R} + \Omega_{\mathrm M} + \Omega_\kappa = 1, \tag{9.1.75}$$

所以只要给定 Ω_Λ、$\Omega_{\mathrm R}$、$\Omega_{\mathrm M}$ 就可以确定 Ω_κ 以及 κ。

在任意红移 z 时的空间曲率密度分支比可写为

$$\Omega_\kappa(z) \equiv \frac{\rho_\kappa(z)}{\rho(z)} = \frac{8\pi G_{\mathrm N}}{3H^2(z)}\rho_\kappa(z) \tag{9.1.76}$$

$$= \frac{H_0^2}{H^2(z)}(1+z)^2 \Omega_\kappa.$$

注意在非常早期宇宙中辐射主导，这样 $H^2(z) \sim (1+z)^4$ 说明

$$\Omega_\kappa(z) \sim (1+z)^{-2}\Omega_\kappa. \tag{9.1.77}$$

这就产生了著名的平坦性问题。对任何有限值的曲率参数，即任何目前的 Ω_κ，在早期宇宙 $z \gg 1$ 时空间曲率密度与总能量密度的分支比小到可以忽略不计。也可以反向论证这点，现在的空间曲率密度满足 $\Omega_\kappa \sim (1+z)^2\Omega_\kappa(z)$。当前空间曲率密度分支比相对于以前的分支比有 z^2 的增长率。今天观测到的物质 - 能量密度 ρ_0 接近于临界密度 ρ_c 这个事实，要求早期宇宙有非常小的曲率分支比。这将产生精细调节问题，除非 $\kappa = 0$。而且，有限的曲率常数可以决定现代的标度因子 a_0。由公式(9.1.72)的第二个方程可知，a_0 非物理。

正如 Planck 合作组在 2013 年的结果[218]所指出的，"没有明显偏离ΛCDM模型的证据"，并且 Ω_κ 的极限值[18] 相当小。下面讨论中继续忽略曲率项。

---

18 见文献 [218]，§6 和表 10。

9.1.7 宇宙年龄

利用式(9.1.68)按照文献 [205][19] 来估算宇宙年龄。考虑到

$$H = \frac{\mathrm{d}}{\mathrm{d}t} \ln \left(\frac{a(t)}{a_0} \right) \tag{9.1.78}$$

$$= \frac{\mathrm{d}}{\mathrm{d}t} \ln \left(\frac{1}{1+z} \right)$$

$$= -\frac{1}{1+z} \frac{\mathrm{d}z}{\mathrm{d}t}$$

和式(9.1.68)可得

$$\mathrm{d}t = - \left(H_0(1+z)\sqrt{(1+z)^4 \Omega_{\mathrm{R}} + (1+z)^3 \Omega_{\mathrm{M}} + \Omega_{\Lambda}} \right)^{-1} \mathrm{d}z. \tag{9.1.79}$$

从相应于红移 z_e 的早期时间 t_e 到相应于红移为零的目前时间 t_0 积分，有

$$\tau_e = t_0 - t_e \tag{9.1.80}$$

$$= \frac{1}{H_0} \int_0^{z_e} \frac{\mathrm{d}z}{(1+z)\sqrt{(1+z)^4 \Omega_{\mathrm{R}} + (1+z)^3 \Omega_{\mathrm{M}} + \Omega_{\Lambda}}}.$$

可令 $t_e = 0$ 和 $z_e \to \infty$ 得出宇宙时间，

$$\tau_U = \frac{1}{H_0} \int_0^{\infty} \frac{\mathrm{d}z}{(1+z)\sqrt{(1+z)^4 \Omega_{\mathrm{R}} + (1+z)^3 \Omega_{\mathrm{M}} + \Omega_{\Lambda}}}. \tag{9.1.81}$$

最新天文数据[11]给出 $H_0^{-1} = 9.777752 h^{-1}\mathrm{Gyr}$, $h = 0.673$, $\Omega_{\mathrm{M}} = 0.315$, $\Omega_{\Lambda} = 0.685$, $\Omega_{\gamma} = 4.8 \times 10^{-5}$ 及 $0.9 \times 10^{-3} < \Omega_{\nu} < 0.048$，这里只列出了中心值。除了中微子能量密度的不确定性外，大部分量的误差较小。然而，由于辐射占比很小，在计算宇宙年龄时对辐射的贡献可忽略不计。当然这种简化计算有其不确定性，如在宇宙早期演化中辐射和物质密度的突变引起的不确定性。但是这种复杂性发生在宇宙早期历史中，在决定宇宙年龄时起的作用很小。另一种被忽略掉的不确定性来自中微子贡献。由上述近似，可给出式(9.1.81)的数值积分，

$$\tau_U = 1.381 \times 10^{10} \ \mathrm{yr}. \tag{9.1.82}$$

这与文献 [11]给出的宇宙年龄一致：$\tau_U^{\mathrm{exp}} = 13.81 \pm 0.05 \mathrm{Gyr}$。

9.1.8 浅谈哈勃膨胀率的测量

因为哈勃膨胀率是如此基本的物理量，有必要先简单讨论一下它的测量。由基本的哈勃定律，考虑宇宙时间为 t、距离原点径向共动距离为 r 的点。实际距离为

$$\mathrm{d}(t) = a(t)r. \tag{9.1.83}$$

---

19 见文献 [205]，76 页。

这一点将以速度 $v(t)$ 离开,

$$v(t) = \dot{d}(t) = \dot{a}(t)r = H(t)d(t). \tag{9.1.84}$$

因为 $H(t)$ 仅是时间的函数, 与 r 无关, 这种速度–距离关系对给定时刻的所有点都成立。这个关系提供了一个看起来很简单的测量 H_0 的方法, $H_0 = H(t_0)$, t_0 是现代宇宙时间。此方法为: 测量一个天文学物体例如一个星系的距离和退行速度, 并用后者除以前者; 然后在不同距离、不同位置重复测量许多天体的数据以检验 H_0 的普适性。为了获得 $H(t_0)$ 的精确值, 必须取足够远的星系作为样本来进行测量并忽略掉局域引力效应, 这种局域引力效应即所谓的本动。借助光谱观测获得红移的方法可相对简单地测量出退行速度。然而, 很多情况下很难测定星系的精确距离。

9.1.9 牛顿极限和引力势

这一小节将讨论牛顿引力和爱因斯坦理论的关联以及爱因斯坦场方程中出现的引力势。[20] 牛顿引力是广义相对论的极限形式。从目前已经进行的讨论看不出牛顿引力势所处的地位。下面将看到引力势可以由度规张量的扰动引入。具体的宇宙学扰动理论将在第 12 章讨论 CMB 各向异性时给出。

牛顿力学理论中有两个主要框架, 一个涉及引力力场中有质量点粒子的运动方程, 另一个是由于存在质量分布而产生的引力势的泊松方程, 可分别表示为

$$\frac{\mathrm{d}^2 \vec{x}}{\mathrm{d}t^2} = -\vec{\nabla}\Phi(\vec{x}), \tag{9.1.85}$$

$$\nabla^2 \Phi(\vec{x}) = 4\pi G_{\mathrm{N}} \cdot \rho(\vec{x}),$$

其中 $\vec{x}$ 是局域惯性系内部 $\Phi(\vec{x})$ 中有质量粒子的运动轨迹, $\rho(\vec{x})$ 是引力势起源的质量分布密度。爱因斯坦场方程式 (9.1.5) 或者式 (9.1.13) 是广义相对论的引力定律, 而牛顿引力势由 4 维对称度规张量 $g_{\mu\nu}$ 的 10 个分量代替。

纯引力情况下, 一般情况下的运动方程可以写为

$$\frac{\mathrm{d}^2 x^\mu}{\mathrm{d}\tau^2} + \Gamma^\mu_{\nu\lambda}\frac{\mathrm{d}x^\nu}{\mathrm{d}\tau}\frac{\mathrm{d}x^\lambda}{\mathrm{d}x} = 0, \tag{9.1.86}$$

$$\mathrm{d}\tau^2 = -g_{\mu\nu}\mathrm{d}x^\mu\mathrm{d}x^\nu,$$

其中 $\mathrm{d}\tau$ 是正则时间。考虑静态弱引力场中缓慢运动的粒子, 这样与 $\mathrm{d}x^0/\mathrm{d}\tau = \mathrm{d}t/\mathrm{d}\tau$ 相比可忽略掉 $\mathrm{d}x^j/\mathrm{d}\tau$, $j = 1, 2, 3$。公式 (9.1.86) 的第一个式子变为

$$\frac{\mathrm{d}^2 x^\mu}{\mathrm{d}\tau^2} + \Gamma^\mu_{00}\left(\frac{\mathrm{d}t}{\mathrm{d}\tau}\right)^2 = 0. \tag{9.1.87}$$

---

20 这里部分讨论出自文献 [201], §3.4。

引力场为静态时可忽略时间导数, 上面出现的仿射联络写为

$$\Gamma_{00}^{\mu} = -\frac{1}{2}\frac{\partial g_{00}}{\partial x_{\mu}}. \tag{9.1.88}$$

引力势可以认为是度规张量式(9.1.16)的扰动, 弱引力势下有

$$g_{00} = -1 - 2\phi(\vec{x}), \qquad |\phi(\vec{x})| \ll 1. \tag{9.1.89}$$

式(9.1.87)产生下面关系,

$$\frac{\mathrm{d}^2\vec{x}}{\mathrm{d}\tau^2} = -\left(\frac{\mathrm{d}t}{\mathrm{d}\tau}\right)^2 \vec{\nabla}\phi(x), \tag{9.1.90}$$

$$\frac{\mathrm{d}^2 t}{\mathrm{d}\tau^2} = 0.$$

公式(9.1.85)第一式给出了当把 g_{00} 中的扰动项解释为引力势时通常粒子的加速度方程,

$$\frac{\mathrm{d}^2\vec{x}}{\mathrm{d}t^2} = -\vec{\nabla}\phi(\vec{x}), \tag{9.1.91}$$

此即公式(9.1.85)的第一式。

　　继续讨论爱因斯坦场方程(9.1.5)的静态弱引力势。考虑里奇张量的时间–时间分量:

$$R_{00} = \frac{\partial \Gamma_{\lambda 0}^{\lambda}}{\partial x^0} - \frac{\partial \Gamma_{00}^{\lambda}}{\partial x^\lambda} + \Gamma_{0\sigma}^{\lambda}\Gamma_{\lambda 0}^{\sigma} - \Gamma_{00}^{\lambda}\Gamma_{\lambda\sigma}^{\sigma} \tag{9.1.92}$$

$$= \frac{\partial \Gamma_{j0}^{j}}{\partial x^0} - \frac{\partial \Gamma_{00}^{j}}{\partial x^j} + \Gamma_{0j}^{0}\Gamma_{00}^{j} + \Gamma_{0k}^{j}\Gamma_{j0}^{k} - \Gamma_{00}^{0}\Gamma_{0j}^{j} - \Gamma_{00}^{j}\Gamma_{jk}^{k},$$

到目前为止没有采用任何近似。现在指定一些关于度规张量的细节。由于目前正在寻找局域的静态效应, 因此忽略了宇宙膨胀, 也就是忽略了哈勃因子 $a(t)$。度规张量可写为

$$g_{\mu\nu} = \eta_{\mu\nu} + \delta g_{\mu\nu}(\vec{x}), \qquad |\delta g_{\mu\nu}| \ll 1, \tag{9.1.93}$$

$$\eta_{00} = -1, \qquad \eta_{0j} = \eta_{j0} = 0, \qquad \eta_{jk} = \delta_{jk},$$

$$\delta g_{00} = -2\phi(\vec{x}).$$

公式(9.1.4)的仿射联络 $\Gamma_{\nu\lambda}^{\mu}$ 是度规扰动 $\delta g_{\mu\nu}$ 的一阶项。因此, 两个仿射联络函数的乘积的所有四项是度规扰动 $\delta g_{\mu\nu}$ 的二阶项, 可以忽略掉。也忽略掉仿射联络的时间导数中的项。由式(9.1.5)可得

$$R_{00} \approx -\frac{\partial \Gamma_{00}^{j}}{\partial x^j} = \frac{1}{2}\frac{\partial}{\partial x^j}\frac{\partial g_{00}}{\partial x_j} \tag{9.1.94}$$

$$= -\nabla^2\phi(\vec{x}).$$

忽略宇宙学常数项，由爱因斯坦场方程(9.1.5)的右边和式(9.1.27) 得

$$-8\pi G_{\rm N}\left(T_{00}-\frac{1}{2}g_{00}T_\lambda^\lambda\right)=-4\pi G_{\rm N}\left(\rho(\vec{x})+3\mathcal{P}(\vec{x})\right).\qquad(9.1.95)$$

非相对论物质的压强项 $3\mathcal{P}$ 也可忽略。公式(9.1.94)和(9.1.95)给出泊松方程

$$\nabla^2\phi(\vec{x})=4\pi G_{\rm N}\cdot\rho(\vec{x}).\qquad(9.1.96)$$

这证明了牛顿极限以及引入引力势显式形式的可能性。

现在查看弱引力势假定到底在多大程度成立。引力势能量纲为能量除以质量量纲，即在自然单位制中无量纲的速度平方的量纲。这也是它在式(9.1.89)中是一个纯数值的原因。因此，为计算式(9.1.89)中的引力势的强度，采用除以光速平方的单位。以太阳表面表示为 $\phi_{s\odot}$ 的引力势能为例，由太阳质量 $M_\odot=1.9885\times10^{30}{\rm kg}$，太阳赤道半径 $R_\odot=6.9551\times10^8{\rm m}$，$G_{\rm N}=6.6738\times10^{-11}{\rm m}^3{\rm kg}^{-1}{\rm s}^{-2}$，可得

$$\phi_{s\odot}\to\frac{G_{\rm N}M_\odot}{c^2R_\odot}\qquad(9.1.97)$$
$$=2.12\times10^{-6}.$$

其他天文背景的讨论可参阅文献 [201]。地球表面引力势 10^{-9}，白矮星表面引力势是 10^{-4}。因此一般来说，假定计算到弱引力势能的一阶已经足够精确。

9.2 运动学理论——热力学

尽管一些重要宇宙事例如大质量粒子退耦的发生，由非平衡动力学决定，但是大多数宇宙早期历史都可由平衡热力学描绘。下面简要回顾一下平衡热力学的主要性质。

9.2.1 平衡分布

理想气体近似下，气体稀薄，相互作用很弱。此时，在温度为 T 的热库中，质量为 m_j 的粒子 j 的能量分布对费米子和玻色子分别有下列平衡分布函数，

$$f_{Fj}(p)=\frac{1}{\exp\left(\dfrac{E_j-\mu_j}{T}\right)+1},\qquad(9.2.1)$$
$$f_{Bj}(p)=\frac{1}{\exp\left(\dfrac{E_j-\mu_j}{T}\right)-1},$$

其中 $E_j = \sqrt{p^2 + m_j^2}$ 是粒子能量，p 是三动量的大小，μ_j 是它的化学势。将两式合起来记作

$$f_{j\pm}(p) = \frac{1}{\exp\left(\dfrac{E_j - \mu_j}{T}\right) \pm 1}, \tag{9.2.2}$$

其中"+"表示费米子，"−"表示玻色子。所以可用两套可交换的符号 $F(B)$ 和 $+(-)$ 表示同一个意思。粒子 j 的数密度为

$$n_{j\pm} = \frac{g_j}{(2\pi)^3} \int f_{j\pm}(p) \mathrm{d}^3 p, \tag{9.2.3}$$

能量密度

$$\rho_{j\pm} = \frac{g_j}{(2\pi)^3} \int E_j f_{j\pm}(p) \mathrm{d}^3 p, \tag{9.2.4}$$

压强密度

$$\mathcal{P}_{j\pm} = \frac{g_j}{(2\pi)^3} \int \frac{p^2}{3E_j} f_{j\pm}(p) \mathrm{d}^3 p. \tag{9.2.5}$$

积分遍历整个动量空间。g_j 是粒子 j 的内部自由度，一般是自旋态数乘以其他内部量子数，如颜色、同位旋等 (如果有的话)。

注意数密度分布函数(9.2.2)或式(9.2.1)是洛伦兹不变量。在附录 A 给出一个演示实例。

9.2.2 化学势

化学势 μ 是多粒子体系的特征物理量，是热力学中描绘气体系统的重要概念。在基础物理的设定中，化学势控制相互接触体系之间的粒子流动，而温度则标志能量传递的方向。例如，两个相互接触的气体体系，初始温度分别为 T_1 和 T_2，初始化学势分别为 μ_1 和 μ_2，它们可以交换能量和粒子。当 $T_1 = T_2$，$\mu_1 = \mu_2$ 时，同时处于热平衡和扩散平衡。宇宙学应用中，对于处于扩散平衡 (也称为化学平衡) 的体系，反应[21]前后粒子化学势守恒。例如，

$$A + B \to C + D + \cdots. \tag{9.2.6}$$

如果粒子化学势非零，化学平衡要求

$$\mu_A + \mu_B = \mu_C + \mu_D + \cdots. \tag{9.2.7}$$

这说明，如果反应中某种特定粒子出现的数目没有限制，这种粒子的化学势就为零。光子就是这样的粒子，荷电粒子总可以发射出多个光子，故光子化学势必须为

---

21 注意：为保持平衡，反应要发生得足够快。

零，$\mu_\gamma = 0$。π^0 和 η^0 可以衰变到两个光子，化学势也为零。因为反粒子的化学势与其对应粒子的化学势差一个负号，所以上面的结果也可从光子、π^0 和 η^0 的反粒子是它们本身，其化学势为零得到。[22] 关于热力学中化学势的讨论，参见文献 [219]。

宇宙早期相对论平衡下的化学势一般可忽略不计[201]。[23] 三种密度函数式(9.2.3)，式(9.2.4) 和式(9.2.5)是能量和外界温度变量 T 的函数。在一些非相对论情形下，化学势的出现却至关重要，它会导致大量不依赖于粒子化学势的物理量，如重子产生中的萨哈方程和最后散射面，这些在后面都会进行讨论。尽管如此，仍不需要知道这些情况下化学势的具体形式，因此下面也一般不考虑化学势。

关于化学势的更多细节讨论可参阅文献 [201][23]，另外文献 [65]也讨论几种情形下的化学势。

9.2.3 熵

这里引入一个重要的物理量–熵 $S(T,V)$，它是体积 V 和温度 T 的函数。在早期宇宙，粒子间的反应率大于宇宙膨胀率，所以可保持热平衡。熵的微分定义为

$$
\begin{aligned}
\mathrm{d}S(T,V) &= \frac{\partial S(T,V)}{\partial T}\mathrm{d}T + \frac{\partial S(T,V)}{\partial V}\mathrm{d}V \\
&= \frac{1}{T}\left(\mathrm{d}(\rho(T)V) + \mathcal{P}(T)\mathrm{d}V\right).
\end{aligned}
\tag{9.2.8}
$$

由上面方程得

$$
\begin{aligned}
\frac{\partial S(T,V)}{\partial T} &= \frac{V}{T}\frac{\mathrm{d}\rho(T)}{\mathrm{d}T}, \\
\frac{\partial S(T,V)}{\partial V} &= \frac{1}{T}\left(\rho(T) + \mathcal{P}(T)\right).
\end{aligned}
\tag{9.2.9}
$$

合理地假定上述导数连续，那么 T 和 V 的二阶混合导数的变量次序无关紧要，即

$$
\frac{\partial^2 S(T,V)}{\partial T \partial V} = \frac{\partial^2 S(T,V)}{\partial V \partial T},
\tag{9.2.10}
$$

记住密度 ρ 和 $\mathcal{P}$ 不是体积的函数，而是只依赖于温度的函数，则由上式可得

$$
\frac{\mathrm{d}\mathcal{P}(T)}{\mathrm{d}T} = \frac{1}{T}\left(\rho(T) + \mathcal{P}(T)\right).
\tag{9.2.11}
$$

由 $\mathcal{P}$ 的温度依赖性可得它的时间依赖性，

$$
\begin{aligned}
\frac{\mathrm{d}\mathcal{P}}{\mathrm{d}t} &= \dot{T}\frac{\mathrm{d}\mathcal{P}}{\mathrm{d}T} \\
&= \frac{\dot{T}}{T}\left(\rho(t) + \mathcal{P}(t)\right).
\end{aligned}
\tag{9.2.12}
$$

---

22 这可直接由交叉关系得出。将式(9.2.6)中的 B 粒子移至右边，有 $A \to \bar{B} + C + D + \cdots$，那么相应于式(9.2.7)的方程为 $\mu_A = -\mu_B + \mu_c + \mu_D + \cdots$，即得 $\mu_{\bar{B}} = -\mu_B$。

23 见文献 [201]，530-531 页。

将之与能量守恒公式(9.1.31)比较, 有

$$\frac{1}{a(t)^3}\frac{\mathrm{d}}{\mathrm{d}t}\left(a(t)^3(\rho(t)+\mathcal{P}(t))\right) = \frac{\dot{T}(t)}{T(t)}\left(\rho(t)+\mathcal{P}(t)\right), \tag{9.2.13}$$

这就产生了重要的守恒方程,

$$\frac{\mathrm{d}}{\mathrm{d}t}\left(a(t)^3\left(\frac{\rho(t)+\mathcal{P}(t)}{T(t)}\right)\right) = 0. \tag{9.2.14}$$

定义熵密度

$$s(t) \equiv \frac{\rho(t)+\mathcal{P}(t)}{T}, \tag{9.2.15}$$

则式(9.2.14)解释为共动体积 $a(t)^3$ 中的熵守恒,

$$a^3(t)s(t) = 常数. \tag{9.2.16}$$

单个粒子的熵密度可由式(9.2.4)和式(9.2.5)表示为时间的函数,

$$\begin{aligned} s_{j\pm}(t) &= \frac{\rho_{j\pm}(t)+\mathcal{P}_{j\pm}(t)}{T(t)} \\ &= \frac{g_j}{(2\pi)^3}\frac{1}{T}\int \frac{3E_j^2+p^2}{3E_j}f_{j\pm}(p). \end{aligned} \tag{9.2.17}$$

记住, "+" 表示费米子, 而 "−" 对应玻色子。同时也可用标度因子 a 或者温度 T 来定义熵函数。

熵密度中的能量和压强密度是与温度为 T 的热库保持平衡的粒子, T 也就是光子温度。没有熵产生时, 由熵守恒方程可推导出表 9.1.2 的最后一行。推导如下: 如后文提到的公式(9.3.4)所示, 光子对熵的贡献正比于 T^3, 共动体积 a^3 中的总熵可写为

$$a^3 s \sim a^3 T^3 = 常数. \tag{9.2.18}$$

因此共动体积中的熵守恒要求

$$T \sim a^{-1}. \tag{9.2.19}$$

注意对于辐射主导的情况, 这个关系很早就由能量-动量守恒方程(9.1.30)和辐射状态方程(9.1.43)得出, 它不依赖于宇宙能量密度由哪种成分主导。主导能量形式的差别反映在标度因子, 因此也反映在温度对时间的依赖关系上, 这已经总结在表格 9.1.2 中。式(9.2.19)表明宇宙是绝热膨胀, 此式还将宇宙温度与时间相关联,

$$\frac{\mathrm{d}(aT)}{\mathrm{d}t} = 0. \tag{9.2.20}$$

则

$$\frac{1}{T}\frac{\mathrm{d}T}{\mathrm{d}t} = -\frac{1}{a}\frac{\mathrm{d}a}{\mathrm{d}t} \tag{9.2.21}$$

$$= -\sqrt{\frac{8\pi G_{\mathrm{N}}}{3}\rho}.$$

这解释了表格 9.1.2 的脚注 [1]，后面的讨论中将用到这个关系式。

热力学第二定律指出宇宙总熵不会减少。宇宙总熵在宇宙演化过程中增加或者保持不变。因为大多数发生在宇宙演化期间的已知物理过程，除了在暴胀的极短时间内，不产生太多熵。因此，一般假定所有宇宙熵产生于暴胀时期，此后则一直保持不变。

9.3 粒子密度的相对论和非相对论行为

现在回到各种各样的密度以具体讨论它们的性质。

9.3.1 极端相对论极限

极端相对论极限是在 $T \gg m$ 时，积分式(9.2.3), 式(9.2.4)和式(9.2.5)中的粒子质量可以忽略不计。在此极限下再忽略掉化学势，$\mu_j = 0$，那么所有涉及的积分可解析求解，有[24]

$$n_{BRj} = g_j \frac{\zeta(3)}{\pi^2} T^3, \tag{9.3.1}$$

$$n_{FRj} = \frac{3}{4} g_j \frac{\zeta(3)}{\pi^2} T^3,$$

其中 $\zeta(x)$ 是黎曼 zeta 函数，$\zeta(3) = 1.20206$。不同粒子种类的区别仅在于它们的内部自由度不同。

---

24 用到的积分公式有

$$\int_0^\infty \frac{x^\nu}{\mathrm{e}^x - 1} = \Gamma(\nu)\zeta(\nu),$$

$$\int_0^\infty \frac{x^\nu}{\mathrm{e}^x + 1} = \left(1 - \frac{1}{2^{\nu-1}}\right)\Gamma(\nu)\zeta(\nu),$$

其中对整数 n Γ 函数为 $\Gamma(n) = (n-1)!$。黎曼 zeta 函数定义为

$$\zeta(n) \equiv \frac{1}{\Gamma(n)}\int_0^\infty \frac{x^{n-1}}{\mathrm{e}^x - 1}\mathrm{d}x,$$

清楚地给出对整数 n 的 $\zeta(\nu)$ 函数值为 $\zeta(0) = -\frac{1}{2}$, $\zeta(1) = \infty$, $\zeta(2) = \frac{\pi^2}{6}$, $\zeta(3) = 1.020206$, $\zeta(4) = \frac{\pi^4}{90}$, $\zeta(5) = 1.03693$, $\zeta(6) = \frac{\pi^6}{945}$.

能量密度公式(9.2.4)可给出

$$\rho_{BRj} = g_j \frac{\pi^2}{30} T^4,$$

$$\rho_{FRj} = \frac{7}{8} g_j \frac{\pi^2}{30} T^4. \tag{9.3.2}$$

同样,压强密度公式(9.2.5)为

$$\mathcal{P}_{BRj} = \frac{1}{3}\rho_{BRj},$$

$$\mathcal{P}_{FRj} = \frac{1}{3}\rho_{FRj}. \tag{9.3.3}$$

前面已经讨论过能量和压强的关系是 $w = 1/3$ 的无质量粒子的状态方程。熵密度公式(9.2.17)为

$$s_{Bj} = \frac{\rho_{BRj} + \mathcal{P}_{BRj}}{T} = g_j \frac{2\pi^2}{45} T^3, \tag{9.3.4}$$

$$s_{Fj} = \frac{\rho_{BRj} + \mathcal{P}_{BRj}}{T} = \frac{7}{8} g_j \frac{2\pi^2}{45} T^3.$$

为了窥探宇宙早期致密物质状态性质,现在我们来仔细研究粒子密度函数。以相对论玻色子为例,将以单位体积 (cm^{-3}) 的粒子数为单位来改写玻色子粒子密度。正如附录 §C.1 节的讨论,当 T 单位为 MeV 时,粒子数密度简单等于式(9.3.1)乘以数值因子 $N_{\mathrm{MeV}} = (5.06773 \times 10^{10})^3 = 1.3015 \times 10^{32}$,或者说当 T 的单位是 10^{10} 开尔文时,乘以 $N_{\mathrm{Kel}} = (4.36704 \times 10^{10})^3 = 8.3284 \times 10^{31}$ 因子,在表格 C.1.2 可查到这些换算因子。于是有

$$n_{BRj}(T) = 1.5851 \times 10^{31} g_j \left(\frac{T}{1\mathrm{MeV}}\right)^3 \mathrm{cm}^{-3} \tag{9.3.5}$$

$$= 1.0143 \times 10^{31} g_j \left(\frac{T}{10^{10}\mathrm{K}}\right)^3 \mathrm{cm}^{-3}.$$

当前时期温度为 2.725K,光子数密度为 $410.5\mathrm{cm}^{-3}$。在宇宙早期,$T = 1\mathrm{MeV}$,即 $1.16045 \times 10^{10}\mathrm{K}$,光子数密度为 $3.2 \times 10^{31}\mathrm{cm}^{-3}$。

在一定温度 T 时具有最小能量 E_{m} 的粒子数密度分布也令人兴趣盎然。粒子数密度可写为

$$n_{BRj}(E_{\mathrm{m}}, T) = n_{BRj}(T) D_{\mathrm{B}}(\epsilon_T) \tag{9.3.6}$$

$$= 1.5851 \times 10^{31} g_j \left(\frac{T}{1\mathrm{MeV}}\right)^3 D_{\mathrm{B}}(\epsilon_T)\mathrm{cm}^{-3},$$

其中 $n_{BRj}(T)$ 是式(9.3.1)给出的以 MeV^3 为单位的总数密度,

$$D_{\mathrm{B}}(\epsilon_T) = \frac{1}{2\xi(3)} \int_{\epsilon_T}^{\infty} \frac{y^2}{\mathrm{e}^y - 1} \mathrm{d}y, \tag{9.3.7}$$

$$\epsilon_T = \frac{E_{\mathrm{m}}}{T},$$

归一化到 1，$D_{\mathrm{B}}(0) = 1$，$D_{\mathrm{B}}(\epsilon_T)$ 是能量等于或者大于 $E_{\mathrm{m}} = \epsilon_T T$ 时粒子分支比的普适曲线。

图 9.3.1 画出了普适曲线 $D_{\mathrm{B}}(\epsilon_T)$。在一定温度 T 下，大多数光子能量等于或者小于 T，大约有 10% 的光子能量大于 $5T$。继续增加光子能量，分支比骤然下降，但仍有相当一部分光子处于高能态，大约有 1% 的光子能量大于 $8T$，0.23% 大于 $10T$，$4 \times 10^{-5}\%$ 大于 $20T$，等等。

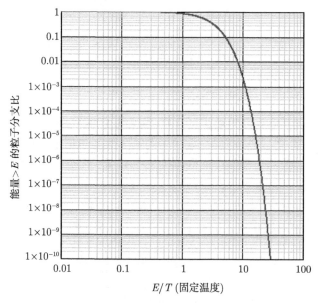

图 9.3.1   粒子分支比图 $D_{\mathrm{B}}(\epsilon_T)$，能量大于 ϵ_T

9.3.2   非相对论极限

非相对论情形下，$T/m \ll 1$，可将式 (9.2.1) 中的能量表达成非相对论形式，$E_j \approx m_j + p^2/(2m_j)$，并略去分母中的 ± 1，也即无须区分费米子和玻色子。这样，公式 (9.2.3)~(9.2.5) 中的密度函数在忽略化学势时可以直接解出，这就是玻尔兹曼–麦克斯韦粒子密度分布，

$$n_{Nj} = g_j m_j^3 \left(\frac{T}{2\pi m_j}\right)^{3/2} \mathrm{e}^{-\frac{m_j}{T}}, \tag{9.3.8}$$

能量密度

$$\rho_{Nj} = g_j \left(m_j + \frac{3}{2}T \right) m_j^3 \left(\frac{T}{2\pi m_j} \right)^{3/2} \mathrm{e}^{-\frac{m_j}{T}} \tag{9.3.9}$$

$$= \left(m_j + \frac{3}{2}T \right) n_{Nj}.$$

压强密度

$$\mathcal{P}_{Nj} = g_j T m_j^3 \left(\frac{T}{2\pi m_j} \right)^{3/2} \mathrm{e}^{-\frac{m_j}{T}} \tag{9.3.10}$$

$$= n_{N_j} T.$$

状态方程变为

$$\mathcal{P}_j = \frac{T}{m_j + 3T/2} \approx \frac{T}{m_j} \rho_j, \tag{9.3.11}$$

其中略去了 $\frac{T}{m}$ 的高阶项。因为 $T \ll m$，故可与表 9.1.1 给出的一致，令压强为零。

有些情形下需要考虑化学势的效应，如重子和轻子略微比反重子和反轻子多就要求化学势不为零。此时非相对论密度函数变为

$$n_{Nj}(\mu_j) = g_j m_j^3 \left(\frac{T}{2\pi m_j} \right)^{3/2} \mathrm{e}^{-\frac{m_j - \mu_j}{T}}, \tag{9.3.12}$$

$$\rho_{Nj}(\mu_j) = g_j \left(m_j + \frac{3}{2}T \right) m_j^3 \left(\frac{T}{2\pi m_j} \right)^{3/2} \mathrm{e}^{-\frac{m_j - \mu_j}{T}}$$

$$= n_{Nj}(\mu_j) \left(m_j + \frac{3}{2}T \right),$$

$$\mathcal{P}_{Nj}(\mu_j) = g_j T m_j^3 \left(\frac{T}{2\pi m_j} \right)^{3/2} \mathrm{e}^{-\frac{m_j - \mu_j}{T}}$$

$$= n_{Nj}(\mu_j) T.$$

粒子数密度之间的关系和能量及压强密度之间的关系仍和假定化学势为零时一样。反粒子化学势是粒子化学势的负值。

注意经典力学中基本气体运动学理论的非相对论结果有几个显著的特点：

• 由公式(9.3.8)、(9.3.9)和(9.3.12)可知，每个粒子的平均能量为

$$\bar{\varepsilon}_c = m + \frac{3}{2}T. \tag{9.3.13}$$

恢复到固有单位，第一项即为粒子的静止能量 mc^2，第二项 $\frac{3}{2}k_\mathrm{B}T$ 是著名的经典粒子能量均分引起的动能，即每一个空间自由度能量为 $T/2$。于是有

$$\frac{1}{2}m\bar{v}_c^2 = \frac{3}{2}T. \tag{9.3.14}$$

这正是具有特定比热容比 $\gamma = 5/3$ 的单原子分子的动力学能量 $(\gamma-1)^{-1}k_{\mathrm{B}}T$。

- 与之类似，单个粒子平均压强为

$$\bar{\mathcal{P}}_c = T = \frac{1}{3}m\bar{v}_c^2.$$

表 9.3.1 总结了相对论和非相对论情形的解析结果。

表 9.3.1　　相对论和非相对论情形下的粒子数密度、能量和压强密度

| | 相对论 $(T \gg m)$ | | 非相对论 $(T \ll m)$ | 单个粒子 |
	玻色子	费米子	费米子/玻色子	
n_j	$g_j\dfrac{\zeta(3)}{\pi^2}T^3$	$\left(\dfrac{3}{4}\right)g_j\dfrac{\zeta(3)}{\pi^2}T^3$	$g_jm_j^3\left(\dfrac{T}{2\pi m_j}\right)^{3/2}\mathrm{e}^{-(m_j-\mu_j)/T}$	$-$
ρ_j	$g_j\dfrac{\pi^2}{30}T^4$	$\left(\dfrac{7}{8}\right)g_j\dfrac{\pi^2}{30}T^4$	$\left(m+\dfrac{3}{2}T\right)n_j$	$m+\dfrac{3}{2}T$
$\mathcal{P}_j$	$\rho_j/3$	$\rho_j/3$	Tn_j	T
$s_j = \dfrac{1}{T}(\rho_j+\mathcal{P})$	$g_j\dfrac{2\pi^2}{45}T^3$	$\left(\dfrac{7}{8}\right)g_j\dfrac{2\pi^2}{45}T^3$	$-$	$-$

9.3.3　内部自由度 g_j

举几个例子计算内部自由度。质量为零的粒子的自旋态数总是 2，因为只有螺旋度最大的态才是物理上允许的态。所以光子 $g_\gamma = 2$，胶子 $g_g = 2\times 8$，其中 8 是胶子色态数；给定味的夸克和反夸克 $g_q = g_{\bar{q}} = 2\times 3\times 2$，3 是夸克的色自由度数。三代中微子和反中微子为自由度总数 $g_\nu = 3\times 2$，因为中微子是左手的，因此每一位中微子只有一个自由度。复合粒子和束缚态粒子，如强子和分子可视为一个独立整体而忽略掉内部结构，这样计算就与上面类似。每个质子和中子 $g_{p,n} = 2$，每个反粒子与之相同。确定电荷态的派介子内部自由度为 $g_{\pi^\pm,\pi^0} = 1$。核子也是如此计算，例如，氦-4 和氦-3 的自旋分别为 0 和 1/2，则 $g_{(^4\mathrm{He})} = 1$ 和 $g_{(^3\mathrm{He})} = 2$。氘核自旋为 1，$g_D = 3$。氢原子核 1s 基态有对应于总自旋分别为 0 和 1 的超精细态。自旋为零时仅有一个态，而自旋为 1 时也有三个态。因此氢原子基态有 $g_{\mathrm{H1s}} = 1+3 = 4$ 个内部自由度。

根据文献 [220]，表 9.3.2 总结了对能量密度有贡献的标准模型粒子对应的内部自由度。但后面会讨论到，有些粒子性质和光子不同，会随着温度变化而变化，这使得情况变得复杂。注意在表 9.3.2 中从一个温度区间变化到下一个温度区间时有效内部自由度发生突变。当然这是近似的，实际上它们是连续变化的。在接下来的两节 §9.4 和 §9.5 将详细讨论这一点。

表 9.3.2　**玻色子、费米子以及总自由度对有效无质量粒子的能量密度函数的贡献。最后两列将在第 11 章暗物质计算中使用**

温度 [1]	增加的粒子	$4g_{B*}$	$4\left(\dfrac{7}{8}\right)g_{F*}$	$4g_{*}$ [2]	$\mathcal{C}_X$ [3]	$\mathcal{C}_X/\sqrt{g_*}$ [4]
					反应道	反应道
$m_e > T$	$\gamma + \nu's$	8	$21\left(\dfrac{4}{11}\right)^{4/3}$ [5]	13.45	4	2.2
$m_\mu > T > m_e$	$e^{\pm}$	8	$14+21\left(\dfrac{4}{11}\right)^{4/3}$	27.45	5	1.9
$m_\pi > T > m_\mu$	$\mu^{\pm}$	8	49	57	6	1.6
$T_{\rm cd}^{[6]} > T > m_\pi$	$\pi^{\pm}, \pi^0$	20	49	69	6	1.4
$m_c > T > T_{\rm cd}$	$u, \bar{u}, d, \bar{d}, s, \bar{s},$	72	175	247	15	1.9
	+ 胶子					
	去掉所有 π 介子					
$m_\tau > T > m_c$	$c, \bar{c}$	72	217	289	18	2.1
$m_b > T > m_\tau$	$\tau, \bar{\tau}$	72	231	303	19	2.2
$m_{\rm W,Z} > T > m_b$	$b, \bar{b}$	72	273	345	22	2.4
$m_{希格斯} > T > m_{\rm W,Z}$	$W^{\pm}, Z$	108	273	381	24	2.5
$m_t > T > m_{希格斯}$	H^0	112	273	385		
$T > m_t$	$t, \bar{t}$	112	315	427		

[1] 这里的温度可以认为是为光子定义的;

[2] $g_* = g_{B*} + \dfrac{7}{8}g_{F*}$ 是总有效自由度;

[3] 这是在大质量粒子及其反粒子湮没中产生的正常粒子和反粒子对的反应道总数，将在 §11.6 节用到;

[4] 这将在 §11.6 节中使用;

[5] 中微子温度为 $T_\nu = \left(\dfrac{4}{11}\right)^{1/3} T_\gamma$，小于 1MeV;

[6] $T_{\rm cd}$ 是夸克和强子之间的禁闭 - 退禁闭温度，取在 150~400MeV 之间。包含介子是考虑到低于禁闭温度但高于介子质量时的胶子效应。

　　还要注意在上面表格中希格斯质量在顶夸克质量之下。[25] 但是无法确定标准模型对称性破缺能标之上的内部自由度，因为它们是模型依赖的。

9.3.4　部分详细性质

　　下面讨论的大多数细节与目前研究暗物质课题无关，是为了完整性目的而特意加上的。图 9.3.2 给出了粒子数密度式(9.2.3)、式(9.3.1)和式(9.3.8)的精确表达形式和极限形式的比值。这些曲线说明了相对论和非相对论的极限表达式的有效性。温度以粒子质量单位 T/m 表示。图中 5 条曲线分别解释如下：

---

25 希格斯质量 $m_{\rm H^0} = 125.7 \pm 0.4$GeV，顶夸克质量 $m_t = 173.21 \pm 0.51 \pm 0.71$GeV。详见文献 [11]。

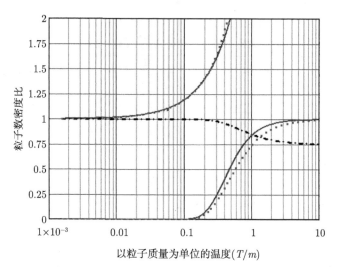

图 9.3.2 粒子数密度的精确和极限表达式的比值。黑色虚线：费米子与玻色子的精确粒子数密度之比；蓝色实线：费米子的精确与极限表达式之比；红色虚线：玻色子的精确与极限表达式之比

- **虚点线** (黑色): 图形中部的虚点线是费米子与玻色子严格表达式的比率。可看出低温 $T/m < 0.2$ 时玻色子和费米子无差别，这说明费米子和玻色子的非相对论形式一样。但这费米子和玻色子一致性早在非相对论极限表达有效之前已经成立。高温 $T/m > 8$ 时费米子降至玻色子的 75%，该温度时的相对论极限 (粒子数密度) 表达式开始成立。
- **实线** (蓝色): 两条实线是费米子的严格表达式和极限表达式的比率。比率在 1 以上是非相对论情形，以下则是极端相对论情形。
- **点线** (红色): 两条点线和实虚线类似，但是表示玻色子。

注意相对论极限表达式的值大于精确表达式在 T/m 中间值时的取值。然而非相对论极限却小于精确表述的中间值。$T/m > 5$ 时费米子接近于相对论极限形式，而玻色子却要 $T/m > 8$ 时才接近。而达到非相对论极限则比较缓慢，大约在 $T/m < 0.01$ 时。

　　能量和压强密度的比值和数密度比值显示相似的性质，正如图 9.3.2 所示。接近极端相对论极限比接近非相对论极限要快得多。

　　粒子数分布函数的能量依赖行为也令人感兴趣，下式给出粒子数能量微分分布函数，

$$\frac{\partial n_{j\pm}(E)}{\partial E} = \frac{g_j}{2\pi^2} E \sqrt{E^2 - m_j^2} f_{j\pm}(E). \tag{9.3.15}$$

图 9.3.3 绘制了在一定温度和给定粒子质量下微分分布方程(9.3.15) 随粒子能量 E 的变化曲线。能量和质量都以 E/T 或 m/T 来表示。图中一共有四组曲线，每一

组有虚实两条。实线对应玻色子，点虚线对应费米子。每一组曲线有不同的选择点，$E/T = 0, 1, 3$ 和 5，也对应着各自的 m/T。零质量极限 m/T 是辐射普适曲线。曲线高度任意，但是以玻色子辐射曲线为标准进行归一化。曲线大部分性质易于理解。给定温度和质量，费米子曲线比玻色子低，费米子能量最大值比玻色子大，这反映出费米子和玻色子统计性质的差别。随着质量增加，曲线迅速下降反映出质量越大，越难激发出新态。

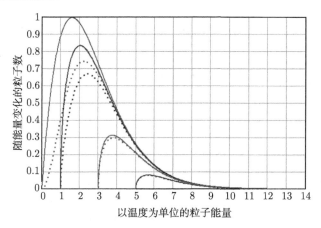

图 9.3.3 在一定质量和温度下粒子能量中的粒子数分布。请参阅正文内容，以识别不同的曲线组别

从图 9.3.2 和图 9.3.3 可以总结出粒子数密度与温度和粒子能量的关系的一些一般特征：

- 与质量相比，当温度较低时，$T/m \leqslant 0.2$，费米子和玻色子分布相互接近。
- 非相对论性极限的表达式在 $T/m \lesssim 0.02$ 时近似有效。
- 极端相对论性极限的表达式在 $T/m \gtrsim 5$ 时近似有效。
- 要定量地了解粒子数函数的能量分布，必须给出粒子的质量。在辐射的情况下，对有质量粒子，当 $T/m > 5$ 时，也可以近似给出，或者从图 9.3.3 中可以看到，玻色子在 $E/T \simeq 1.594$，费米子在 $E/T \simeq 2.218$ 处出现最大值。还可以发现，在玻色子的情况下，一半的粒子的能量大于 $2.35T$，费米子的能量大于 $2.84T$。还能看出玻色子有一半的能量大于 $2.35T$，而费米子有一半的能量大于 $2.84T$。
- 在一定温度下，有质量粒子的粒子数分布函数的最大值高度减小。分布高度最大的能量与阈值 m 之间的差值随着质量与温度的比值的增大而减小。
- 相对论情况每个粒子的平均能量，即 ρ/n，式(9.3.1)和式(9.3.2)，对于温度 $T/m \gtrsim 5$ 是线性的，

$$\langle E \rangle_{\text{rel}} = \begin{cases} \dfrac{\pi^4}{30\zeta(3)}T = 2.701T, & \text{玻色子}, \\[3mm] \dfrac{7\pi^4}{180\zeta(3)T} = 3.151T, & \text{费米子}. \end{cases} \tag{9.3.16}$$

在 $T/m \lesssim 0.02$ 的非相对论性情况下，如公式(9.3.8)和(9.3.9)所示，每个粒子的平均能量是 $m + 3T/2$，其中 $3T/2$ 是平均动能。T/m 的中间范围介于相对论和非相对论结果之间。

- 粒子数密度函数的高能部分有一个长尾巴，这取决于粒子的质量。辐射或者极端相对论下 $(T/m \gtrsim 5)$，超过 1% 的粒子能量大于 $8T$。有质量情形，即温度和质量差不多甚至小于质量时，能量前 1% 的高能粒子的最小能量变化到越来越高的 E/T 值。让我们把高能粒子的能量最小值记为 $E_{\min}$，然后来看一些例子。$m/T = 1$ 时，玻色子 $E_{\min} = 8.55T = 8.55m$，费米子 $E_{\min} = 8.75T = 8.75m$。$m/T = 3$ 时，玻色子 $E_{\min} = 9.94T = 3.31m$，费米子 $E_{\min} = 9.97T = 3.32m$。$m/T > 5$ 时玻色子费米子行为类似，$E_{\min} \simeq 11.6 = 2.3m$。$m/T = 10$ 时 $E_{\min} = 16.2T = 1.6m$。$m/T = 20$ 时 $E_{\min} = 26T = 1.3m$。可见 $E_{\min}$ 逐渐趋向于 m 的阈值，因此大多数粒子动能较小，这是人们所期望的。m/T 非常高时，当数密度变得很小时，整个特征就变得不适用了，粒子与热库退耦，不再与热浴平衡。下面将讨论这一点。

9.4   非热平衡、粒子退耦或物质原始源

宇宙极早期温度很高，远大于现代所有粒子质量。因此，所有粒子都可视为无质量的相对论粒子。所有粒子，包括光子，温度相同，能量密度形式简单，总能量密度为

$$\rho = g_* \left(\frac{\pi^2}{30} \right) T^4, \tag{9.4.1}$$

$$g_* = \sum_{j_{\text{B}}, \text{玻色子}} g_{j_{\text{B}}} + \left(\frac{7}{8} \right) \sum_{j_{\text{F}}, \text{费米子}} g_{j_{\text{F}}}.$$

然而，在宇宙演化中，随着温度降低，宇宙成分中的一部分偏离热平衡状态，非平庸的物理过程随之产生。包括重子生成、中微子与宇宙热浴退耦、原初核合成、电子正电子湮灭而形成的光子重加热等。这些重要宇宙事件的温度范围和宇宙年龄如下：$\nu_\mu(\bar{\nu}_\mu)$ 和 $\nu_\tau(\bar{\nu}_\tau)$ 在大约 $3 \sim 4\text{MeV}$ 退耦；当宇宙年龄为 0.1 秒，大约 2MeV 时 $\nu_e(\bar{\nu}_e)$ 退耦；1 秒时，质子和中子从宇宙热浴中凝出来；40 秒时，温度约为 $m_e/3$，光子重加热；宇宙年龄 3 分钟，温度大约在 0.1MeV 时，原初核合成开始，等等。那些退耦却仍然是相对论的粒子，如中微子，将和退耦前一样随着宇宙膨胀

演化 (降温), 但是它们的温度可能低于那些包括光子在内的热平衡状态的粒子。下面将解释这一点。在辐射主导的情况下, 总能量密度一般可以写成为

$$\rho = g_{\rho*} \left(\frac{\pi^2}{30} \right) T^4, \tag{9.4.2}$$

$$g_{\rho*} = \sum_{j_{\mathrm{B}}, \text{玻色子}} g_{j_{\mathrm{B}}} \left(\frac{T_{j_{\mathrm{B}}}}{T} \right)^4 + \left(\frac{7}{8} \right) \sum_{j_{\mathrm{F}}, \text{费米子}} g_{j_{\mathrm{F}}} \left(\frac{T_{j_{\mathrm{F}}}}{T} \right)^4,$$

T 是光子温度, 取为宇宙热浴缸温度。其他粒子可能有不同的温度, 如上面所明确显示的。$g_{\rho*}$ 是相对于光子自由度的有效自由度。总熵可类似表述为

$$s = \sum_j \frac{1}{T_j} \left(\rho_j + P_j \right) = g_{s*} \left(\frac{2\pi^2}{45} \right) T^3, \tag{9.4.3}$$

$$g_{s*} = \sum_{j_{\mathrm{B}}, \text{玻色子}} g_{j_{\mathrm{B}}} \left(\frac{T_{j_{\mathrm{B}}}}{T} \right)^3 + \left(\frac{7}{8} \right) \sum_{j_{\mathrm{F}}, \text{费米子}} g_{j_{\mathrm{F}}} \left(\frac{T_{j_{\mathrm{F}}}}{T} \right)^3.$$

注意: 如果一种相对论粒子与宇宙其他部分退耦, 那么它在共动体积 a^3 内的熵就会保持不变。剩余的仍与光子热耦合的相对论粒子总熵也在共动体积内保持不变。因此上式中给出的总熵可写为一系列在各个组分保持守恒的熵的和。每一个组分中, 所有的相对论性粒子有一个共同温度。宇宙熵通常指包含光子那一块儿 (组分) 的熵。光子的熵 $s_\gamma = (2\pi^2/45)T^3$ 视为基准熵[221]。

9.4.1 平衡机制

保持不同粒子间, 或者某给定粒子与宇宙热浴间热平衡的机制是什么呢? 在这里, 宇宙学的另一个组成部分发挥了作用: 所有相关粒子之间的相互作用。由于弹性碰撞和非弹性散射, 能量、动量和粒子数都统计性地守恒。下面聚焦于夸克和胶子强子化之后的早期宇宙时期, 此时大多数短寿命粒子都会因衰变而消失。这就进入了我们已知 (除了暗物质) 粒子发生物理过程的时期, 此时通常假定暗物质没有参与标准模型粒子过程。唯一存在的重子是质子和中子; 轻子是电子、缪子和中微子。此时的强子只有质子和中子; 轻子只有电子, 缪子和中微子; 还有无处不在的光子。稳定粒子是光子、质子、电子、标准模型所要求的三种中微子。它们的平衡可由以下几组电弱弹性散射、产生和湮灭过程维持。包含核子的弹性散射过程有

$$p(\bar{p}) + \gamma \rightarrow p(\bar{p}) + \gamma, \tag{9.4.4}$$
$$p(\bar{p}) + e^\pm \rightarrow p(\bar{p}) + e^\pm,$$
$$p(\bar{p}) + \nu_j(\bar{\nu}_j) \rightarrow p(\bar{p}) + \nu_j(\bar{\nu}_j);$$

包含轻子的弹性散射过程有

$$e^{\pm} + \gamma \rightarrow e^{\pm} + \gamma, \tag{9.4.5}$$

$$e^{\pm} + \nu_j \rightarrow e^{\pm} + \nu_j,$$

$$\nu_j + \nu_{j'} \rightarrow \nu_j + \nu_{j'},$$

$$\bar{\nu}_j + \bar{\nu}_{j'} \rightarrow \bar{\nu}_j + \bar{\nu}_{j'},$$

$$\nu_j + \bar{\nu}_{j'} \rightarrow \nu_j + \bar{\nu}_{j'};$$

以及湮灭和产生过程,

$$p + \bar{p} \rightleftarrows \gamma + \gamma, \quad e^- + e^+, \quad \nu_j + \bar{\nu}_j, \tag{9.4.6}$$

$$e^- + e^+ \rightleftarrows \gamma + \gamma, \quad \nu_j + \bar{\nu}_j,$$

$$\nu_j + \bar{\nu}_j \rightleftarrows \nu_{j'} + \bar{\nu}_{j'}.$$

注意式(9.4.6)前两个反应只有在宇宙的温度必须足够高 (不低于反应末态中有质量粒子的总和) 时才具有重要意义。

如果留下足够长的时间, 不稳定粒子基本都会消失。在给定的时期, 必须将它们的寿命与所考虑的早期宇宙的时间进行比较, 以确定它们是否可以不停地产生。缪子和反缪子, 虽然平均寿命短 $\tau_\mu = 2.197 \times 10^{-6}$ 秒, 但如果温度足够高, 就可以通过粒子产生机制在早期宇宙中产生并存在。

以后再具体谈到这一点。中子寿命长得多, 平均自由寿命 $\tau_n = 880.3$ 秒或 14.67 分钟。缪子与其他稳定粒子的平衡过程为

$$e^-(e^+) + \bar{\nu}_e(\nu_e) \rightleftarrows \mu^-(\mu^+) + \bar{\nu}_\mu(\nu_\mu), \tag{9.4.7}$$

$$e^-(e^+) + \nu_\mu(\bar{\nu}_\mu) \rightleftarrows \mu^-(\mu^+) + \nu_e(\bar{\nu}_e),$$

$$\mu^- + \mu^+ \rightleftarrows \gamma + \gamma, \quad e^- + e^+, \quad \nu_j + \bar{\nu}_j,$$

$$p + \bar{\nu}_\mu \rightleftarrows \mu^+ + n,$$

$$n + \nu_\mu \rightleftarrows p + \mu^-.$$

中子和质子相互转换的过程为

$$n + \nu_e \rightleftarrows p + e^-, \tag{9.4.8}$$

$$n + e^+ \rightleftarrows p + \bar{\nu}_e,$$

$$n \rightleftarrows p + e^- + \bar{\nu}_e.$$

当宇宙膨胀时, 其温度随着尺度因子的反比而下降, 如果粒子保持热平衡, 有质量粒子最终会进入非相对论性的状态。粒子数密度指数下降如式(9.3.8)所示。例

如，由公式(9.3.1)和公式(9.3.8)可知，质量为 m 的非相对论粒子，无论费米子或玻色子，它们的粒子数和光子数的比值为

$$\eta_m(T) = \frac{n_m}{n_\gamma} \tag{9.4.9}$$

$$= \frac{\sqrt{2\pi}}{8\zeta(3)} g_m \left(\frac{m}{T}\right)^{3/2} \exp\left(-\frac{m}{T}\right),$$

在 $T = m/29$ 时已经降到 10^{-11}，对质子来说 $T \approx 33\text{MeV}$ 或 $3.8 \times 10^{11}\text{K}$。电子 $T \approx 1.8 \times 10^4\text{eV}$ 或 $2.1 \times 10^8\text{K}$。因此如果现在这个时刻有质量粒子与现在的背景辐射处于平衡状态，它们的数量就会变得微不足道。

9.4.2 退耦——脱离平衡

幸运的是，宇宙有一种机制来脱离平衡的束缚。当如公式(9.4.4)~(9.4.8)所示过程的反应率比宇宙膨胀率慢，平衡就不能再继续维持。相关粒子将与背景辐射退耦，称为冻结。这样有质量粒子的能量密度，以及随之而来的数密度，按照 a^{-3} 的趋势降低，正如式(9.1.46)所示。下面将详细讨论这一点。

首先考虑以哈勃膨胀率 $H = \dot{a}/a$ 给出的宇宙膨胀率。一个有用同时允许做解析近似的情形是退耦发生在辐射主导时期的情形。去掉曲率项，在辐射主导时期，有效能量密度由式(9.4.1)给出，由式(9.1.36)可得

$$H = \sqrt{\frac{8\pi G_\text{N}}{3}\rho} = \sqrt{\frac{4\pi^3}{45}} \sqrt{g_*} \left(\frac{T^2}{M_\text{P}}\right) \tag{9.4.10}$$

$$\sim T^2 \sim a^{-2},$$

这里用到普朗克质量 $M_\text{P} = 1.2209 \times 10^{19}\text{GeV}$，定义为 $G_\text{N}^{-1} = M_\text{P}^2$。[26] 所以随着宇宙膨胀和温度降低，哈勃膨胀率以 T^2 的速率减小。接下来计算粒子反应速率，并将其与哈勃膨胀率进行比较。粒子反应速率定义为

$$\Gamma = n\langle v\sigma\rangle. \tag{9.4.12}$$

n 是粒子密度，其演化规律是 $n \sim T^3 \sim a^{-3}$。$\langle v\sigma\rangle$ 是粒子速度 v 乘以反应截面 σ 的平均值，其演化规律通常是宇宙温度的指数项

$$\langle v\sigma\rangle \sim T^{\xi_T}, \tag{9.4.13}$$

---

26 可将哈勃膨胀率写为

$$H = \sqrt{\frac{4\pi^3}{45} g_*} M_\text{P} \left(\frac{T}{M_\text{P}}\right)^2 = 2.066 \times 10^5 \sqrt{g_*} \left(\frac{T}{1\,\text{GeV}}\right)^2 \text{秒}^{-1}, \tag{9.4.11}$$

其中运用了普朗克时间 $t_\text{P} = M_\text{P}^{-1} = 5.39123 \times 10^{-44}$ 秒，如表 C.4.1 所示。g_* 在不同温度范围内的值可在表 9.3.2 里查到。上述关系将在后面的式(10.2.8)中给出。

$\xi_T \geqslant 0$。反应率 Γ 具有时间倒数量纲，且

$$\Gamma \sim T^{3+\xi_T} \sim a^{-(3+\xi_T)}, \tag{9.4.14}$$

在宇宙中足够早的时候，由于粒子密度很高，反应速率会非常大，这将比哈勃膨胀速率大，$\Gamma > H$。[27] 宇宙膨胀并不影响粒子相互作用，所以粒子和宇宙热浴之间保持平衡。随着宇宙膨胀，Γ 和 H 都减小，但是 Γ 减小得快，至少是宇宙温度 T 的一次方，在某些情形下可以更快，如可快到温度的三次方。有中微子参与的散射反应即为此种情形。于是在温度 T_f，即退耦温度或者冻结温度处满足

$$\left(\frac{\Gamma}{H}\right)_{T=T_f} \approx 1. \tag{9.4.15}$$

T_f 以下，宇宙膨胀率超过粒子反应率，粒子越来越不可能找到另一个粒子发生反应以保持平衡。粒子最终与宇宙其他粒子退耦，特别是与光子退耦。粒子就自由传播，在共动体积里数密度为常数，因此数密度按照 a^{-3} 下降，和光子数密度保持常数比值，而光子数密度决定宇宙温度，也是按照 a^{-3} 下降。

在后面第 11 章讨论大爆炸核合成和有质量粒子的退耦时，将详细论证退耦如何发生，其中会给出式(9.4.15)的推导。

9.5　早期宇宙的热历史

在宇宙的演化过程中，当宇宙温度下降，一些原本能够维持热平衡的粒子反应率(9.4.12)会变得比宇宙膨胀率低，因此这些粒子就会退耦。早期宇宙历史记录下这些标志性事件。这里讨论从温度低于 10^{12} K(相当于能量小于 90MeV) 开始。这个温度的能量不足以发生如 $\nu_\mu + e^- \to \mu^- + \nu_e$ 的过程，来产生缪子。由于缪子寿命短 $\tau_\mu = 2.1970 \times 10^{-6}$ 秒，以前产生的缪子也几乎都消失了，所以可忽略掉缪子效应。对宇宙能量密度有贡献的粒子有 $\gamma, e^\pm, \nu_j$ 和 $\bar{\nu}_j, (j = e, \mu, \tau)$ 以及很小比例的重子。下面的讨论取自文献 [204][28] 和 [201]。为使讨论在温度为电子质量或者小于电子质量仍然有效，不能忽略电子质量，但可以合理地忽略中微子质量。除了那些专门讨论重子效应的章节，一般也忽略重子效应。

9.5.1　中微子温度和光子温度的分离

这一小节将导出中微子和光子的区别。[29] 共动体积 a^3 中的熵 $s(T)$ 守恒可把宇

---

27 需要指出的是，宇宙膨胀率小于粒子反应速率在暴胀时期并不成立，宇宙呈指数膨胀，宇宙中的粒子将无法保持平衡。但是暴胀持续的时间非常非常短，不影响粒子在接下来的宇宙演化中的粒子平衡。

28 见文献 [204]，151-154 页。

29 关于式(9.4.15)中估算的中微子反应率 Γ 和哈勃膨胀率 H 的数量级和文献 [204] 给出的不同。

宙时间和温度联系起来, 正如下面所示。由熵守恒 $a^3 s(T) = $ 常数, 可得

$$3\frac{\dot{a}}{a} + \frac{\dot{s}}{s} = 0, \tag{9.5.1}$$

即

$$3H + \frac{1}{s(T)}\frac{\mathrm{d}s(T)}{\mathrm{d}T}\frac{\mathrm{d}T}{\mathrm{d}t} = 0. \tag{9.5.2}$$

于是

$$t = -\int \frac{1}{s(T)}\frac{\mathrm{d}s(T)}{\mathrm{d}T}\frac{\mathrm{d}T}{3H} + 常数. \tag{9.5.3}$$

假设辐射主导, 首先估计时间–温度之间的关系。在辐射主导情况下, 总能量密度和哈勃膨胀率的解析表达式为

$$H = \sqrt{\frac{8\pi G_{\mathrm{N}}}{3}\rho(T)}, \tag{9.5.4}$$

$$\rho(T) = g_* \frac{\pi^2}{30}T^4 = \frac{g_*}{2}\rho_\gamma(T),$$

其中能量密度表达式中的总自由度为

$$g_* = 2 + \left(\frac{7}{8}\right)2 \times 2 + \left(\frac{7}{8}\right)3 \times 2 = \frac{43}{4}. \tag{9.5.5}$$

右边第一项来自光子, 第二项来自电子和正电子, 第三项来自三味中微子, g_* 的值在表 9.3.2 第二行给出。

相对论粒子的熵密度 $s(T)$ 正比于 T^3

$$\frac{1}{s(T)}\frac{\mathrm{d}s(T)}{\mathrm{d}T} = \frac{3}{T}, \tag{9.5.6}$$

与宇宙的实际能量组成 (组分) 无关。利用式(9.5.5),[30] 并在自然单位制中将牛顿常数 G_{N} 和普朗克质量 M_{P} 联系起来, $G_{\mathrm{N}} = M_{\mathrm{P}}^{-2}$, 来积出式(9.5.3), 得

$$t = \sqrt{\frac{45}{16\pi^3 g_*}}\frac{M_{\mathrm{P}}}{T^2} + 常数 \tag{9.5.7}$$

$$= 0.73818 \left(\frac{1\mathrm{MeV}}{T}\right)^2 秒 + 常数$$

$$= 0.99416 \left(\frac{10^{10}\mathrm{K}}{T}\right)^2 秒 + 常数.$$

---

30 下面方程中的第二行是通过利用以下关系将 MeV 转换成秒来得到的: $1\mathrm{MeV}^{-1} = 6.5822 \times 10^{-22}$秒。

按照文献 [204] 的做法, 当宇宙温度为 10^{12} 开尔文时, 将时间设为零。并将此时间称为 $\tilde{t}$。简单起见令 0.99416 因子为 1。于是, 在宇宙温度低于 10^{12}K 的辐射主导时期, 得到了简单的时间–温度关系

$$\frac{\tilde{t}}{1\text{秒}} \simeq \left(\frac{10^{10}\text{K}}{T}\right)^2 - 10^{-4}. \tag{9.5.8}$$

注意, 如表 9.1.2 所示, 此式可由辐射主导关系 $t = 1/(2H)$ 更快推出。

当宇宙温度降至电子质量以下时, 式(9.5.7)给出的时间–温度关系就出问题了, 此时必须添加电子质量效应, 但仍忽略中微子质量。除此之外, 还有一个复杂之处, 那就是中微子的冻结, 下面将进行讨论。

可用式(9.4.15)估算中微子退耦温度。保持中微子与正负电子体系平衡的反应是式(9.4.5)中所列的中微子–电子散射。电子中微子的弹性散射可以由荷电和中性流传递, 而缪子中微子和陶子中微子只能由中性流传递, 所以缪子中微子和陶子中微子退耦温度略高。下面的计算不区分三代中微子。中微子–电子弹性散射截面由式 (B2.3) 给出。式(9.4.13)中取 $\xi_T = 2$, 可得

$$\langle v\sigma_{\nu e}\rangle = n_\nu \xi_{cs} G_{\text{F}}^2 T^2, \tag{9.5.9}$$

其中 ξ_{CS} 是量级为 1 的数值因子。式(9.4.13)的能量是初态的 4 动量之和平方 S, 正比于 T^2。式(9.5.9)中的速度在自然单位制中量级为 1。由哈勃膨胀率式(9.4.10)、有效自由度式(9.5.5) 及反应率式(9.4.12), 可得

$$\frac{\Gamma}{H} = \frac{9}{4}\frac{\zeta(3)}{\pi^2}\left(\frac{43\pi}{5}\right)^{-1/2}\frac{G_{\text{F}}^2 M_{\text{P}}}{\pi}\xi_{\text{CS}}T^3. \tag{9.5.10}$$

当 $\Gamma/H = 1$ 时可以得到中微子退耦温度

$$\left(\frac{T}{1\text{MeV}}\right)\bigg|_{\nu\text{退耦}} = \frac{3.30}{(\xi_{\text{CS}})^{1/3}}. \tag{9.5.11}$$

故中微子退耦温度在 1MeV, 或者大约 10^{10} K。因此当考虑演化跨过 1MeV 的早期宇宙时, 必须考虑中微子退耦效应。[31]

为计算中微子温度, 注意当中微子退耦后它随着宇宙一起膨胀, 这使得它在共动体积 a^3 中的粒子数为常量。然后数密度保持在平衡形式式(9.3.1), 这产生了中微子温度 T_ν 和 FLRW 度规因子之间的关系

$$T_\nu \propto a^{-1}, \tag{9.5.12}$$

---

31 $\Gamma/H = 1$ 退耦能标依赖于 ξ_{CS} 的取值, 其依赖性为 $\xi_{\text{CS}}^{1/3}$, 并不算强, 所以文献中的 $T_{D\nu}$ 不一样。如文献 [204](p. 153 页) 给出 10^{10}K 或者 1MeV 和文献 [217](p. 112 页) 给出 1MeV, 而文献 [205](p. 155 页) 给出为 4MeV。

这是一个将中微子温度与光子温度区分开的重要事实。

然而，考虑到处于平衡状态的光子、电子和正电子系统 $(\gamma - e^{\pm})$，当温度低于 m_e 时，电子质量在计算系统熵时不可忽略，因此熵不再与 T^3 成正比。共动体积中熵守恒并不产生 $T_\gamma \propto a^{-1}$，其中 T_γ 是 $\gamma - e^{\pm}$ 体系的温度。因此 T_ν 和 T_γ 不再相同，计及电子质量，$\gamma - e^{\pm}$ 系统的熵为

$$s_{e\gamma}(T) = \frac{1}{T}\left(\rho_\gamma + \mathcal{P}_\gamma\right) + \frac{2}{T}\left(\rho_e + \mathcal{P}_e\right) \tag{9.5.13}$$

$$= \frac{4}{3}\frac{\pi^2}{15}T^3 + \frac{4}{2\pi^2}\frac{1}{T}\int_0^\infty \left(\sqrt{p^2 + m_e^2} + \frac{p^2}{3\sqrt{p^2 + m_e^2}}\right)\frac{1}{e^{\sqrt{p^2 + m_e^2}/T} + 1}p^2 \mathrm{d}p$$

$$\equiv s_\gamma(T)\mathcal{S}_e(T),$$

其中

$$s_\gamma(T) = \frac{4\pi^2}{45}T^3, \tag{9.5.14}$$

$$\mathcal{S}_e(T) = 1 + \frac{45}{2\pi^4}\int_0^\infty \left(\sqrt{y^2 + \frac{m_e^2}{T^2}} + \frac{y^2}{3\sqrt{y^2 + \frac{m_e^2}{T^2}}}\right)\frac{y2}{e^{\sqrt{y^2 + \frac{m_e^2}{T^2}}} + 1}\mathrm{d}y.$$

$s_\gamma(T)$ 是光子的熵，这里忽略了正负电子的化学势。$\mathcal{S}_e(T)$ 中的积分在 $T = 0$ 和 $T \to \infty$ 可得出解析值

$$\mathcal{S}_e(0) = 1, \tag{9.5.15}$$

$$\mathcal{S}_e(\infty) = \frac{11}{4},$$

其中为得到第二个等式利用了脚注 24 的积分结果。将共动体积中的熵守恒与式 (9.5.12)结合起来得

$$a^3 s_\gamma(T)\mathcal{S}_e(T) \propto T_\nu^{-3}s_\gamma(T)\mathcal{S}_e(T) \tag{9.5.16}$$

$$\propto T_\nu^{-3}T^3\mathcal{S}_e(T) \propto 常数.$$

取非常大的 T 值来定义"常数"，此时 $T_\nu = T$，因此

$$T_\nu = \left(\frac{\mathcal{S}_e(T)}{\mathcal{S}_e(\infty)}\right)^{1/3}T \tag{9.5.17}$$

$$= \left(\frac{4}{11}\right)^{1/3}\left(\mathcal{S}_e(T)\right)^{1/3}T$$

$$\xrightarrow[T \ll 1\,\mathrm{MeV}]{}\left(\frac{4}{11}\right)^{1/3}T.$$

中微子的数密度式(9.3.1)和能量密度式(9.3.2)保持不变，而温度和光子温度 T_ν 关系如式(9.5.17)所示。

以上讨论可以看出，当仍然是相对论性粒子的时候，中微子就产生了冻结。这正是一个相对论性冻结的例子，即冻结温度 T_f 大于粒子质量 $T_f > m$，并且宇宙处于辐射主导期。残留丰度的计算，类似于上文所示的残留光子计算，其计算过程相对简单明了。另一种冻结是发生在粒子变非相对论以后，$m > T_f$，我们将在第 11 章研究重暗物质粒子时详述。

9.5.2　早期宇宙的温度年表

当中微子开始退耦，时间与宇宙温度之间的关系发生改变，不再如式(9.5.7)所示。下面考虑两个影响因素，重新校准二者关系。一个因素是退耦过的中微子将不再出现在包含光子的那部分宇宙熵计算中。光子和中微子温度不再相同，如前一小节所述。另一个因素是电子质量不再无关紧要，宇宙不再是辐射主导。这些变化既影响熵又影响哈勃膨胀率，后者通过能量密度改变受影响。因此，改变了两个表示式(9.5.4)和式(9.5.6)。

首先，宇宙能量密度：

$$\rho = \rho_\gamma + \rho_\nu + \rho_e \tag{9.5.18}$$

$$= 2 \times \frac{\pi^2}{30} T^4 + \frac{7}{8} \times 6 \times \frac{\pi^2}{30} T_\nu^4 + 4 \times \frac{1}{2\pi^2} \int_0^\infty \frac{\sqrt{p^2 + m_e^2}}{e^{\sqrt{p^2 + m_e^2}/T} + 1} p^2 \mathrm{d}p$$

$$\equiv \rho_\gamma(T) \mathcal{E}_e(T),$$

其中 $\rho_\gamma(T)$ 是光子能量密度

$$\rho_\gamma(T) = \frac{\pi^2}{15} T^4, \tag{9.5.19}$$

$$\mathcal{E}_e(T) \equiv 1 + \frac{21}{8} \left(\frac{4}{11} \mathcal{S}_e(T) \right)^{4/3} + \frac{14}{8} \left(\frac{120}{7\pi^4} \right) \int_0^\infty \sqrt{y^2 + \frac{m_e^2}{T^2}} \frac{y^2}{e^{\sqrt{y^2 + \frac{m_e^2}{T^2}}} + 1} \mathrm{d}y.$$

当 $T \gg m_e$，$\mathcal{E}_e(T) \to g_*/2 = 43/8$，正如预期，已在式(9.5.5)给出。可以再次利用式(9.5.3)得到作为温度函数的宇宙时间。由式(9.5.13)得

$$\frac{1}{s(T)} \frac{\mathrm{d}s(T)}{\mathrm{d}T} = \frac{1}{s_\gamma(T)} \frac{\mathrm{d}s_\gamma(T)}{\mathrm{d}T} + \frac{1}{\mathcal{S}_e(T)} \frac{\mathrm{d}\mathcal{S}_e(T)}{\mathrm{d}T}$$

$$= \frac{1}{T} \left(3 + \frac{T}{\mathcal{S}_e(T)} \frac{\mathrm{d}\mathcal{S}_e(T)}{\mathrm{d}T} \right), \tag{9.5.20}$$

第一项利用了式(9.5.14)，$s_\gamma \sim T^3$。由式(9.5.18)和式(9.5.19)，可写出

$$3H = 3\sqrt{\frac{8\pi G_N}{3} \rho(T)} = \sqrt{\frac{8\pi^3}{5}} \sqrt{\mathcal{E}_e(T)} \frac{T^2}{M_P}. \tag{9.5.21}$$

温度小于电子质量时由式(9.5.3)可得宇宙时间

$$t_< = -M_{\mathrm{P}}\sqrt{\frac{5}{8\pi^3}} \int \frac{1}{T^3} \left(3 + \frac{T}{S_e(T)}\frac{\mathrm{d}S_e(T)}{\mathrm{d}T}\right) \frac{1}{\sqrt{\mathcal{E}_e(T)}}\mathrm{d}T. \tag{9.5.22}$$

精确起见应在上式右边加上一常数项，但这个常数项相当小。

可将两个宇宙时间 $t_>$ 和 $t_<$ 组合起来形成温度的年表次序，定义 $T = 10^{12}\mathrm{K}$ 时 $t = 0$，此时中微子和光子温度相同，$t_>$ 由式(9.5.7)给出。在几倍于 $10^{10}\mathrm{K}$ 的温度处，由于中微子在 1MeV 附近退耦，它的温度仍与光子温度相同。退耦以后，中微子随着宇宙哈勃膨胀一起自由传播。因此式(9.5.22)给出中微子时间–温度关系在退耦前后不同。令 $0.99416 \approx 1$，有

$$T_\nu(t) \approx \sqrt{\frac{1\,秒}{t + 10^{-4}}} \times 10^{10}\mathrm{K}. \tag{9.5.23}$$

中微子退耦后光子温度作为宇宙时间函数的形式会更为复杂。需要反解出公式(9.5.22)，或者通过代入 $T_\nu(t)$ 的表达式(9.5.23)到式(9.5.17)来反解式(9.5.17)。近似地采用式(9.5.17)，并用 $S_e(T_\nu)$ 替代 $S_e(T)$，有

$$T_\gamma(t) \approx \left(\frac{4}{11}S_e(T_\nu(t))\right)^{-1/3} T_\nu(t), \tag{9.5.24}$$

式(9.5.23)给出 $T_\nu(t)$。这个关系无论高温还是低温都满足，即在高温时 $T_\nu = T_\gamma$，低温时 $T_\nu = (4/11)^{1/3}T_\gamma$。数值上的误差百分之几，图 9.5.1 给出两种温度。光子和中

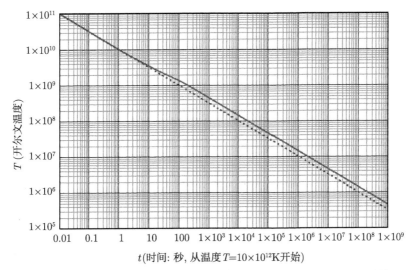

图 9.5.1　光子和中微子温度随宇宙时间的变化曲线，令起始时间为宇宙温度 $10^{12}\mathrm{K}$ 处。红色实线是光子温度 T_γ，蓝色点线是中微子温度 T_ν

微子之间温度的差别有一个明显的物理原因, 这是由于 (在共动体积内的) 熵守恒。退耦前, 中微子和光子、电子 - 正电子一样对宇宙熵有贡献。这三个独立的体系处于平衡状态, 并且有共同的温度。退耦后, 三种中微子形成独立体系, 其熵 $s_\nu(T_\nu)$ 在共动体积中守恒, 共动体积的 FLRW 度规因子 $s_\nu(T_\nu)$ 正比于 a^{-1}。$\gamma - e^\pm$ 系统有另一部分守恒熵, 也有其自己的温度。随着宇宙演化, 宇宙温度下降, $e^\pm$ 的贡献因其质量效应而下降。为保持熵不变, $\gamma - e^\pm$ 体系的温度 T_γ 必须增加。描述这一点的通常说法是, $e^\pm$ 系统将其熵转储到光子系统中。因此光子温度会更高, 光子数密度也会更大。光子数密度增大也可理解为是由于正反电子湮灭生成光子 $e^- + e^+ \rightarrow 2\gamma$。宇宙的总熵, 即中微子和 $\gamma - e^\pm$ 体系的在共动体积中的熵之和在退耦前后是相同的。可以选取一个比退耦温度低得多的温度来计算熵的和, 来直接验证这个结论。

图 9.5.1 给出温度随时间的变化曲线一般特性。早期宇宙的大多数时期, 能量以辐射为主而温度除特殊时间外都以 $T \sim t^{-1/2}$ 形式变化。所谓的特殊时间范围是指在此期间有质量粒子从相对论冷却到非相对论, 并将能量传递到宇宙辐射池从而提高宇宙温度使得温度变化慢于 $t^{-1/2}$。最终这种粒子图景退去, 温度重新恢复 $t^{-1/2}$ 变化行为, 只是比原来的 $t^{-1/2}$ 曲线高一些。温度偏离 $t^{-1/2}$ 的范围在讨论的粒子质量附近, 温度从粒子质量几倍处开始一直降到质量的几分之一。

当宇宙温度降至 10^9K, 光子和中微子的温度和数密度之间的相互依赖关系为

$$T_\nu = \left(\frac{4}{11}\right)^{1/3} T_\gamma = 1.9454 \left(\frac{T}{2.7255\text{K}}\right) \text{K}, \qquad (9.5.25)$$

$$n_\nu = 0.4091 n_\gamma = 168.0 \left(\frac{T}{2.7255\text{K}}\right)^3 \text{cm}^{-3},$$

$$n_\gamma = \frac{2\xi(3)}{\pi^2} T^3 = 410.7 \left(\frac{T}{2.7255\text{K}}\right)^3 \text{cm}^{-3},$$

$$\rho_\gamma = \frac{\pi^2}{15} T^4 = 0.2606 \left(\frac{T}{2.7255\text{K}}\right)^4 \text{eV/cm}^3.$$

公式中当前温度为 $T_0 = 2.7255$K, 这对应着每立方厘米有 410 个光子, 168 个中微子, 即每一味大约有 58 个, 光子能量密度为每立方厘米 0.2606eV。这些光子大多数处于微波频率范围, 大约 1 到 100GH。他们形成宇宙微波背景 (CMB)。它是宇宙最古老的光, 在宇宙年龄大约 38 万年时的复合时期遗留下来, 镶嵌在天空中。我们将在 §9.5.6 节将重新回顾这一点。它的观测形成了宇宙大爆炸模型的基石, 它基本上是均匀和各向同性的, 只有量级为 10^{-5} 很小的波动。CMB 各向异性将在第 12 章详述。

9.5.3 平衡时期的重子-光子比

在足够早的时间和足够高的温度下, 有一个时期, 比如说在远小于质子质量的温度 10^{13}K 时, 辐射和物质的重子部分密切相互作用, 因而能达到热平衡。光子自由膨胀, 保持它们的普朗克黑体分布, 然而重子即质子和中子变成了非相对论粒子, 遵从玻尔兹曼–麦克斯韦分布。因此光子温度会呈现 a^{-1} 的形式, 而数密度则以 a^{-3} 形式出现。在非相对论区域, 重子数密度有正比于 $\exp\{-p^2/(2m_P T)\}$。于是温度似乎以 a^{-2} 的形式下降。但是平衡时这两个温度应该一样。那么到底温度是如何演化的呢?

为解决这个问题, 着手研究重子数守恒和热力学第二定律。[32] 在给定的共动体积 a^3 中, 熵和重子数密度都守恒, 这也说明单位重子的熵是守恒的。令单位重子熵为 σ_B, 考虑光子和重子的主要贡献, 热力学第二定律给出[33]

$$d\sigma_B = \frac{1}{T}\left(d\left(\frac{\epsilon}{n_b}\right) + \mathcal{P}d\left(\frac{1}{n_b}\right)\right), \tag{9.5.26}$$

其中 ϵ 是光子和重子体系的总能量密度, $\mathcal{P}$ 是压强密度, n_b 是重子数密度, $1/n_b$ 是每个重子的体积, 因此 $d(1/n_b)$ 即为热力学第二定律的 dV 项。光子和重子的能量和压强密度为

$$\epsilon = \frac{\pi^2}{15}T^4 + \frac{3}{2}n_b\mathcal{N}_b T, \tag{9.5.27}$$

$$\mathcal{P} = \frac{1}{3}\frac{\pi^3}{15}T^4 + n_b\mathcal{N}_b T,$$

其中 $\mathcal{N}_b$ 是考虑了除了质子和中子外其他轻核存在的可能性而定义的单位重子中的粒子数, 量级为 1。上面两个方程中, 右边第一项来自光子贡献, 第二项则来自于体系中存在的重子粒子的非相对论热贡献。从式(9.3.13)和式(9.3.15)可知, 非相对论粒子每个粒子的能量和压强不依赖粒子化学势。式(9.5.26)的解为

$$\sigma_B = \frac{4}{3}\frac{\pi^2}{15}\frac{T^3}{n_b} + \mathcal{N}_b \ln\left(\frac{T^{3/2}}{n_b C}\right) \tag{9.5.28}$$
$$= \frac{2\pi^4}{45\zeta(3)}\frac{n_\gamma}{n_b} + \mathcal{N}_b \ln\left(\frac{\pi^2}{2\zeta(3)}\frac{n_\gamma}{n_b}\frac{1}{CT^{3/2}}\right),$$

其中 C 是积分常数, n_γ 是式(9.3.1)给出的光子密度。

既然熵守恒, 式(9.5.28)中的 σ_B, 一定是几乎不依赖于温度 (作为温度的常数函数) 的。但是右边两项有不同的温度行为, 第一项要求 n_b 和 n_γ 几乎同样演化, 即二者都表现为 T^3 形式。第二项要求 $n_b \sim T^{3/2}$。解决这个冲突的一个方法是两

---

32 见文献 [204], 109-110 页中的讨论。

33 热力学第二定律形式为 $ds = (1/T)(dU + PdV)$。

项中的其中一项为主导，且相对 T 为常数。n_γ/n_b 现在值为 10^9(见表 C.3.1)。如果从早期形成时期一直到现在，n_b 与 n_γ 相关联，则可令 $n_\gamma/n_b \sim 10^9$，于是第一项 $\sim 10^9$，占绝对优势。相比之下，第二项在考虑的温度中是微不足道的，积分常数也变得无关紧要。

为了使第二个对数项占主导地位，必须有一个非常小或非常大的积分常数 C。σ_B 是未定的。我们不考虑这个物理情形。所以得出结论在非相对论重子的平衡时期，重子数密度与光子数密度在它们温度变化中的轨迹是一致的，

$$n_b \sim n_\gamma \sim T^3 \sim a^{-3}. \tag{9.5.29}$$

重子数和光子数的现在比值是[11]$\eta \equiv \dfrac{n_b}{n_\gamma} = 6.05 \times 10^{-10}$，这个值从宇宙相对论早期一直保持到现在。

9.5.4 物质–辐射相等

在极早期宇宙中，辐射能主导着宇宙的膨胀。所有形式的能量密度随着宇宙膨胀而减小，$a^{-4} \sim T^4$，而非相对论物质分量 $a^{-3} \sim T^3$。辐射分量降低得更快，在宇宙膨胀的某一温度周期，物质组分将占主导地位。两种能量形式的跨界温度，称为**物质–辐射相等温度**T_{eq}，可以很容易地根据它们在当前时期的数值来计算，下面将进行这个计算。

包括暗物质和重子物质在内的物质能量密度可写为

$$\rho_M = \Omega_M \rho_c \left(\frac{T}{T_0}\right)^3. \tag{9.5.30}$$

其中 $T_0 = 2.725\text{K}$ 是当今时期温度，$\Omega_M = 0.133h^{-2}$，临界密度 $\rho_c = 1.05375 \times 10^{-2}h^2\text{MeV/cm}^{3[10]}$。

辐射能包含光子和中微子的贡献。除非相等温度均温极低，那么假设中微子在这个能量下是相对论性的，这是不无道理的。推导出 T_{eq} 后，就可检查这个假定。根据式(9.3.1)的表达来计算辐射能密度

$$\rho_R = \frac{\pi^2}{15}\left(1 + 3\frac{7}{8}\left(\frac{4}{11}\right)^{4/3}\right)T^4. \tag{9.5.31}$$

相等温度由 $\rho_M = \rho_R$ 给出。为计算方便，将临界密度换算为以 K^4 为单位，$\rho_c = 1.47457 \times 10^6\text{K}^4$。则有

$$T_{eq} \approx 8760\text{K}. \tag{9.5.32}$$

相应红移为

$$z_{eq} \approx \frac{8760\text{K}}{T_0} - 1 \approx 3220. \tag{9.5.33}$$

9.5.5 复合与最后散射面

复合是指宇宙经历了一个根本性变化的时期，此时物质成分从电离气体转变为中性原子。复合之后，光子和电子，质子和其他形式离子的相互作用减弱。一旦有足够多的荷电离子转换为中性原子，光子将不再有重要的相互作用，因此与物质退耦，可以自由地在宇宙中传播。因此，宇宙对光子变得透明，而宇宙中的每一个观察者，都有一个空间球体，其中的光子携带着它最后一次相互作用的信息。空间球体的最外层表面叫最后散射面。在最后散射面 (LSS) 之外的空间对任何观察者来说都是不透明的，因为光子和荷电粒子的散射会抹掉最后散射面前的任何可能信息。本小节将计算此过程发生时宇宙的温度和年龄，以及测量最后散射面需要知道的红移值。

再深入讨论一下最后散射面所包含的物理细节。当宇宙充分膨胀，温度明显降低时，宇宙的成分与目前的相似，但是比例和形式不同：重子和非重子物质，辐射和暗能量。物质分量由已退耦的暗物质和以各种复杂核和原子形式存在的重子类物质组成，并与光子关系密切。辐射分量由光子和中微子组成。$9.5.1$ 节讨论了光子和中微子随温度的演化。最初，重子物质由质子、中子和电子组成。当温度降低时，它首先经过强相互作用的能标区域，中间经历轻核合成和光离解过程。随着宇宙的进一步膨胀，光子的温度和能量进一步下降，最终它没有足够的能量分解轻核，于是轻核留存下来。正如第 10 章中所讲，在温度是原子核能量标度的几分之一、小于 0.1MeV 时，或者说温度小于 10^9K，核合成就完成。物质组分现在由暗物质、质子、氦核和电子以及极小部分其他轻原子核组成。不包括暗物质的物质和光子处于热平衡。24% 的重子现在以氦 4 的形式存在。因为氦 4 电离能是 24.587eV，当光子能量降至 eV 标度以上时，中性氢原子便会形成。

同时，氢原子的形成和分解也在进行中，遵循以下反应过程

$$p + e^- \leftrightarrow H + \gamma. \tag{9.5.34}$$

其中 H 是氢原子基态和所有激发态的集合。由于光子质子比值很大，即使在 1eV 的温度下，仍有足够数量的高能光子电离氢原子。但是随着温度的降低，越来越多的氢原子产生并保留下来。当大多数质子以中性氢原子的形式存在时，宇宙光子可以自由传播，宇宙变得透明。下面计算剩下的自由质子比例对温度的依赖关系。回想在温度为 1eV 量级时，质子、电子和氢原子是非相对论的，它们的数密度由式(9.3.12)的非相对论形式给出。

首先注意必须考虑式(9.5.34)反应中粒子的化学势，它们将起重要作用。因为宇宙整体 (由于电荷守恒) 是电中性的，质子数密度和电子数密度相等。鉴于质子和电子质量的巨大差异，只有借助它们的化学势才能保持质子和电子的数密度相

等。式(9.5.34)给出

$$\mu_{\mathrm{p}} + \mu_e = \mu_{\mathrm{H}}. \tag{9.5.35}$$

注意式(9.5.34)右边的 H 表示氢原子的大量态, 包括 1s 基态和所有的激发态。而且还有一些稀有态, 如精细结构、兰姆位移和超精细结构。由于氢原子的所有原子态都通过光发射过程相互转换, 而光子化学势为零, 故所有氢原子态都具有与基态相同的化学势。于是第 n 激发态和基态的数目比值为 $\exp(-(E_1 - E_n)/T)$, 其中 E_n、E_1 分别是第 n 激发态和基态的能量。当 $E_n = 13.6/n^2\mathrm{eV}$, $E_1 - E_n \geqslant E_1 - E_2 = 10.2\mathrm{eV}$。温度在大约 $1\mathrm{eV}$ 时, 所有激发态 $n \geqslant 2$ 的数密度和基态相比受到极大压低。因此, 在式(9.5.34)中只需要考虑基态氢原子, 这极大简化了讨论。

现在计算自由质子占总质子数的分支比随温度的变化函数, 定义

$$X \equiv \frac{n_{\mathrm{p}}}{n_{\mathrm{p}} + n_{\mathrm{H}}}, \tag{9.5.36}$$

其中 n_{p} 是自由质子数密度, n_{H} 是氢原子数密度。第 10 章将讨论到, 核子合成后, 质子无论是自由的还是束缚在氢原子中的, 占总重子的 76%, 氦 4 及其他轻核占 24%。于是有

$$n_{\mathrm{p}} + n_{\mathrm{H}} = 0.76 n_b = 0.76 \eta n_\gamma, \tag{9.5.37}$$

其中 n_γ 是光子数密度, $\eta = n_b/n_\gamma = 6.05 \times 10^{-10}$, §9.5.3 节曾讨论过。从目前的设置来看, 不清楚涉及的化学势, 不能得出式(9.5.36)定义的自由质子分支比 X。幸运的是可以有一种方法来处理。从式(9.5.35)可知下式不依赖于化学势

$$\frac{n_{\mathrm{H}}}{n_{\mathrm{p}}^2} = \frac{n_{\mathrm{H}}}{n_{\mathrm{p}} n_e} \tag{9.5.38}$$

$$= \left(\frac{m_e T}{2\pi}\right)^{-3/2} \mathrm{e}^{Q_{\mathrm{H}}/T},$$

其中

$$Q_{\mathrm{H}} = m_{\mathrm{p}} + m_e - m_{\mathrm{H}} = 13.6 \ \mathrm{eV} \tag{9.5.39}$$

是氢原子基态的激发能。在式(9.5.38)中第一个等式右边用了 $n_{\mathrm{p}} = n_e$, 而第二个等式则利用了式(9.3.12)并近似认为 $m_{\mathrm{H}} = m_{\mathrm{p}}$。内部自由度 $g_{\mathrm{p}} = 2$, $g_e = 2$, $g_{\mathrm{H}} = 4$。[34]

由公式(9.5.37)和(9.5.38)可得不依赖于化学势的式子, 此即**萨哈方程**

---

34 氢原子基态有自旋为 1 的三重态和自旋为 0 的单态。我们忽略由于质子和电子自旋磁矩而产生的自旋–自旋相互作用引起的精细结构, 认为这些自旋态都是简并的。

$$S \equiv \frac{(n_\mathrm{p} + n_\mathrm{H})n_\mathrm{H}}{n_\mathrm{p}^2} = \frac{1}{X^2} - \frac{1}{X} \tag{9.5.40}$$

$$= 0.76\eta n_\gamma(T) \left(\frac{m_\mathrm{e}T}{2\pi}\right)^{-3/2} \mathrm{e}^{Q_\mathrm{H}/T}$$

$$= 0.76\eta \frac{2\zeta(3)}{\pi^2} \left(\frac{2\pi Q_\mathrm{H}}{m_\mathrm{e}}\right)^{3/2} \left(\frac{Q_\mathrm{H}}{T}\right)^{-3/2} \mathrm{e}^{Q_\mathrm{H}/T}$$

$$= 2.50146^{-16} \left(\frac{Q_\mathrm{H}}{T}\right)^{-3/2} \mathrm{e}^{Q_\mathrm{H}/T},$$

其中 S 称为萨哈因子。重子与光子数比值 $\eta = 6.05 \times 10^{-10}$ 可参见文献 [10]，同时 §9.5.3 也提到过。现在解萨哈方程得自由质子比

$$X = \frac{1}{2S} \left(-1 + \sqrt{1 + 4S}\right). \tag{9.5.41}$$

二次方程根解很简单。然而由于 S 随温度快速变化，这个解也随之变得很有趣。首先看小 S 和大 S 时的行为

$$X = \begin{cases} 1 - S + \mathcal{O}(S^2), & S \ll 1, \\ \dfrac{1}{\sqrt{S}} \left(1 + \mathcal{O}(S^{-1})\right), & S \gg 1. \end{cases} \tag{9.5.42}$$

因为 S 指数变化，所以变化很快，当 S 从 1 往上增长时，X 下降非常快。图 9.5.2 画出 X 随温度 T 和红移 z 的变化，T、z 关系为

$$1 + z = \frac{T}{T_0}, \tag{9.5.43}$$

其中 $T_0 = 2.725\mathrm{K}$ 是现在的温度。如图中点虚线 (蓝线) 和点虚线 (粉色) 所示，萨哈因子是温度或者红移的指数函数，变化十分陡峭。温度、红移变化几倍，萨哈因子大小就已经变化几个数量级。曲线图 9.5.2 清楚地给出了式(9.5.42)的性质。当 S 小于 1，X 接近于 1。随着 T 或 z 的增加，S 增长得大于 1，X 很快下降。表 9.5.1 给出 T 和 z 对应的几个值。因为在这个温度高达几千开尔文的时期，宇宙已经是物质主导的，可以在每一个温度下计算宇宙的年龄。由式(9.1.78)得

$$t(z_1) = \frac{1}{H_0} \int_{z_1}^{\infty} \frac{\mathrm{d}z}{(1 + z)\sqrt{(1 + z)^4\Omega_\mathrm{R} + (1 + z)^3\Omega_\mathrm{M} + \Omega_\Lambda}}, \tag{9.5.44}$$

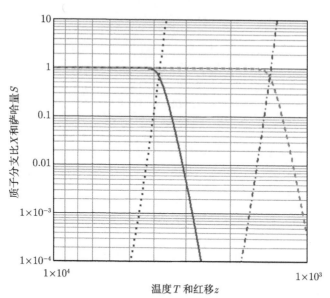

图 9.5.2　质子分支比和萨哈因子。水平轴表示温度 T 和红移 z。请注意，T 和 z 从左到右减少，或者随着宇宙的膨胀而增加时间。红色实线是自由质子分支比随温度的变化曲线，绿色虚线是质子分支比随红移的变化曲线，蓝色点线是萨哈因子随温度的变化曲线，粉色点虚线是萨哈因子随红移的变化曲线

表 9.5.1　自由质子分支比，即自由质子数密度与总质子数密度之比，以及它发生的时间。

X	0.99	0.5	0.4	0.3	0.2	0.1	0.01
T(开尔文)	4295	3737	3680	3616	3537	3418	3093
z	1575	1370	1349	1326	1297	1253	1134
t(兆年)	0.221	0.280	0.287	0.295	0.307	0.325	0.383

其中变量值已在式(9.1.81)下面给出。在几个红移值时的宇宙年龄已在第 9.5.1 节给出。评述如下：

- 表 9.5.1 给出的各种温度和红移处的宇宙年龄与文献 [204]中的不一致。[35] 同样原因，这里的年龄值也不同于文献 [222]给的值。[36]

- 现在不同红移处宇宙年龄计算中，红移量级为 10^3。所以去掉 (忽略) 真空和辐射贡献以解析出式(9.5.44)是非常有吸引力的。但这样做时，会引入大的误差。

- 目前的计算方法对偏离 1 并不太远的 X 是成立的，此时电子仍与光子处于平衡状态。但是 X 较小时，也就是温度较低时，电子失去平衡，萨哈方程不

---

35 文献 [204] 接近的 z 值处的值，参见 124 页表 2.2。不同是由于这里和文献 [204]中采用的宇宙学参数不同。

36 见 195 页，表 9.1。

再成立。必须利用完整的玻尔兹曼方程来处理自由质子比对温度的依赖关系。依据精确计算，人们发现，随着温度的降低，X 的下降速度要慢得多，并且最终在 10^{-4} 的几倍值处变平。然而萨哈方程很好地计算了复合时期红移值。更多细节可参见文献 [204] 和 [92]。[37] 第11章讨论有质量粒子的冻结时如何使用玻尔兹曼方程。

9.5.6 光子与最后散射面的退耦

当复合完成后，光子就不再和物质发生相互作用了。它不再和电子及其他带电粒子散射。这里主要是 (不再和) 电子的散射，开始自由传播。因此现在宇宙变得透明，光子能够携带最后一次散射过程中印于其身的宇宙信息。

光子退耦发生时，电子–光子的散射即康普顿散射

$$e^- + \gamma \to e^- + \gamma \tag{9.5.45}$$

的反应率低于宇宙膨胀率。这也意味着电子的平均自由程大于哈勃长度

$$d_{\mathrm{H}} = \frac{c}{H}, \tag{9.5.46}$$

其中写出光速 c 是为了清楚显示它的单位。电子平均自由程为

$$\lambda_{\mathrm{e}} = \frac{1}{n_{\mathrm{e}}\sigma_{\mathrm{Th}}}, \tag{9.5.47}$$

其中 n_{e} 是电子数密度，σ_{Th} 是汤姆逊散射截面。汤姆逊散射是在零能量光子极限下的低能康普顿散射。它的截面正比于 §B.1.2 给出的电子经典半径 (是个常数)

$$\sigma_{\mathrm{Th}} = 6.65256 \times 10^{-25} \mathrm{cm}^2 \tag{9.5.48}$$

$$= 1.2687 \times 10^{-23} \mathrm{K}^{-2}.$$

条件 $\lambda_{\mathrm{e}} = d_{\mathrm{H}}$ 给出退耦温度，即

$$H = n_{\mathrm{e}} c \sigma_{\mathrm{Th}}. \tag{9.5.49}$$

式(9.5.49)说明电子反应速率 $n_{\mathrm{e}}\sigma_{\mathrm{Th}}$ 等于宇宙膨胀率 H，可以从它开始直接计算。σ_{Th} 由式(9.5.48)给出。式(9.5.49)中其他因子为

$$n_{\mathrm{e}} = b_{\mathrm{p}} \eta n_{\gamma} X_{\mathrm{e}}, \tag{9.5.50}$$

$$H = H_0 \sqrt{\Omega_{\Lambda} + \Omega_{\mathrm{M}} \left(\frac{T}{T_0}\right)^3 + \Omega_{\mathrm{R}} \left(\frac{T}{T_0}\right)^4}.$$

---

37 参见文献 [204]，116-129 页和 [92]，70-73 页。

其中参数 $b_p = 0.76$，$\Omega_M = 0.26$，$\Omega_R = 4.8 \times 10^{-5}$，$\Omega_\Lambda = 1 - \Omega_M - \Omega_R$，$\eta = 6.23 \times 10^{-10}$，$X_e = X$ 由式(9.5.41)给出，近似地可得电子退耦温度为

$$T_{ed}^{(A)} = 3112K. \tag{9.5.51}$$

该温度相应于近似红移为 $z_{ed} = (T_{ed}/T_0) - 1$，年龄

$$z_{ed}^{(A)} = 1142, \tag{9.5.52}$$
$$\tau_{ed}^{(A)} = 0.38 \text{ Megayr},$$

以及自由质子或自由电子分支比大约是 0.1。

上面计算给出的退耦温度偏高。玻尔兹曼计算给出

$$T_{ed} \approx 3000K, \tag{9.5.53}$$
$$z_{ed} \approx 1100,$$
$$\tau_{ed} \approx 0.42 \text{ Meyayr},$$

相应的电子或质子分支比大约在 0.4。所以退耦发生在复合时期的中期，而在萨哈方法中，它发生在复合时期接近尾声的时候。

因为光子或电子分支比随温度下降很快，萨哈法的估计不准确，但是它对于退耦温度 (因而红移) 的计算误差却只有 4%，对宇宙在最后散射面时的年龄估算也相当好。所以最后散射面是时间在大约 136 亿年处的球面，宇宙大部分时间都处在这个最后散射面对应的时间以后。

宇宙光子和电子、质子等荷电粒子组成的带电介质之间的退耦，不是瞬时发生的，而是在一段时间内发生的。因此最后散射面不是单独的一个表面，而是有一个有限厚度，在此厚度中，光子的平均自由程急速增长。WMAP[223] 第一年数据确定最后散射面厚度大约在 $115\,000$ 年，在宇宙年龄大约 $372\,000$ 岁时 CMB 光子开始形成，在宇宙 $487\,000$ 岁时宇宙微波背景辐射形成过程结束。

9.5.7 宇宙简史和宇宙地图

图 9.5.3 给出了从大爆炸到现在宇宙时间线的卡通图。接下来，表 9.5.2 给出宇宙演化期间发生的事件，列出了它们的红移、温度和年龄。从二者可知宇宙不同时期的情况。数字可能不精确，但展示了宇宙历史的年表和各种重要标志性事件的基本参数。

描述 21 世纪初最新发现的宇宙共形演化图可以在文献 [224]中找到，但是此书更适合专家参阅。

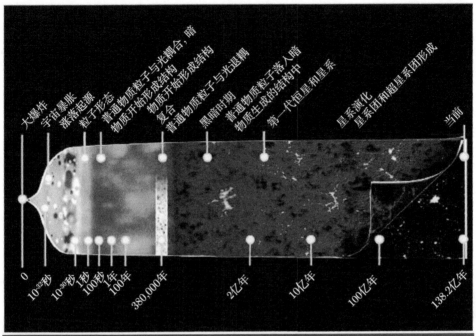

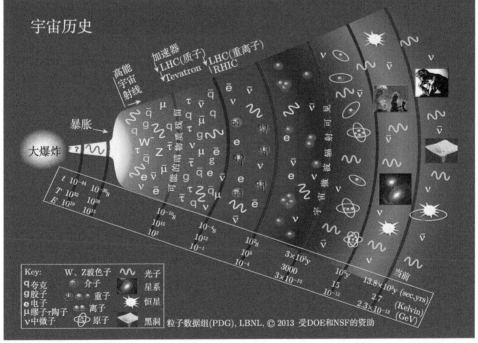

图 9.5.3　从大爆炸到当前时期宇宙标准模型的宇宙年表

表 9.5.2　宇宙演化的历史标志性事件。Gyr 是十亿年，Myr 是一百万年。时间–温度关系 $t = (10^{10}\,\mathrm{K}/T)^2$ 秒，在辐射主导时期式(9.5.22)很有用。上述各种数字可用于近似估计数量级。

宇宙事件	红移 z	温度 (K) (能量)	年龄 τ_U
		评论	
普朗克时期		$\gtrsim 10^{32}$ ($\gtrsim 10^{19}\,\mathrm{GeV}$)	$\lesssim 10^{-43}\mathrm{s}$
暴胀时期			$10^{-36} \sim 10^{-34}\mathrm{s}$
		密度扰动的种子	
暴胀结束，重加热			$\sim 10^{-32}\mathrm{s}$
		转移到辐射以及物质的真空能量	
尚未确定的物理		尚未确定但已发生的重要物理过程，包括在 $\sim 10^{11} \sim 10^{13}\,\mathrm{GeV}$ 时可能的超对称破缺、暗物质退耦等。	
SM 粒子 (电弱时期)		$\sim 10^{16}(10^3\,\mathrm{GeV})$	
反粒子消失		这里列出的能量量级是重加热和 ν 退耦之间还不清楚的物理过程	
中微子退耦		$1.6 \times 10^{10}(1\mathrm{MeV})$	$\sim 0.4\mathrm{s}$
		$T_\nu = \left(\dfrac{4}{11}\right)^{1/3} T_\gamma$	
中微子–质子冻结	4×10^9	10^{10}	$\sim 1\mathrm{s}$
$2\gamma \to e^+e^-$ 的冻结	8×10^8	2×10^9	40s
核合成	3×10^8	10^9	$\sim 2 \times 10^2\mathrm{s}$
		轻元素的合成: ^{4}He, D, ^{3}He, Li	
物质–辐射相等	3220	8800 ($< 1\mathrm{eV}$)	$\sim 50{,}000\mathrm{yr}$
复合前		由于库仑作用形成的 (e^-＋ 原子核) 重子等离子体，通过 (光子和) 重子等离子体汤姆逊散射形成的各向同性的 $\mathcal{P}_\gamma$。	
复合后		γ-重子等离子体热平衡结束	
	1370	3740	0.24Myr
光子退耦	1100	3000	0.38Myr
最后散射面	1100	3000	0.38Myr
		对光子透明的宇宙	
黑暗时期			0.35~400Myr
第一颗恒星	70		30Myr
第一颗恒星的再电离	11	30	100~400Myr
Λ-辐射相等	9	25	540Myr

续表

宇宙事件	红移 z	温度 (K) (能量)	年龄 τ_U
		评论	
结构形成	7		1Gyr
		恒星、星系、星团的形成	
Λ-物质相等 太阳系形成	0.42	3.9	9.2Gyr
当前时期	0	2.725	13.81Gyr

10 | 大爆炸核合成：原初氦

大爆炸核合成 (BBN) 理论于 1948 年提出[225][1]，氢、氦等化学元素的正确含量可以由宇宙早期大爆炸给出。1970 年更进一步发现基于 BBN 计算的宇宙重子密度远小于从宇宙膨胀率得出的结果。这给 BBN 理论提出了严重的挑战。但是引入暗物质以后，这种分歧消除了，这也就是星系旋转曲线外非重子物质存在的第一个证据。

根据大爆炸理论，核子反应发生在最初的几分钟，产生了前三种元素：氢、氦、锂以及它们的同位素。更重的元素很久以后才在恒星内产生。本章讨论在宇宙最初三分钟内氦的产生，以说明处理重子退耦和轻元素 (主要是氦-4) 产生机制的一般方法。同时也概括其他稀有元素如氘的产生。[2] 2012 年粒子物理综述手册[10]关于大爆炸核合成 (BBN) 的评论指出：“关于最初三分钟结束时合成的轻元素 D, ^{3}He、^{4}He、^{7}Li 丰度的预言，整体上和观测数据的原初丰度完全一致，从而验证了热宇宙大爆炸理论 ...... 考虑到丰度跨越九个数量级——从 ^{4}He/H ≈ 0.08 一直降到 ^{7}Li/H ≈ 10^{-10}(元素数目的比率)，这相当引人注目。BBN极大地约束了偏离标准宇宙学的可能性 ... 和超出标准模型的新物理 ......”

在 BBN 中，轻元素丰度取决于重子和光子的比率 η，而该比率可通过宇宙微波背景 CMB 的各向异性精确测量。由 η 可决定重子物质分支比 $\Omega_b h^2$。事实证明，它比非相对论物质作为整体占宇宙临界密度的比重要小得多。这种差别定量地证明了非重子物质的存在。此外，BBN 可用来测试包含暗物质在内的宇宙学标准模型，并用来探测暗物质[226,227]。本章最后是关于锂产生问题 (理论预言和观测结果不一致) 的相关讨论。

10.1 引言

首先简要阐述一下上述内容。目前含量最丰富的化学元素是氢，它占了重子

---

1 这篇文章的有趣历史，可参见 <https://en.wikipedia.org/wiki/Alpher-Bethe-Gamow_paper>，里面有简要介绍和参考书目。

2 这里大多数讨论关注氦原子核，即氦核。按照惯例，氦既表示氦原子也表示其原子核。

质量的 3/4。[3] 宇宙中分布占第二位的元素是氦-4，大约占重子物质总量四分之一。氢起源于宇宙早期这个事实已相当清楚。另外也可以提出令人信服的证据表明其他轻核如氘等大部分也是宇宙起源时产生的，它们几乎不可能由恒星燃烧产生 [65,201]。[4] 原子核合成涉及 MeV 能标的核物理过程。例如，氦-4 的结合能是 28.3MeV，氘的结合能是 2.23MeV，它们合成时的能标一定小于结合能。因此 BBN 的温度范围大约是 10^{10}K 或者更低，注意 1MeV 是 1.16×10^{10}K。在这么高的温度下，几乎没有什么工具可以用来探测其所涉及的物理。由于这时候光子和所有荷电粒子反应很活跃，光子最开始所携带的信息都会被抹掉，此时宇宙处于光子雾的状态 (不透明)，也就无法被观测到。当光子和当时所有的带电粒子发生相互作用时，它仍然处于雾态，这将抹掉光子最初的大多数记忆。同时，中微子也处于退耦边缘，不能提供有用的研究线索。BBN 可以预测早期宇宙中产生的轻元素的丰度，再加上宇宙微波背景的温度涨落，可以严格检验这个能区内的宇宙学标准模型[228]。

最近的综述文章相对于前面提到的粒子数据手册对这一问题提供了更多细节。文献 [204]给出了若干篇文章，这些文章可从高能档案库 arXiv 中获得。为读者阅读便利，将它们都列于文献 [229]中。

BBN 物理观点大致如下：当宇宙温度下降至一百 MeV 量级的 QCD 标度时，强子已经产生了。质子、中子等核子处于热平衡状态，当温度低于它们质量时，它们变成非相对论粒子。当温度低于几十个 MeV，质子和中子聚变形成轻核，此时尽管轻核数不多，但它们处于平衡状态。可以预计最轻的原子核，即由质子和中子组成的氘，首先通过两体相互作用过程产生。多核子原子核如氚、氦等的直接合成非常罕见，因为多体反应被高度压低，同时也正比于刚开始时就很小的核子密度若干次方的乘积。例如，核子直接生成氦的反应 $2p + 2n \rightarrow {}^4 He + \gamma s$，需要四体初态的相互作用以及四个核子密度的乘积，2 个是质子，2 个是中子。当四体作用发生时，核子密度函数非常小，反应率也因而可忽略不计。因此，BBN 的有效方式是一步步地通过一系列二体反应来产生越来越高量子序数的核子 $A = 2, 3, 4, \cdots$。

原子核的合成始于氘核的合成，这时候温度仍然高于氘的结合能 2234.52 ± 0.20keV。在这个温度范围，核子聚变成氘和氘离解为核子具有同样几率可能性。当温度降至足够低，远低于氘结合能后，氘聚变率远远大于离解率，合成越来越多的氘。氘合成是氦以及其他一些轻元素系列合成反应的第一步。

---

3 重子是由质子和中子或者夸克和反夸克组成的。它是普通物质，也包括其他相对于宇宙时间标度短寿命的粒子。它还包括电子，虽然电子和质子数目一样多，但质量比质子小 2000 倍，所以对宇宙目前质量贡献不大。重子物质有许多种不同形式：气体云、中性原子和分子、电离等离子体、彗星冷凝。它也存在于密集和炎热的环境中，如恒星、行星、白矮星、中子星和黑洞等恒星残余物。除了恒星、恒星遗迹和行星外，重子物质主要由氢和氦组成。

4 见文献 [201]的 §15.7 节，特别是 545-546 页和文献 [65]的 §1.6 节，15-16 页。

这样生成的氦称为原初氦，这个过程和一般的 BBN 过程称为宇宙核合成。这不同于恒星演化过程中在恒星内部发生的较重元素的核合成。然而，由于两个原因，宇宙核合成过程不能持续很长时间，从而产生非常重的同位素。其一是不存在质量数是 $A=5$ 和 8 的稳定核，从而不能在质量数逐级增长的过程合成超出 $A=7$ 的核子。其二是在氦合成后，温度已经下降到足够低的程度，合成很高原子数核的可能性太小。BBN 可以合成 $^{7}\mathrm{Li}$ 重核，而更重核则必须等待很长以后才能在恒星燃烧中产生。

原初氦丰度计算是宇宙学定量最多的工作。它涉及非平衡态理论，并需要用到粒子和核物理中的一些计算方法。成功计算的早期宇宙氦丰度是宇宙大爆炸理论的部分基础，为粒子物理学的各个方面提供了很好的辅证，例如中微子的种类，或者一般的无质量粒子的数量。关于氦和其他轻元素 BBN，初学者可参阅文献 [201] 和 [204]。[5] 更进一步讨论可参考文献 [230—232]。

BBN 的精确计算需要细致的数值工作，其中的物理过程很难说明。然而，文献 [233—235] 给出包含部分数值计算的解析分析。这里严格遵循文献 [233] 使用的被称为 BBF 的方法，同时也采用文献 [234] 和 [235] 的一些说法。BBF 方法[233] 涉及一些必需的近似。这些近似在适当物理基础上可以证明是合理的。它只用来处理氦-4 的丰度。其他非常稀有轻元素丰度的解析计算可参考文献 [234] 和 [235]。本章目的就是用一些例子展示在这个基本科学分支中运用到的计算类型及其所涉及的物理。计算主要关注质子、中子高温下弱相互作用引起的非弹性散射碰撞而导致的相互转换，以及随后温度下降时质子和中子的退耦。宇宙演化中，随着时间的推移，温度会降低。根据平衡统计，由于中子比质子重，平衡时质子的数目比中子多。计算路线图如下：

- 首先计算质子和中子开始退耦时能量标度，从而计算中子与质子退耦时粗略丰度比。这一定发生在宇宙早期，以确保自由中子的数目，尽管其一直在衰变，仍然有足够大的数密度来合成原子核。
- 然后由一阶微分方程的解来定量说明退耦过程。主要是解析分析方法，辅之以所谓的数值处理手段。退耦效应使得中子和质子数密度可以保持在一个与宇宙温度随时间降低演化无关的常数比值。这是通过忽略中子的衰变来实现的。
- 当然，中子衰变道不可能退耦。因此，如果它处于自由状态，中子最终就会消失。这一效应可以将中子衰变道包含到微分方程的解中来予以证明。
- 自然界天才地把中子限制在核子内从而成功地阻止了它的衰变。接下来必须计算中子和质子聚变合成原子核的开始时间。这个反应一旦开始，核反

5 见文献 [201]，545-556 页和文献 [204]，159-173 页。BBN 轻核产生的计算历史的简明总结可参见文献 [204]，159-160 页的脚注 1，其中也给出了这个学科几个最新进展。

应 (强作用) 以及一些可能有的电磁作用的核聚变过程将进行得非常快, 于是未衰变的自由中子几乎在瞬间被氘和其他轻核俘获。

10.2 退耦估算

首先要注意合成的原初氦依赖于可用的氘的数量, 而氘数量取决于氘开始合成时中子和质子的比率。在早期宇宙, 假设温度 10^{12}K 或者在 100MeV 量级时, 所有粒子都通过快速碰撞的弱作用保持在热平衡状态。当宇宙温度降至 MeV 量级, 与宇宙膨胀率相比, 弱作用率不再足够快, 以致于中子和质子退耦乃至冻结。所以必须计算出中子的冻结浓度。

中子和质子通过与第一代轻子反应来保持平衡状态

$$
\begin{aligned}
n + \nu_e &\rightleftarrows p + e^-, \\
n + e^+ &\rightleftarrows p + \bar{\nu}_e, \\
n &\rightleftarrows p + e^- + \bar{\nu}_e.
\end{aligned}
\tag{10.2.1}
$$

从一万亿开尔文的温度开始, 即 $T \approx 100$MeV 或 1.1605×10^{12}K, 可以合理地假定所有的重子都以质子和中子形式存在。中子和质子都是非相对论的, 同时它们通过弱相互作用式(10.2.1)保持热平衡。式(9.3.12)给出它们的热分布, 并假定化学势很小可忽略不计。因为中子和质子质量大约相等, 它们在热平衡和化学平衡时的密度比可望采用简单玻尔兹曼–麦克斯韦形式:

$$
\left(\frac{n_n(T)}{n_p(T)} \right)_{\text{eq}} \simeq \exp\left(-\frac{Q}{T} \right),
\tag{10.2.2}
$$

其中

$$
Q = m_n - m_p = 1.2933\text{MeV},
\tag{10.2.3}
$$

质子和中子质量分别为 $m_p = 938.2720$MeV 和 $m_n = 939.5653$MeV。

因为在此高温下, 重子绝大多数是以中子和质子形式存在的, 中子占平衡态重子的分支比为

$$
\begin{aligned}
X_n^{(\text{eq})}(T) &\equiv \left(\frac{n_n(T)}{n_p(T) + n_n(T)} \right)_{\text{eq}} \\
&= \frac{1}{1 + e^{Q/T}}.
\end{aligned}
\tag{10.2.4}
$$

稍后将定量证明此式。式(10.2.2)提供了对冻结温度时中子分支比进行计算的初始条件。还需要计算宇宙膨胀率和 $n - p$ 反应率。

10.2.1 宇宙膨胀率

首先考虑宇宙膨胀率，即哈勃膨胀参数。此时宇宙绝大部分是相对论性粒子：光子、电子、正电子和三代中微子及反中微子，它们在相同的温度下处于平衡状态。宇宙能量密度的总内部自由度由式(9.5.5)给出。由中微子振荡给出的质量信息和电子中微子的质量上限可知，三代中微子质量应该在电子伏特量级甚至更小，故它们是极端相对论性的。于是忽略掉宇宙学常数和曲率项，由公式(9.3.2)和(9.1.36)可得总能量密度和哈勃膨胀率为

$$\rho = g_* \frac{\pi^2}{30} T^4, \tag{10.2.5}$$

$$\begin{aligned} H = \frac{\dot{a}}{a} &= \sqrt{\frac{8\pi G_N}{3} \rho} \\ &= \sqrt{\frac{4\pi^3}{45}} \sqrt{g_*} \frac{T^2}{M_P} \\ &= 1.66015 \sqrt{g_*} \frac{T^2}{M_P}. \end{aligned} \tag{10.2.6}$$

式中 M_P 是自然单位下的普朗克质量

$$M_P = \frac{1}{\sqrt{G_N}} = 1.2209 \times 10^{22} \text{MeV}. \tag{10.2.7}$$

一般说来，哈勃膨胀率被普朗克质量压低。能量以 MeV 为单位，而能量转变以秒的倒数为单位，则有

$$H = 0.20658 \sqrt{g_*} \left(\frac{T}{1\text{MeV}} \right)^2 \text{秒}^{-1}, \tag{10.2.8}$$

这已在前面式 (9.4.11) 给出。在 $T = 100\text{MeV}$ 以下，一直到 m_e，由式(9.5.5)中的 $g_* = 43/4$，可得 $H = 6.7732 \times 10^3$ 秒$^{-1}$。在温度 $T = m_e$ 以下，电子和正电子自由度被移除，可得 $g_* = 29/4$，这使得 H 仅减小了 18%。

10.2.2 相互作用率

接着估计式(10.2.1)列出的保持核子即质子和中子之间的平衡态的反应速率。反应率平均值为

$$\Gamma_{np} = n_\ell \langle v_\ell \sigma_{np} \rangle, \tag{10.2.9}$$

其中 n_ℓ 是轻子，即电子或中微子的数密度，v_ℓ 是轻子速度，σ_{np} 是式(10.2.1)所列反应的低能轻子–核子弱相互作用散射截面。在此能量下，轻子是相对论的，因此 n_ℓ 取式(9.3.1)的形式，并且能量在 T 的能级，故 $n_\ell \sim T^3$。速度 $v_\ell \sim c = 1$。由公式

(B.2.7) 和 (B.2.8) 知, 轻子能量是在热浴温度 T 量级。弱作用截面为 $\sigma \sim G_\mathrm{F}^2 T^2$, 因此, 有[6]

$$\Gamma_{np} = \xi_{np} G_\mathrm{F}^2 T^5, \tag{10.2.10}$$

其中费米常数 $G_\mathrm{F} = 1.16637 \times 10^{-5} \mathrm{GeV}^{-2} = 1.16637 \times 10^{-11} \mathrm{MeV}^{-2}$, ξ_{np} 是常数, 由公式 (B.2.7) 和 (B.2.8) 知量级为 1, 例如 $\xi_{np} = (g_V^2 + g_A^2)/\pi \approx 1.83$。

10.2.3 近似退耦温度 T_f 和中子冻结分支比

由公式(10.2.8)和式(10.2.10)可知, 反应率依赖于温度的 5 次方, 而宇宙膨胀率正比于 T^2。在早期宇宙时足够高的温度下, 反应率远大于宇宙的膨胀, 但是足够低的温度下, 情况则正好相反。在临界温度 T_f 以下, 核子开始冻结, 互相退耦。冻结温度由条件 $\Gamma_{np} = H$ 决定,

$$T_f = \left(\frac{4\pi^3}{45} g_*\right)^{1/6} \left(\frac{1}{\xi_{np}}\right)^{1/3} \left(\frac{1}{M_\mathrm{P} G_\mathrm{F}^2}\right)^{1/3} \tag{10.2.11}$$

$$= 1.000 \left(\frac{\sqrt{g_*}}{\xi_{np}}\right)^{1/3} \mathrm{MeV}.$$

退耦温度在 MeV 量级。由上面关于 g_* 和 ξ_{np} 的讨论可知

$$T_f \approx 1.2\mathrm{MeV}. \tag{10.2.12}$$

中子和质子密度比式(10.2.2)大约是 0.34。中子的重子分支比式(10.2.4)为

$$X_n(T_f)_\mathrm{eq} \approx 0.26, \tag{10.2.13}$$

所以仍然有相当数量的中子参与原初核合成。这个估算相当粗略, 需要更仔细的计算。

10.3 中子分支比的微分方程和初始条件

现在定量计算中子的冻结分支比。起始温度 $T = 10^{12}\mathrm{K}$ 时, 中子与质子比值接近于 1, 但随着宇宙膨胀和温度下降, 比值呈指数下降。考虑在这个温度下重子完全以核子即中子和质子形式存在, 分别计算中子和质子相对于总重子数密度的分支比, 有

$$X_n(T) = \frac{n_n(T)}{n_p(T) + n_n(T)}, \tag{10.3.1}$$

$$X_p(T) = \frac{n_p(T)}{n_p(T) + n_n(T)} = 1 - X_n(T).$$

---

6 下面公式右边应乘以因子 $\xi_\ell = g_\ell \zeta(3)(3/4\pi^2)$, 其中 $g_\ell = 2$, $\zeta(3) = 1.202$, 这个因子应该出现在轻子数密度中, 但在这里的快速估算中将其忽略。

我们主要关注中子分支比的特性, 其热平衡时的值为 $X_n(T)$, 近似取 $m_n/m_p \approx 1$, 则有

$$X_n^{(\mathrm{eq})}(T) = \cfrac{1}{1 + \left(\cfrac{n_p(T)}{n_n(T)}\right)_{\mathrm{eq}}} \tag{10.3.2}$$

$$= \frac{1}{1 + \exp(Q/T)}.$$

上面的关系已在 §10.2 节计算核子退耦温度时讨论过。原子核的离解率只有在温度远低于 100MeV 时才能让合成的原子核保持稳定。考虑引起中子质子互相转换的反应式(10.2.1), 我们可以导出 $X_n(T)$ 的微分方程。

注意上面已给出核子密度和分支比作为温度的函数。然而, 因为温度是宇宙演化时间 t 的函数, 它们也可表示为时间的函数。所以两种表示, $X_n(T)$ 等和 $X_n(t)$ 等, 是等价的, 在以后的使用中可以不予区分。

考虑重子分支比即中子分支比 $X_n(T)$ 和质子分支比 $X_p(T)$, 而不是它们各自的数密度本身, 是有好处的。首先为处理密度, 必须考虑 $a^3 n_n(T)$ 和 $a^3 n_p(T)$, 它们涉及共动体积中的时间变量的复杂性; 同时, 重子分支比随时间演化的决定性因素也更容易看出来。

将中子转换为质子的转换率表示为 $\lambda_{n \to p}(t)$, 相反地, 质子到中子的转换率为 $\lambda_{p \to n}(t)$, 可得中子分支比的改变率为[7]

$$\frac{\mathrm{d}X_n(t)}{\mathrm{d}t} = -\lambda_{n \to p}(t)X_n(t) + \lambda_{p \to n}(t)X_p(t). \tag{10.3.3}$$

类似地,

$$\frac{\mathrm{d}X_p(t)}{\mathrm{d}t} = -\lambda_{p \to n}(t)X_p(t) + \lambda_{n \to p}(t)X_n(t). \tag{10.3.4}$$

则有

$$\frac{\mathrm{d}X_n(t)}{\mathrm{d}t} + \frac{\mathrm{d}X_p(t)}{\mathrm{d}t} = 0. \tag{10.3.5}$$

下一小节详细讨论 $\lambda_{n \to p}(t)$ 和 $\lambda_{p \to n}(t)$。交换式(10.3.3)的下标 n 和 p 可以得到质子反应率的微分方程。很明显, 质子和中子的速率之和应该为零。

由公式(10.3.1)第二个式子可得中子分支比的一阶微分方程

$$\left(\frac{\mathrm{d}}{\mathrm{d}t} + \Lambda_{np}(t)\right) X_n(t) = \lambda_{p \to n}(t), \tag{10.3.6}$$

$$\Lambda_{np}(t) = \lambda_{n \to p}(t) + \lambda_{p \to n}(t).$$

---

7 更多细节参见文献 [92], 65-66 页; 文献 [204], 161-162 页; 文献 [201], 548 页。

假定初始条件为对应某个时间点 t_0 的 $X_n(t_0)$，微分方程的解可写为下列形式

$$X_n(t) = I(t, t_0) \left(\int_{t_0}^{t} I(t', t_0)^{-1} \lambda_{p \to n}(t') \mathrm{d}t' + X_n(t_0) \right) \tag{10.3.7}$$

$$= \int_{t_0}^{t} I(t, t') \lambda_{p \to n}(t') \mathrm{d}t' + I(t, t_0) X_n(t_0),$$

其中

$$I(t_2, t_1) = \exp \left(- \int_{t_1}^{t_2} \Lambda_{np}(t') \mathrm{d}t' \right). \tag{10.3.8}$$

下面脚注给出如何得到解的方法，[8] 注意函数 $I(t, t')$ 满足恒等式

$$I(t, t') = \frac{1}{\Lambda_{np}(t')} \frac{\mathrm{d}I(t, t')}{\mathrm{d}t'}. \tag{10.3.9}$$

将此恒等式代入式(10.3.7)，并分步积分，可将 $X_n(t)$ 写为

$$X_n(t) = \frac{\lambda_{p \to n}(t)}{\Lambda_{np}(t)} - \int_{t_0}^{t} I(t, t') \frac{\mathrm{d}}{\mathrm{d}t'} \left(\frac{\lambda_{p \to n(t')}}{\Lambda_{np}(t')} \right) \mathrm{d}t' + I(t, t_0) \left(X_n(t_0) - \frac{\lambda_{p \to n}(t_0)}{\Lambda_{np}(t_0)} \right). \tag{10.3.10}$$

重复利用式(10.3.9)可把 $X_n(t)$ 写为时间偏导和 $\Lambda_{np}(t)^{-1}$ 的幂次形式。

仔细查看式(10.3.10)，定义

$$\tilde{X}_n(t) = \frac{\lambda_{p \to n}(t)}{\Lambda_{np}(t)} - \int_{t_0}^{t} I(t, t') \frac{\mathrm{d}}{\mathrm{d}t'} \left(\frac{\lambda_{p \to n(t')}}{\Lambda_{np}(t')} \right) \mathrm{d}t', \tag{10.3.11}$$

$\tilde{X}_n(t)$ 为式(10.3.10)右边前 2 项，与初始条件无关。容易验证 $\tilde{X}_n(t)$ 和 $X_n(t)$ 满足同样的微分方程即

$$\frac{\mathrm{d}\tilde{X}_n(t)}{\mathrm{d}t} = -\Lambda_{np}(t) \tilde{X}_n(t) + \lambda_{p \to n}(t). \tag{10.3.12}$$

$\tilde{X}_n(t)$ 和 $X_n(t)$ 的区别在于初始条件。正如式(10.3.10)所示，$X_n(t)$ 可在 t_0 有任意初始条件 $X_n(t_0)$，而 $\tilde{X}_n(t)$ 的初始条件由 t_0 处的核子转换率给出

$$\tilde{X}_n(t_0) = \frac{\lambda_{p \to n}(t_0)}{\Lambda_{np}(t_0)}. \tag{10.3.13}$$

---

8 (10.3.6)微分方程的解可写为

$$X_n(t) = I(t, t_0) g(t),$$

其中 $I(t, t_0)$ 由式(10.3.8)给出。可以直接证明函数 $g(t)$ 满足一个更简单的微分方程：

$$\frac{\mathrm{d}g(t)}{\mathrm{d}t} = I(t, t_0)^{-1} \lambda_{p \to n}(t),$$

则 $g(t)$ 为

$$g(t) = \int_{t_0}^{t} I(t', t_0)^{-1} \lambda_{p \to n}(t') \mathrm{d}t' + 常数.$$

初始条件 $X_n(t_0) = g(t_0)$，说明上面的 "常数" 正是 $X_n(t_0)$。将上述式子组合起来即得式(10.3.7)所示的解。

因此若 $X_n(t)$ 满足和 $\tilde{X}_n(t_0)$ 一样的初始条件，$X_n(t)$ 就是 $\tilde{X}_n(t)$。如下所示，从数值的角度来说，当 $T > 10\mathrm{MeV}$ 时核子转换率之和 $\Lambda_{np}(t)$ 变得很大，因此 $I(t, t_0)$ 变得很小。所以依赖于初始条件的项(10.3.7)和(10.3.10) 也变得很小。因此解几乎不依赖于初始条件，而 $\tilde{X}_n(t)$ 就是实际上所需的解。

10.3.1 核子转换率

$n \rightleftarrows p$ 通过弱作用相互转换。正如上面所示，$\lambda_{n \to p}$ 和 $\lambda_{p \to n}$ 是计算中子的重子分支比的关键。下面就将对它们进行讨论。

对数量级估计来说，式(10.2.9)给出了平均相互作用率的定义，温度取为散射截面的能标。然而，对于具体量值的计算，必须考虑所涉及的单个粒子的能量，并进行相空间积分。温度通过热分布函数进入计算。下面是核子转化率的计算详细方法：

- 核子转化率 $\lambda_{p \to n}$ 和 $\lambda_{p \to n}$ 是对单个核子而言的，积分则是对所有可能的轻子动量积分。
- 宇宙学温度小于 $100\mathrm{MeV}$ 时，核子是非相对论的，动能很小。可忽略核子初态的动能和末态反冲，因此计算时只需要考虑它们的质量。
- 轻子是相对论的，应该正确对待它们。对单个核子转化率，需要对所有初态轻子动量谱进行积分，并加上式(9.2.1)给出的热分布函数决定的动量分布权重。
- 末态轻子能量在静止核子近似下，通过能量守恒由初态轻子能量决定。由于泡利阻塞，还要在散射截面上乘以 $1 - f$ 因子，其中 f 是末态轻子的分布函数。泡利阻塞因子对给定能量的未填充态进行了计数，因为末态轻子通过核子转换反应从外部引入系统，因此应额外加上泡利不相容原理。
- 因为轻子高度相对论性，可将轻子速度取为 $c = 1$。

将所有这些合在一起，并利用截面公式 (B.2.7) 和 (B.2.8)，下面给出式(10.2.1)的反应转变率。进一步细节可参见文献 [201][9]

$$\lambda(n + \nu_e \to p + e^-) = A \int p_e E_e p_\nu^2 \mathrm{d}p_\nu f_\nu (1 - f_e), \tag{10.3.14}$$

$$\lambda(n + e^+ \to p + \bar\nu_e) = A \int E_\nu^2 p_e^2 \mathrm{d}p_e f_e (1 - f_\nu),$$

$$\lambda(n \to p + e^- + \bar\nu_e) = A \int p_e E_e p_\nu^2 \mathrm{d}p_\nu (1 - f_e)(1 - f_\nu),$$

---

9 见文献 [201]，547-548 页。

反向转换 $p \to n$

$$\lambda(p + e^- \to n + \nu_e) = A \int E_\nu^2 p_e^2 \mathrm{d}p_e f_e (1 - f_\nu), \tag{10.3.15}$$

$$\lambda(p + \bar{\nu}_e \to n + e^+) = A \int p_e E_e p_\nu^2 \mathrm{d}p_\nu f_\nu (1 - f_e),$$

$$\lambda(p + e^- + \bar{\nu}_e \to n) = A \int p_e E_e p_\nu^2 \mathrm{d}p_\nu f_e f_\nu,$$

其中 f_e 是电子、正电子的热分布函数, f_ν 是电子中微子或正电子中微子的热分布函数, 正如式 (9.2.1) 所示, 又

$$A \equiv \frac{(g_V^2 + 3g_A^2)G_F^2}{2\pi^3} \cos^2 \theta_c \tag{10.3.16}$$
$$= 1.8167 \times 10^{-2} \mathrm{MeV}^{-5} \mathrm{s}^{-1},$$

其中 $g_V = 1$, $g_A^2 = 1.257$ 是核子轴矢量电荷的修正, θ_c 是卡比玻角, $\cos \theta_c = 0.9745$.[10] 末态电子 (正电子) 和电子中微子 (反电子中微子) 的能量关系如下:

$$E_e = Q + E_\nu, \qquad \text{对于} \quad n + \nu_e \rightleftarrows p + e^-, \tag{10.3.17}$$

$$E_\nu = Q + E_e, \qquad \text{对于} \quad n + e^+ \rightleftarrows p + \bar{\nu}_e,$$

$$E_e = Q - E_\nu, \qquad \text{对于} \quad n \rightleftarrows p + e^- + \bar{\nu}_e,$$

其中 $Q = 1.2933\mathrm{MeV}$ 是式(10.2.3)给出的中子质子质量差, 也是中子到质子转变过程中释放的能量.

注意式(10.3.16)定义的量 A 由两因子组成: 一个因子部分来自于截面公式 $G_F^2(g_V^2 + 3g_A^2)\cos^2\theta_c/\pi$, 另一个 $1/(2\pi^2)$ 则来自于费米分布函数的动量相空间积分, 其中已经积分掉角度相关的量. 因为已经忽略掉粒子化学势, 故不区分粒子或者反粒子的分布函数. 然而, 电子和正电子的化学势不能严格为零, 因为宇宙中电子比正电子的数目有一个非常小的超出. 不过这种差别对电子和正电子不会引起什么影响, 因此后面的计算中忽略化学势.

为继续用解析方法, 在计算反应速率时必须进行一些简化. BBF 作了以下近似:

- 采用低温近似, 使轻子能量大于温度. 则有

$$f_j \approx \mathrm{e}^{-E_j/T}, \qquad 1 - f_j \approx 1. \tag{10.3.18}$$

这种近似在第 11 章推导有质量粒子退耦时的玻尔兹曼方程时还会用到.

---

10 为了更精确, 我们按照文献 [204]的做法引入了卡比玻角, 这贡献了 5% 的效应. 见文献 [204], 161 页, 式 (3.2.6). 截面公式 (B.2.7) 和 (B.2.8) 中略去了卡比玻角贡献.

- 上面的近似允许将动量积分的上限上推至无穷大, 从而简化了结果。公式 (10.3.14)和(10.3.15)中使用的截面公式在轻子动量很大的时候不适用。但由于轻子初始动量分布函数中存在的指数压低, 引入的误差可忽略不计。中子到质子的转化率变为

$$\lambda_{\mathrm{B}}(n + \nu_e \rightarrow p + e^-) \approx A \int_0^\infty p_e E_e p_\nu^2 \mathrm{d}p_\nu \mathrm{e}^{-E_\nu/T}, \tag{10.3.19}$$

$$\lambda_{\mathrm{B}}(n + e^+ \rightarrow p + \bar{\nu}_e) \approx A \int_0^\infty E_\nu^2 p_e^2 \mathrm{d}p_e \mathrm{e}^{-E_e/T},$$

$$\lambda_{\mathrm{B}}(n \rightarrow p + e^- + \bar{\nu}_e) \approx A \int_0^{Q-m_e} p_e E_e p_\nu^2 \mathrm{d}p_\nu,$$

下标 "B" 表示 BBF 近似。中子到质子的转化率的近似表示是上面三式之和, 即

$$\lambda_{\mathrm{B}}(n \rightarrow p) = \lambda_{\mathrm{B}}(n + \nu_e \rightarrow p + e^-) + \lambda_{\mathrm{B}}(n + e^+ \rightarrow p + \bar{\nu}_e) \tag{10.3.20}$$
$$+ \lambda_{\mathrm{B}}(n \rightarrow p + e^- + \bar{\nu}_e).$$

- 后面将看到, 当温度大于 0.3MeV 时, 由于中子的长寿命 $\tau_n = 885.7 \pm 0.5$ 秒, 中子衰变贡献很小。所以可首先忽略中子衰变过程, 以进一步简化核子转化率的计算。

$$\lambda_{\mathrm{B1}}(n \rightarrow p) \equiv \lambda_{\mathrm{B}}(n + \nu_e \rightarrow p + e^-) + \lambda_{\mathrm{B}}(n + e^+ \rightarrow p + \bar{\nu}_e). \tag{10.3.21}$$

质子到中子的转化率与之类似。忽略中子衰变效应更可清楚展示中子和质子的退耦。稍后在计算可供氦核合成的中子分支比时, 将重新计及中子衰变。

在采用该近似继续下一步研究前, 我们先停下来对比一下 BBF 近似和严格表达式的数值结果来查看一下采用的近似效果如何。这里的 BBF 近似包含中子衰变道贡献的情况(10.3.20) 以及忽略中子衰变道的情况(10.3.21)。它们分别对应精确表示公式(10.3.14)和(10.3.15)。在文献 [201] 和 [204]中给出后者的速率表达式。如前文所述, BBF 近似可得出解析结果, 当在核子转化率中加入中子衰变道贡献时, 物理图像更加透明清晰。

包括中子衰变的精确核子转化率的简洁表达式(10.3.14)、式(10.3.15) 在文献 [201]和 [204]给出。[11] 我们将其复制过来, 但同时通过替换积分变量略微做了

---

11 见文献 [201], 348 页和 [204], 160-161 页, 式 (3.2.4) 和 (3.2.5)。公式的推导参见文献 [201], 546-548 页。

简化[12]

$$\lambda_{\mathrm{W}}(n \to p) = A \int_{m_e}^{\infty} \left(1 - \frac{m_e^2}{q^2}\right)^{1/2} \left(\frac{(q-Q)^2 q^2}{\left(1 + \mathrm{e}^{(q-Q)/T_\nu}\right)\left(1 + \mathrm{e}^{-q/T_\gamma}\right)} \right. \tag{10.3.22}$$
$$\left. + \frac{(q+Q)^2 q^2}{\left(1 + \mathrm{e}^{-(q+Q)/T_\nu}\right)\left(1 + \mathrm{e}^{q/T_\gamma}\right)}\right) \mathrm{d}q,$$

$$\lambda_{\mathrm{W}}(p \to n) = A \int_{m_e}^{\infty} \left(1 - \frac{m_e^2}{q^2}\right)^{1/2} \left(\frac{(q-Q)^2 q^2}{\left(1 + \mathrm{e}^{-(q-Q)/T_\nu}\right)\left(1 + \mathrm{e}^{q/T_\gamma}\right)} \right. \tag{10.3.23}$$
$$\left. + \frac{(q+Q)^2 q^2}{\left(1 + \mathrm{e}^{(q+Q)/T_\nu}\right)\left(1 + \mathrm{e}^{-q/T_\gamma}\right)}\right) \mathrm{d}q$$
$$= A\mathrm{e}^{-\left(\frac{Q}{T_\nu}\right)} \int_{m_e}^{\infty} \left(1 - \frac{m_e^2}{q^2}\right)^{1/2} \left(\frac{(q-Q)^2 q^2}{\left(1 + \mathrm{e}^{(q-Q)/T_\nu}\right)\left(1 + \mathrm{e}^{-q/T_\gamma}\right)} \mathrm{e}^{q\left(\frac{1}{T_\nu} - \frac{1}{T_\gamma}\right)} \right.$$
$$\left. + \frac{(q+Q)^2 q^2}{\left(1 + \mathrm{e}^{-(q+Q)/T_\nu}\right)\left(1 + \mathrm{e}^{q/T_\gamma}\right)} \mathrm{e}^{-q\left(\frac{1}{T_\nu} - \frac{1}{T_\gamma}\right)}\right) \mathrm{d}q,$$

其中下标 "W" 表示上式是从文献 [201] 和 [204] 中提取的。T_ν 是中微子温度，T_γ 是光子温度。正如第9章中的讨论，这两者的温度在宇宙温度为 0.4MeV 时开始相互背离，但背离程度不超过 10%。而在 $T = 0.1\mathrm{MeV}$ 时，达成 10% 误差之内的关系式 $T_\nu = (4/11)^{1/3} T_\gamma$。考虑到近似情况，可以对二者不加区分，令其相等 $T_\nu = T_\gamma = T$。注意 $T_\nu = T_\gamma$ 对大于几个 MeV 的宇宙温度成立。于是表达式(10.3.22)和(10.3.23)满足细致平衡关系

$$\lambda_{\mathrm{W}}(p \to n)|_{T_\nu = T_\gamma = T} = \mathrm{e}^{-Q/T} \lambda_{\mathrm{W}}(n \to p)|_{T_\nu = T_\gamma = T}, \tag{10.3.24}$$

即

$$\mathrm{e}^{-m_p/T} \lambda_{\mathrm{W}}(p \to n)|_{T_\nu = T_\gamma = T} = \mathrm{e}^{-m_n/T} \lambda_{\mathrm{W}}(n \to p)|_{T_\nu = T_\gamma + T}. \tag{10.3.25}$$

改写式(10.3.22)和式(10.3.23)

$$\lambda_{\mathrm{W}}(n \to p) = AT^5 \int_{x}^{\infty} \left(1 - \frac{x^2}{z^2}\right)^{1/2} \left(\frac{(z - (Q/m_e)x)^2 z^2}{(1 + \mathrm{e}^{(z-(Q/m_e)x)})(1 + \mathrm{e}^{-z})} \right. \tag{10.3.26}$$
$$\left. + \frac{(z + (Q/m_e)x)^2 z^2}{(1 + \mathrm{e}^{-(z+(Q/m_e)x)})(1 + \mathrm{e}^{z})}\right) \mathrm{d}z,$$

---

12 公式(10.3.22)和(10.3.23)中的表达式改变积分变量 $q \to q - Q$ 由文献 [201]和 [204]中的 n-p 转换率得出。

和

$$
\begin{aligned}
\lambda_{\mathrm{W}}(p \to n) =& AT^5 \mathrm{e}^{-(Q/m_e)x} \int_x^\infty \left(1 - \frac{x^2}{z^2}\right)^{1/2} \left(\frac{(z - (Q/m_e)x)^2 z^2}{(1 + \mathrm{e}^{(z-(Q/m_e)x)})(1 + \mathrm{e}^{-z})}\right. \\
& \left. + \frac{(z + (Q/m_e)x)^2 z^2}{(1 + \mathrm{e}^{-(z+(Q/m_e)x)})(1 + \mathrm{e}^{z})}\right) \mathrm{d}z \\
=& \mathrm{e}^{-(Q/m_e)x} \lambda_{\mathrm{W}}(n \to p),
\end{aligned}
\tag{10.3.27}
$$

其中 $x \equiv m_e/T$，积分变量从 q 转变为 z，$z \equiv q/T$。

首先查看核子转化率的高温行为。当 $T \gg m_e$ 时，可设式(10.3.26)中 $x = 0$ 得[13]

$$
\begin{aligned}
\lambda_{\mathrm{W}}(n \to p)|_{T \gg m_e} &= \frac{7\pi^4}{15} AT^5, \\
\lambda_{\mathrm{W}}(p \to n)|_{T \gg m_e} &= \frac{7\pi^4}{15} AT^5 \mathrm{e}^{-Q/T}.
\end{aligned}
\tag{10.3.28}
$$

若忽略掉指数 $\mathrm{e}^{-Q/T}$ 上的小量 Q/T，质子到中子和中子到质子的转化率相等，这符合预期结果。

不考虑对 m_e 和 Q 的依赖，也可类似得出 BBF 近似的高温形式(10.3.19)。可直接进行积分得出

$$
\begin{aligned}
\lambda_{\mathrm{B}}(n + \nu_e \to p + e^-)|_{T \gg m_e} &\approx \lambda_{\mathrm{B}}(n + e^+ \to p + \hat{\nu}_e)|_{T \gg m_e} \\
&= (4!)AT^5.
\end{aligned}
\tag{10.3.29}
$$

故在 BBF 近似中，中子到质子转化的高温形式为

$$
\lambda_{\mathrm{B1}}(n \to p) = 2(4!)AT^5
\tag{10.3.30}
$$

这与 6% 范围内和式(10.3.28)的精确结果一致。

足够低的温度下，两体反应对中子到质子转化率的贡献是指数压低的，起主要作用的是中子衰变过程。考虑中子到质子的转化。BBF 近似下，低温行为式(10.3.19)由中子衰变过程主导，因为散射过程的贡献是指数 $\mathrm{e}^{-E/T}$ 压低的。数值上有

$$
\lambda_{\mathrm{B}}(n \to p)|_{T \ll m_e} \approx \lambda_{\mathrm{B}}(n \to p + e^- + \bar{\nu}_e) \approx 1.04 \times 10^{-3}\mathrm{s}^{-1}.
\tag{10.3.31}
$$

---

13 令式(10.3.26)中 $x = 0$，公式中的积分利用下面等式 $\displaystyle\int_0^\infty \frac{y^4}{(1 + \mathrm{e}^y)(1 + \mathrm{e}^{-y})}\mathrm{d}y = \frac{7\pi^4}{30}$，很容易计算出来。

令 $x \gg 1$，计算温伯格表达式(10.3.26)的低温行为。主要贡献为

$$\lambda_{\mathrm{W}}(n \to p)|_{T \ll m_e} \approx A \int_{m_e}^{Q} \left(q^2 - m_e^2\right)^{1/2} q(Q - q)^2 \mathrm{d}q \tag{10.3.32}$$
$$= 1.13 \times 10^{-3} \mathrm{s}^{-1}.$$

这两种估算在 9% 误差范围内一致。因此可得出结论利用 BBF 近似计算出来的中子到质子转化率和精确计算结果的误差小于 10%。在质子到中子的转化率也可得出类似结论。

图 10.3.1 是根据式(10.3.16)，取其中的 $A = 1.8167 \times 10^{-2} \mathrm{MeV}^{-5}\mathrm{s}^{-1}$，画出的中子到质子的转化率。横轴是温度，单位 MeV，其中 $1\mathrm{MeV} = 1.1605 \times 10^{10}\mathrm{K}$。纵轴是中子到质子的转化率，以秒的倒数为单位。图形说明文字中解释了各条曲线的意义。特别注意 (红色) 点线和 (蓝色) 短横线。后者是式(10.3.28)给出的高温表达 $\lambda_{\mathrm{W}}(n \to p)|_{T \gg m_e}$，而前者是式(10.3.22)给出的精确表达 $\lambda_{\mathrm{W}}(n \to p)$。两曲线一直到 $T = 1\mathrm{MeV}$ 时都相互接近，而到 $T \geqslant 5\mathrm{MeV}$ 时，此二者的高温表达则精确相符。注意 $T = 5\mathrm{MeV}$ 仅仅是中子–质子质量差 Q 的 4 倍，而 Q 是表达式中的最大能量标度。还要注意 (红色) 点线表示的精确转化率在 $T < 0.1\mathrm{MeV}$ 时变为常数 $1.04 \times 10^{-3}\mathrm{s}^{-1}$。此常数值主要由中子衰变过程的贡献决定。

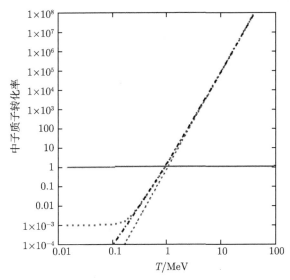

图 10.3.1　中子到质子的转化率 $\lambda(n \to p)$。横轴单位为 MeV($1\mathrm{MeV} = 1.1605 \times 10^{10}\mathrm{K}$。各个曲线分别解释如下：(红色) 点状曲线为温伯格精确表示式(10.3.22)；(蓝色) 虚线曲线为高温近似式(10.3.28)；(黑色) 虚线曲线为不含中子衰变贡献的 BBF 近似表示式(10.3.21)；(深绿色，几乎是水平的) 实心曲线为 BBF 全近似表示式(10.3.20)与温伯格表示的比值

图 10.3.1 显示了式(10.3.19)表示的完整 BBF 近似和文献 [204] 及 [201] 给出的精确表达式(10.3.22)的数值结果对比。前者和后者的比值由图 10.3.1 中实线 (暗绿,几乎水平) 给出。前者比后者大不超过 10%。所以使用 BBF 近似在此近似范围内是合理的。现在言归正传,下面继续讨论式(10.3.10)。

10.3.2 微分方程的解

为得到中子分支比作为温度函数的解析解,必须进一步简化中子-质子转化率。由 BBF 近似表达式(10.3.19)以及式(10.3.17),并令 $m_e = 0$,公式(10.3.19)中前两式可解析积出:

$$\lambda(n + \nu_e \to p + e^-) = \lambda(n + e^+ \to p + \bar{\nu}_e) \qquad (10.3.33)$$
$$= AT^3(24T^2 + 12QT + 2Q^2).$$

取 $m_e = 0$ 的极限情况几乎对转化率 $\lambda(n + \nu_e \to p + e^-)$ 没有影响,即使温度下降到 0.01MeV 以下也是如此,同样 $T > 1$MeV 时也不会对 $\lambda(n + e^+ \to p + \bar{\nu}_e)$ 产生显著影响。在 $T = m_e$ 时二者差别小于 6%。[14]

忽略末态电子和中微子的泡利阻塞因子,中子衰变贡献正是中子衰变宽度,或者说中子寿命的倒数。因此不能令电子质量为零。对公式(10.3.19)第三式进行积分,得 BBF 表示[15],

$$\Gamma_n = \lambda(n \to p + e^- + \bar{\nu}_e) \qquad (10.3.34)$$
$$= A \int_0^\Delta p_\nu E_\nu p_e^2 \mathrm{d}p_e$$
$$= A\left(\frac{1}{5}\Delta\left(\frac{1}{6}Q^4 - \frac{3}{4}m_e^2 Q^2 - \frac{2}{3}m_e^4\right) + \frac{1}{4}m_e^4 Q \ln\left(\frac{Q+\Delta}{m_e}\right)\right),$$

其中 $\Delta \equiv \sqrt{Q^2 - m_e^2}$。$\Gamma_n$ 值已在式(10.3.31)给出。于是计算出中子寿命,

$$\tau_n^{\mathrm{Th}} = \frac{1}{\Gamma_n} \qquad (10.3.35)$$
$$= 965.6\mathrm{s}.$$

文献 [10] 中给出中子寿命的实验值为

$$\tau_n^{\mathrm{exp}} = 885.7 \pm 0.8\mathrm{s}. \qquad (10.3.36)$$

---

14 当 T 远小于 m_e 时,采用正常物理 m_e 取值的转化率 $\lambda(n + e^+ \to p + \bar{\nu}_e)$ 和令 $m_e = 0$ 时的转化率差别非常显著。然而,它们的量级都非常小,而且幸运的是这个区域的温度对氦的产生没有贡献。

15 见文献 [233],式 (2.23)。

式(10.3.31)计算值比实验值大 9%。用式(10.3.34)，把实验给出的中子寿命（式(10.3.36) 给出) 的倒数放在等式左边，可以得到修正的 A 值。这样可以修正上面的误差。因此由 BBF 可定义 A[16]

$$A = \frac{a}{4\tau_n^{\mathrm{exp}}}Q^{-5}, \tag{10.3.37}$$
$$a = 254.$$

由公式(10.3.33)和(10.3.37)可得式(10.3.21)定义的中子到质子转化率的近似值为[17]

$$\lambda_{\mathrm{B1}}(n \to p) = \frac{a}{\tau_n^{\mathrm{exp}}}\left(\frac{T}{Q}\right)^3\left(12\left(\frac{T}{Q}\right)^2 + 6\frac{T}{Q} + 1\right) \tag{10.3.38}$$
$$\equiv \frac{a}{\tau_n^{\mathrm{exp}}}\left(\frac{12}{y^5} + \frac{6}{y^4} + \frac{1}{y^3}\right),$$

其中

$$y \equiv \frac{Q}{T}. \tag{10.3.39}$$

质子到中子的转化率为

$$\lambda_{\mathrm{B1}}(p \to n) = \mathrm{e}^{-y}\lambda(n \to p)_{\mathrm{BBF1}} \tag{10.3.40}$$
$$= \mathrm{e}^{-y}\frac{a}{\tau_n^{\mathrm{exp}}}\left(\frac{12}{y^5} + \frac{6}{y^4} + \frac{1}{y^3}\right),$$

由上面的结果可得到公式(10.3.6)中第二个式子定义的 $n \to p$ 和 $p \to n$ 转化率之和：

$$\Lambda_{np1} = \frac{a}{\tau_n^{\mathrm{exp}}}\left(\frac{12}{y^5} + \frac{6}{y^4} + \frac{1}{y^3}\right)\left(1 + \mathrm{e}^{-y}\right). \tag{10.3.41}$$

现在开始计算式(10.3.11)中定义的 $\tilde{X}$。首先计算式(10.3.8)定义的函数 $I(t,t')$。用式(10.3.39)定义的变量 $y = Q/T$ 改写 $\Lambda_{np1}(t)$ 和 $I(t,t')$ 成 y 的函数会更便利，

$$I(y,y') = \exp\left(-\int_{y'}^{y}\Lambda_{np1}(y'')\frac{\mathrm{d}t}{\mathrm{d}y''}\mathrm{d}y''\right), \tag{10.3.42}$$

其中，由公式(9.5.2)和(9.5.4)可知，变量变化的雅可比矩阵为

$$\frac{\mathrm{d}t}{\mathrm{d}y} = \frac{\mathrm{d}t}{\mathrm{d}T}\frac{\mathrm{d}T}{\mathrm{d}y} \tag{10.3.43}$$
$$= \frac{Q}{y^2}\left(\frac{T}{3s(T)}\frac{\mathrm{d}s(T)}{\mathrm{d}T}\right)\frac{1}{TH}$$
$$= \frac{M_{\mathrm{P}}}{Q^2}\sqrt{\frac{45}{4\pi^3 g_*}}\left(\frac{T}{3s(T)}\frac{\mathrm{d}s(T)}{\mathrm{d}T}\right)y.$$

16 BBF 中令中子寿命为 $986 \pm 16\mathrm{s}$，A 的值为 255，非常接近于式(10.3.37)中的 254。
17 这是 BBF 式 (2.27)。

辐射主导时，熵正比于 T^3，因此上式右边括号里依赖于熵的因子可算出等于 1。但是正如 §9.5 节中的讨论，$T = 1\text{MeV}$ 时附近的情况更加复杂，在此期间发生了许多史诗般的宇宙大事件。它们包括中微子退耦和使光子气体重加热的正负电子湮灭。在很短时期内，熵的温度依赖性比 T^3 形式更为复杂，中微子温度和光子温度开始不断地偏离。然而，为了简化，以便尽可能地给出解析解，下面的讨论将保持熵的 T^3 形式不变。熵函数的复杂性并不破坏这种简化的有效性。于是雅可比矩阵元正比于 y

$$\frac{\mathrm{d}t}{\mathrm{d}y} = \frac{M_\mathrm{P}}{Q^2}\left(\sqrt{\frac{45}{4\pi^3 g_*}}\right)y. \tag{10.3.44}$$

可以求出式 (10.3.42) 中的指数积分

$$\int_{y'}^{y} \Lambda_{np1}(y'')\frac{\mathrm{d}t}{\mathrm{d}y''}\mathrm{d}y'' = \frac{M_\mathrm{P}}{Q^2}\sqrt{\frac{45}{4\pi^3 g_*}}\frac{a}{\tau_n^{\exp}}\int_{y'}^{y}\left(\frac{12}{y''^4} + \frac{6}{y''^3} + \frac{1}{y''^2}\right)\left(1 + \mathrm{e}^{-y''}\right)\mathrm{d}y''$$

$$\equiv -b\left(\mathcal{K}(y) - \mathcal{K}(y')\right), \tag{10.3.45}$$

其中由于被积函数的特定形式，积分有解析表达式

$$\mathcal{K}(y) = \frac{4}{y^3} + \frac{3}{y^2} + \frac{1}{y} + \left(\frac{4}{y^3} + \frac{1}{y^2}\right)\mathrm{e}^{-y}, \tag{10.3.46}$$

$$b \equiv \frac{M_\mathrm{P}}{Q^2}\sqrt{\frac{45}{4\pi^3 g_*}}\frac{a}{\tau_n^{\exp}}.$$

于是有

$$I(y, y') = \exp\left(b\left(\mathcal{K}(y) - \mathcal{K}(y')\right)\right). \tag{10.3.47}$$

现在重新回到方程 (10.3.10) 给出的 $X_n(t)$，澄清一下前面关于初始条件的问题。现在可以看出省略式 (10.3.10) 右边第三项以使得 $X_n(t)$ 实际上就是式 (10.3.11) 中的 $\tilde{X}_n(x)$ 的合理性了。略去的项是 $I(t, t_0)$ 乘以一个量级为一的因子。因为初始时间 t_0 很小，相应的宇宙温度 T_0 很高，故 y_0 很小，于是 $I(t, t_0)$ 或 $I(y, y_0)$ 几乎对于所有不太接近于 $t_0(y_0)$ 的 $t(y)$ 都是高度压低的。因此，初始条件的任意性不会影响微分方程的解。

另一点需要澄清的是式 (10.3.11)$\tilde{X}_n(t)$ 的解。如前文所述，忽略中微子温度和光子温度的差别，中子到质子的转换率和质子到中子的转化率通过细致平衡式 (10.3.11) 和式 (10.3.27) 相关联。公式 (10.3.11) 右边第一项正是 $\tilde{X}_n(t_0)$，即 $\tilde{X}_n(t)$ 的初始值，

$$\tilde{X}_n(t_0) \equiv \frac{\lambda_{p\to n}(t_0)}{\Lambda_{np}(t_0)} = \frac{1}{1 + \mathrm{e}^{y_0}}. \tag{10.3.48}$$

这正是式(10.2.4)给出的 $X_n(t)$ 的平衡解。

$$X_n^{(\text{eq})}(t) \equiv \frac{\lambda_{p \to n}(t)}{\Lambda_{np}(t)} = \frac{1}{1 + e^y}. \tag{10.3.49}$$

BBF 近似利用光子和中微子的温度简并，忽略中子衰变，表明了质子和中子体系在某个温度时慢慢接近退耦的行为，并且表明随着温度进一步降低，它们的密度比变为常数。从 $T \gg Q$ 因而 $y \ll 1$ 开始，可得 $X_n(t) \approx X_n^{(\text{eq})} \approx 1/2$。当时间增加，$T$ 降低，y 在 1 附近时，$X_n(t)$ 将偏离平衡解，达到冻结值的常数解。更多讨论请参阅文献 [204]。[18]

10.4 冻结中子分支比

现在写出中子分支比的解 $\tilde{X}_n$，将之表示为变量 y 表示的温函数。首先注意，由式(10.3.49)，

$$\frac{\mathrm{d}}{\mathrm{d}y}\left(\frac{\lambda_{p \to n}(y)}{\Lambda_{np}(y)}\right) = -e^y X_n^{(\text{eq})}(y)^2 \tag{10.4.1}$$

$$= -\frac{e^y}{(1 + e^y)^2}.$$

于是式(10.3.11)给出

$$\tilde{X}_n(y) = X_n^{(\text{eq})}(y) + \int_{y_0}^{y} e^{y'} X_n^{(\text{eq})}(y')^2 \exp\left(b\left(\mathcal{K}(y) - \mathcal{K}(y')\right)\right) \mathrm{d}y' \tag{10.4.2}$$

$$= \frac{1}{1 + e^y} + \int_{y_0}^{y} \frac{e^{y'}}{(1 + e^{y'})^2} \exp\left(b\left(\mathcal{K}(y) - \mathcal{K}(y')\right)\right) \mathrm{d}y'.$$

初始条件为

$$\tilde{X}_n(y_0) = X_n^{(\text{eq})}(y_0) \tag{10.4.3}$$

$$= \frac{1}{1 + e^{y_0}}.$$

图 10.4.1 给出中子分支比随 $y = Q/T$ 和温度 T 的变化曲线。因初始温度很高，故可取 $y_0 = 0$。另外，在光子和中微子温度近似简并情况下，图 10.4.1 也利用了中子寿命的实验值 $\tau_n \approx 886\text{s}$ 以及光子、中微子温度近似简并情况下的粒子内部总自由度数值 $g_* = 43/4$。

注意上面给出的中子分支比性质。在远大于中子和质子质量差的温度 $T = 10^{12}\text{K}$ 或 86MeV 时，中子分支比大约是 $1/2$，即重子是由等量的质子和中子组成的。如上所述，高温下解 $\tilde{X}_n$ 是平衡解，一直到 $T = 3 \times 10^{10}\text{K}$ 或 2.6MeV，此时

---

18 见文献 [204]，162-163 页，式 (3.2.12) 下面的讨论。

$\tilde{X}_n \approx 0.38$。随着温度进一步下降，$\tilde{X}_n$ 偏离平衡值而接近渐近解，此时的平衡值呈指数下降至零。

初始条件式(10.4.3)的重要性已在文献 [201] 和 [204]指出。[19] 这一点值得做进一步阐述。初始条件式(10.4.3)独立于任何早期宇宙的具体模型，也不需要为了启动核合成过程而选定特定的函数形式，尽管根据式(10.3.10)存在这种可能性。我们可以追溯初始条件独立性的根源，如下所示：$\mathcal{K}$ 函数(10.3.46)在时间很早，亦即温度非常高时，其奇异性会抹掉任何初始条件。[20] 在高温下，早期宇宙粒子的热统计分布可提供自己形如式(10.3.46)的初始分布。同样要注意的重要一点是初始条件自洽性的要求使得参与反应过程的轻子化学势很小或者为零。

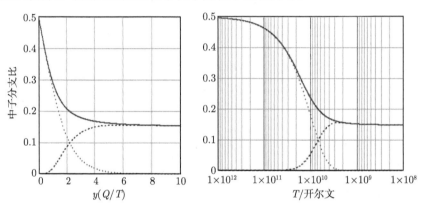

图 10.4.1　左图：中子分支比 $\hat{X}_n$ 随着 y 的变化曲线；右图：中子分支比 $\hat{X}_n$ 随着温度 T 的变化曲线。(蓝色) 实线是中子分支比 $\hat{X}_n$，(红色) 点线是平衡解 $X_n^{(\mathrm{eq})}$，(棕色) 虚线是中子分支比解(10.4.2)的右边第二项

中子分支比的渐近值正是我们要追寻的物理量。如前文给出的 $\tilde{X}_n$ 可知

$$\tilde{X}_n(\infty) = 0.143. \tag{10.4.4}$$

它从 $T = 10^9$K 或 0.1MeV 时略大于 0.15 的值在低温下缓慢接近该渐近值。这种渐近值取决于输入参数，下面将讨论它们的影响和可能的物理含义。

其中一个参数是粒子的内部自由度 g_*，它决定了核合成开始时宇宙的热容。另一个参数是中子寿命 τ_n，它在现在这种研究方法中表示弱作用的强度。首先考虑后者的效应。中子寿命的增加或减少分别意味着弱作用强度降低或增加。如果降低弱相互作用，中子–质子的转化率就减弱，但由于转化率依赖于 T^5 时，对平衡态的偏离会发生在更高的温度，因此中子分支比的渐近值就会变得更大。由于弱作用强度可在地面实验室精确测量，如果确定必须调整弱作用强度才能正确理解早期宇

---

19 见文献 [201]，550 页，式 (15.7.21) 下面的讨论和文献 [204]，163 页，式 (3.2.13) 下面的讨论。
20 文献 [236]指出了自洽条件的起源，见文献 [201]，15 章，109a。

宙中氦的产生, 这将意味着弱作用强度在高温热浴环境可能会发生改变, 也意味着相互作用强度具有温度依赖性。地面实验室可视为极低温热浴。

另一个参数是粒子自由度 g_*, 它在很晚阶段才间接进入 X_n 的计算, 它出现在式(10.3.43)给出的从时间变换到温度变量的雅可比行列式。较大的 g_* 意味着宇宙热容大, 这会导致温度随时间降的更快。这样反应率一般会减小得更快。因此, 平衡解的偏离仍发生在更高的温度, 导致 X_n 渐近解变得更大。

$\tilde{X}_n$ 的数值研究也证实了上述物理论断: 单独或同时增加 τ_n 和 g_* 的值使得偏离平衡的 y 值增加, 从而得到 $\tilde{x}_n$ 的较大的渐近值。单独或同时减小 τ_n 和 g_* 的值则恰好相反。g_* 对原初氦产生的效应已经有效地用于限制中微子味数[237]。每一味中微子对 g_* 贡献了 7/4 因子。参见文献 [238]的综述和相关参考文献。

式(10.4.4)给出的结果是讨论的第一个重要部分。为了正确预言氦的丰度, 需要知道中子衰变在中子–质子转化率中的作用。

10.5 中子衰变效应

BBF 方法中, 可以将 $\tilde{X}_n$ 乘以一个指数衰变因子, 来考虑中子衰变效应

$$\tilde{X}_n(y) \to \mathrm{e}^{-t/\tau_n}\tilde{X}_n(y). \tag{10.5.1}$$

因为比值 $\lambda_{p \to n}(y)/\Lambda_{np}(y)$ 保持不变, 我们也可以直接在式(10.3.11)中恢复总 np 转化率 Λ_{np} 中的中子衰变效应的贡献。由公式(10.3.8)、(10.3.11)、(10.3.45) 和(10.3.46), 将衰变贡献代入式(10.4.2)的右边, 并替换如下:

$$I(y,y') \to \exp(b(\mathcal{K}(y) - \mathcal{K}(y')))\xi_I(y,y'), \tag{10.5.2}$$

其中,

$$\xi_I(y,y') = \exp\left(-\int_{t'}^{t}\lambda(n \to p + e^- + \bar{\nu}_e)(1 + \mathrm{e}^{-y''})\mathrm{d}t''\right) \tag{10.5.3}$$
$$= \exp\left(b\left(\delta\mathcal{K}(y) - \delta\mathcal{K}(y')\right)\right),$$

$$\delta\mathcal{K}(y) \equiv \frac{1}{a}\left(-\frac{y^2}{2} + (1+y)\mathrm{e}^{-y}\right). \tag{10.5.4}$$

变量 y 相应于时间 t, 而 y' 相应于 t', 故包含中子衰变过程的效果是用下式代替式(10.3.47)中的 $\mathcal{K}$ 函数

$$\mathcal{K}(y) \to \hat{\mathcal{K}}(y) = \mathcal{K}(y) + \delta\mathcal{K}(y) \tag{10.5.5}$$

及

$$\tilde{X}_n(y) \rightarrow \hat{X}_n^{(d)}(y) \tag{10.5.6}$$
$$= \frac{1}{1+e^y} + \int_{y_0}^{y} \frac{e^{y'}}{(1+e^{y'})^2} \exp\left(b\left(\hat{\mathcal{K}}(y) - \hat{\mathcal{K}}(y')\right)\right) dy'.$$

图 10.5.1 给出修改后的中子分支比 $\hat{X}_n^{(d)}$ 和原来 $\tilde{X}_n$ 的变化曲线。图形说明文字解释不同曲线意义。

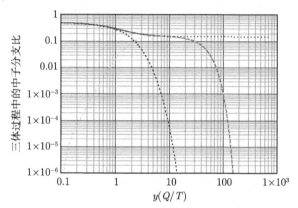

图 10.5.1　中子分支比 $\tilde{X}_n$ 和 $\hat{X}_n^{(d)}$ 随 y 的变换曲线。($\hat{X}_n^{(d)}$ 考虑中子衰变的三体过程，而 $\tilde{X}$ 则没考虑。红色实线：$\hat{X}_n^{(d)}$；蓝色点线：$\tilde{X}_n$；棕色虚线：平衡解，即式(10.5.6)第二行的第一项；青色点虚线：式(10.5.6)第二行右侧第二项)

比较红色实线 (包括中子衰变的 $\hat{X}_n^{(d)}(y)$) 和蓝点虚线 (不考虑中子衰变的 $\tilde{X}_n(y)$)，可看出在 $y < 10$ 或 $T > 1.5 \times 10^9$K 时，两曲线重叠，故此时中子衰变效应很小。但是 $y > 30$ 或 $T < 5 \times 10^8$K 时，红色曲线 $\hat{X}_n^{(d)}(y)$ 在 y 很大时，由于中子衰变效应，被指数压低。更仔细地查看式(10.5.6)，会发现 $\exp(b\hat{\mathcal{K}}(y))$ 项可移到积分号外。从式(10.5.5)和式(10.5.4) 可知，$-by^2/(2a)$ 可确认为中子衰变 $-t/\tau_n$ 引起的指数因子。因此，考虑到式(10.3.34)和式(10.3.35)，式(10.5.6)右边积分与 $\exp(-t/\tau_n)$ 成正比。实际上从式(10.5.3)看出指数衰变项已经初见端倪。第一行右边第一项贡献出因子

$$\exp\left(-\frac{t-t'}{\tau_n}\right). \tag{10.5.7}$$

第一部分 $\exp(-t/\tau_n)$ 是中子指数衰变因子，可提至积分号外。第二部分 $\exp(t'/\tau_n)$ 依赖于积分变量，必须进行积分。

下面谈两点。第一点是 BBF 不牵涉中子衰变道过多细节，而只是表明中子衰变效应可以通过将转化率 $\tilde{X}_n$ 乘以指数衰变因子 $\exp(-t/\tau_n)$，即式(10.5.1)，来实现。所以在 BBF 中这个指数衰减因子上也乘以平衡解。然而由以上讨论可知，指

数衰减因子不应该影响平衡解。但是由于 y 较大时平衡解急剧减小，增加指数衰变因子与否的影响很小。

第二点是包括中子衰变道的解的处理方法与文献 [204] 类似。我们的结果近似再现了文献 [204] 中表 3.2[21] 一直到温度为 6×10^8K 即 0.05MeV 时的值。在温度进一步降低时，我们的结果偏大。这种差异的根源很可能是因为在如此低的温度下，使用了超出许可范围的自由度值 g_*。在如此低的温度下，e^- 和 e^+ 由于湮灭很快消失，宇宙内能主要来自光子和中微子的贡献，其中中微子温度低于光子温度。所以 g_* 应取为 $2 + 6 \times (7/8) \times (4/11)^{4/3} = 3.363$，而不是通常使用的 $43/4 = 10.75$。数值计算表明，使用较小的 g_* 值，结果与文献 [204] 更为相符。但是高温下用较大的 g_* 值才是合理的。

10.6 阻止中子衰变——轻元素的合成

大自然极其精巧地，由核作用将中子存储于束缚态中，构成复杂原子核，从而阻止中子衰变。其合成过程开始于简单的多核子原子核，即氘核 D (^{2}H)；然后进一步合成更复杂的核，如氚 T(^{3}H)、氦-3 (^{3}He)、氦-4 (^{4}He) 等。[22] 合成轻核的是两体反应：

$$n + p \rightleftharpoons D + \gamma, \qquad\qquad (10.6.1)$$

$$D + D \rightleftharpoons T + p,$$

$$\rightleftharpoons {}^3\text{He} + n,$$

$$D + T \rightleftharpoons {}^4\text{He} + n,$$

$$D + {}^3\text{He} \rightleftharpoons {}^4\text{He} + p,$$

$${}^4\text{He} + {}^4\text{He} \rightleftharpoons {}^7\text{Li} + p,$$

$$T + {}^4\text{He} \rightleftharpoons {}^7\text{Li} + \gamma,$$

$${}^3\text{He} + {}^4\text{He} \rightleftharpoons {}^7\text{Be} + \gamma,$$

$${}^7\text{Li} + p \rightleftharpoons {}^7\text{Be} + n.$$

尽管氦-4 原则上可直接由初态为两个中子和两个质子的四体反应碰撞而合成，即 $2n + 2p \rightleftharpoons {}^4\text{He} + \gamma s$，但是反应截面小、相空间小，核子密度函数的四次方也小，这使得反应率太小而不能有效发生。所以，轻核的合成从二体对撞产生氘核开始。文

---

21 见文献 [204]，164 页。

22 这些轻元素的结合能：氘 $\varepsilon_D = 2.23452$MeV，氚 $\varepsilon_T = 8.4818$MeV，氦-3 $\varepsilon_{^3\text{He}} = 7.7180$，氦-4 $\varepsilon_{^4\text{He}} = 28.301$MeV。对于更高原子序数的元素，每个核子的结合能通常已经给出。

献 [239]给出了一直到 ^{7}Be 和 ^{7}Li 的轻核合成过程, 图 10.6.1 给出其图形形式。尽管 ^{7}Be 可由初始过程合成, 但它的半衰期只有 53 天, 故它不是一个原初轻核。

氘核合成 $n+p \rightarrow D + \gamma$ 的反应时间是电磁作用的典型时间: 10^{-16} 秒, 比宇宙膨胀时间快得多。并且在 $T = 1\mathrm{MeV}$ 温度量级下, 氘核合成的反应率也大于哈勃膨胀率。所以氘核和核子处于平衡状态, 即氘核以同样的反应率生成和离解。随着宇宙进一步膨胀, 温度下降, 氘核的离解率下降。因此需要计算中子和质子开始聚变形成氘核的时间, 与之相比, 氘核反向离解过程相对较弱。由于合成反应是电磁的强度, 在 eV 时间标度也就是 10^{-16} 秒内快速完成。一旦合成反应开始, 很快完成, 所有自由的中子几乎立即转变为氘核。这也因此保证了可用于最终合成氦的中子数量。

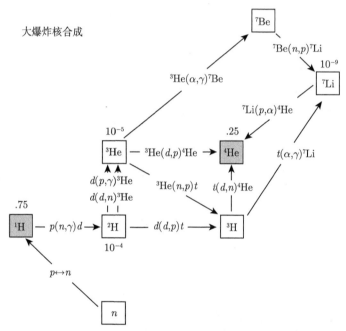

图 10.6.1　轻元素核合成的核反应。此图取自于文献 [239]

现在详细讨论一下轻元素原初合成过程在锂这里停止的这个情况。合成反应中的一个关键因素是不存在原子序数为 5 和 8 的稳定核。没有 $A = 5$ 元素, 两体反应可以合成的最高原子序数是两个氦-4 合成的 $A = 8$ 的轻核。由此合成的核是铍-8, 非常不稳定, 其半衰期为 7×10^{-17} 秒。^{7}Li 后面最轻的稳定核是 ^{9}Be。尽管 ^{7}Li 和氘核可合成 ^{9}Be, 但由于 ^{7}Li 的密度如此之低, 而且此时宇宙温度也很低, 因此合成 ^{9}Be 的量微乎其微。

通过式(10.6.1)所示的反应, 核子和轻元素处于热平衡和化学平衡。大多数元

素的密度很小, 遵从非相对论的玻尔兹曼–麦克斯韦分布式(9.3.8)

$$n_j(T_\gamma) = g_j \left(\frac{m_j T_\gamma}{2\pi}\right)^{3/2} e^{-(m_j - \mu_j)/T_\gamma}, \tag{10.6.2}$$

其中化学势不可忽略。如公式(10.6.1)第一式所隐含的, 维持反应热平衡的温度是光子温度, 故显式表示出上述温度以避免混淆。内部 (自旋) 自由度为: $g_p = 2$、$g_n = 2$、$g_D = 3$、$g_T = 2$、$g_{^3\mathrm{He}} = 2$、$g_{^4\mathrm{He}} = 1$。用 n_b 表示总重子密度数, 其中重子包括自由核子 p 和 n 以及束缚在原子核中的核子。定义重子–光子比,

$$\eta \equiv \frac{n_b}{n_\gamma} \equiv \eta_{10} \times 10^{-10}, \tag{10.6.3}$$

$$n_\gamma = \frac{2\zeta(3)}{\pi^2} T_\gamma^3,$$

其中 $\eta_{10} = 6.23 \pm 0.17$[10]。

为了进行计算, 必须使用一个与粒子化学势无关的表达式。氘的合成反应, 即公式(10.6.1)的第一式, 提供了这种可能性。首先观察到, 光子的化学势总是为零, 因为给定初态后可能存在多光子过程, 如式(10.6.1)第一式的末态, 尽管相对于单光子过程几率很小, 多光子末态仍然是允许的。公式(10.6.1)第一式的热和化学平衡说明质子和中子化学势之和等于氘核的化学势, $\mu_p + \mu_n = \mu_D$。这就导致人们考虑萨哈方程,

$$\frac{n_n n_p}{n_D} = \frac{g_n g_p}{g_D} \left(\frac{m_n m_p}{m_D} \cdot \frac{T_\gamma}{2\pi}\right)^{3/2} e^{-\varepsilon_D/T_\gamma}, \tag{10.6.4}$$

其中 ε_D 是氘的核结合能[22]。

$$\varepsilon_D = m_n + m_p - m_D = 2.23452\mathrm{MeV}. \tag{10.6.5}$$

将单个核子和可能合成的原子核的比率除以总重子数密度得到比值, 定义

$$X_j \equiv \frac{n_j}{n_b}, \tag{10.6.6}$$

有

$$X_n + X_p + 2X_D + 3X_T + 3X_{^3\mathrm{He}} + 4X_{^4\mathrm{He}} + \cdots = 1. \tag{10.6.7}$$

萨哈方程改写为

$$\begin{aligned}
G_{np} &= \frac{X_n X_p}{X_D} \\
&= \frac{\sqrt{\pi}}{12\zeta(3)} \frac{10^{10}}{\eta_{10}} \left(\frac{m_n}{T_\gamma}\right)^{3/2} e^{-\varepsilon_D/T_\gamma} \\
&= 3.5388 \times 10^{13} \eta_{10}^{-1} \left(\frac{1\mathrm{MeV}}{T_\gamma}\right)^{3/2} e^{-\varepsilon_D/T_\gamma},
\end{aligned} \tag{10.6.8}$$

其中取近似 $m_{\mathrm{D}} = 2m_p$。由

$$X_{\mathrm{D}} = G_{np}^{-1} X_n X_p \tag{10.6.9}$$

利用式(10.6.7)消去 X_p 可得

$$X_{\mathrm{D}} = \frac{G_{np}^{-1} X_n}{1 + 2G_{np}^{-1} X_n} \left(1 - X_n - 3X_{\mathrm{T}} - 3X_{^3\mathrm{He}} - 4X_{^4\mathrm{He}} - \cdots\right). \tag{10.6.10}$$

同样, 其他核子分支比 X_{T} 等也可以得到类似的表达式。

10.6.1　氘瓶颈

简单研究一下式(10.6.8)给出的 G_{np} 的行为。它的指数形式使它成为 T_γ 的快速变化函数。它在 $T_\gamma = 1.5\mathrm{MeV}$ 时达到最大值, 量级 10^{12}, 此时 $\eta_{10} = 6.23$。$T_\gamma = 0.1\mathrm{MeV}$ 时, G_{np} 降低了 8 个量级, 为 $G_{np} \approx 3.5 \times 10^4$。所以 G_{np}^{-1} 非常小并在温度范围内快速变化。这意味着, 除了 X_p 和 X_n 外, 包括 X_{D} 在内的所有核分支比都很小且随 T_γ 快速变化。当 T_γ 进一步降低, G_{np} 快速减小, 在 $T_\gamma \approx 0.067\mathrm{MeV}$ 时降至一。氘的合成在小于 0.1MeV 以下的温度范围内变得重要。在对 X_{D} 的一般研究中, 式(10.6.10) 分母中 $G_{np}^{-1} X_n$ 项以及所有右边的 (除核子以外的) 重原子核项都可以忽略。因此我们可以写出

$$X_{\mathrm{D}} \lesssim G_{np}^{-1} X_n \left(1 - X_n\right). \tag{10.6.11}$$

现在研究 X_{D} 作为温度函数的行为。当 $T_\gamma = 1\mathrm{MeV}$ 时, $G_{np} \sim 10^{12}$, 若 $X_n = 0.2$, 则 X_{D} 大约是 10^{-13}。而 $T_\gamma = 0.1\mathrm{MeV}, G_{np} \approx 3.5 \times 10^4$, $X_{\mathrm{D}} \approx 4.5 \times 10^{-6}$。这样温度下的氘核密度仍然太小, 无法为氦的合成提供足够原料来源。随着温度进一步降低, X_{D} 急剧增加。$T_\gamma = 0.09, 0.08,$ 和 0.07 时, 可分别得 $X_{\mathrm{D}} = 4.6 \times 10^{-5}, 8.6 \times 10^{-4},$ 和 3.8×10^{-2}。

这里插入一些物理方面的考虑。首先, 温度 1~0.1MeV 时, 光子能量等于或大于氘核的结合能, 由重子和光子的比值确定的每个重子对应的 (光子决定的) 熵很高, 这是 X_{D} 如此小的物理原因。这样的光子能量足以将合成的氘核离解成中子和质子分量。[23] 假设 $T_\gamma < \varepsilon_{\mathrm{D}}$, 以致于 $\exp(\varepsilon_{\mathrm{D}}/T_\gamma) \gg 1$。对方程 (9.2.3) 解析地求积分并近似取光子分布函数为 $f_\gamma(E) \approx \exp(-E/T_\gamma)$, 则可获得此类光子的数目。大致上, 这种近似在 $T_\gamma = 1\mathrm{MeV}$ 时已经有效, 此时 $\exp(\varepsilon_{\mathrm{D}}/1(\mathrm{MeV})) = 9.34$。则有

$$n_\gamma(E \geqslant \varepsilon_{\mathrm{D}}) \approx g_\gamma \frac{T_\gamma^3}{2\pi^2} \left(\left(\frac{\varepsilon_{\mathrm{D}}}{T_\gamma}\right)^2 + 2\left(\frac{\varepsilon_{\mathrm{D}}}{T_\gamma}\right) + 2\right) \mathrm{e}^{-\varepsilon_B/T_\gamma}. \tag{10.6.12}$$

---

23 这里遵循文献 [235]中的讨论。

熵和氘核的比值由下式决定

$$\frac{n_\gamma(E \geqslant \varepsilon_{\mathrm{D}})}{n_{\mathrm{D}}} = \frac{n_\gamma(E \geqslant \varepsilon_{\mathrm{D}})}{n_b X_{\mathrm{D}}} \tag{10.6.13}$$

$$\approx \frac{10^{10}}{\zeta(3)\eta_{10} X_{\mathrm{D}}} \left(\frac{\varepsilon_{\mathrm{D}}}{T_\gamma}\right)^2 \mathrm{e}^{-(\varepsilon_{\mathrm{D}}/T_\gamma)},$$

其中已将因子 $1/2 + (\epsilon/T_\gamma)^{-1} + (\epsilon/T_\gamma)^{-2}$ 替换为 1。$T_\gamma < 1$ 时，该近似的误差在两倍范围内。用式(10.6.11)代替 X_{D}，并由式(10.6.8)定义 G_{np}，有

$$\frac{n_\gamma(E \geqslant \varepsilon_{\mathrm{D}})}{n_{\mathrm{D}}} \approx \frac{1}{X_n(1-X_n)} \left(\frac{10^{10}}{\zeta(3)\eta_{10}}\right)^2 \frac{\sqrt{\pi}}{12} \left(\frac{m_n}{\varepsilon_{\mathrm{D}}}\right)^{3/2} \left(\frac{\varepsilon_{\mathrm{D}}}{T_\gamma}\right)^{7/2} \mathrm{e}^{-2\varepsilon_{\mathrm{D}}/T_\gamma} \tag{10.6.14}$$

$$= 2.271 \times 10^{21} \frac{1}{X_n(1-X_n)} \left(\frac{\varepsilon_{\mathrm{D}}}{T_\gamma}\right)^{7/2} \mathrm{e}^{-2\varepsilon_{\mathrm{D}}/T_\gamma}.$$

取 $X_n \approx 0.1$，上述表示表明，当 $T_\gamma = 1\mathrm{MeV}$ 时，每一个氘核有 4.8×10^{21} 个光子，$T_\gamma = 0.5\mathrm{MeV}$ 时，有 6.3×10^{20}；$T_\gamma = 0.1\mathrm{MeV}$ 时，有 5.2×10^7。比率随着温度降低下降很快。在 $0.07\mathrm{MeV}$ 时，熵和氘核的比值变为 1。当氘核合成时，这只是个大约温度标度。由于熵与氘比的迅速降低，氘核合成一旦开始就可以很快完成。

氦-4 合成依赖于氘的合成，而氘合成只发生小于 $0.1\mathrm{MeV}$ 的低温下，这就是所谓的氘瓶颈，原因在于早期可用的氘量极小。若氦-4 可不依赖氘合成，那么出现氦-4 的时间会早很多。下面简单讨论这一点。仅考虑热平衡，可定义氦-4 的重子分支比

$$X_{^4\mathrm{He}} = \frac{n_{^4\mathrm{He}}}{n_b}, \tag{10.6.15}$$

以及比率

$$G_{^4\mathrm{He}} = \frac{X_p^2 X_n^2}{X_{^4\mathrm{He}}} \sim \mathrm{e}^{-\epsilon_{^4\mathrm{He}}/T}. \tag{10.6.16}$$

类似于式(10.6.8)氘核的讨论，其中 $\epsilon_{^4\mathrm{He}}$ 是氦-4 的结合能。指数因子 $\exp(-\epsilon_{^4\mathrm{He}}/T)$ 使得 $G_{^4\mathrm{He}}$ 随着温度降低急剧减小。$T = 0.3\mathrm{MeV}$ 时，$G_{^4\mathrm{He}}$ 是 8.5，曲线斜率很陡[24]，这似乎意味着在大约 $T = 0.3\mathrm{MeV}$ 时氦-4 可以合成。但是直接合成反应 $2p + 2n \to {}^4\mathrm{He} + \gamma$ 非常非常小，这种合成反应道是无效的，必须等待到有足够多数量的氘核才能继续发生式(10.6.1)中的一系列反应。这也是造成氘瓶颈的一个原因。

另一点想说的是，T 从 $0.1\mathrm{MeV}$ 变化到 $0.07\mathrm{MeV}$，氘密度增加了大约四个数量级。这在物理上合理吗？检查一下这样的温度变化需要的时间，可作如下估计。如

---

24 $G_{^4\mathrm{He}}$ 在 $0.28\mathrm{MeV}$ 时量级为 10^{-2}，而在 $0.32\mathrm{MeV}$ 时量级为 10^3。

§9.5 节所述, 当宇宙温度降至 1MeV 以下时, 由于正负电子湮灭, 光子被重加热, 此时中微子已退耦, 并和宇宙一起膨胀。光子和中微子温度不同, $T_\nu = (4/11)^{1/3} T_\gamma$。其中一个计算方法是追踪宇宙膨胀时的中微子温度, 然后将其转化为定义宇宙温度的光子温度。退耦后的中微子随着宇宙自由膨胀, 故 $a^3 T_\nu^3 =$ 常数。则有

$$\frac{\dot{a}}{a} + \frac{1}{T_\nu}\frac{dT_\nu}{dt} = \sqrt{\frac{8\pi G_N}{3}\rho(T_\nu)} + \frac{1}{T_\nu}\frac{dT_\nu}{dt} = 0. \tag{10.6.17}$$

$T = 0.1\text{MeV}$ 以下, 宇宙中以光子和中微子为主, 二者的温度相互关系为 $T_\gamma = (11/4)^{1/3} T_\nu$, 且

$$\rho(T) = \rho_\gamma(T_\gamma) + \rho_\nu(T_\nu) = g'_* \frac{\pi^2}{30} T_\nu^4, \tag{10.6.18}$$

$$g'_* = 2\left(\frac{11}{4}\right)^{4/3} + 6\left(\frac{7}{8}\right) = 12.956.$$

积分式(10.6.17), 可得[25]

$$t = \sqrt{\frac{45}{16\pi^3 g'_*}}\frac{M_P}{T_\nu^2} + t_0 \tag{10.6.19}$$

$$= \sqrt{\frac{45}{16\pi^3 g'_*}}\left(\frac{11}{4}\right)^{2/3}\frac{M_P}{T_\gamma^2} + t_0$$

$$= 1.3199\left(\frac{1\text{MeV}}{T_\gamma}\right)^2 \text{s} + t_0,$$

其中 t_0 在 BBF 近似为 $t_0 = 2\text{s}$。因此温度在 0.1MeV 和 0.07MeV 之间的时间间隔大约为 137s。这对在 MeV/eV 能标由强/电磁作用中子和质子聚变形成氘来说是非常长的时间。强和电磁相互作用的时间标度分别为 10^{-22} 和 10^{-16}s。

10.7 氦-4 的原初分支比

中子进入氘核的俘获时间计算有两个重要性质。其一是它包含很多细节, 特别是需要检查式(10.6.1)中的反应率。其二是 0.1MeV 温度范围内各种量快速变化, 在我们的数量级估计中可以看到, 需要细心的数值计算。这两者在试图简单阐述这些主题时都牵涉太多。然而可以预期, ^{4}He 合成发生在氘核不再被熵主导的时候, 即宇宙温度低于 0.1MeV 时。这一点已在式(10.6.14)下面那一段内容中讨论过。这种合成 ^{4}He 的临界温度, 表示为 $T_{\gamma,c}$, 可在文献中找到, 也可由 BBF 给出

---

25 下面式子的第一行和第二行是 BBF 中的式 (3.10)。

$$T_{\gamma,c} = \frac{\varepsilon_d}{26} \approx 0.086 \text{MeV}, \tag{10.7.1}$$

这确实处于如上期望的温度区间内。由式(10.6.19)相应的临界时间为

$$t_c = 180\text{s}, \tag{10.7.2}$$

即大爆炸后的 3 分钟,临界温度时中子分支比为

$$\hat{X}_n(Q/T_{\gamma,c}) = 0.136, \tag{10.7.3}$$

其中,中子衰变道贡献也包含在积分中。另一结果为

$$\tilde{X}_n^{(\text{d})}(Q/T_{\gamma,c}) = 0.123. \tag{10.7.4}$$

这正是式 (3.43) 给出的 BBF 结果。

现在可得氦-4 的重子分支比。一旦开始合成氘核,由于非常快的强和电磁相互作用过程,所有的中子都会很快地被捕获到氘中。式(10.6.1)中的其他一系列反应也可以非常快地完成。由于氦-4 结合能很大,大部分氘转换成氦-4。总氘核分支比就是 $\hat{X}_n$ 或 $\tilde{X}_n^{(d)}$。公式(10.6.1)前五个反应合成氦-4,即 $D + D \to {}^4\text{He} + \gamma$。氦-4 数目是氘的一半。于是氦-4 的原初重子分支比可表示为 Y_{P},"P" 意味着 "原初"。它是氘核分支比的 4 倍,即

$$Y_{\text{P}} = 4X_{{}^4\text{He}} = \begin{cases} 2\hat{X}_n(Q/T_{\gamma,c}) = 0.272 \\ 2\tilde{X}_n^{(\text{d})}(Q/T_{\gamma,c}) = 0.246 \end{cases}, \tag{10.7.5}$$

其中值 $2\tilde{X}_n^{(d)}(Q/T_{\gamma,c}) = 0.246$ 是 BBF 结果, $2\hat{X}_n(Q/T_{\gamma,c}) = 0.272$ 与文献 [204][26] 结果一致。最近观测数据显示 Y_{P} 在非常小的误差范围内,在 0.247 和 0.252 之间[10]。式(10.7.5)给出的 $\hat{X}_n^{(d)}$ 的值处于这个观测区域。但是考虑计算用到的近似,这种符合也不应当夸大其辞,实际只是说明在所做的近似下做解析计算不是毫无根据的。

10.8 计量重子物质和原初锂问题

图 10.8.1 给出了宇宙大爆炸标准模型预言的 ^{4}He、D, ^{3}He、^{7}Li 的丰度以及相应的测量值,这些数据来自文献 [10]。竖直带表示的预测值在 2σ 的误差范围内。观测值显示为水平带,其中实边界线的小范围表示有 2σ 的统计误差。而更大的虚边

26 见文献 [204], 167 页。

界线区域包含有 2σ 的统计加系统误差，^{4}He 的系统误差最大。红色斜线表示的较宽垂直带是 BBN 一致性理论预言的范围。蓝色短线表示的窄竖直带表示 CMB 测量的宇宙重子密度。氘、氦-3 和氚的预测值和观测值符合得很好。目前还没有氦-3 的观测数据。稍后讨论锂-7。上面横轴 Ωh^2 标度以及下面横轴的标度 $\eta \times 10^{10} \equiv \eta_{10}$ 之间的相互关联为

$$
\begin{aligned}
\Omega_{\mathrm{b}} h^2 &\equiv \frac{\rho_b}{\rho_C} h^2 \\
&= \frac{n_\gamma m_{\mathrm{N}}}{\rho_c} \eta_{10} \\
&= 3.65 \times 10^{-3} \eta_{10} \left(\frac{m_{\mathrm{N}}}{0.938 \mathrm{GeV}} \right),
\end{aligned}
\tag{10.8.1}
$$

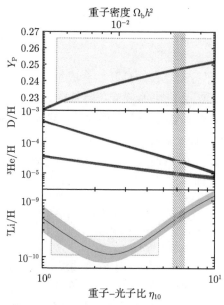

图 10.8.1　大爆炸核合成中轻元素的预测丰度以及它们的观测值。氘、氦-3 和锂-7 的分支比都与氢有关。下标 P 表示原初的。注意，这里使用的符号中，$\eta \times 10^{10}$ 就是 η_{10}

其中 m_{N} 是有效核子质量，接近于质子质量。

$$
\begin{aligned}
\rho_c &= \frac{3 H_0^2}{8\pi G_{\mathrm{N}}} \\
&= 1.05375 \times 10^{-5} h^2 (\mathrm{GeV}/c^2) \mathrm{cm}^{-3}
\end{aligned}
\tag{10.8.2}
$$

是临界密度。

　　BBN 结果是二十世纪六七十年代，在 WMAP 精确测量之前，非重子物质存在的早期证据。如图 10.8.1 所示，氘分支比对 η 相当敏感，可很好地用于测量它。

氘数据给出 η_{10} 的范围在 $5.0 \sim 6.8$ 之间，对应着

$$\Omega_{\mathrm{b}}h^2 = 0.018 \sim 0.024, \qquad \Omega_{\mathrm{b}} = 0.042 \sim 0.053.$$

计算使用了哈勃膨胀率标度因子的当前值 $h = 0.673$。然而，从其他研究得到的所有非相对论性物质对临界密度的贡献比例要比上述分支比大很多。星系团研究给出 $\Omega_{\mathrm{m}} \approx 0.2$，I 型超新星红移–距离之间关系的研究给出 $\Omega_{\mathrm{m}} \approx 0.3$。这种差异接近于 5，因此很难将 Ω_{b} 识别为 Ω_{m}。因此应该存在着不是重子形式的物质。

　　锂-7 数据，大致和氦-4 与氘数据一致，要求 η_{10} 不大于 5。然而，高精确 CMB 实验关于重子密度的测量要求 η_{10} 不小于 6，二者相互冲突。如图 10.8.1 所示，重子和光子比 η 的 CMB 测量预言了锂-7 比率不小于 5×10^{-10}，但观测结果却不大于 3×10^{-10}。这种不一致通常被称为锂问题。假定这种分歧的起源不在于实验，将不得不用新的物理学来解释。实际上已有一系列的超对称标准模型来解释锂-7 的过丰问题，锂问题也可能与暗物质有关。用新物理理论研究标准 BBN 的相关讨论可参阅文献 [226] 和 [227]。

11 │ 大质量粒子的冻结

本章详细讨论标准宇宙学理论中宇宙早期的粒子冻结。这与暗物质研究相关，例如，在 WIMP 理论中著名的 WIMP 奇迹中暗物质的处理办法。对这个课题处理较好的文献可参阅文献 [65]、[204]和 [92]等。[1] 从玻尔兹曼输运方程开始，作为 WIMP 奇迹基础的原始文章[196]是简洁的，也是可读的。本章从推导玻尔兹曼输运方程出发，它依赖在 §5.3 节进行的热残留 WIMP 物理的讨论。

11.1 粒子产生和湮灭的玻尔兹曼输运方程

考虑两体散射过程，用粒子 1、2、3、4 表示，[2]

$$1 + 2 \rightleftarrows 3 + 4. \tag{11.1.1}$$

这个过程是粒子 1 和 2 湮灭后生成粒子 3 和 4，以及相反地，从 3 和 4 生成 1 和 2 的过程。暗物质相关讨论中，粒子 1 和 2 表示暗物质粒子和它们的反粒子。如果暗物质是马约拉纳粒子，则正反粒子相同。粒子 3 和 4 是普通粒子，可以是光子、荷电轻子、中微子和夸克等粒子以及它们的反粒子。一个特殊的例子就是暗物质粒子反应 X 和 $\bar{X}$ 湮灭为一对较轻的普通粒子，如轻子–反轻子对

$$X + \bar{X} \leftrightarrow \ell + \bar{\ell}. \tag{11.1.2}$$

当然，目前讨论并不仅限于普通轻子对的产生。

将粒子数密度分别表示为 n_j，$j = 1, \cdots, 4$。玻尔兹曼方程给出在膨胀宇宙下共动参考系体积 a^3 中的粒子 1 数密度的改变率为

$$\frac{1}{a^3}\frac{\mathrm{d}}{\mathrm{d}t}(n_1 a^3) = \sum_{\text{自旋}} \int \cdots \int \prod_{j=1}^{4} \left(\frac{\mathrm{d}^4 p_j}{(2\pi)^3}\delta_+(p_j^2 - m_j^2) \right) (2\pi)^4 \delta^4(p_1 + p_2 - p_3 - p_4)|\mathcal{M}|^2$$

$$(f_3 f_4 (1 \pm f_1)(1 \pm f_2) - f_1 f_2 (1 \pm f_3)(1 \pm f_4)), \tag{11.1.3}$$

其中 $\mathcal{M}$ 是反应式(11.1.1)的矩阵元，求和遍历所有粒子的自旋态。δ_+ 指 δ 函数解中的正根，f_j 是粒子分布函数 (9.2.1)。f_j 因子与反应初态粒子相关联，而 $(1 \pm f_j)$

---

1 见文献 [92]，58-61 页和 73-78 页；也可参见文献 [65]，119-130 页和文献 [204]，185-196 页。
2 这样的根据取自文献 [92]第 3 章。

则与末态粒子有关。$1 - f_j$ 用于费米子，而玻色子用于 $1 + f_j$，它们分别表示泡利阻塞和玻色子增强效应。

方程(11.1.3)右边第二行第一项表示 3 和 4 粒子到 1 和 2 的产生，它使得粒子 1 的数目增加，因而前面为正号。第二项表示 1 和 2 湮灭到 3 和 4，粒子 1 数目减少，因此前面为负号。作为快速检验，看一下方程两边的量纲。左边量纲是体积和时间的倒数，自然单位制中是能量的四次方。由于两体到两体的反应矩阵元是无量纲的，而 δ-函数的量纲是它自变量的倒数，因此右边量纲满足要求，是能量的四次方。因此粒子分布函数 f_j，$j = 1, \cdots, 4$，与粒子自旋态无关，可将求和移至矩阵元处

$$\frac{1}{a^3}\frac{\mathrm{d}}{\mathrm{d}t}(n_1 a^3) = \int \ldots \int \prod_{j=1}^{4}\left(\frac{\mathrm{d}^4 p_j}{(2\pi)^3}\delta_+(p_j^2 - m_j^2)\right)(2\pi)^4\delta^4(p_1 + p_2 - p_3 - p_4)\sum_{\text{自旋}}|\mathcal{M}|^2$$
$$(f_3 f_4(1 \pm f_1)(1 \pm f_2) - f_1 f_2(1 \pm f_3)(1 \pm f_4)). \qquad (11.1.4)$$

11.2 粒子数密度的变化率

粒子数密度变化率式(11.1.4)可根据现在研究的物理情况进行简化。[3] 在 WIMP 模型中，冷暗物质粒子在 GeV 到几个 TeV 的质量范围。如此重的质量使它在冻结前已经是非相对论粒子。因此如果保持在热平衡状态，它的粒子数密度，记作 n_X，将取式(9.3.8)的形式，随着宇宙温度降低呈指数下降。如果一直保持这样，那今天剩余的粒子就非常少了。它必须在宇宙演化的某个时刻与宇宙热浴退耦以致冻结，因此 (共动体积内的密度保持不变) 其变化与因哈勃膨胀引起的稀释一致，即 $n_X \sim a^{-3}$. 这样有可能 (有希望) 足够大到实验上可以检验其存在。冻结很可能发生在 GeV 温度以下，$m_X \gg T$，此时大质量粒子的能量由其 (静) 质量主导。由于式(11.1.4)中 δ-函数保证的能量守恒，$E_1 + E_2 = E_3 + E_4$，那么轻的普通标准模型粒子 3、4 是高度相对论的，因此与宇宙热浴保持热平衡。因此在这种运动主导的情形下，所有涉及的数密度分布函数可近似写为

$$f_j = \frac{1}{\mathrm{e}^{(E_j - \mu_j)/T} \pm 1} \to \mathrm{e}^{-(E_j - \mu_j)/T}, \qquad (11.2.1)$$

其中 μ_j 是粒子 j 的热力势。在这种近似下，泡利阻塞因子和玻色子增强因子都可用 1 代替。也就是说，粒子密度足够稀薄时，泡利阻塞和玻色子增强效应可忽略不计。这种粒子运动状态的认识大大简化了下面讨论的公式。

偏离热平衡时，参与反应中的粒子不再处于化学平衡，此时

---

3 参见 [92]，58-62 页和 73-78 页的讨论。

$$\mu_1 + \mu_2 \neq \mu_3 + \mu_4. \tag{11.2.2}$$

现在可写下式(11.1.4)第二行的表达式

$$f_3 f_4 (1 \pm f_1)(1 \pm f_2) - f_1 f_2 (1 \pm f_3)(1 \pm f_4) \tag{11.2.3}$$
$$\to \mathrm{e}^{-(E_3-\mu_3)/T}\mathrm{e}^{-(E_4-\mu_4)/T} - \mathrm{e}^{-(E_1-\mu_1)/T}\mathrm{e}^{-(E_2-\mu_2)/T}$$
$$= \mathrm{e}^{-(E_1+E_2)/T}\left(\mathrm{e}^{(\mu_3+\mu_4)/T} - \mathrm{e}^{(\mu_1+\mu_2)/T} \right).$$

上式使用了能量守恒公式 $E_1 + E_2 = E_3 + E_4$.

在上面式(11.2.3)近似下，粒子数密度可近似写为

$$n_j \approx g_j \frac{4\pi}{(2\pi)^3} \int \mathrm{e}^{-(E-\mu_j)/T} p^2 \mathrm{d}p \tag{11.2.4}$$
$$= g_j \mathrm{e}^{\mu_j/T} \begin{cases} \dfrac{T^3}{\pi^2}, & T \gg m_j, \\[2mm] \left(\dfrac{m_j T}{2\pi}\right)^{3/2} \mathrm{e}^{-m_j/T}, & T \ll m_j. \end{cases}$$

也可定义没有化学势时的数密度

$$n_j^{(0)} \equiv n_j|_{\mu_j=0} \tag{11.2.5}$$
$$= \begin{cases} g_j \dfrac{T^3}{\pi^2}, & T \gg m_j, \\[2mm] g_j \left(\dfrac{m_j T}{2\pi}\right)^{3/2} \mathrm{e}^{-m_j/T}, & T \ll m_j. \end{cases}$$

比较上面 $n_j^{(0)}$ 的表达式和式(9.3.1)及式(9.3.8)给出的精确形式，可以看出非相对论近似是一样的，而上面的相对论表述则处在式(9.3.1) 给出的费米子和玻色子表达式之间。故这里处理方法与之差别很小，可以忽略。下面是关键的近似，

$$\mathrm{e}^{\mu_j/T} = \frac{n_j}{n_j^{(0)}}. \tag{11.2.6}$$

改写式(11.2.3)，

$$f_3 f_4 (1 \pm f_1)(1 \pm f_2) - f_1 f_2 (1 \pm f_3)(1 \pm f_4) \tag{11.2.7}$$
$$\to \mathrm{e}^{-(E_1+E_2)/T}\left(\frac{n_3 n_4}{n_3^{(0)} n_4^{(0)}} - \frac{n_1 n_2}{n_1^{(0)} n_2^{(0)}} \right).$$

化学平衡时，$\mu_1 + \mu_2 = \mu_3 + \mu_4$，上式为零。这是我们预期的结果，处于热平衡时共动体积内的粒子密度是个常数。

现在玻尔兹曼方程(11.1.4)变为

$$\frac{1}{a^3}\frac{\mathrm{d}}{\mathrm{d}t}(n_1 a^3) \approx \int \cdots \int \prod_{j=1}^{4}\left(\frac{\mathrm{d}^4 p_j}{(2\pi)^3}\delta_+(p_j^2 - m_j^2)\right)(2\pi)^4\delta^4(p_1 + p_2 - p_3 - p_4)\sum_{\text{自旋}}|\mathcal{M}|^2$$

$$\tag{11.2.8}$$

$$\mathrm{e}^{-(E_1+E_2)/T}\left(\frac{n_3 n_4}{n_3^{(0)}n_4^{(0)}} - \frac{n_1 n_2}{n_1^{(0)}n_2^{(0)}}\right)$$

$$=n_1^{(0)}n_2^{(0)}\left(\frac{n_3 n_4}{n_3^{(0)}n_4^{(0)}} - \frac{n_1 n_2}{n_1^{(0)}n_2^{(0)}}\right)$$

$$\times \frac{1}{n_1^{(0)}n_2^{(0)}}\int \cdots \int \prod_{j=1}^{4}\left(\frac{d^4 p_j}{(2\pi)^3}\delta_+(p_j^2 - m_j^2)\right)(2\pi)^4\delta^4(p_1 + p_2 - p_3 - p_4)$$

$$\times \sum_{\text{自旋}}|\mathcal{M}|^2\mathrm{e}^{-(E_1+E_2)/T}.$$

第二个等号前我们提出了只涉及粒子数密度比的项, 因为它们与粒子动量无关。改写上式最后二行

$$\frac{1}{n_1^{(0)}n_2^{(0)}}\int \cdots \int \prod_{j=1}^{4}\left(\frac{\mathrm{d}^4 p_j}{(2\pi)^3}\delta_+(p_j^2 - m_j^2)\right)(2\pi)^4\delta^4(p_1 + p_2 - p_3 - p_4)$$

$$\sum_{\text{自旋}}|\mathcal{M}|^2\mathrm{e}^{-(E_1+E_2)/T} \tag{11.2.9}$$

$$=\frac{g_1 g_2}{n_1^{(0)}n_2^{(0)}}\int \mathrm{e}^{-E_1/T}\frac{\mathrm{d}^3 p_1}{(2\pi)^3}\int \mathrm{e}^{-E_2/T}\frac{\mathrm{d}^3 p_2}{(2\pi)^3}\left|\frac{\vec{p_1}}{E_1} - \frac{\vec{p_2}}{E_2}\right|$$

$$\times \frac{1}{2E_1 2E_2|\frac{\vec{p_1}}{E_1} - \frac{\vec{p_2}}{E_2}|}\int\int \frac{\mathrm{d}^3 p_3}{(2\pi)^2 2E_3}\frac{\mathrm{d}^3 p_4}{(2\pi)^2 2E_4}(2\pi)^4\delta^4(p_1 + p_2 - p_3 - p_4)\sum \overline{|\mathcal{M}|}^2$$

$$=\frac{g_1 g_2}{n_1^{(0)}n_2^{(0)}}\int \mathrm{e}^{-E_1/T}\frac{\mathrm{d}^3 p_1}{(2\pi)^3}\int \mathrm{e}^{-E_2/T}\frac{\mathrm{d}^3 p_2}{(2\pi)^3}\left|\frac{\vec{p_1}}{E_1} - \frac{\vec{p_2}}{E_2}\right|\sigma(1 + 2 \to 3 + 4)$$

$$\equiv \langle v\sigma \rangle,$$

其中 $\sum \overline{|\mathcal{M}|}^2$ 表示对粒子 3 和 4 的自旋求和, 对粒子 1 和 2 的自旋求平均。对粒子 1 和 2 的自旋求平均就是将 $\sum_{\text{自旋}}|\mathcal{M}|^2$ 除以积 $g_1 g_2$。注意上式第一个等号后的第二行是反应 $1 + 2 \to 3 + 4$ 的截面公式。下面的项

$$\left|\frac{\vec{p_1}}{E_1} - \frac{\vec{p_2}}{E_2}\right| \tag{11.2.10}$$

是初始粒子的相对速度。非相对论情形下就是两个粒子速度差的绝对值，即 $|\vec{v}_1 - \vec{v}_2|$。[4] p_1、p_2 的积分形式只是对式(11.2.5)的分布函数求平均，即对初始粒子的相对速度和反应截面的乘积的分布函数求平均。乘以 g_1, g_2 因子只不过是在 1, 2 粒子密度表达式中考虑它们的自由度。现在，在共动体积中求平均，可得到粒子 1 数密度变化率的微分方程，

$$\frac{1}{a^3}\frac{\mathrm{d}}{\mathrm{d}t}(a^3 n_1) = -\langle v\sigma\rangle n_1^{(0)} n_2^{(0)}\left(\frac{n_1 n_2}{n_1^{(0)} n_2^{(0)}} - \frac{n_3 n_4}{n_3^{(0)} n_4^{(0)}}\right). \tag{11.2.11}$$

由公式(9.5.2)、式(9.5.6)和式(9.5.4)，或者仅仅从 $aT \sim$ 常数这一事实，有

$$\mathrm{d}t = -\frac{1}{H(T)}\frac{\mathrm{d}T}{T}. \tag{11.2.12}$$

引入变量

$$x = \frac{m_X}{T}. \tag{11.2.13}$$

以 x 的导数改写时间导数

$$\frac{\mathrm{d}}{\mathrm{d}t} = xH(T)\frac{\mathrm{d}}{\mathrm{d}x} = x^{-1}H(m_X)\frac{\mathrm{d}}{\mathrm{d}x}. \tag{11.2.14}$$

上面第二个等式来自大质量粒子退耦是在高温时发生的这一事实，因此宇宙膨胀主要是由普通相对论粒子构成的辐射主导。[5] 故总能量密度 $\rho_\mathrm{R} \sim T^4$。由式(9.5.4)，得

$$H(T) = \sqrt{\frac{8\pi G_\mathrm{N}}{3}\rho(T)} = x^{-2}H(m_X), \tag{11.2.15}$$

$$H(m_X) = \sqrt{\frac{8\pi G_\mathrm{N}}{3}\rho(m_X)} = \sqrt{\frac{4\pi^3}{45}g_*}\left(\frac{m_X^2}{M_\mathrm{P}}\right),$$

其中 g_* 是所有无质量粒子以及质量相对于温度可以忽略的粒子的自由度数目总和。表 9.3.2 给出各种情形下的 g_* 值。在得到上述式(11.2.15)时，已使用宇宙温度高以致于宇宙是辐射主导的这一事实，所以总能量密度为式(9.4.1)的形式：$\rho(T) = g_*(\pi^2/30)T^4$。

回到式(11.2.11)。大质量粒子湮灭的对称情况下，$n_1 = n_2$ 且 $n_1^{(0)} = n_2^{(0)}$。对粒子 3 和 4，取 $T \gg m_3, m_4$，使它们与宇宙热浴处于热平衡状态。于是 n_3 和 n_4 分

---

4 注意式(11.2.9)中的项 $2E_1 E_2\left|\dfrac{\vec{p_1}}{E_1} - \dfrac{\vec{p_2}}{E_2}\right|$ 是初态的通量密度，无论在质心系还是在实验室系，它通常写成协变形式，$2\lambda(S, m_1^2, m_2^2)$，其中 $\lambda(a, b, c) \equiv \sqrt{a^2 + b^2 + c^2 - 2ab - 2ac - 2bc}$。目前讨论中 $S = (p_1 + p_2)^2$，其中 p_1、p_2 是 1、2 的四动量。

5 严格说来，应写为 $H(T) = H(m_X)\sqrt{g_*(T)/g_*(m_X)}$。这里近似忽略 $g_*(T)$ 和 $g_*(m_X)$ 的差别。

别为 $n_3^{(0)}$ 和 $n_4^{(0)}$。在对称情况下，也将粒子 3 和 4 看成互为粒子和反粒子，则有 $n_3 = n_4$。此外，假定处于辐射主导时期，粒子 3 和 4 是高度相对论的，因此可忽略掉它们的化学势。由式 (9.2.19)，即 $aT \sim$ 常数，定义共动体积中大质量粒子数密度 (不同定义可能相差一个"乘积"的常数因子)[6]

$$Y(x) \equiv \frac{n_1}{T^3} \propto n_1 a^3, \tag{11.2.16}$$

$$Y_{\rm eq}(x) \equiv \frac{n_1^{(0)}}{T^3} \propto n_1^{(0)} a^3.$$

可将大质量粒子密度式(11.2.11)的变化率写为

$$\frac{\mathrm{d}}{\mathrm{d}x} Y(x) = -\frac{\lambda}{x^2} \left(Y(x)^2 - Y_{\rm eq}(x)^2 \right), \tag{11.2.17}$$

其中

$$\lambda \equiv \frac{m_X^3}{H(m_X)} \langle v\sigma \rangle = \sqrt{\frac{45}{4\pi^3 g_*}} m_X M_{\rm P} \langle v\sigma \rangle. \tag{11.2.18}$$

所有涉及的量 Y、x、λ 都是无量纲的。注意乘积 $m_X \langle v\sigma \rangle$ 出现在这个微分方程中，这是冻结方程的一个主要特征。正如文献 [92] 指出的一样，在很多理论中 λ 为常数。[7] 本节将按照文献 [204] 的处理，把 λ 取为常数，稍后对它进行计算。

现在解释方程(11.2.17)。对方程的推导用到了这样一个情况：退耦时，近似式(11.2.1)是有效的，并且此时，所考虑的大质量粒子物理占主导地位。因此，可以不使用式(11.2.5)中的近似，而是使用忽略化学势的大质量粒子 $n_1^{(0)}$ 的精确热平衡分布函数来表示。于是可以明确给出来 $Y_{\rm eq}(x)$。密度函数 n_1，即使是在近似形式下，也包含有未知的化学势，需要求解式(11.2.17)来得到。因此 n_1 可任意选取。自旋 s_X 的大质量粒子在热平衡时数密度的精确表达式为

$$n_X^{(0)} = \frac{2s_X+1}{(2\pi)^3} \int \frac{4\pi p^2 \mathrm{d}p}{\exp\left(\sqrt{p^2+m_X^2}/T\right) + (-1)^{2s_X+1}}, \tag{11.2.19}$$

其中大质量粒子自旋态数 $2s_X+1$ 即为它的自由度。则有[8]

$$Y_{\rm eq}(x) = \frac{n_X^{(0)}}{T^3} \tag{11.2.20}$$

$$= \frac{2s_X+1}{(2\pi)^3} \int \frac{4\pi y^2 \mathrm{d}y}{\exp\left(\sqrt{y^2+x^2}\right) + (-1)^{2s_X+1}}.$$

---

6 在 §5.3.1 节的 WIMP 奇迹讨论中，函数 Y 定义为式 (5.3.7) 的等价形式，即 $Y = n/s$，其中 s 是熵密度。在熵不增长时，$s \sim T^3$。

7 见文献 [92]，75 页。

8 表达式(11.2.20)是文献 [204] 式 (3.4.8) 给出的函数 $u_{\rm eq}(X)$。注意，这里使用变量 x 的倒数 $(1|x)$。

　　一个等价于式(11.2.17)的方程形式是把 n_X 对 x 的依赖关系换回对时间 t 的依赖关系，这可以由式(11.2.17)，利用式(11.2.14)、(11.2.15)、(11.2.18)三式给出，也可以由式(11.2.11)直接得出，

$$\frac{\mathrm{d}}{\mathrm{d}t} n_X(x) = -3H n_X(x) - \langle v\sigma \rangle \left((n_X(x))^2 - (n_X^{(0)}(x))^2 \right), \tag{11.2.21}$$

此即玻尔兹曼输运方程式 (5.3.3)。玻尔兹曼输运方程的物理意义是明确的。右边的项描述了大质量粒子密度变化的不同原因。右边第一项描述了由于宇宙膨胀造成的大质量粒子的稀释作用，因而依赖于哈勃膨胀率 H。因子 3 来自空间维度，这是所有粒子的共同项。式(11.2.16)定义的函数 $Y \sim a^3 n$ 中 (通过额外的 a^3 因子的抵消) 去掉了该项。第二项是由于两个大质量粒子湮灭为普通粒子引起的稀释效应，因此系数为 $\langle v\sigma \rangle$。因为湮灭效应涉及两个大质量粒子，故依赖于 $n_X(x)^2$。负号说明这些效应降低了粒子密度。第三项正比于 $(n_X^{(0)}(x))^2$，符号为正，系数为 $\langle v\sigma \rangle$，表示反向的反应，即由普通粒子湮灭生成大质量粒子。正如 §5.3.1 节的讨论，特别是与式 (5.3.13) 和式 (5.3.14) 有关的讨论，式(11.2.21)右边第二项和第三项构成一个这样的反馈机制：当 $\langle v\sigma \rangle/H$ 大时，它试图保持粒子处于热平衡密度状态，但是当 $\langle v\sigma \rangle/H$ 很小时，则脱离热平衡密度。可从式(11.2.17)得到 $Y(x)$ 的解。在得到解后，参考式(11.2.21)以了解解的一般行为。式(11.2.17)是 18 世纪早期就已经知道的里卡蒂方程，尽管特定形式的里卡蒂方程有解析解，但它一般没有封闭解。所以在得到式(11.2.17)的数值解之前，先偏离一下主题，简单讨论一下里卡蒂方程的普遍性质。在此过程中，还将说明如何得到唯一解，这是当方程只能通过数值求解时所必需的。

11.3　题外话——里卡蒂方程及其性质

　　函数 $y(x)$ 的里卡蒂方程 (RE) 形式如下：

$$\frac{\mathrm{d}}{\mathrm{d}x} y(x) = P(x)y(x)^2 + Q(x)y(x) + R(x). \tag{11.3.1}$$

它是一阶非线性微分方程。它没有已知的通解，与线性微分方程不同，后面将会看到，它可以有许多不同的解。下面讨论方程的两个重要性质。

11.3.1　转换为线性方程

　　如果有解析解，通常可由下列步骤将里卡蒂方程转换为线性方程得到。定义函数

$$v(x) = P(x)y(x), \tag{11.3.2}$$

可直接证明它满足里卡蒂方程

$$\frac{\mathrm{d}}{\mathrm{d}x}v(x) = v(x)^2 + \left(Q(x) + \frac{\mathrm{d}}{\mathrm{d}x}\ln P(x)\right)v(x) + P(x)R(x). \tag{11.3.3}$$

进一步定义

$$v(x) = -\frac{f'(x)}{f(x)}. \tag{11.3.4}$$

$f(x)$ 满足二阶微分方程

$$\frac{\mathrm{d}^2}{\mathrm{d}x^2}f(x) - \left(Q(x) + \frac{\mathrm{d}}{\mathrm{d}x}\ln P(x)\right)\frac{\mathrm{d}}{\mathrm{d}x}f(x) + P(x)R(x)f(x) = 0. \tag{11.3.5}$$

如果得到 $f(x)$ 的解析解, 则可参考式(11.3.2)和式(11.3.4)来获得原始里卡蒂方程的解析解,

$$y(x) = -\frac{1}{P(x)}\frac{\mathrm{d}}{\mathrm{d}x}\ln(f(x)). \tag{11.3.6}$$

11.3.2 多重解

若里卡蒂方程的一个解是已知的, 则可以很容易地得到另一个解。当已知解是封闭形式的函数时, 这是特别有用的。假定已知一个解, 称之为 $y_1(x)$, 定义

$$y(x) = y_1(x) + u(x), \tag{11.3.7}$$

其中 $u(x)$ 也满足里卡蒂方程, 方程的非线性性质决定它满足的不是原始形式的里卡蒂方程

$$\frac{\mathrm{d}}{\mathrm{d}x}u(x) = P(x)u(x)^2 + (Q(x) + 2P(x)y_1(x))u(x). \tag{11.3.8}$$

它没有不依赖于 $u(x)$ 的项, 因此零函数也是其解, 此时, $y(x)$ 即为已知的解 $y_1(x)$。若 $u(x) = 0$ 是上面方程的唯一解, 那么 $y_1(x)$ 是原始里卡蒂方程的唯一解。

上述方程(11.3.8)可以由下列定义转换为线性形式

$$u(x) = \frac{1}{z(x)}, \tag{11.3.9}$$

其中 $z(x)$ 满足一阶线性微分方程

$$\frac{\mathrm{d}}{\mathrm{d}x}z(x) = -\left(Q(x) + 2P(x)y_1(x)\right)z(x) - P(x). \tag{11.3.10}$$

这个方程的解是众所周知的, 它是将微分方程乘以下面积分因子

$$\mathrm{e}^{\int_{x_0}^{x}(Q(x')+2P(x')y_1(x'))\mathrm{d}x'}. \tag{11.3.11}$$

通过对比 (常数变易法) 可以得到解

$$z(x) = - \left(\int_{x_0}^{x} P(x') \mathrm{e}^{\int_{x_0}^{x'} (Q(x'')+2P(x'')y_1(x''))\mathrm{d}x''} \mathrm{d}x' + C_1 \right) \mathrm{e}^{-\int_{x_0}^{x} (Q(x')+2P(x')y_1(x'))\mathrm{d}x'},$$
(11.3.12)

其中 C_1 是积分常数, x_0 任意。因此, 可以获得原始里卡蒂方程的第二个解:

$$y_2(x) = y_1(x) + \frac{1}{z(x)}$$
(11.3.13)

$$= y_1(x) - \frac{\mathrm{e}^{\int_{x_0}^{x} (Q(x')+2P(x')y_1(x'))\mathrm{d}x'}}{\int_{x_0}^{x} P(x') \mathrm{e}^{\int_{x_0}^{x'} (Q(x'')+2P(x'')y_1(x''))\mathrm{d}x''} \mathrm{d}x' + C_1}.$$

重复这个过程, 可用解 $y_2(x)$ 构造出另一个解: 将上述表达式中的 $y_2(X)$ 替换为 $y_1(X)$, 再加上另一个积分常数 c_2。这个过程可以在允许的情况下重复多次。所以原则上可能存在无穷多解。但如果找不到第一个解析解 (必须通过数值方式得到), 这种情况就行不通了。因此, 想通过里卡蒂方程的一般性质求解是不现实的。

11.3.3　边界条件和唯一解

幸运的是, 通过一个解递推到另一个解的过程在存在边界或者初始条件时很快就终止了。假设在 x_0 上施加一个边界条件, 它也是式(11.3.12)的积分下限。$y_1(x_0)$, $y_2(x_0)$ 等所有可能的解都必须满足这个边界条件。于是必须有

$$z(x_0)^{-1} = C_1^{-1} = 0.$$
(11.3.14)

这说明 $C_1 \to \infty$。因此, 解的附加部分, 即 $1/z(x)$ 消失了。$y_1(x)$ 为唯一解。因此如果要求数值解满足边界/初始条件, 它就是唯一的。这就说明了我们可以得到式(11.2.17)的数值解, 并且这样的解是唯一的。

11.4　粒子数密度的解

现在使用商业软件 Mathcad 给出方程(11.2.17)的数值解。[9] 由于高温条件下 $x \ll 1$, 大质量粒子与宇宙热浴处于热平衡状态, 其数密度具有热平衡对应的形式。边界条件可取为 $Y(0) = Y_{\mathrm{eq}}(0)$。由上面里卡蒂方程的讨论, 数值解唯一。下节将证明, 式(11.2.17)右边 λ 的值通常是非常大的。

---

9 尽管式(11.2.17)没有封闭解, 但是具有适当解析表达的近似可用于在原初核合成阶段得到氘产生足够好的解。参见文献 [240]和本书第 10 章。

图 11.4.1 给出参数 $\lambda = 10^n$, $n = 5, 6, 8, 10$ 和 12 时五个不同的值。文献 [92] 给出了 $\lambda = 10^5$ 和 10^{10} 的情况[10]，文献 [204] 画出 $\lambda = 10^{10}$[11] 的情况，都与图 11.4.1 给出的相应值吻合。

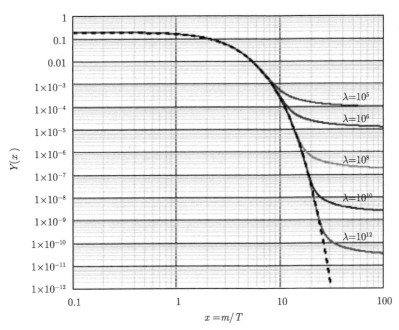

图 11.4.1 式 (11.2.17) 的数值解。m 是大质量粒子质量。各种颜色的实线是 $\lambda = 10^n$, $n = 5, 6, 8, 10$ 和 12 时的 $Y(x)$ 曲线。渐近值 $Y(x)$ 随着 n 的增加而减小。黑色虚线是 Y_{eq}

下面作几点评论，并在脚注 12 给出了一些关于数值工作的评论。[12]

- 图 11.4.1 中曲线行为可理解如下：$Y(x)$ 在小 x 值处开始，此时宇宙温度远大于粒子质量，和它的作为边界条件的热平衡值 $Y_{eq}(x)$ 在一个量级。由于 λ 很大，而且 x^{-2} 在 x 很小时也很大，所以 $Y(x)$（由于大的负反馈）必须很接

10 见文献 [92]，76 页，图 3.5。

11 见文献 [204]，189 页，图 3.2。

12 (1) 尽管对于一般用途的封装数值程序如 Mathcad 无须多说，但是本例中有一些微妙之处，因为 $Y(x)$ 在 x 的很小范围内迅速变化。如果读者想要利用 Mathcad 或者其他在小函数迅速变化时具有数值不稳定的程序来再现图 11.4.1 时，就有必要讨论得到图 11.4.1 的技术问题。首先从图 11.4.1 注意到，曲线在 $x = 10$ 时开始急剧下降。对于考虑的最大 λ 值，$\lambda = 10^{12}$，当 x 仅变化一个量级时，Y 的变化超过了 7 个数量级：从 $Y(7) = 2.8 \times 10^{-3}$ 直到 $Y(27) = 2.1 \times 10^{-10}$。直接利用 Mathcad 求解式 (11.2.17)，即使 $\lambda > 10^7$ 也不能给出合理的结果。大 x 时的小 $Y(x)$ 值引起数值不稳定性。然而，如果将微分方程改写为 $\sqrt{\lambda} Y(x)$ 的函数，Mathcad 可运用到 $\lambda = 10^{13}$，但更大的 λ 值就不再适用。此外，x 值只能适用于 $x \leqslant 300$，尽管 λ 较小时 x 的合适范围可扩至 $x = 600$。本文没有研究过式 (11.2.17) 是否有可推广到更大的 λ 值和更大 x 值的其他变换形式。(2) 这里说明一下，由于技术原因，边界条件 $Y(x_0) = Y_{eq}(x_0)$ 取值在 $x_0 = 0.01$，而不是 $x_0 = 0$。

近其热平衡时的值。$Y(x)$ 与其热平衡位置的任何显著偏离，将因 $Y(x)^2$ 的作用而进一步放大，这将导致 $Y(x)$ 的导数项很大，由于前面的符号，该大导数项的效果将 $Y(x)$ 推回到 $Y_{eq}(x)$。当宇宙温度下降到粒子质量以下时，导致 $x > 1$，$Y(x)$ 将随着 Y_{eq} 也呈指数 e^{-x} 下降。图右半部分变小，$Y(x)$ 斜率很小，因此 $Y(x)$ 将改变得很缓慢，它的值实际上是冻结的，尽管 Y_{eq} 仍然指数下降。这就是冻结现象。

- 上面讨论所采用的边界条件是 $Y(x)$ 在 $x \ll 1$ 时取热平衡值。在数值解中边界条件有多重要？进一步研究表明，即使 $Y(x)$ 初始条件中 x 很小 (比如 $x = 0.01$)，这时候如果 $Y(x)$ 偏离热平衡时的密度值，无论是大还是小，微分方程(11.2.17)将使 $Y(x)$ 接近 $x = 0.1$ 附近的热平衡值，以致右半部分仍然很小。$Y(x)$ 曲线如图 11.4.1 所示。这种小 x 时的"恢复力"可简单地从方程(11.2.17)右边的符号来理解。如果 $Y(x) > Y_{eq}$，则 $Y(x)$ 的导数为负，这使得 $Y(x)$ 减少到 $Y_{eq}(x)$。如果 $Y(x) < Y_{eq}$，则 $Y(x)$ 的导数为正，这使得 $Y(x)$ 增加到 $Y_{eq}(x)$。因此，x 很小时，$Y(x)$ 必须与 Y_{eq} 非常接近。

- 如上段所述，随着 λ 的增长，上图给出的 $x > 1$ 时 $Y(x)$ 的指数下降行为可以一直持续到更大的 x 值，因此 $Y(x)$ 的渐近值会变小。物理上可以这样理解：增加 λ 意味着增加 (m_X 固定时) 反应截面，从而增大反应率，使得大质量粒子的热平衡状态一直维持到宇宙温度很低的时候。因此，$Y(x)$ 的冻结值减小。对于固定的截面，增加大质量粒子的质量也产生同样的效果。

- 理解解的行为的另一种方法是利用式(11.2.21)。关注此式右边的项，它决定大质量粒子数密度函数 n_X 的时间行为。从宇宙早期或者高温时开始讨论。微分方程中变量的温度行为是 $n_X \sim T^3$ 和 $H \sim T^2$。因此第一项 $3Hn_X$ 的行为是 T^5，正比于反应截面的第二项对温度是 T^6 的依赖关系，因此该项正比于密度平方。若 n_X 偏离其热平衡的形式，那么后者，即反应项，将在高温时占主导地位。当 n_X 取热平衡的形式时，左边粒子数密度的时间导数由右边第一项给出，并保持热平衡形式，$n_X \sim T^3$。温度下降时，右边的项下降，第一项比第二项下降得慢。在某个温度 T 时，第一项和第二项将变得比较相当，粒子密度开始偏离热平衡形式。随着温度进一步降低，与粒子密度平方成正比的第二项变得非常小，微分方程又一次由宇宙的膨胀速度决定，用方程(11.2.21) 右边的第一项表示。于是 $n_X \sim T^3$ 和 Y 在此接近于定值而冻结了。尽管在非常高和非常低的温度时，n_X 都按照 T^3 演化，但是系数却大为不同。高温时，粒子行为类似于无质量粒子，其系数由热力学和所有与之热平衡的粒子共同决定。低温时，粒子是非相对论的，在哈勃膨胀中 (忽略相互作用) 自由传播，其系数由冻结密度决定。粒子被宇宙的膨胀简单地稀释为函数 $\sim T^3$。

11.5   冻结：冻结温度和粒子丰度

现在做一下总结。在非常高的温度 $x = m/T \ll 1$ 时，暗物质粒子与宇宙热浴的快速相互作用使其与宇宙其他粒子处于热平衡状态，并保持其热平衡丰度，使其数密度对温度有 T^3 依赖性，$n \sim T^3$，即粒子随宇宙膨胀，$n \sim a^{-3} \sim T^3$。随着宇宙进一步膨胀 T 降低，从而 x 增大。最终宇宙温度低于暗物质粒子质量，而暗物质粒子变成非相对论的，其热平衡密度随着 x 为指数下降，$n \sim e^{-x}$。x 足够大时，伴随着宇宙的膨胀，热平衡丰度变得如此之小，以致于暗物质粒子不能再与宇宙其他粒子发生相互作用，也不能找到自己的反粒子以发生湮灭反应，于是这就拉开了冻结的序幕。冻结密度再次以 $na^3 \sim n/T^3 \sim$ 常数的形式与宇宙一起膨胀，正如方程(11.2.21)右边第一项所示，即粒子密度由哈勃膨胀决定。因为 $T \sim a^{-1}$，此时暗物质粒子对温度的依赖性与其处于相对论热平衡状态时的温度依赖性是一样的。知道玻尔兹曼方程(11.2.17)的解，就可确定冻结时间和暗物质粒子的残留丰度。

接下来总结冻结解中的几个相关问题。给定玻尔兹曼输运方程，如图 11.4.1 所示，完整数值解取决于边界条件和 λ 的值。边界条件除了决定解的唯一性外似乎无关紧要。待确定的重要量是冻结时间和冻结粒子的渐近丰度。冻结期可粗略地取为 $Y(x)$ 开始和 $Y_{eq}(x)$ 分离时的 x 值，记为 x_f。今天的冻结粒子丰度是由 $Y_\infty = Y(x \to \infty)$ 决定的。正如前面提及的一样，这两个量实际上与边界条件无关。当 $x < 1$ 时，玻尔兹曼输运方程驱动着解趋于热平衡值，然后随 x 的进一步增加逐步接近冻结时的值，而且该值是唯一的。这就是玻尔兹曼输运方程的本性：从宇宙动力学的一般性质中得到的非线性微分方程。这使得对于暗物质粒子的预测更强而有力。下面讨论冻结期和渐近丰度。

11.5.1   冻结生成的残留丰度

首先讨论大质量粒子的冻结丰度。20 世纪 70 年代，人们在类似的物理背景下，详细研究了由于冻结而产生的大质量粒子的宇宙残留丰度[196, 241, 242]。文献 [204] 给出 $Y(x)$ 近似渐近值[13] 为

$$Y_\infty^{(\mathrm{LW})} \sim \frac{6.1}{\lambda^{0.95}}. \tag{11.5.1}$$

表 11.5.1 列出了几个 λ 值时 $Y_\infty^{(\mathrm{LW})}$ 的值和 $x = 300$ 时 $Y(x)$ 大的值。$Y(300)$ 应该接近于渐近值。表的最后一行列出能近似决定冻结期的表达式的数值。可看出 $\lambda = 10^7$ 到 10^{12} 之间，Y_∞^{LW} 和 $Y(300)$ 非常接近，只有百分之几的偏离。$\lambda = 10^6$ 时符合得不是很好，大约有 11% 的偏离，λ 更小时偏离更大。当 λ 很大时，比如

---

13 见文献 [204]，189 页，式 (3.4.11)，也可在其中发现更多参考文献。

$\lambda = 10^{13}$，偏离高达 22%。大的偏离至少部分说明 λ 很大的情况下，$x = 300$ 时 $Y(x)$ 尚未达到其近似值。

表 11.5.1   冻结值。式(11.5.5)给出冻结期 $x_f = 6.1\lambda^{0.05}$

λ	10^6	10^7	10^8	10^{10}	10^{12}	10^{13}
$Y_\infty^{(\mathrm{LW})}$	1.22×10^{-5}	1.37×10^{-6}	1.53×10^{-7}	1.93×10^{-9}	2.43×10^{-11}	2.72×10^{-12}
$Y(300)$	1.09×10^{-5}	1.33×10^{-6}	1.58×10^{-7}	2.03×10^{-9}	2.54×10^{-11}	3.49×10^{-12}
$x_f = 6.1\lambda^{0.05}$	12.2	13.7	15.3	19.3	24.3	27.2

11.5.2   冻结期

下面根据文献 [92][14] 来计算大质量粒子与宇宙热浴退耦的冻结期。用 T_f 表示冻结温度，相应地 x 由 $x_f \equiv m_X/T_f$ 给出。考虑微分方程处在 $x > x_f$ 的区域。将式(11.2.17)写为

$$\frac{1}{Y(x)^2}\frac{\mathrm{d}}{\mathrm{d}x}Y(x) = -\frac{\lambda}{x^2}\left(1 - \left(\frac{Y_{\mathrm{eq}}(x)}{Y(x)}\right)^2\right) \tag{11.5.2}$$

$$\approx -\frac{\lambda}{x^2},$$

得出第二行是由于当粒子开始冻结时，Y_{eq} 会迅速下降。除了在接近 x_f 的很小范围内，$Y_{\mathrm{eq}}(x)/Y(x)$ 在 x 大于 x_f 以后变得很小，这可从图 11.4.1 看出。因此在将方程从 x_f 积分到 ∞ 过程中，$(Y_{\mathrm{eq}}(x)/Y(x))^2$ 的贡献很小。积分结果为

$$\frac{1}{Y_\infty} - \frac{1}{Y(x_f)} = \frac{\lambda}{x_f}. \tag{11.5.3}$$

如图 11.4.1 所示，$Y(x_f)$ 比 Y_∞ 大一个数量级，可略去左边 $1/Y(x_f)$ 项，这样可将冻结温度与粒子数密度渐近值联系起来

$$Y_\infty = \frac{x_f}{\lambda}, \tag{11.5.4}$$

$$T_f = \frac{m_X}{x_f}.$$

由式(11.5.4)和式(11.5.1)，在冻结点上有

$$x_f = \lambda Y_\infty^{(\mathrm{LW})} = 6.1\lambda^{0.05}. \tag{11.5.5}$$

取几个 λ 值时 x_f 的值可在表 11.5.1 中查到。注意这些值符合通常的说法，即退耦发生在大约 $T_f \approx m_X/20$ 时。

---

14 见文献 [92]，73-78 页。

注意上面 x_f 因而 T_f 的计算是不精确的。冻结点或者退耦点通常定义为当粒子反应率等于哈勃膨胀率时的温度[15]。为避免混淆,将精确冻结温度记为 T_{fe},

$$(n_X(T)\langle v\sigma\rangle - H(T))|_{T=T_{fe}} = 0. \tag{11.5.6}$$

上面得到的退耦温度不满足这个条件。可以直观地看出,使用式(11.5.4)给出的退耦温度和式(11.2.18)给出的 λ 定义,再加上辐射主导性,使得 $H(m_X) = H(T_f)x_f^2$,可得

$$Y_\infty T_f^3 \langle v\sigma\rangle - H(T_f) = 0. \tag{11.5.7}$$

$Y_\infty T_f^3$ 是渐近冻结数密度,而不是简单依赖于温度 T^3 的 $n_X(T_{fe})$。必须计算式(11.5.6)才能得到精确冻结温度 T_{fe}。[16]

11.6 λ 的数值及其物理意义

回到式(11.2.18)定义的 λ,研究它的数值及物理含义。首先,令反应截面和粒子质量为自由参数以查看一般情形。讨论中我们使用文献 [92] 的方法。然后,依据文献 [204] 假定出合理的反应截面,从而查看大质量粒子的质量范围。

11.6.1 计算 λ

假设大质量粒子湮灭是弱相互作用强度的[17]。当 $T < m_X$ 时,大质量粒子是非相对论的,在自然单位制中热平均截面与初态大质量粒子的相对速度的积为[18]

$$\begin{aligned}\langle v\sigma\rangle &= \frac{G_F^2}{2\pi}m_X^2 \mathcal{C}_X \mathcal{F} \\ &= 5.30\times10^{-38}\mathcal{C}_X\mathcal{F}\left(\frac{m_X}{1\text{GeV}}\right)^2\text{cm}^2 \\ &= 5.30\times10^{-2}\mathcal{C}_X\mathcal{F}\left(\frac{m_X}{1\text{GeV}}\right)^2\text{pb}.\end{aligned} \tag{11.6.1}$$

简单讨论一下如何得出第一行。不依赖于任何特定的模型,这种情形下有两个能标。弱作用会出现量纲与能量四次方成反比的 G_F^2 因子。另一能标是暗物质质量 m_X,而反应末态的大多数普通粒子几乎都可认为是无质量的,因此不能用他们决定反应截面的量纲。因为左边的自然单位制量纲是长度平方或者能量倒数的平方,故方程右边需要 m_X^2 以得到正确的量纲。其他因子是纯数值的,2π 是相因子,$\mathcal{C}_X$ 是普通

---

15 见文献 [92],75 页。
16 见文献 [92],83 页,练习 10。
17 参见文献 [204],189 页。
18 文献 [204],189 页,式 (3.4.9)。

粒子进入大质量粒子湮灭反应式(11.1.2)中的待定反应道的数目；在文献 [204]中，$\mathcal{F}$ 被称为经验系数[19]，它包含反应的其他所有细节，而且期望值应该接近于 1。

现在改写式(11.2.18)中的无量纲 λ

$$\lambda = \frac{1}{2\pi}\sqrt{\frac{45}{4\pi^3}}\frac{\mathcal{C}_X\mathcal{F}}{\sqrt{g_*}}G_F^2 M_P m_X^3 \tag{11.6.2}$$
$$= 1.5923 \times 10^8 \frac{\mathcal{C}_X\mathcal{F}}{\sqrt{g_*}}\left(\frac{m_X}{1\text{GeV}}\right)^3.$$

哈勃膨胀率 $H(T)$ 参数中的有效自由度 g_* 和湮灭通道数 $\mathcal{C}_X$ 都依赖大质量粒子质量。由表 9.3.2 可看出，g_* 从 $T \approx 5\text{GeV}$ 时的 72.3 变化到 $T \approx 100\text{GeV}$ 的 95.3，大约有 25% 的偏差。故在此宇宙温度范围可将 g_* 看作常数。T 在 5GeV 到 100GeV 时，$\mathcal{C}_X/\sqrt{g_*}$ 取值大约为 2.1~2.5，故量级为 1。因此，把 λ 看作一个大的常数是有正当理由的。

11.6.2 临界密度分支比

如果知道冻结后某一时刻大质量粒子的密度，就可以计算出目前大质量粒子的贡献[20]。假定 $Y(x)$ 在温度 $T_1 < T_f$ 时达到渐近值。作为非相对论又冻结掉的粒子，在宇宙膨胀之后，它在 T_1 时的能量密度为

$$\rho_{X1} = 2m_X n_X(T_1) = 2m_X Y_\infty T_1^3, \tag{11.6.3}$$

通常情况下大质量粒子与其反粒子并不等同，所以右边会有因子 2。马约拉纳费米子情形或者自共轭玻色子，应去掉 2 因子。T_1 可能仍然很高，它也是那时的光子温度。但从 T_1 降至现在，由于宇宙演化期间正反粒子湮灭将额外的热注入宇宙，对应的光子温度 (相对同一时刻的 T_1 而言) 将更高一些。§9.5 节给出了中微子和光子温度分离的显式例子。这是由于中微子退耦以后以及当宇宙温度降至 1MeV 以下发生的正负电子湮灭。类似地，随着 T_1 下降，光子温度和其他大质量粒子对应的温度也会有差别。另外，其他湮灭过程也可发生在 T_1 和 1MeV 的宇宙温度之间。因此，光子温度和目前大质量粒子温度的差可能远大于光子温度和中微子对应温度的差。

---

19 文献 [204]，189 页。
20 参见 [92]，76-77 页。

令 T_{X0} 和 T_0 分别是现代大质量粒子的温度和定义了宇宙温度的光子温度, 则大质量粒子的流密度为

$$\rho_{X0} = \rho_{X1}\frac{T_{X0}^3}{T_1^3} = 2m_X Y_\infty T_0^3 \left(\frac{T_{X0}}{T_0}\right)^3 \tag{11.6.4}$$

$$\equiv \frac{1}{r_X} 2m_X Y_\infty T_0^3,$$

$$r_X \equiv \left(\frac{T_0}{T_{X0}}\right)^3.$$

r_X 是什么? 如上文所述, 正负电子湮灭使得光子温度相对于中微子温度提高了 $(11/4)^{1/3} = 1.40$ 因子。如果这是大质量粒子冻结后唯——一次重新加热宇宙的事件, 那么 $r_X = (T_0/T_{X0})^3 = 11/4 = 2.75$。这正是文献 [204] 中用到的值。[21] 然而当冻结发生在宇宙学温度 $T \gtrsim m_Z$, 且所有粒子–反粒子对的湮灭都将能量存储进宇宙之中时, 从表 9.3.2 可知, 粗略地, $T_{\gamma0}/T_{X0} = (381/43)^{1/3}(11/4)^{1/3} = 2.90$, 从而使 $r_X = 24.3$。因此, 今天大质量粒子的温度大约是光子的 1/3。这也大致是文献 [92] 中使用的值。[22] 上面 r_X 的两次计算中大约有 1 个数量级的差别。

为了计算现在大质量粒子的能量密度, 使用了渐近值 Y_∞ 式(11.5.1) 和 λ 式 (11.6.2),

$$\rho_{X0} = 2m_X \left(\frac{6.1}{\lambda^{0.95}}\right)\frac{T_{\gamma0}^3}{r_X} \tag{11.6.5}$$

$$= \left(\frac{\mathcal{C}_X \mathcal{F}}{\sqrt{g_*}}\right)^{-0.95} \left(\frac{m_X}{1\text{GeV}}\right)^{-1.85} \left(\frac{T_{\gamma0}}{2.725\text{K}}\right)^3 \frac{1}{r_X} \begin{cases} 3.32 \times 10^{-4}(\text{GeV}/c^2)\text{cm}^{-3} \\ \text{或者} \\ 5.92 \times 10^{-28}\text{g} \cdot \text{cm}^{-3}. \end{cases}$$

现在可以用临界密度分支比来表示大质量粒子的贡献。

$$\Omega_X = \frac{\rho_{X0}}{\rho_c} \tag{11.6.6}$$

$$= 31.50 \left(\frac{\mathcal{C}_X \mathcal{F}}{\sqrt{g_*}}\right)^{-0.95} \left(\frac{m_X}{1\text{GeV}}\right)^{-1.85} \left(\frac{T_{\gamma0}}{2.725\text{K}}\right)^3 \frac{h^{-2}}{r_X},$$

其中, $\rho_c = 3H_0^2/8\pi G_N = 1.05375 \times 10^{-5}h^2(\text{GeV}/c^2)\text{cm}^{-3}$ 是宇宙临界密度。

11.6.3 大质量粒子的质量和湮灭截面

令 $T_{\gamma0} = 2.725\text{K}$, 可用 Ω_X 来表示未知的大质量粒子质量和经验因子[23]

$$\left(\frac{m_X}{1\text{GeV}}\right)\sqrt{\mathcal{F}} \approx 6.46 \left(\frac{\mathcal{C}_X}{\sqrt{g_*}}\right)^{-0.51} \left(\frac{1}{r_X}\right)^{0.54} (\Omega_X h^2)^{-0.54}, \tag{11.6.7}$$

---

21 文献 [204], 190 页, 式 (3.4.12) 及它之上的讨论。
22 见文献 [92], 76 页, 式 (5.57) 及其上面的讨论。
23 参见文献 [204], 190 页, 式 (3.4.13)。

其中将 $\mathcal{F}^{0.51}$ 近似取为 $\sqrt{\mathcal{F}}$。设想大质量粒子解释了所有丢失的冷暗物质，$\Omega_X \approx \Omega_{\mathrm{cdm}}$。后者有现今的分支能量密度分支比[10]

$$\Omega_{\mathrm{cdm}} = \Omega_{\mathrm{m}} - \Omega_{\mathrm{b}} - \Omega_\nu \tag{11.6.8}$$
$$= 0.12h^{-2}.$$

进一步，查看表 9.3.2，可将 $\mathcal{C}_X/\sqrt{g_*}$ 简化为 2。则

$$m_X\sqrt{\mathcal{F}} \approx \begin{cases} 8.25\mathrm{GeV}, & r_X = 11/4, \\ 2.54\mathrm{GeV}, & r_X = 24.3. \end{cases} \tag{11.6.9}$$

当 $r_X = 24.3$ 时，将上式中的 $m_X\sqrt{\mathcal{F}}$ 值和表 9.3.2 中的 $\mathcal{C}_X \approx 20$ 代入式(11.6.1)，得

$$\langle v\sigma \rangle \approx 7\mathrm{pb}. \tag{11.6.10}$$

因此，当截面为 $10^{-2}\mathrm{pb}$，即 $\mathcal{F}$ 大约为 1 时，可得大质量粒子的质量大约为 10GeV。对于更小的截面，如 $10^{-4}\mathrm{pb}$ 或者 $10^{-40}\mathrm{cm}^2$，对应的大质量粒子质量约为 100GeV。在弱相互作用截面下，可以得到 m_X 合理的质量范围，这一事实很不平庸，常被称为 WIMP 奇迹。

如果几种不同的粒子对暗物质有贡献，则有 $\Omega_X < \Omega_{\mathrm{cdm}}$。由于 m_X 正比于 $(\Omega_X)^{-0.54}$，m_X 大于式(11.6.9)给出的值，因此式(11.6.9)是具有弱作用截面的冷暗物质的质量下限。

12 | CMB 各向异性

电磁辐射的独特性质使得它广泛地应用于各种物理现象的探测，几乎是无可替代的。广域辐射频谱测量给粒子物理、核物理、天文学和宇宙学提供了丰富的研究信息。宇宙学中，光子的重要作用可由图 12.0.1 描绘的可观测漫散辐射大统一光子谱 (GUPS) [243] 证实。注意其中的波长从 $10^5 \sim 10^{-22}$cm，而强度变化超过 30 个数量级。

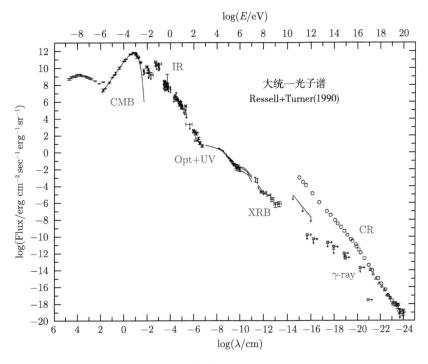

图 12.0.1　大统一光子谱 [65,243]。这里给出的图取自文献 [244]

几乎所有的漫散光子都是在热谱温度为 2.75 K 附近的近似各向同性的背景中发现的，此背景被称为宇宙微波背景 (CMB)。CMB 是大爆炸宇宙学的基础，通常指大爆炸的余辉或者宇宙在大约 3000 K 的热稠状态下的辐射遗迹。在 20 世纪 40 年代，阿尔菲和伽莫夫预言了 CMB [225]。它与理想黑体谱十分近似，因而是各向同性的，正如玻色子分布式 (9.2.1)，其化学势为零 $\mu_\gamma = 0$。理论热光谱与多 GHz

频区 30 多年观测结果相吻合，大多数在微波范围内 [1]。辐射强度变化了四个数量级，在 150GHz，也就是波长 2mm 时取最大值。图 12.0.2 给出了观测到的 CMB 谱。[2] 这种背景辐射是热大爆炸理论 [3]的必然结果，它提供了从早期宇宙一直到最后散射面的有效探测手段。

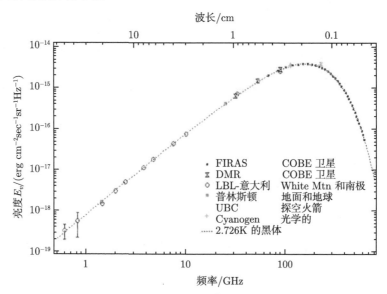

图 12.0.2　在 2.736K 观测到的 CMB 分布。纵轴上的亮度定义为能量密度乘以光速

　　CMB 是我们所在星系以及星系以外辐射能量的主要组成成分，它也给出了宇宙最后散射面 (LSS) 时状态一个特写镜头 (见 § 9.5 节)，那时候红移大约在 $z_L = 1100$。此时宇宙年龄 380 000 年并变得透明，在 CMB 光子上存下的宇宙信息可以得到很大程度的保留。然而，均匀性以外也有很小的偏离，即 CMB 各向异性，它表现为天空中从一个点对另一个点的温度涨落。它们提供了大约在大爆炸发生后 38 万年左右时的宇宙状态快照以及此后宇宙的一些特殊性质。因此 CMB 及其各向异性携带了宇宙最初是如何形成，以及可观测宇宙大尺度结构演化的初始条件等信息。研究 CMB 各向异性，也就是 CMB 与完全各向同性的偏离，在宇宙学许多方面发挥着至关重要的作用，如约束宇宙学模型、探测暗能量本质、修正引力等。各向异性的观测值为十万分之一左右，它代表了宇宙学一种不寻常的高精度观

---

　　1 微波的频谱为 0.3~300GHz，波长为 1m~1mm, 光子能量为 1.24μeV~1.24meV。CMB 的上限实际上在远红外区域，频率范围在 300 GHz~405 THz 之间。作为比较，厨房微波炉操作时频率为 2.45 GHz，功率大约 700~1000瓦特。

　　2 图片取自 http://ned.ipac.caltech.edu/level5/Sept05/Gawiser2.html#Figure1。

　　3 发现 CMB 是一个非常有趣的过程，既有科学工作又有戏剧性悬疑。具体说明，见文献 [213] 或网上进行相关搜索。

测方法。不同观测技术的各向异性数据高度一致。由于宇宙没有方向性，只能期望得到温度涨落的统计信息，而不是特定的具体的值。因此感兴趣的量将是温度涨落可观测模式的统计信息。

许多关于 CMB 各向异性的评论可以在已发表的文献和网络上找到。下面将参考粒子物理综述手册[10]，给出专业总结。本章是对这一课题的介绍，并提供了描述 CMB 各向异性公式所需的一些数学工具。但各种相关课题的文献报道却参差不齐。处理各向异性的来源，需要充分的阐述，特别是一整套的宇宙扰动理论，这超出了目前工作的范围。文献 [204] 的相关章节中可找到所有的相关信息。其他较好的处理可参见文献如 [206] 和 [207]。

研究 CMB 各向异性可理解宇宙各种性质，并探测一些基本物理学，例如暴胀、暗能量、暗物质、拓扑缺陷、统计涨落等。这种研究广义上包括：

- 宇宙早期初始条件：包括功率谱、(对弗里德曼宇宙) 扰动的类型，即它是否为高斯型。还可以研究暴胀及其可能的替代理论。
- 宇宙组成：宇宙的最初组成物质及其含量；物质密度和中微子质量 (它们与宇宙各向异性多极展开峰值和形状的细节有关)。
- 几何学和拓扑学：宇宙的整体曲率和拓扑性质，比如天空显示出来的扰动的角尺寸和重复模式。
- 演化：作为关于时间函数的膨胀率的研究；决定哈勃常数 H_0 的再电离研究；暗能量状态方程中的 w，即压强和能量密度之间的关系。参见式 (9.1.43) 及相关讨论。
- 天体物理效应：萨亚耶夫–泽尔多维奇效应 (Sunyaev-Zeldovich 效应)，前景效应等。

12.1 CMB 各向异性的分类及核心实验

12.1.1 CMB 各向异性分类

CMB 各向异性分类的研究远非一目了然。观测到的 CMB 谱涨落一般是不同来源的混合效应。它又可分为两大类，即以最后散射面为分界，看各向异性发生的时间来分类：发生在最后散射面之前的叫原初各向异性，发生在最后散射面之后的叫次级各向异性。后者也叫做晚期各向异性，前者叫早期或原初温度变化。CMB各向异性对宇宙的能量和物质含量以及宇宙扰动初始条件很敏感。因此 CMB 各向异性可以为各种解释宇宙 (不均匀性) 涨落起源的早期宇宙模型或机制提供重要的观测检验。这里首先简要介绍一下这些内容，然后再提供更多的细节。

温度各向异性的定量表达式定义为

$$\Delta T(\hat{n}) \equiv T(\hat{n}) - T_0, \tag{12.1.1}$$

$$T_0 \equiv \int T(\hat{n}) \mathrm{d}^2 \hat{n},$$

其中 $T(\hat{n})$ 是天空中在 $\hat{n}$ 方向沿着视线测得的温度, T_0 是对所有方向 $\hat{n}$ 取平均且扣除地球运动的影响所得到的均匀温度。由定义, 对 $\Delta T(\hat{n})$ 沿所有方向取平均后结果为零。

原初各向异性

原初各向异性由在最后散射面或者之前发生的效应引起的。早期宇宙剩余效应是 10^{-5}。特别地, 原初各向异性包括以下效应:

(a) 极早期宇宙的内禀物质不均匀性产生了温度变化;

(b) 在最后散射面上由质子–电子等离子体的速度涨落引起的多普勒效应;

(c) 由引力势涨落引起的萨奇斯–沃尔夫效应, 在最后散射面上产生红移或蓝移。

次级各向异性

次级各向异性是由 CMB 光子从最后散射面到观察者的过程中发生的变化以及地球 (太阳系) 相对于 CMB 的特殊运动学地位引起的。一般说来有 3 种效应:

(a) 地球相对 CMB 的运动定义了一个首选轴。由于地球运动引起的 CMB 形变主要是振幅为 10^{-3} 大小的偶极矩效应。

(b) CMB 光子从最后散射面传播到观测者的过程中, 会和星际介质中的带电粒子散射, 从而改变 CMB 光子的能量/温度。这产生了萨亚耶夫–泽尔多维奇效应, 它扭曲了 1 mK 量级的 CMB 光谱。

(c) 在从最后散射面传播到观测者的过程中, 如果 CMB 光子经过大尺度结构, 如星系团, 它将受到位于其传播路径上 (如星系团) 引力场的影响。如果 CMB 光子掉入引力势阱, 将发生蓝移, 从势阱中爬出时则发生红移。这就是所谓的积分萨奇斯–沃尔夫效应。如果引力势随着时间涨落, 红移和蓝移不会分别抵消, 余下非零的净积分萨奇斯–沃尔夫效应。

§ 12.2 节详细讨论次级各向异性的各种效应, 而 § 12.3 节则详论原初各向异性的各种效应。

12.1.2 关键实验

自从 1965 年彭齐亚斯和威尔逊发现 CMB 的实验 [211] 以后, 物理学家就开始尝试开展各种实验, 主要通过在地面或者气球上的探测器, 在不同波段测量并描述该辐射，以再次确认 CMB 热辐射谱结构以及很小各向异性的存在。在这些实验中，过去二十五年来的三次卫星测量已经从方法上意义深远地将 CMB 研究转化为精确科学研究。这三个实验分别是 COBE [4]，WMAP [5] 和 Planck [6] 空间探测。COBE(宇宙背景探测 1989—1996) 卫星于 1989 年 11 月发射，仅几个月时间就迅速证实了 CMB 是黑体辐射 [245]。COBE 给出的宇宙温度为 2.735 ± 0.06K，而最新给出的温度值为 2.7255 ± 0.0006K。发表于 1992 年的第一年观测结果 [246] 确定了在 7σ 的统计置信度的温度各向异性。在此期间，连同其他实验确定宇宙几何上是平的。同时，实验确认宇宙弦理论不能做为解释宇宙大尺度结构形成的主要理论，而宇宙暴胀才是正确的理论。

WMAP(威尔金森微波各向异性探测器 2001—2010) 于 2001 年发射，它是继 COBE 之后第二个以探测 CMB 为目标的空间计划，目的是更精确地测量整个深空大尺度各项异性。第一年的实验数据中，WMAP 团队重新确认了大爆炸和暴胀理论。确定宇宙年龄为 137 亿年，宇宙由 4% 的重子物质、23% 的暗物质和 73% 的暗能量组成。新的测量结果还揭示了暗能量的本质，起到反引力的作用。[7] 实验组每两年总结和发布一次新的数据。最后两年的数据以及之前所有新闻发布的清单，都可以在美国国家航天局的最后新闻稿中找到。[8] 在网站上可找到所有 WMAP 技术文章的列表 [9]。

Planck(普朗克宇宙学探测器 2009—2013) 是 ESA(欧洲航天局) 的空间计划，目的是观测宇宙的第一束光，对宇宙进行更详细的研究。相反地，COBE 和 WMAP 都是美国国家航天局科研项目。Planck 卫星 2009 年 5 月升空，2013 年 10 月 23 日停止运行。Planck 数据证实了 WMAP 的结果，并发现宇宙年龄要比此前的预期稍早一些，大约是 138 亿年。宇宙由 4.9% 的重子物质、26.8% 的暗物质和 68.3% 的暗能量组成。Planck 温度图显示，在宇宙年龄 37 万年时，深空已经有了温度涨

---

4 Cosmic Background Explorer (COBE) 实验的大量信息可以在网上找到，如其简介可以查看网页
  http://en.wikipedia.org/wiki/Cosmic_Background_Explorer。
5 Wilkinson Microwave Anisotropy probe (WMAP) 实验信息可以在其官网查看
  http://map.gsfc.nasa.gov/。
不同频率范围的角分辨率的描述 http://map.gsfc.nasa.gov/mission/observatory_res.html 或者是实验的
完整简介http://en.wikipedia.org/wiki/Wilkinson_Microwave_Anisotropy_Probe。
6 Planck 航天飞机是欧洲太空中心 (ESA) 的 CMB 各向异性观测实验，发射于 2009 年。其一般介
绍可以查看官网:
  http://www.rssd.esa.int/index.php?project=Planck，
  http://www.esa.int/esaSC/120398_index_0_m.html
角分辨率随频率改变，高频仪器可以分辨 10 到 5 角分，低频仪器的分辨率低一些。一般性介绍可以查看
  http://en.wikipedia.org/wiki/Planck_(spacecraft)。
7 见第一年新闻发布结果: http://map.gsfc.nasa.gov/news/PressRelease_03-064.html。
8 http://map.gsfc.nasa.gov/news/。
9 http://lambda.gsfc.nasa.gov/product/map/current/map_bibliography.cfm。

落的迹象。在百分之一误差内确定了许多宇宙学参数，这使得宇宙学真正成为一门精密科学。有关 Planck 测量信息可在合作组主页上找到。[10] 这里主要参考了文献 [247] 和 [248]。

图 12.1.1 比较了这三个非常成功的卫星实验结果 [11]。CMB 和各向异性实验结果清单可参考美国国家航天局 LAMBDA(微波背景数据分析的遗留档案) 网站 [12]，该网站还保存着与 CMB 相关的各种信息。

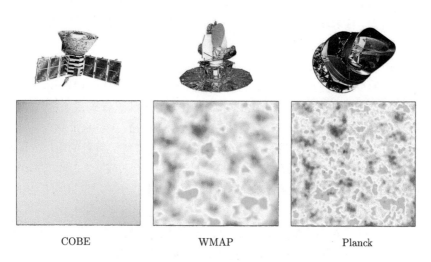

COBE   WMAP   Planck

图 12.1.1　COBE、WMAP 和 Planck 的结果比较

12.2　次级各向异性

该现象被称为晚期各向异性，这也意味着存在最后散射面之后生成各向异性的源。

12.2.1　地球运动引起的各向异性

这种各向异性是由于 (宇宙演化到现阶段的) 地球与 CMB 之间相对运动引起的。它是一个定源多普勒效应，而且具有年度调制效应。详细讨论见文献 [204] [13]。地球相对于 CMB 的运动提供了参考方向，产生了多普勒效应，因此期望观测到的

10 http://www.cosmos.esa.int/web/planck/home。
11 图形选自 Wikiwand 名为宇宙学背景探索的文章，参考
　　　　http://www.wikiwand.comenCosmic_Background_Explorer。
12 网址: http://lambda.gsfc.nasa.gov。
13 见文献 [204]，129-132 页，§ 2.4 节。

CMB 具有明显的各向异性。结果总结如下: [14]

$$\frac{\Delta T(\theta)}{T}\bigg|_{\rm EM} = \frac{1}{\gamma(1 + \beta_{\rm EM} \cos \theta)} - 1 \qquad (12.2.1)$$

$$= -\beta_{\rm EM} P_1(\cos \theta) + \frac{\beta_{\rm EM}^2}{6} \left(-1 + 4P_2(\cos \theta)\right) + \mathcal{O}(\beta_{\rm EM}^3).$$

θ 是地球运动方向和观测到的 CMB 光子方向之间的夹角。[15] $\beta_{\rm EM}$ 是自然单位制中地球相对于 CMB 静止系的速度, $\gamma_{\rm EM}$ 是通常相对论因子 $(1 - \beta_{\rm EM}^2)^{-1/2}$, $P_j(\cos \theta)$, $j = 1, 2, \cdots$, 是勒让德多项式。注意测量 CMB 各向异性的主要贡献来自偶极矩部分, 它是 $\beta_{\rm EM}$ 的线性项。也有公式 (12.2.1) 第二行第二项给出的单极和四极矩贡献, 但是它们正比于 $\beta_{\rm EM}^2$。这个四极项称为是运动四极矩。由于单极矩的存在, 观测到的各向异性在所有方向 (角度) 上的平均不为零, 相反地, 早期宇宙遗留下来的原初各向异性对角度求平均后为零。

地球运动的偶极矩效应是在 1969 年首次观测到, 精度很低。后来, 20 世纪 70 年代的宇宙观测证实了这种效应的确存在。[16] 现代实验如 WMAP 进一步澄清了这种情况, 确定了 $\vec{\beta}_{\rm EM}$ 的值, 因此也确定了在 CMB 接近各向同性的宇宙参考系中地球的速度矢量, 这样的参考系称为 CMB 静止系。在 CMB 静止系中, 地球相对于 CMB 的运动, 称为本动速度, 其值为 369.0±0.9 km/s [250], 这给出 $\beta_{\rm EM} = 1.23 \times 10^{-3}$。[17] 因此发现地球运动引起的偶极矩各向异性比早期宇宙的原初各向异性大两个数量级。而作为 $\beta_{\rm EM}$ 的平方项, 地球运动引起的单极矩和四极矩比原初各向异性小大约一个量级。

12.2.2 萨亚耶夫–泽尔多维奇效应

这种效应也发生在宇宙演化的现阶段, 它是由 CMB 光子和星系团中星际电子之间散射引起的。当 CMB 光子从最后散射面到达地球观察者时, 随着 CMB 光子穿过位于观察者视线方向内的星系团媒介物质时, 就会产生次级各向异性。一些低能 CMB 光子在与高能电子通过逆康普顿散射 $\gamma + e^- \to \gamma + e^-$ 相互作用后碰撞至更高能量态, 此时出射光子的能量高于入射光子的能量。如此产生的 CMB 失真是 CMB 光子频率的函数。造成的结果就是 (相对黑体谱的) 低频的缺失和高频的盈余, 此即大家熟知的萨亚耶夫–泽尔多维奇效应(SZ 效应) [251, 252]。

---

14 下面使用的勒让德多项式定义为 $P_1(x) = x$ 和 $P_2(x) = (1/2)(3x^2 - 1)$。

15 θ 角也可定义为 CMB 光子视线和地球运动方向的夹角。于是 $\cos \theta$ 替换为 $-\cos \theta$。

16 首次发现偶极矩各向异性 (归属权) 的情况存在争议。这里的讨论参考了网页

　　　http://www.astro.ucla.edu/~wright/CMB-dipole-history.html。

它也给出了偶极矩各向异性的早期观测情况。

17 这个本动速度来自于五个方面的贡献: 地球围绕太阳的运动 (速度约为 30km/s), 太阳在局域静止标准系 (局域静止标准参考系围绕银河系的运动 (约 220 km/s)) 中的运动, 银河系在局域群中的运动, 以及最后局域群相对于 CMB 静止系的运动。更多细节和参考资料见文献 [249]。

以当前时间为例，CMB 理想黑体谱，其平均温度为 2.725K，对应的平均能量为 $2.35 \times 10^{-4} \, \mathrm{eV}$，平均频率为 56.8 GHz。谱的最大值出现在 160 GHz，相应于光子温度为 7.68 K。相反，对于星际媒介，大约有 10% 的星系团质量由热等离子体组成，其中的电子温度几乎都高于 $10^6 \mathrm{K} \sim 86 \, \mathrm{eV}$。这就提供了发生逆康普顿散射的环境，改变了部分 CMB 光子的能量。由此引起的 CMB 谱失真达到 1 mK 量级。

SZ 效应通常与星系团联系在一起，因为它的质量很大，并因此其内部存在大量高能电子。这种效应通常不会发生在单个星系中，因为其质量不足以使 CMB 光子产生可探测到的频移。经过一个大质量的星系团后，CMB 在较低的频率上显得很微弱，而在较高的频率上则更高。因此 SZ 效应可用来识别星系团和超级星系团。[18] SZ 效应也可能由较低密度、温重子气体产生，这种气体可能存在星系团之间。

12.2.3　积分萨奇斯–沃尔夫效应

积分萨奇斯–沃尔夫效应 (ISWE) [253] 是由引力效应造成的，CMB 光子在最后散射面和地球之间传播过程中产生的频移。这是根据引力一般性质预言 CMB 各向异性的第一篇工作。对 ISWE 的物理可如下简单解释：当 CMB 光子从最后散射面传播到观测者的过程中，在其前进路径上会穿过物质，从而被物质分布的引力效应影响。此效应可以在超星系团和超空洞中观测到。就超星系团来说，CMB 光子会蓝移，故能量由于星系团引力势阱而增加。而超空洞则正好相反。物质主导的宇宙中，物质分布不会改变，红移和蓝移相互抵消，光子频率的净改变为零。然而在暗能量或辐射主导的宇宙中，物质分布在膨胀，CMB 光子离开势阱时的引力势阱相对 (光子进入时) 变浅了。因此，最后的净效应就是 (从势阱出来的) 末态 CMB 光子的温度 (相对进入时) 略微升高。超空洞效应与之相反。这些结果导致了 CMB 光子的各项异性。ISWE 已经用来作为暗能量存在的另一个证据。最近关于 ISWE 的评论，参见文献 [254]。

12.3　原初 CMB 各向异性

原初 CMB 各向异性包括声学振荡和阻尼扩散。一般认为后者包括无碰撞阻尼和斯尔克阻尼。下面对它们进行简要描述。

12.3.1　声学振荡和扰动模型

声学振荡需要的初始条件是原初密度的微小变化，这是耦合很紧的光子——重子等离子体在光子压强下膨胀和引力效应下吸引的联合动力学效应。早期宇宙中，

---

18 Planck 精确运用 SZ 效应来搜寻星系团。关于这个计划的外行描述可参见
http://sci.esa.int/science-e/www/object/index.cfm?fobjectid=48227。

温度远高于最后散射面时的温度，由离子和电子组成的重子物质 [19] 以宇宙等离子体形式和光子紧密耦合。密度稍高的区域温度稍高，光子压力稍高，引力略大。密度稍低的区域则相反。引力越大会吸引越多的等离子体，这些区域最终倾向于塌陷成致密的光晕。但是光子数越大，压强就越大。大的压强倾向于让等离子体 (系统) 向临近区域膨胀。这两种相反的效应相互角逐，产生声学振荡，在角功率谱中形成特征峰和低谷。因为光子数密度比重子数密度高 10 个数量级，为了理解其中的物理，只须考虑光子的影响。光压由下式给出 $P_\gamma = (1/3)\rho_\gamma \sim T^4$，正比于温度的四次方。引力效应与粒子数密度成正比。光子数密度则正比于温度三次方，$n_\gamma \sim T^3$。故压强的变化速度大于引力的变化速度。因此当高密区域增加到某个临界点时，压力效应会比引力效应大，这个区域就会膨胀并变得稀薄起来。这限定了密度或压强的变化，并产生一种声学振荡，使 CMB 有一个特征的峰值和低谷结构，类似于声学振荡中的基音和谐音。

峰值包括典型的物理信号。第一个峰值的角标度决定了宇宙的曲率而不是宇宙拓扑。第二个峰值以及奇数和偶数峰值的比率决定了约化重子密度 [20]。可由第三个峰值获取暗物质密度信息 [21]。峰值的位置也提供了原初密度扰动性质的重要信息。密度扰动有两种基本模式，一种叫绝热模式，另外一种叫等曲率模式。一般的密度扰动模型是这二者的混合，不同理论混合不同。下面简述这两种模型，更多细节可参见文献如 [256] 和 [257]。这里将参照文献 [256] 进行讨论。

绝热 (曲率) 密度扰动

绝热扰动，也称为曲率扰动或者等熵扰动，在其中宇宙各组分的密度涨落分支比有简单的关联关系，具体地，对宇宙中所有的辐射和物质分量来说，

$$\frac{1}{1+w_j}\frac{\delta\rho_j}{\rho_j}$$

都相等，其中 $\delta\rho_j$ 和 ρ_j 分别为第 j 个宇宙组分的密度涨落和密度。w_j 由状态方程将第 j 个分量的能量和压强密度联系起来。[22] 更简单地说，绝热条件是指所有宇宙辐射和物质的数密度涨落分支比 $\delta n_j/n_j$ 都相等，即 $\delta(n_j/n_k)=0$。这样受限形式的早期宇宙密度涨落可以由单标量场暴胀模型预言。迄今为止，所有的 CMB 观测结果都和各向异性的绝热涨落很好地相吻合，各向异性的绝热涨落是标准宇宙学理论的一部分，标准宇宙学理论即 ΛCDM 模型。

---

19 宇宙学中，重子既指原子核，也指电子。
20 见 baryons.html，文献 [255]。
21 见 driving.html，文献 [255]。
22 对光子和中微子来说，有 $\mathcal{P}_j = w_j\rho_j$，$w_j = 1/3$，而对重子物质和暗物质 $w_j = 0$，参见 §9.1.3.4 节。

等曲率密度扰动

等曲率涨落也叫熵涨落扰动是对绝热涨落的补充。它处理宇宙不同成分的涨落之间的差别，即

$$\frac{\delta n_j}{n_j} - \frac{\delta n_k}{n_k} \quad \text{或者} \quad \frac{1}{1+w_j}\frac{\delta\rho_j}{\rho_j} - \frac{1}{1+w_k}\frac{\delta\rho_k}{\rho_k}.$$

这种差异在绝热涨落中消失了。宇宙弦基本上只会产生等曲率原初扰动。

CMB 谱可以区分这两种模式的扰动，因为预测的峰值位于不同的位置。等曲率/密度扰动产生一系列角标度 [23] 比值大约是 1: 3: 5: ⋯ 的峰值点，而绝热曲率密度扰动产生了位置比为 1: 2: 3: ⋯ 的极值点 [258]。Planck 合作组给出了最新的实验结果 [248]，其中没有发现任何来自等曲率扰动的贡献。其结论与绝热初始密度扰动的论断一致，为暴胀理论提供了有力的支撑，并且排除了很多包括宇宙弦在内的结构形成模型。

12.3.2　扩散阻尼

扩散阻尼也叫做无对撞阻尼或斯尔克阻尼，它是在原初等离子体不能再被看作流体时，由两种效应引起的。一种效应是，伴随着宇宙的持续膨胀，原初等离子体越来越稀薄，光子平均自由程随之增长的现象。另外一种效应是，最后散射面的深度有限，导致光子平均自由程在退耦时也快速增长的现象，即便此时康普顿散射仍在持续进行。

在小尺度时这两种效果对减小 CMB 各向异性起同样作用，并产生在非常小的角标度各向异性中可见的特征指数阻尼尾巴。

最后散射面的深度意味着光子和重子的退耦并不是瞬时发生的，相反地，需要宇宙在那个世代经历较大的时间跨度。确定这个过程所用时间的一个方法是利用光子可视化函数 (PVF)。以 $P(t)$ 表示 PVF，则 $P(t)\mathrm{d}t$ 就表示 CMB 光子在 t 和 $t + \mathrm{d}t$ 时间段被最后散射的几率大小。

PVF 最大值 (即给定的 CMB 光子最可能被最后散射的时间) 是相当精确的。第一年 WMAP 结果表明 $P(t)$ 的最大值是 372 000 年。这也正是经常称为 CMB 形成的 "时间"。然而，确定光子和重子退耦所需的时间，需要测量 PVF 的宽度。WMAP 团队发现 PVF 在 115 000 年的间隔内大于其最大值的一半 ("半极大值时的全宽度"，即 FWHM)。由这种测量可得，退耦大约持续了 115 000 年。完成时，宇宙年龄大约是 487 000 年。

卡通图 12.3.1 总结了 CMB 各向异性的各种性质，上图取自文献 [259]，下图取自文献 [260]。

---

23 将在下节 §12.4 讨论极值的 ℓ-值。

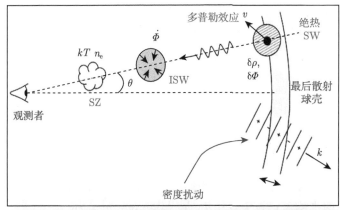

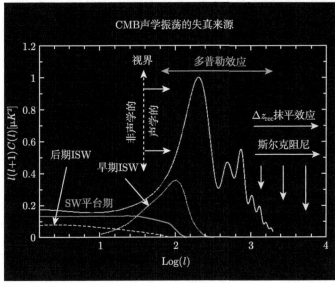

图 12.3.1 上图：CMB 各向异性时间线 [259] 的卡通图；下图：声学振荡作为角距离 [260] 倒数的函数。更多细节将在后面的章节中给出

12.4 各向异性公式

首先对温度各向异性进行多极展开，也称为温度扰动，或者温度变化，由式 (12.1.1) 给出定义。这个展开沿着单位矢量 $\hat{n}$，从观测点指向天空，按照 $Y_{\ell m}(\hat{n}) \equiv Y_{\ell m}(\theta, \phi)$ 进行的，其中 θ 和 ϕ 分别是 $\hat{n}$ 的极角和方位角，

$$\Delta T(\hat{n}) \equiv \sum_{\ell=0}^{\infty} \sum_{m=-\ell}^{\ell} a_{\ell m} Y_{\ell m}(\theta, \phi), \tag{12.4.1}$$

其中 ΔT 还取决于其他未显示的变量。展开系数 $a_{\ell m}$ 表示在最后散射面到达观测者的途中发生的情况以及观测者 (地球) 在宇宙的特殊位置的情况。可写为

$$a_{\ell m} = \int \mathrm{d}\Omega_{\hat{n}} Y_{\ell m}(\theta, \phi) \Delta T(\hat{n}), \qquad (12.4.2)$$

$$\mathrm{d}\Omega_{\hat{n}} \equiv \sin\theta \mathrm{d}\theta \mathrm{d}\phi.$$

物理上感兴趣的量有时候是在某种适当的平均形式下研究的。现在，可以对给定点进行观测的所有可能位置取平均值，也可以对时间的平均，比如对单个观测点的时间平均。这就是系综平均或时间平均。在相当一般的条件下，这些平均值是相等的。[24] 某个量的平均值记为 $\langle \cdots \rangle$。T_0 是平均温度，定义为

$$\langle T(\hat{n}) \rangle = T_0, \qquad (12.4.3)$$

$$\langle \Delta T(\hat{n}) \rangle = 0.$$

所以在定义观测到的各向异性时，必须减除地球运动的影响。

12.4.1 $a_{\ell m}$ 性质，高斯分布，角功率谱

一般认为温度各向异性起源于几乎是各向同性早期宇宙的扰动，特别是在宇宙暴胀的指数膨胀时期。给定初期条件，扰动的时间演化是众所周知的，它遵循爱因斯坦方程的动力学演化。但是不可能清楚知道扰动的空间分布，特别在指数暴胀时期。作为一个随机分布，扰动其实是一个随机过程。因此人们感应趣的是扰动的统计性质，同时，能被宇宙学观测所发现的也只能是扰动的可测量特性。因此在温度扰动中，人们并不期望预测出天空中某一点的扰动，而是预测各向异性的平均性质。下面将简要描述式 (12.4.1) 定义的 $a_{\ell m}$ 的统计性质。它可以由高斯扰动的性质得到。[25]

取式 (12.4.1) 的复共轭，由球谐函数的正交性，温度变化是实数的条件，我们可以得到

$$a_{\ell m} = (-1)^m a_{\ell(-m)}^*, \qquad (12.4.4)$$

整个天空的温度变化平均值为零

$$\langle a_{\ell m} \rangle = 0. \qquad (12.4.5)$$

---

24 关于均值的更多讨论，参见文献 [204]，136 页及其应用：遍历定理。
25 更多阐述可参见文献 [204]、[261]、[207]。

假定 CMB 温度变化的展开系数 $a_{\ell m}$ 是高斯随机变量 [26]，有

$$\langle a_{\ell m} a_{\ell' m'}^* \rangle = \langle |a_{\ell m}|^2 \rangle \delta_{\ell\ell'}\delta_{mm'} \tag{12.4.6}$$
$$\equiv C_\ell \delta_{\ell\ell'}\delta_{mm'},$$
$$\langle a_{\ell m} a_{\ell' m'} \rangle = (-1)^{m'} C_\ell \delta_{\ell\ell'}\delta_{m(-m')},$$

其中非负实数 C_ℓ 被称为 (理论上的) 角功率谱 [27]。宇宙中缺少先验方向意味着 C_ℓ 与 m 无关。

角功率谱会出现在 $\hat n$ 和 $\hat n'$ 两个方向上的各向异性分布乘积的平均值

$$\langle \Delta T(\hat n)\Delta T(\hat n') \rangle = \sum_{\ell m}\sum_{\ell' m'} \langle a_{\ell m} a_{\ell' m'}^* \rangle Y_{\ell m}(\hat n) Y_{\ell' m'}^*(\hat n') \tag{12.4.7}$$
$$= \sum_{\ell m} C_\ell Y_{\ell m}(\hat n) Y_{\ell m}^*(\hat n')$$
$$= \frac{1}{4\pi}\sum_\ell (2\ell+1)C_\ell P_\ell(\cos\theta),$$

其中 $\cos\theta = \hat n\cdot\hat n'$。稍后将清楚的是，在这样的展开中，$\theta$ 和 ℓ 可视为共轭变量。所以大的角标度对应着小的 ℓ 值，反之亦然。重新定义角功率谱

$$C_\ell = \frac{1}{4\pi}\int\int \mathrm{d}\Omega_{\hat n}\mathrm{d}\Omega_{\hat n'} P_\ell(\hat n\cdot\hat n')\langle \Delta T(\hat n)\Delta T(\hat n')\rangle, \tag{12.4.8}$$

用式 (12.4.7) 可容易验证上式。在某些特定的宇宙学模型中如暴胀模型，可清楚计算出 C_ℓ [262,263]。作为高斯分布体系，式(12.4.6) 给出的功率谱和关系式 (12.4.5) 确定了任意多个 $a_{\ell m}$ 的乘积的平均值: 奇数个 $a_{\ell m}$ 的乘积平均值为零，偶数个 $a_{\ell m}$ 乘积的平均值可表示为功率谱的乘积之和。例如，四个 $a_{\ell m}$ 乘积平均值可分解为两个 $a_{\ell m}$ 平均值的各种可能乘积的和，

$$\langle a_{\ell_1 m_1} a_{\ell_2 m_2}^* a_{\ell_3 m_3} a_{\ell_4 m_4}^* \rangle = \langle a_{\ell_1 m_1} a_{\ell_2 m_2}^* \rangle\langle a_{\ell_3 m_3} a_{\ell_4 m_4}^* \rangle + \langle a_{\ell_1 m_1} a_{\ell_4 m_4}^* \rangle\langle a_{\ell_2 m_2}^* a_{\ell_3 m_3} \rangle \tag{12.4.9}$$
$$+ \langle a_{\ell_1 m_1} a_{\ell_3 m_3} \rangle\langle a_{\ell_2 m_2}^* a_{\ell_4 m_4}^* \rangle$$
$$= C_{\ell_1}C_{\ell_3}(\delta_{\ell_1\ell_2}\delta_{\ell_3\ell_4}\delta_{m_1 m_2}\delta_{m_3 m_4} + \delta_{\ell_1\ell_4}\delta_{\ell_2\ell_3}\delta_{m_1 m_4}\delta_{m_2 m_3})$$
$$+ (-1)^{m_3+m_4}C_{\ell_1}C_{\ell_2}\delta_{\ell_1\ell_3}\delta_{\ell_2\ell_4}\delta_{m_1(-m_3)}\delta_{m_2(-m_4)}.$$

---

26 关于高斯变量，可参见文献 [204] 中的高斯分布的应用一节。
27 C_ℓ 在文献 [204]，137 页和 565 页称为温度多极系数。

12.4.2 角功率谱观测结果

温度分布的实际观测是观测位置固定，但是 $\hat{n}$ 在整个天空中变动而进行的。观测到的角功率谱是根据式 (12.4.8) 来定义的，但是不取平均值，

$$
C_\ell^{(o)} \equiv \frac{1}{4\pi} \int\int d\Omega_{\hat{n}} d\Omega_{\hat{n}'} P_\ell(\hat{n}\cdot\hat{n}')\left(\Delta T(\hat{n})\Delta T(\hat{n}')\right) \tag{12.4.10}
$$

$$
= \frac{1}{4\pi} \int\int d\Omega_{\hat{n}} d\Omega_{\hat{n}'} \frac{4\pi}{2\ell+1} \sum_m Y_{\ell m}^*(\hat{n}) Y_{\ell m}(\hat{n}')
$$

$$
\sum_{\ell'm'}\sum_{\ell''m''} a_{\ell'm'} a_{\ell''m''}^* Y_{\ell'm'}(\hat{n}) Y_{\ell''m''}^*(\hat{n}')
$$

$$
= \frac{1}{2\ell+1}\sum_m |a_{\ell m}|^2.
$$

所以观测角功率谱近似为对磁量子数 m 求平均，因此 $C_\ell^{(o)}$ 的平均就是角功率谱。由式 (12.4.6)，

$$
\left\langle C_\ell^{(o)}\right\rangle = \frac{1}{2\ell+1}\sum_m \langle a_{\ell m} a_{\ell m}^*\rangle \tag{12.4.11}
$$

$$
= C_\ell.
$$

若将 $C_\ell^{(o)}$ 取为 C_ℓ，这种近似如何呢？下面利用公式 (12.4.6)、(12.4.9)、(12.4.11) 来计算宇宙方差，注意 $a_{\ell m}$ 是高斯分布，

$$
\left\langle \frac{C_\ell^{(o)}-C_\ell}{C_\ell}\cdot\frac{C_{\ell'}^{(o)}-C_{\ell'}}{C_{\ell'}}\right\rangle \tag{12.4.12}
$$

$$
= \frac{1}{C_\ell C_{\ell'}}\left(\left\langle C_\ell^{(o)} C_{\ell'}^{(o)}\right\rangle - \left\langle C_\ell^{(o)}\right\rangle C_{\ell'} - C_\ell\left\langle C_{\ell'}^{(o)}\right\rangle + C_\ell C_{\ell'}\right)
$$

$$
= \frac{1}{C_\ell C_{\ell'}}\left(\frac{1}{(2\ell+1)(2\ell'+1)}\sum_{mm'}\langle a_{\ell m}a_{\ell m}^* a_{\ell'm'}a_{\ell'm'}^*\rangle - C_\ell C_{\ell'}\right)
$$

$$
= \left(\frac{2}{2\ell+1}\right)\delta_{\ell\ell'}.
$$

结果[28] 证明宇宙方差的以下重要性质：不同 ℓ 值的宇宙方差互不关联，且随着 ℓ 值增大而减小。对于大的 ℓ 值，宇宙方差变得非常小，$C_\ell^{(o)}$ 实际上就是理论角功率谱。所以 $\ell > 5$ 时，可从 $C_\ell^{(o)}$ 测量中提取宇宙学的相关信息。然而 ℓ 能够达到的值有限制。对于非常大的 ℓ，如 $\ell > 2000$，萨亚耶夫–泽尔多维奇效应太强而不能有效测量 C_ℓ。[29]

---

28 如果观测是在整个天空的一小部分 $f_{天空}$ 上进行的，则上述结果将乘以因子 $\sqrt{f_{天空}}$，即宇宙方差降低了 $1/\sqrt{f_{天空}}$ 因子[264]。

29 见文献 [204]，138 页。

12.5 角灵敏度、多极矩和角标度

在测量 CMB 各向异性时，灵敏度受到实验角分辨率的限制，即限制于仪器能确定的最小观测角。用多极展开式 (12.4.1) 表示的整个天空的温度涨落可以确定给定实验中可以达到最高多极值 $\ell_{\rm res}$，从而确定可以探测的物理类型及其灵敏度。

12.5.1 球谐函数分析

首先看一下球谐函数的角分辨率。[30] 因为必须用磁量子数 m 之和来定义平均值，m 作为一个相因子出现在 $Y_{\ell m}(\theta, \phi)$ 中，因此只需关注极角 θ 的行为。接下来是关于确定角分辨率的讨论。

球谐函数的 θ 体现在连带勒让德函数 $P_\ell^m(\cos\theta)$，而连带勒让德函数可展开为傅里叶形式，即 $\cos n\theta$ 或 $\sin n\theta$ 的线性结合。$\cos n\theta$ 对应偶数值的 m，而 $\sin n\theta$ 则对应于 m 的奇数值，其中 $n = \ell - 2k \geqslant 0$，$k = 0, 1, \cdots$。[31] 因此，由部分连带勒让多函数确定的球谐函数是关于 θ 的振荡函数。振荡随着 ℓ 值的增加而加剧，但固定 ℓ 的值时，将随着 m 的增加而减弱。因此，对于固定 ℓ 的值，最大振荡项对应磁量子数为 0，即 $Y_{\ell 0}$，它是一个不依赖于 ϕ 的实函数。当 θ 从 0 增加到 $180°$ 时，连带勒让多函数中的 $Y_{\ell m}$ 在正值和负值之间来回变动，分为 $\ell - |m| + 1$ 区域。图 12.5.1 中 $P_\ell^m(\theta)$，$m = 0$，$\ell = 7$ 和 10 的情况可以清楚地说明这一点。[32] 因此，为有效探测温度各向异性正比于 $Y_{\ell m}(\cos\theta)$ 的项，实验角分辨率不得低于 $\pi/(\ell+1)$。以度为单位来测量则有

$$\delta\theta_{\rm res} \approx \frac{180°}{\ell + 1}. \qquad (12.5.1)$$

因此，对于角分辨率 $\delta_{\rm res}$ 的观测，ℓ 比较大时，可以探测到 ℓ 的最大值为

$$\ell_{\max} \approx \frac{180°}{\delta\theta_{\rm res}}. \qquad (12.5.2)$$

这当然不是一个硬截断。对于给定的实验，它有可能将其灵敏度扩展到 $\ell_{\rm res}$ 以上。

---

30 参见文献 [261] 中的处理。

31 有关 $Y_{\ell m}$ 一直到 $\ell = 10$ 的值，参见维基百科：

http://en.wikipedia.org/wiki/Table_of_spherical_harmonics

连带勒让德多项式一般表示为 $\cos\theta$ 和 $\sin\theta$ 的幂。它们也可由 $\cos m\theta$ 和 $\sin m\theta$ 重新表示为傅里叶形式。

32 这两个球谐函数的泛函形式也可以参见维基百科，方便读者起见将它们列在下面：

$$Y_{7,0}(\theta, \phi) = \frac{1}{32}\sqrt{\frac{15}{\pi}}\left(429\zeta^7 - 693\zeta^5 + 315\zeta^3 - 35\zeta\right),$$

$$Y_{10,0}(\theta, \phi) = \frac{1}{512}\sqrt{\frac{21}{\pi}}\left(46189\zeta^{10} - 109395\zeta^8 + 90090\zeta^6 - 30030\zeta^4 + 3465\zeta^2 - 63\right),$$

$$\zeta \equiv \cos\theta.$$

对于角分辨率不均匀的实验，这取决于观测的 CMB 光子的频率，通常频段越高角分辨率越好。

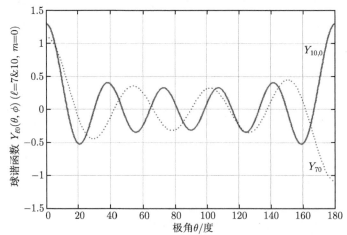

图 12.5.1   横轴为 θ，单位为度。纵轴是 $Y_{\ell 0}(\theta, \phi)$。红色实线为 $\ell = 10$，蓝色虚线表示为 $\ell = 7$。注意: 对于 $\ell = 10$ 有 11 个交叉的正值和负值区域，$\ell = 7$ 时，则有 8 个交叉的正负值区域 [32]

关于 CMB 和 CMB 各向异性的实验数据，可浏览美国国家航天局 LAMBDA 网站。表 12.5.1 列出在过去的实验中探测到的最大球谐函数 ℓ_{res}。这表明过去二十五年来实验取得了巨大的成就。

表 12.5.1   CMB 各向异性实验的角灵敏度

实验	$\delta\theta_{\mathrm{res}}$	$\ell_{\max}$
COBE	$7°$	26
WMAP	$0.23°$	783
BOOMRANG, DASI, MAXIMA	$10' = 0.167°$	1078
Planck	$5' = 0.0833°$	2160

12.5.2   傅里叶变换分析

这一小节将进一步分析多极展开，将温度各向异性作傅里叶转换。这将是比较定量的，并可以用于实际的分析。

$$\Delta T(\hat{n}) \equiv f(\hat{n}x). \tag{12.5.3}$$

暂时假定 x 是最后散射面的共动距离，稍后将对此进行更详细的讨论。

傅里叶变换

$$f(\hat{n}x) \equiv \frac{1}{(2\pi)^{3/2}} \int \mathrm{d}^3 q \mathrm{e}^{\mathrm{i}\vec{q}\cdot\hat{n}x} \tilde{f}(\vec{q}). \tag{12.5.4}$$

将指数函数 $\exp(i\vec{q}.\hat{n}x)$ 以及傅里叶分量 $\tilde{f}(\vec{q})$ 作多极展开:

$$e^{i\vec{q}\cdot\hat{n}x} = \sum_{\ell} i^{\ell}(2\ell+1)j_{\ell}(qx)P_{\ell}(\hat{n}\cdot\hat{q}) \tag{12.5.5}$$

$$= 4\pi \sum_{\ell m} i^{\ell} j_{\ell}(qx)Y_{\ell m}(\hat{n})Y_{\ell m}^{*}(\hat{q}),$$

其中 $q \equiv |\vec{q}|$, $\hat{q} \equiv \vec{q}/q$. ℓ 从 0 到 ∞ 求和, m 从 $-\ell$ 到 ℓ 求和。j_{ℓ} 是第一类球贝塞尔函数,后面将详细讨论它。定义

$$\tilde{f}(\vec{q}) \equiv \sum_{\ell m} \tilde{f}_{\ell m}(q)Y_{\ell m}(\hat{q}). \tag{12.5.6}$$

利用球谐函数的已知性质,可写出

$$f(\hat{n}x) = \frac{4\pi}{(2\pi)^{3/2}} \sum_{\ell m} \sum_{\ell' m'} i^{\ell} \int q^2 dq d\Omega_{\hat{q}} \tilde{f}_{\ell' m'}(q)Y_{\ell' m'}(\hat{q})j_{\ell}(qx)Y_{\ell m}(\hat{n})Y_{\ell m}^{*}(\hat{q}) \tag{12.5.7}$$

$$= \frac{4\pi}{(2\pi)^{3/2}} \sum_{\ell m} i^{\ell} \int q^2 dq \tilde{f}_{\ell m}(q)j_{\ell}(qx)Y_{\ell m}(\hat{n}).$$

于是,由式 (12.4.2) 可得

$$a_{\ell m} = \int d\Omega_{\hat{n}} Y_{\ell m}^{*}(\hat{n})f(\hat{n}x) \tag{12.5.8}$$

$$= \frac{4\pi i^{\ell}}{(2\pi)^{3/2}} \int q^2 dq \tilde{f}_{\ell m}(q)j_{\ell}(qx).$$

观测功率谱式 (12.4.10) 变为

$$c_{\ell}^{(o)} = \frac{2}{(2\ell+1)\pi} \sum_{m} \left| \int q^2 dq \tilde{f}_{\ell m}(q)j_{\ell}(qx) \right|^2. \tag{12.5.9}$$

为了继续讨论下去,必须知道第一类球贝塞尔函数 $j_{\ell}(z)$ 的一些性质。研究下面定义的重标度后的第一类球贝塞尔函数

$$j_{\ell}^{(r)}(z) \equiv \sqrt{\frac{\ell(\ell+1)}{2\ell+1}} j_{\ell}(z). \tag{12.5.10}$$

注意这里做重新标度是为了研究重标度角功率谱,$\ell(\ell+1)C_{\ell}^{(o)}$,它正是角功率谱观测一般会给出的形式。

12.5.3 第一类球贝塞尔函数的若干性质

阶为 ℓ 的第一类球贝塞尔函数定义为

$$
\begin{aligned}
j_\ell(z) &= \sqrt{\frac{\pi}{2z}} J_{\ell+\frac{1}{2}}(z) = (-z)^\ell \left(\frac{1}{z}\frac{\mathrm{d}}{\mathrm{d}z}\right)^\ell \frac{\sin z}{z} \\
&= -\frac{\mathrm{d}j_{\ell-1}}{\mathrm{d}z} + (\ell-1)\frac{j_{\ell-1}}{z} \\
&= z^\ell \sum_{n=0}^{\infty} \frac{(-1)^n}{n!(2\ell+2n+1)!!}\left(\frac{z^2}{2}\right)^n,
\end{aligned}
\tag{12.5.11}
$$

其中 $J_{\ell+\frac{1}{2}}(z)$ 是第一类贝塞尔函数。球贝塞尔函数有一些特殊性质，可以用它们的图解来显示。这些性质对研究 CMB 各向异性有一定的参考价值。

$j_\ell(z)$ 的一些极限形式可写为

$$
j_\ell(z) \approx
\begin{cases}
\dfrac{z^\ell}{(2\ell+1)!!}\left(1-\dfrac{z^2}{2(2\ell+1)}+\cdots\right), & z \ll 1 \\[2mm]
\dfrac{1}{z}\sin\left(z+\dfrac{\ell\pi}{2}\right), & z > \ell(\ell+1)
\end{cases}
.
\tag{12.5.12}
$$

$\ell(\ell \gg 1)$ 大时，忽略掉 $\ell+\frac{1}{2}$ 和 ℓ 的差别，[33] 则有

$$
j_\ell(z) \overset{\ell \gg 1}{\approx}
\begin{cases}
\dfrac{1}{2\sqrt{\ell z}}\left(1-\dfrac{z^2}{\ell^2}\right)^{-1/4} \cdot \\
\quad \exp\left(-\ell\left(\ln\left(1+\sqrt{1-\dfrac{z^2}{\ell^2}}\right)-\ln\left(\dfrac{z}{\ell}\right)-\sqrt{1-\dfrac{z^2}{\ell^2}}\right)\right) \sim 0, & 0 < z < \ell, \\[4mm]
\dfrac{1}{z}\left(1-\dfrac{\ell^2}{z^2}\right)^{-1/4} \\
\quad \cos\left(z\sqrt{1-\dfrac{\ell^2}{z^2}}-\ell\cos^{-1}\left(\dfrac{\ell}{z}\right)-\dfrac{\pi}{4}\right), & z > \ell.
\end{cases}
$$

$$
\tag{12.5.13}
$$

由上面的公式可看出，对于很大的 ℓ，在 $z < \ell$ 时，除了在 z 非常接近于 ℓ 的小区域中，$j_\ell(z)$ 大多情况下是微小到可以忽略的。因此，$z < \ell$ 时可以近似将 $j_\ell(z)$ 设为零。注意，上面的极限形式在 $z = \ell$ 时发散，但是球贝塞尔函数在这个点却有很好的定义。该发散是由于所作近似在 $z = \ell$ 时失效引起的。

---

33 通常给出的是第一类贝塞尔函数 $J_{\ell+\frac{1}{2}}$ 的极限形式。大 ℓ 的贝塞尔函数的表达式参见文献 [265]，分别在 963 页和 964 页的 §8.452 和 §8.453。这些极限形式的领头阶可参见文献 [266]，365 页和 366 页的公式 (9.3.2) 和公式 (9.3.3)。

此后需要的大阶球贝塞尔函数的一阶导数, 可由式 (12.5.13) 得出

$$j'_\ell(z) \overset{\ell \gg 1}{\approx} \begin{cases} \dfrac{1}{2\ell}\left(1-\dfrac{z^2}{\ell^2}\right)^{-3/4}\exp\left(-\ell\left(1-\sqrt{1-\dfrac{z^2}{\ell^2}}\right)\right) \sim 0, & 0 < z < \ell, \\[4mm] -\dfrac{1}{z}\left(1-\dfrac{\ell^2}{z^2}\right)^{1/4}\sin\left(z\sqrt{1-\dfrac{\ell^2}{z^2}}-\ell\cos^{-1}\left(\dfrac{\ell}{z}\right)-\dfrac{\pi}{4}\right), & z > \ell. \end{cases}$$

$$(12.5.14)$$

同样, 对于大 ℓ, 在 $z < \ell$ 时, 可令 $j_\ell(z)$ 的一阶导数为零。因此, 只需要考虑 $z > \ell$ 时的显式表示。

图 12.5.2 画出了 $\ell = 1, 10, 50, 100, 200, 500, 1000$ 时的 $j_\ell^{(r)}(z)$。下面总结一下重标度球贝塞尔函数的一些相关性质及其重新标度形式 (12.5.10):

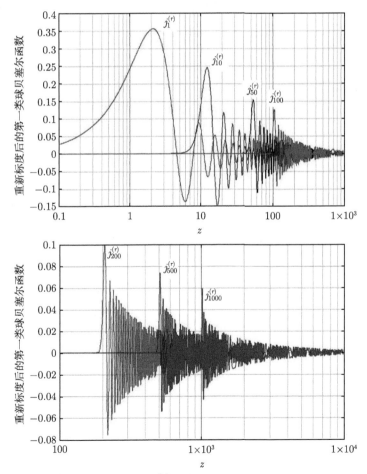

图 12.5.2   纵轴是重标度球贝塞尔函数 $j_\ell^{(r)}(z)$, 上图: $\ell = 1$(红色), $\ell = 10$(蓝色), $\ell = 50$(黑色) 和 $\ell = 100$(粉色); 下图: $\ell = 200$(红色), $\ell = 500$(蓝色), $\ell = 1000$(紫色)

- 它们是零附近的振荡函数，当 $z > \ell$ 时，振荡变得相当快。
- z 小时，它们的值很小，直到 $z = \ell$ 为止。
- $j_\ell^{(r)}(z)$ 函数的第一极值位置，同时也是其全局绝对值最大值的位置，可以很好地由下式近似给出

$$z_{\max}^{(\ell)} \approx \ell(1 + \ell^{-0.69}). \tag{12.5.15}$$

这对于 ℓ 在取个位数一直到至少 $\ell = 5000$ 内都是有效的。

- $j_\ell^{(r)}(z)$ 关于 z 从 0 到 ∞ 的积分近似为常数，不依赖于 ℓ，这个值大约是 0.89。积分的主要贡献来自于式 (12.5.15) 给出的第一个最大值周围的一小部分值。
- $z > \ell$ 时，$|j_\ell(z)|$ 和 $|j_\ell^{(r)}(z)|$ 的包络线像 z^{-1} 一样减小。

球贝塞尔函数的性质有非常有趣的应用，这一点可以从式 (12.5.8) 看出。q 积分的收敛性要求温度扰动的傅里叶分量 $\tilde{f}_{\ell m}(q)$ 在 q 大时以 q 的某个幂次减小。当 $\tilde{f}_{\ell m}(q)$ 的降低趋势不慢于 q^{-2} 时，积分收敛，这是因为 $j_\ell(qz) \sim (qx)^{-1}$ 要乘以振荡函数 (如式 (12.5.13) 所示)。此外，如果 $\tilde{f}_{\ell m}(q)$ 不快速变化，对积分式 (12.5.8) 的大多数贡献来自一个小区域，接近于

$$qx \sim z_{\max}^{(\ell)} \sim \ell. \tag{12.5.16}$$

这是因为以下原因：当积分范围小于 $qx \sim \ell$ 时，j_ℓ 非常小，所以对式 (12.5.8) 的贡献也非常小。在远大于 $qx \sim \ell$ 的积分区域，j_ℓ 的快速振荡，同时 $q^2 \tilde{f}_{\ell m}$ 趋于常数或者减少，对于积分的贡献也很小。

查看最后散射面上的物理时，坐标 x 是最后散射面的共动距离 $d_C(z_{dec})$。在平坦宇宙空间中它等于相应的共动角直径距离 $d_A^{(c)}(z_{dec})$。因此在平坦宇宙中对功率谱 C_ℓ 的主要贡献从式 (12.5.2) 和式 (12.5.16) 可以看出，来自于傅里叶模

$$q \approx \frac{\ell}{d_C(z_{dec})} \leqslant \frac{1}{d_A^{(c)}(z_{dec})} \frac{180}{\delta\theta_{res}}, \tag{12.5.17}$$

其中

$$d_A^{(c)}(z_{dec}) = \frac{1}{H_0} \int_{\frac{1}{1+z_{dec}}}^{1} \frac{\mathrm{d}x}{\sqrt{1 - \Omega_\Lambda(1 - x^4) + \Omega_M(1 - x)}}, \tag{12.5.18}$$

Ω_Λ 和 Ω_M 是当前时期暗能量和物质的密度分支比。这里利用当前时期暗能量、物质和辐射的分支比之和饱和了宇宙密度这一事实，$\Omega_0 = \Omega_\Lambda + \Omega_M + \Omega_R = 1$. 第 13 章将仔细讨论各种宇宙学距离。

12.6 小涨落和线性宇宙学扰动

CMB 各向异性是早期宇宙存在与宇宙均匀性的微小偏离的标志。这些小的不均匀性是宇宙结构形成的种子，这些结构包括：CMB 各向异性、星系及星系团的形成、以及其他宇宙演化产生的能被现在宇宙观测发现的成团结构。

迄今为止，相关研究中，宇宙一直被视为是均匀的和各向同性的一个整体，被描述为 FLRW 度规中的理想流体，其动力学遵循爱因斯坦场方程。这样的宇宙性质可总结如下：

- 理想流体包含宇宙的物质–能量分量，它是由能量–动量张量或者应力–能量张量公式 (9.1.9)、(9.1.26) 和 (9.1.27) 来描述的。
- FLRW 度规张量是由公式 (9.1.16)、(9.1.18) 和 (9.1.12) 等三种不同形式给出的。根据目前倾向于平坦宇宙的观察结果，可忽略曲率张量，取 $\kappa = 0$。
- 爱因斯坦场方程由公式 (9.1.4)、(9.1.5)、(9.1.7) 和 (9.1.9) 等给出定义，它把宇宙能量–动量张量和度规张量联系起来。

描述了与宇宙均匀性和各向同性的宇宙学状态的小偏离的理论框架是宇宙学扰动理论，加上宇宙学的规范变换不变性。基本上，宇宙学扰动是在 FLRW 度规项和理想流体应力–能量张量项上添加一些小项，就是扰动项，其本质都是随机的。宇宙学规范变换有选择扰动函数自由度，这是因为爱因斯坦场方程在时空坐标变换下的不变性。因此，与场理论的规范变换类似，宇宙学规范变换也提供了可以自由选择规范固定条件。扰动计算中，即便只考虑一阶扰动项 (由于各向异性很小，这已经是很好的近似了)，也涉及大量的扰动函数并需要冗长的代数运算。文献 [204] 用了第五、六两章以给出细节，才在第七章中近似解析获得 CMB 各向异性的最终公式。扰动包括总共 20 个小的参数函数，度规张量和能量–应力张量各 10 个。下面给出解析结果的描述，参考文献 [204] 的处理，以得到更进一步的细节。注意，在场论中，扰动是小的常参数，而在宇宙学中，扰动是按照它们空间张量性质分类的小的任意函数。

宇宙学扰动理论是研究宇宙结构形式的一般方法，它由两部分组成。第一部分是由暴胀场的量子涨落产生的初始不均匀性。这在理论上是非常有吸引力的，但仍是猜测性的。最近的宇宙观测初步提供了暴胀的初步迹象。更多实验数据将从新的实验中获得。

第二部分讨论了在宇宙时间内，由于引力放大，微小不均匀性生长为目前观测到的结构：星系、星系团以及宇宙学微波背景辐射等。

另外说一下常用的术语。原来的 FLRW 度规描述了完全均匀和各向同性的宇宙，可称其为非扰动宇宙或者背景宇宙。FLRW 度规称为非扰动度规或者背景度规。背景宇宙中的量仅仅是宇宙时间的函数，而表示不均匀性的扰动函数，不单是宇宙时间的函数，还是共动坐标的函数。这里只考虑线性扰动，即只考虑第一阶，也就是最低阶的扰动参量的效应。

目前局限于平坦宇宙，$\kappa = 0$。这是对研究形式的一个重要简化。在不存在空间曲率项的情况下，对度规和动力学变量的扰动函数进行傅里叶展开。尽管不同的平面波模一般通过爱因斯坦场方程和能动量守恒条件相互关联，但在 $\kappa = 0$ 平坦宇宙的情况下，它们是线性独立的。

12.6.1 线性度规扰动及其展开

度规张量第一阶扰动涉及 10 个小的任意函数，这也是下面将要探讨的。在 FLRW 度规上添加一个小量，$h_{\mu\nu}$，

$$g_{\mu\nu} \equiv \bar{g}_{\mu\nu} + h_{\mu\nu}, \tag{12.6.1}$$
$$h_{\mu\nu} = h_{\nu\mu}.$$

$\bar{g}_{\mu\nu}$ 是均匀和各项同性 FLRW 背景度规式 (9.1.16)，它只通过背景度规的标度因子 $a(t)$ 依赖于宇宙时间 t。在 $\kappa = 0$ 的平坦空间中，

$$\bar{g}_{00} = \bar{g}^{00} = -1, \tag{12.6.2}$$
$$\bar{g}_{0j} = \bar{g}_{j0} = \bar{g}^{0j} = \bar{g}^{j0} = 0,$$
$$\bar{g}_{jk} = \bar{g}_{kj} = a^4 \bar{g}^{jk} = a^4 \bar{g}^{kj} = a^2 \delta_{jk},$$

其中只涉及一个函数 $a(t)$，即 FLRW 或者哈勃标度因子。$h_{\mu\nu}$ 是 FLRW 度规分量的扰动项。作为宇宙时间 t 和共动坐标 x_j 的函数，它们不再均匀和各项同性，但是保持了非扰动度规的对称性质，正如第二个方程 (12.6.1) 所示。

$h_{\mu\nu}$ 无论在扰动或者背景四维空间中都不会形成张量，可如下看出。因为 $\bar{g}^{\mu\nu}$ 是 $\bar{g}_{\mu\nu}$ 的逆，即 $\bar{g}^{\mu\lambda}\bar{g}_{\lambda\nu} = \delta^\mu_\nu$，而且 $g^{\mu\nu}$ 是 $g_{\mu\nu}$ 的逆，即 $g^{\mu\lambda}g_{\lambda\nu} = \delta^\mu_\nu$。由这两个关系可推出下面在扰动展开领头阶的恒等式，

$$h^{\mu\nu} = -\bar{g}^{\mu\lambda}\bar{g}^{\nu\rho}h_{\lambda\rho}. \tag{12.6.3}$$

由于等式右边的负号，故 $h^{\mu\nu}$ 和 $h_{\mu\nu}$ 不论在广义相对论的扰动或者背景空间都不是二阶张量。写成矩阵形式

$$h_{\mu\nu} = \begin{bmatrix} h_{00} & h_{0j} \\ h_{0j} & h_{jk} \end{bmatrix}, \qquad h^{\mu\nu} = \begin{bmatrix} -h_{00} & \dfrac{1}{a^2}h_{0j} \\ \dfrac{1}{a^2}h_{0j} & -\dfrac{1}{a^4}h_{jk} \end{bmatrix}. \tag{12.6.4}$$

一般来说，四维空间的两指标对称函数，如 $h_{\mu\nu} = h_{\nu\mu}$，由 10 个独立函数组成。处理如此多的独立变量非常地繁琐，需要有效手段根据所有可能的对称将之有

效分类。有用的对称性是它们在三维共动空间中的变换性质。这 10 个函数将被分为共动空间中的 3 个标量函数、3 个矢量函数和 3 个张量函数。很明显，h_{00} 是三标量函数，而 $h_{0j}(j = 1, 2, 3)$ 则是三矢量函数，而 $h_{jk}(j, k = 1, 2, 3)$ 则是 2 阶的三张量函数。在比较一般的情况下，三维矢量 $\vec{V}$，包含三个独立的分量，可分为无旋 (旋度为零) 部分 $\vec{V}_\parallel$ 和无散 (散度为零) 部分 $\vec{V}_\perp$。[34] 特别是，无旋部分可写成标量函数的梯度，无散部分可写为另一个矢量函数的旋度。于是有

$$\vec{V} \equiv \vec{V}_\parallel + \vec{V}_\perp, \tag{12.6.5}$$
$$\vec{\nabla} \times \vec{V}_\parallel = 0, \quad \vec{V}_\parallel \equiv \vec{\nabla}\phi,$$
$$\vec{\nabla} \cdot \vec{V}_\perp = 0, \quad \vec{V}_\perp \equiv \vec{\nabla} \times \vec{\mathcal{V}},$$

其中 $\vec{\mathcal{V}}$ 是另一个矢量函数。

一个二阶对称的三张量，有 6 个独立分量，可根据它们的迹和散度对其进行相似的分解。根据迹的性质可以把张量项分为有迹和无迹部分。依据其散度性质可以将其分为一系列导数项以及确定其是否无散。于是，可以用两个标量函数，一个矢量函数以及一个约化的二阶对称张量函数来构造这样一个张量。标量函数中的一个乘以 δ_{jk}，另一个取其二阶导数。它们都对张量的迹和散度有贡献。矢量函数受一个导数的作用，是无散的。二阶的约化张量无论对于哪一个指标来说都是对称、无迹、无散的。所以标量函数贡献两个分量，而矢量和约化张量也各有两个分量。因此一共有六个独立分量。

整体 10 个独立扰动函数都是宇宙时间 t 和共动空间坐标 x^j 的函数。作为 t 的函数，它们有可能增长很快，从而达到今天可以观测到的大尺度结构。作为 x 的函数，则引起不均匀性和各向异性。本文具体所使用的符号和文献 [204][35] 一致，

• h_{00} 是 3 个标量，空间转动下不变，即

$$h_{00} = -h^{00} \equiv -E. \tag{12.6.6}$$

• $h_{0j} = h_{j0}$ 是三矢量，服从赫姆霍兹分解，可写为

$$h_{0j} = h_{j0} = a^2 h^{0j} = a^2 h^{j0} \equiv a\left(\partial_j F + G_j\right), \tag{12.6.7}$$
$$\partial_j G_j = 0,$$

包括一个标量函数 F 和无散的矢量函数 G_j。上式使用了定义 h_{0j} 和 h^{0j} 关系的式 (12.6.3)。这里和以后重复的空间坐标都意味着对共动空间坐标求和。

---

34 此即赫姆霍兹矢量场分解定理。这里假定所考虑的矢量在无穷大时比 $|\vec{x}|^{-1}$ 更快地接近于零。稍后在 §12.8.4 节回到这种情况继续讨论。

35 文献 [204]，224 页。

- h_{jk} 是对称的三张量, 可写为

$$h_{jk} = h_{kj} = -a^4 h^{jk} = -a^4 h^{kj} \tag{12.6.8}$$
$$\equiv a^2 \left(A\delta_{jk} + \partial_j\partial_k B + \partial_j C_k + \partial_k C_j + D_{jk} \right),$$
$$\partial_j C_j = 0,$$
$$\partial_j D_{jk} = \partial_k D_{jk} = 0, \qquad D_{jj} = 0.$$

同样, 运用了式 (12.6.3) 以联系 h_{jk} 和 h^{jk}。三张量由两个三标量函数 A 和 B, 一个无散的三矢量 C_j 以及一个无散、无迹对称三张量 D_{jk} 组成。

总结起来, 度规扰动的组成为

- 4 个三标量, E, F, A 和 B;
- 两个无散的三矢量, G_j 和 C_j, 每一个都由两个独立函数组成。
- 一个无散、无迹对称三张量 D_{jk}, 它仅有两个独立函数。
- 总结成矩阵形式为

$$\bar{g}_{\mu\nu} = \begin{bmatrix} -1 & 0 \\ 0 & a^2\delta_{jk} \end{bmatrix}, \qquad \bar{g}^{\mu\nu} = \begin{bmatrix} -1 & 0 \\ 0 & \frac{1}{a^2}\delta_{jk} \end{bmatrix}, \tag{12.6.9}$$

$$g_{\mu\nu} = \bar{g}_{\mu\nu} + \delta g_{\mu\nu} = \bar{g}_{\mu\nu} + h_{\mu\nu} = \begin{bmatrix} -1 + h_{00} & h_{0j} \\ & \\ h_{0j} & a^2\delta_{jk} + h_{jk} \end{bmatrix}$$
$$= \begin{bmatrix} -1 - E & a(\partial_j F + G_j)(= g_{0j}) \\ & \\ g_{0j} & a^2\left((1+A)\delta_{jk} + \partial_j\partial_k B + \partial_j C_k + \partial_k C_j + D_{jk} \right) \end{bmatrix},$$

$$g^{\mu\nu} = \bar{g}^{\mu\nu} + \delta g^{\mu\nu} = \bar{g}^{\mu\nu} - \bar{g}^{\mu\lambda}\bar{g}^{\nu\sigma}\delta g_{\lambda\sigma} = \begin{bmatrix} -1 - h_{00} & \frac{1}{a^2} h_{0j} \\ & \\ \frac{1}{a^2} h_{0j} & \frac{1}{a^2}\delta_{jk} - \frac{1}{a^4} h_{jk} \end{bmatrix}$$
$$= \begin{bmatrix} -1 + E & \frac{1}{a}(\partial_j F + G_j)(= g^{0j}) \\ & \\ g^{0j} & \frac{1}{a^2}\left((1-A)\delta_{jk} - \partial_j\partial_k B - \partial_j C_k - \partial_k C_j - D_{jk} \right) \end{bmatrix}.$$

下一小节的最后, 为了扰动函数和应力-能量张量分类的完整性起见, 将讨论这种扰动函数的分类原因和用途。

12.6.2 应力–能量张量扰动

由于具有对称性 $T_{\mu\nu} = T_{\nu\mu}$，应力–能量张量的扰动由 10 个小的函数组成。本节将从宇宙背景上均匀、各项同性的应力–能量张量开始讨论。这种非扰动的应力–能量张量，记作 $\bar{T}_{\mu\nu}$。它由均匀的能量、压强、密度和速度四矢量构成，并由理想流体式 (9.1.9) 来描述。如下所述，非扰动的速度矢量是常量四矢量。因此 $\bar{T}_{\mu\nu}$ 是由无扰动的能量和压强密度以及背景宇宙度规的各个分量决定，它们都只是宇宙时间的函数。此外，各个分量中的能量和压强密度通过物态态方程 (9.1.43) 相互关联。最一般形式的应力–能量张量 $T_{\mu\nu}$ 更为复杂，包括能量、动量、压强、剪应力等的密度和通量，如图 9.1.1 所示。T_{00} 是能量密度。$T_{0j} = T_{j0}$ 是动量通量。T_{jk} 中压强密度为对角元 T_{jj}，剪应力对应着非对角元 T_{jk}，$j \neq k$。对于宇宙背景，能量动量张量 $\bar{T}_{\mu\nu}$ 只有非零的对角元项 (9.1.27)，所有非对角元为零。对于扰动应力–能量密度，所有项都可以出现，只不过附加项较小而已。

扰动应力–能量张量涉及扰动能量密度

$$\rho \equiv \bar{\rho} + \delta\rho \tag{12.6.10}$$

和扰动压强密度

$$\mathcal{P} \equiv \bar{\mathcal{P}} + \delta\mathcal{P}, \tag{12.6.11}$$

二者对宇宙的各个组分都成立。扰动速度四矢量可写为

$$u_\mu \equiv \bar{u}_\mu + \delta u_\mu. \tag{12.6.12}$$

$\bar{\rho}$, $\bar{\mathcal{P}}$ 和 $\bar{u}_\mu$ 是均匀和各项同性宇宙中的非扰动量，其中 $\bar{u}_\mu$ 由式 (9.1.26) 给出，δu_μ 是相应的扰动小量。非扰动的能量和压强密度仅仅是宇宙时间 t 的函数，并用公式 (9.1.36) 和 (9.1.40) 中的哈勃常数项来定义，

$$\bar{\rho} = \frac{3}{8\pi G_{\mathrm{N}}} \left(\frac{\dot{a}}{a}\right)^2 = \frac{3}{8\pi G_{\mathrm{N}}} H^2, \tag{12.6.13}$$

$$\bar{\mathcal{P}} = -\frac{1}{8\pi G_{\mathrm{N}}} \left(\frac{2\ddot{a}}{a} + \left(\frac{\dot{a}}{a}\right)^2\right) = -\frac{1}{8\pi G_{\mathrm{N}}} \left(2\dot{H} + 3H^2\right).$$

为继续深入讨论需要进一步查看速度四矢量。再次列出无扰动速度四矢量 (见式 (9.1.26))，

$$\bar{g}^{\mu\nu} \bar{u}_\mu \bar{u}_\nu = -1, \tag{12.6.14}$$

$$\bar{u}^0 = -\bar{u}_0 = 1,$$

$$\bar{u}^j = \bar{u}_j = 0.$$

同样地，将扰动速度四矢量归一化，可得

$$g^{\mu\nu}u_\mu u_\nu = (\bar{g}^{\mu\nu} + h^{\mu\nu})(\bar{u}_\mu + \delta u_\mu)(\bar{u}_\nu + \delta u_\nu) = -1. \tag{12.6.15}$$

这将产生扰动函数的一阶条件

$$\bar{g}^{\mu\nu}(\bar{u}_\mu \delta u_\nu + \delta u_\mu \bar{u}_\nu) + h^{\mu\nu}\bar{u}_\mu \bar{u}_\nu = 0, \tag{12.6.16}$$

则有

$$\delta u^0 = \delta u_0 = -\frac{1}{2}h^{00} = \frac{1}{2}h_{00} = -\frac{1}{2}E. \tag{12.6.17}$$

所以，δu_0 不独立，它是由度规扰动给出的。只有写作 δu_j 的三矢量部分是独立的，用一个三标量 $\delta u^{(s)}$ 和一个无散的三矢量 $\delta u_j^{(V)}$ 来表示：

$$\delta u_j \equiv \partial_j \delta u^{(S)} + \delta u_j^{(V)}, \tag{12.6.18}$$
$$\partial_j \delta u_j^{(V)} = 0.$$

迄今为止，已经引入了 5 个独立函数：$\delta\rho$, $\delta\mathcal{P}$, $\delta u^{(S)}$ 和 $\delta u_j^{(V)}$，其中 $\partial_j \delta u_j^{(V)} = 0$，这些函数定义了理想流体应力-能量张量的扰动部分。这是理想流体形式的相应无扰动表达式的直接扩展，正如式 (9.1.9) 所示，扩展方式是将所有无扰动量用它们对应的扰动部分替代即可，

$$T_{\mu\nu}^{(\mathrm{pf})} = \mathcal{P}g_{\mu\nu} + (\mathcal{P} + \rho)u_\mu u_\nu. \tag{12.6.19}$$

然而，2 阶对称张量的最一般形式包含十个独立函数。可在理想流体的空间部分上再添加五个独立的函数。物理上它们是剪应力分量，或者是耗散修正项 [204]，它们仅贡献于能动量张量空间部分 T_{jk}。耗散修正可写为

$$\delta T_{\mu\nu}^{(\mathrm{dc})} \equiv (1-\delta_{0\mu})(1-\delta_{0\nu})\left(\partial_\mu \partial_\nu \pi^{(S)} + \partial_\mu \pi_\nu^{(V)} + \partial_\nu \pi_\mu^{(V)} + \pi_{\mu\nu}^{(T)}\right), \tag{12.6.20}$$
$$\partial_j \pi_j^{(V)} = 0,$$
$$\pi_{jk}^{(T)} = \pi_{kj}^{(T)}, \qquad \pi_{jj}^{(T)} = 0, \qquad \partial_j \pi_{jk}^{(T)} = \partial_k \pi_{jk}^{(T)} = 0.$$

现在，已经有了完整的扰动能量-动量张量

$$T_{\mu\nu} \equiv \bar{T}_{\mu\nu} + \delta T_{\mu\nu} = T_{\mu\nu}^{(\mathrm{pf})} + \delta T_{\mu\nu}^{(\mathrm{dc})}. \tag{12.6.21}$$

它包含十个独立扰动函数，其结构与度规扰动相似：

- 四个三标量函数 $\delta\rho$、$\delta\mathcal{P}$、$\delta u^{(S)}$ 和 $\pi^{(S)}$；
- 两个无散的三矢量，$\delta u_j^{(V)}$ 和 $\pi_j^{(V)}$，满足条件 $\partial_j \delta u_j^{(V)} = 0$ 和 $\partial_j pi_j^{(V)} = 0$；

• 一个无迹、无散的对称张量 $\pi_{jk}^{(\mathrm{T})}$，满足 $\pi_{jj}^{(\mathrm{T})} = 0$ 和 $\partial_j \pi_{jk}^{(\mathrm{T})} = 0$。

由式 (12.6.21)，可根据各项的三维空间对称性将能量-应力张量一阶扰动项分解为 [36]

$$\delta T_{00} = -\bar{\rho} h_{00} + \delta\rho, \tag{12.6.22}$$

$$\delta T_{0j} = \delta T_{j0} = \bar{\mathcal{P}} h_{0j} - (\bar{\rho} + \bar{\mathcal{P}}) \left(\partial_j \delta u^{(\mathrm{S})} + \delta u_j^{(\mathrm{V})} \right),$$

$$\partial_j \delta u_j^{(\mathrm{V})} = 0,$$

$$\delta T_{jk} = \bar{\mathcal{P}} h_{jk} + a^2 \left(\delta\mathcal{P}\delta_{jk} + \partial_j \partial_k \pi^{((\mathrm{S}))} + \partial_j \pi_k^{(\mathrm{V})} + \partial_j \pi_k^{(\mathrm{V})} + \pi_{jk}^{(\mathrm{T})} \right),$$

$$\partial_j \pi_j^{(\mathrm{V})} = 0, \quad \pi_{jk}^{(\mathrm{T})} = \pi_{jk}^{(\mathrm{T})}, \quad \pi_{jj}^{(\mathrm{T})} = 0.$$

总结为矩阵形式，

$$\bar{u}_\mu = \begin{bmatrix} -1, & 0 \end{bmatrix}, \bar{u}^\mu = \begin{bmatrix} 1, & 0 \end{bmatrix}, \tag{12.6.23}$$

$$u_\mu = \bar{u}_\mu + \delta u_\mu = \begin{bmatrix} -1 - \dfrac{E}{2}, & \partial_j \delta u^{(\mathrm{S})} + \delta u_j^{(\mathrm{V})} \end{bmatrix},$$

$$u^\mu = \bar{u}^\mu + \delta u^\mu = \begin{bmatrix} 1 - \dfrac{E}{2}, & \dfrac{1}{a^2} \left(\partial_j \delta u^{(\mathrm{S})} + \delta u_j^{(\mathrm{V})} \right) \end{bmatrix},$$

且

$$T_{\mu\nu} = \bar{T}_{\mu\nu} + \delta T_{\mu\nu}$$

$$= \begin{bmatrix} (1+E)\bar{\rho} + \delta\rho & a(\partial_j F + G_j)\bar{\mathcal{P}} - (\bar{\rho} + \bar{\mathcal{P}}) \left(\partial_j \delta u^{(\mathrm{S})} + \delta u_j^{(\mathrm{V})} \right) \\ & (= T_{0j}) \\ \\ T_{0j} & a^2 \bar{\mathcal{P}}((1+A)\delta_{jk} + \partial_j \partial_k B + \partial_j C_k + \partial_k C_j + D_{jk}) \\ & + a^2 \left(\delta\mathcal{P}\delta_{jk} + \partial_j \partial_k \pi^{(\mathrm{S})} + \partial_j \pi_k^{(\mathrm{V})} + \partial_k \pi_j^{(\mathrm{V})} + \pi_{jk}^{(\mathrm{T})} \right) \end{bmatrix}.$$

$$\tag{12.6.24}$$

应力-能量张量的扰动也可以写成其他形式

$$\delta T^{\mu\nu} = \left(\bar{g}^{\mu\lambda} \delta g^{\nu\sigma} + \delta g^{\mu\lambda} \bar{g}^{\nu\sigma} \right) \bar{T}_{\lambda\sigma} + \bar{g}^{\mu\lambda} \bar{g}^{\nu\sigma} \delta T_{\lambda\sigma}, \tag{12.6.25}$$

$$\delta T_\nu^\mu = \bar{g}^{\mu\lambda} \delta T_{\lambda\nu} + \delta g^{\mu\lambda} \bar{T}_{\lambda\nu}.$$

12.6.2.1 关于扰动函数的张量分解的评论

现在完成了度规张量和能动量张量一阶扰动的修正，它是由 20 个独立的小函数定义的。再次重申，扰动 $h_{\mu\nu}$ 和 $\delta T_{\mu\nu}$，不论在具有 FLRW 度规 $\bar{g}_{\mu\nu}$ 的初始四

---

36 式(12.6.22) 正是文献 [204]，225 页中的式 (5.1.39)~(5.1.41)。

维空间中还是在度规为 $g_{\mu\nu}$ 的四维扰动空间中，都不是张量。$\bar{g}_{\mu\nu}$ 和 $g_{\mu\nu}$ 都在式 (12.6.9) 中给出。

除了分类方便之外，这里简单说明为什么要把扰动项按照三维空间张量性质做上述分解。其另一原因在于，把这些项作为共动坐标 x 的函数进行傅里叶展开有诸多优点，如式 (12.5.4) 所示。爱因斯坦场方程决定了扰动量之间的关系，在扰动展开的每一阶都成立。所有出现在爱因斯坦方程中的项都处于同一阶。就现在的一阶计算而言，给定方程的每一项都是一阶的，因此方程是扰动项的线性方程。所以不同的傅里叶分量相互独立。

此属性为简化计算提供了一个很好的工具。因为微分 $\partial_j = \partial/\partial x_j$ 意味着相应傅里叶分量乘以 q_j，由于 q_j 的任意性，所考虑的爱因斯坦方程各项的张量性质说明，方程对相同性质的项都分别成立，即那些涉及标量扰动函数又正比于 δ_{jk} 的项，那些也涉及标量扰动函数但是具有二阶导数的项，以及那些具有一阶导数且涉及无散矢量函数的项以及那些无迹、无散的张量项。因此爱因斯坦场方程每一个四维形式都可能分解成独立的四个方程：两个涉及标量函数，一个涉及矢量函数，另一个则是关于张量函数。这极大简化了扰动展开。正如下一小节所示，这种以群分类的方法是规范不变的。

12.6.3　宇宙学规范变换

到目前为止，一直在明确的参考坐标系中讨论，即从明确的共动坐标系出发，在这个坐标系中，无扰动体系由 FLRW 度规和无扰动动力学量共同给出。然而，由于在四维坐标变换下公式具有协变性，因此选择一个特定坐标系虽然方便，但却是任意的。正如下面将看到的，坐标变换将引起度规和动力学变量的改变。这种人为的、不改变最初物理系统的改变就叫做规范变换。这可类比于场理论中拉氏量在对称变换下不变的规范不变性。宇宙学中，由于广义相对论中可以自由变换坐标，规范变换包括度规和动力学变量的泛函形式改变。在规范变换前后各种量的差别，称为规范项，是人为的。所以研究规范变换的重要性不仅是为了揭示规范附加项的任意性，更是为了探索为简化计算而对度规和 (或者) 动力学变量添加限制的可能性。

12.6.3.1　任意张量的规范变换

考虑扰动宇宙中的协变张量

$$\mathcal{F}_{\mu_1\mu_2\cdots}(x) \equiv \bar{\mathcal{F}}_{\mu_1\mu_2\cdots}(x) + \delta\mathcal{F}_{\mu_1\mu_2\cdots}(x), \tag{12.6.26}$$

其中，$\bar{\mathcal{F}}_{\mu_1\mu_2\cdots}(x)$ 是与背景宇宙相关的张量函数，仅是宇宙时间的函数，和 §12.6.1

节的符号一致。$\delta\mathcal{F}_{\mu_1\mu_2\cdots}(x)$ 则是它的扰动。坐标变换下,

$$x^\mu \to x'^\mu = x^\mu + \epsilon^\mu(x), \tag{12.6.27}$$

其中 ϵ_μ 由四个独立函数组成。$\epsilon^\mu(x)$ 和 $\partial\epsilon^\mu(x)/\partial x^\nu$ 是 x 小量函数,都是宇宙扰动的同一阶项。$\mathcal{F}_{\mu\nu\cdots}(x)$ 作为 n 阶张量变换为 $\mathcal{F}'_{\mu\nu\cdots}(x')$,

$$\mathcal{F}'_{\mu_1\mu_2\cdots}(x') = \mathcal{F}_{\nu_1\nu_2\cdots}(x)\frac{\partial x^{\nu_1}}{\partial x'^{\mu_1}}\frac{\partial x^{\nu_2}}{\partial x'^{\mu_2}}\cdots, \tag{12.6.28}$$

这提供了原来张量的泛函改变,$\mathcal{F} \to \mathcal{F}'$,自变量变化为 $x^\mu \to x'^\mu$。把给定点 x^μ 的泛函改变解释为在此点的规范变换,可按下面方式进行计算。[37] 将式 (12.6.28) 改写为

$$\mathcal{F}'_{\mu_1\mu_2\cdots}(x')\mathrm{d}x_1'^\mu \mathrm{d}x_2'^\mu\cdots = \mathcal{F}_{\nu_1\nu_2\cdots}(x)\mathrm{d}x_1^\nu \mathrm{d}x_2^\nu\cdots. \tag{12.6.29}$$

然后我们用 $\mathcal{F}_{\mu_1\mu_2\cdots}(x)$ 和 ϵ^μ 来表示 $\mathcal{F}'_{\mu_1\mu_2\cdots}(x)$。用 x 展开式 (12.6.29) 的左边

$$\mathcal{F}'_{\mu_1\mu_2\cdots}(x') = \mathcal{F}'_{\mu_1\mu_2\cdots}(x) + \epsilon^\nu(x)\frac{\partial}{\partial x^\nu}\mathcal{F}_{\mu_1\mu_2\cdots}(x) + \mathcal{O}((\epsilon^\mu)^2). \tag{12.6.30}$$

下面计算中仅保留 ϵ_μ 的一阶项。右边的项中用 $\mathrm{d}x^\nu$ 表示 $\mathrm{d}x'^\mu$,也保留到 $\epsilon^\nu(x)$ 的一阶项

$$\mathrm{d}x^\nu = \frac{\partial x^\nu}{\partial x'^\lambda}\mathrm{d}x'^\lambda = \left(\delta_\lambda^\nu - \frac{\partial\epsilon^\nu(x)}{\partial x^\lambda}\right)\mathrm{d}x'^\lambda. \tag{12.6.31}$$

将公式 (12.6.30) 和 (12.6.31) 代入到式 (12.6.29) 并确认两边的乘积 $\mathrm{d}x'^{\mu_1}\mathrm{d}x'^{\mu_2}\cdots$ 的系数,有

$$\begin{aligned}\mathcal{F}'_{\mu_1\mu_2\cdots}(x) &= \mathcal{F}_{\mu_1\mu_2\cdots}(x) - \frac{\partial\epsilon^\nu(x)}{\partial x^{\mu_1}}\mathcal{F}_{\nu\mu_2\cdots}(x) - \frac{\partial\epsilon^\nu(x)}{\partial x^{\mu_2}}\mathcal{F}_{\mu_1\nu\cdots}(x) - \cdots \\ &\quad - \epsilon^\nu(x)\frac{\partial}{\partial x^\nu}\mathcal{F}_{\mu_1\mu_2\cdots}(x) \\ &\equiv \mathcal{F}_{\mu_1\mu_2\cdots}(x) + \Delta\mathcal{F}_{\mu_1\mu_2\cdots}(x) \\ &\equiv \bar{\mathcal{F}}_{\mu_1\mu_2\cdots}(x) + \delta\mathcal{F}_{\mu_1\mu_2\cdots}(x) + \Delta\mathcal{F}_{\mu_1\mu_2\cdots}(x).\end{aligned} \tag{12.6.32}$$

注意,对于宇宙扰动和规范变换中的最低阶,张量的扰动项 $\delta\mathcal{F}_{\mu_1\mu_2\cdots}(x)$ 不受影响。

现在可以确定由规范变换产生的项,保留到 ϵ^μ 的最低阶

$$\Delta\mathcal{F}_{\mu_1\mu_2\cdots}(x) \equiv -\epsilon^\nu(x)\frac{\partial}{\partial x^\nu}\bar{\mathcal{F}}_{\mu_1\mu_2\cdots}(x) - \frac{\partial\epsilon^\nu(x)}{\partial x^{\mu_1}}\bar{\mathcal{F}}_{\nu\mu_2\cdots}(x) - \frac{\partial\epsilon^\nu(x)}{\partial x^{\mu_2}}\bar{\mathcal{F}}_{\mu_1\nu\cdots}(x) - \cdots \tag{12.6.33}$$

如前文所述,$\bar{\mathcal{F}}_{\mu_1\mu_2\cdots}$ 仅是宇宙时间 t 的函数。明显地,如上所述,这个方程是一阶的。

---

37 下面的讨论可参考文献 [267],80-81 页。

12.6.3.2　度规和应力–能量张量的规范变换

用两个三标量 $\epsilon_0(x)$ 和 $\epsilon^{(S)}(x)$ 以及一个无散的三矢量函数 $\epsilon_j(x)$ 将四矢量 $\epsilon_\mu(x)$ 的无限小坐标变化改写为

$$\epsilon_\mu \equiv (\epsilon_0,\ \epsilon_j), \tag{12.6.34}$$
$$\epsilon_j \equiv \partial_j \epsilon^{(S)} + \epsilon_j^{(V)}, \quad \partial_j \epsilon_j^{(V)} = 0.$$

而扰动第一阶为

$$\epsilon^\mu = \bar{g}^{\mu\nu}\epsilon_\nu, \tag{12.6.35}$$
$$\epsilon^0 = -\epsilon_0, \quad \epsilon^j = \frac{1}{a^2}\epsilon_j \equiv \frac{1}{a^2}\left(\partial_j \epsilon^{(S)} + \epsilon_j^{(V)}\right).$$

由式 (12.6.33) 可写出一个四标量 $\mathcal{S}$，一个四矢量 $\mathcal{V}_\mu$ 和一个四张量 $\mathcal{T}_{\mu\nu}$ 的规范变换导出的一般项形式，

$$\Delta\mathcal{S} = -\epsilon^0 \dot{\mathcal{S}}, \tag{12.6.36}$$
$$\Delta\mathcal{V}_\mu = -\epsilon^0 \dot{\mathcal{V}}_\mu - \bar{\mathcal{V}}_\lambda \frac{\partial\epsilon^\lambda}{\partial x^\mu},$$
$$\Delta\mathcal{T}_{\mu\nu} = -\epsilon^0 \dot{\mathcal{T}}_{\mu\nu} - \bar{\mathcal{T}}_{\mu\lambda}\frac{\partial\epsilon^\lambda}{\partial x^\nu} - \bar{\mathcal{T}}_{\lambda\nu}\frac{\partial\epsilon^\lambda}{\partial x^\mu}.$$

下面使用 $\epsilon_0 = -\epsilon^0$ 代替 ϵ^0。

将公式 (12.6.36) 第一式应用到能量和压强密度这两个标量，

$$\Delta\rho = -\epsilon^0 \dot{\rho} = \epsilon_0 \dot{\rho}, \qquad \Delta\mathcal{P} = -\epsilon^0 \dot{\mathcal{P}} = \epsilon_0 \dot{\mathcal{P}}. \tag{12.6.37}$$

上面第一式标量规范变换得到以下有趣的结果，

$$\frac{\delta\rho_\alpha}{\dot{\rho}_\alpha} = \cdots = \frac{\delta\mathcal{P}_\beta}{\dot{\mathcal{P}}_\beta} = \cdots = \epsilon_0, \tag{12.6.38}$$

其中 α 和 β 表示宇宙任何物质或能量分量，即所谓的绝热扰动。相关讨论可参考 §12.3.1 节。由式 (12.6.36) 的第二式可得

$$\Delta u_\mu = -\epsilon^0 \dot{\bar{u}}_\mu - \bar{u}_\lambda \frac{\partial\epsilon^\lambda}{\partial x^\mu} = -\bar{u}_\lambda \frac{\partial\epsilon^\lambda}{\partial x^\mu}, \tag{12.6.39}$$

其中 $\bar{u}_\mu$ 已在式 (12.6.14) 给出。速度四矢量函数的分量形式为

$$\Delta\delta u_0 = \dot{\epsilon}^0 = -\dot{\epsilon}_0, \tag{12.6.40}$$
$$\Delta\delta u_j = \partial_j \epsilon^0 = -\partial_j \epsilon_0, \qquad \Delta\delta u^{(S)} = -\epsilon_0, \qquad \Delta\delta u_j^{(V)} = 0.$$

注意只有规范参数 ϵ_0 对纯能量-应力张量有贡献。

由公式 (12.6.36) 的第三式，度规张量的规范变换，

$$\Delta g_{\mu\nu} = -\epsilon^0 \dot{\bar{g}}_{\mu\nu} - \bar{g}_{\mu\lambda}\frac{\partial \epsilon^\lambda}{\partial x^\nu} - \bar{g}_{\lambda\nu}\frac{\partial \epsilon^\lambda}{\partial x^\mu}, \tag{12.6.41}$$

这就导致了由于度规扰动而产生的类似于 $\delta g_{\mu\nu} \equiv h_{\mu\nu}$ 的项。矩阵形式总结如下：
对于无限小坐标变换：

$$\epsilon_\mu = \left[\ \epsilon_0, \quad \partial_j \epsilon^{(S)} + \epsilon_j^{(V)}\ \right], \qquad \epsilon^\mu = \left[\ -\epsilon_0, \quad \frac{1}{a^2}\left(\partial_j \epsilon^{(S)} + \epsilon_j^{(V)}\right)\ \right], \tag{12.6.42}$$
$$\partial_j \epsilon_j^{(V)} = 0;$$

对于速度矢量的规范变换：

$$\Delta u_\mu = \left[\ -\dot{\epsilon}_0, \quad -\partial_j \epsilon_0\ \right], \qquad \Delta u^\mu = \left[\ \dot{\epsilon}_0, \quad -\frac{1}{a^2}\partial_j \epsilon^0\ \right]; \tag{12.6.43}$$

对于度规规范变换：

$$\Delta g_{\mu\nu} = \Delta h_{jk} = \left[\begin{array}{cc} \Delta h_{00} & \Delta h_{0j} \\ \Delta h_{0j} & \Delta h_{jk} \end{array}\right] \tag{12.6.44}$$
$$= \left[\begin{array}{cc} -\Delta E & a(\partial_j \Delta F + \Delta G_j)(= h_{0j}) \\ h_{0j} & a^2\left(\Delta A + \partial_j\partial_k \Delta B + \partial_j \Delta C_k + \partial_k \Delta C_j + \Delta D_{jk}\right) \end{array}\right]$$
$$= \left[\begin{array}{cc} -2\dot{\epsilon}_0 & -\partial_j \epsilon_0 - a^2\partial_t\left(\frac{1}{a^2}\partial_j \epsilon^{(S)} + \frac{1}{a^2}\epsilon_j^{(V)}\right)(= \Delta h_{0j}) \\ \Delta h_{0j} & 2\epsilon_0 a^2 H \delta_{jk} - \partial_j\left(\partial_k \epsilon^{(S)} + \epsilon_k^{(V)}\right) - \partial_k\left(\partial_j \epsilon^{(S)} + \epsilon_j^{(V)}\right) \end{array}\right].$$

公式 (12.6.44) 表明规范变换对度规扰动函数 E, F, G_j ((12.6.6), (12.6.7), (12.6.8)) 等添加了新的项。把这些附加的项分别叫做 ΔE, ΔF, ΔG_j 等，则对三标量部分 Δg_{00}

$$\Delta E = 2\dot{\epsilon}_0, \tag{12.6.45}$$

三矢量部分 Δg_{0j}，则有

$$\Delta F = -\frac{\epsilon_0}{a} - a\partial_t\left(\frac{\epsilon^{(S)}}{a^2}\right), \tag{12.6.46}$$
$$\Delta G_j = -a\partial_t\left(\frac{\epsilon_j^{(V)}}{a^2}\right);$$

而三张量部分 Δg_{jk},

$$\Delta A = 2H\epsilon_0, \qquad \Delta B = -\frac{2}{a^2}\epsilon^{(S)}, \qquad (12.6.47)$$

$$\Delta C_j = -\frac{1}{a^2}\epsilon_j^{(V)}, \qquad \Delta D_{jk} = 0.$$

注意公式 (12.6.45) 不独立, 它来自公式 (12.6.17) 和 (12.6.40) 的第一式。这也可以用作一致性检查的一个手段。

$T_{\mu\nu}$ 的规范变换

$$\Delta T_{\mu\nu} = -\epsilon^0\dot{\bar{T}}_{\mu\nu} - \bar{T}_{\mu\lambda}\frac{\partial\epsilon^\lambda}{\partial x^\nu} - \bar{T}_{\lambda\nu}\frac{\partial\epsilon^\lambda}{\partial x^\mu}, \qquad (12.6.48)$$

已在公式 (12.6.37) 和 (12.6.40) 给出 [38], 并且它们也符合式 (12.6.24) 的期望结果。写成矩阵形式为

$$\Delta T_{\mu\nu} = \begin{bmatrix} \epsilon_0\dot{\bar{\rho}} + 2\bar{\rho}\dot{\epsilon}_0 & \bar{\rho}\partial_j\epsilon_0 - \bar{\mathcal{P}}\epsilon_j + 2H\bar{\mathcal{P}}\epsilon_j \\ \\ \bar{\rho}\partial_j\epsilon_0 - \bar{\mathcal{P}}\dot{\epsilon}_j + 2H\bar{\mathcal{P}}\epsilon_j & \epsilon_0\partial_t(a^2\bar{\mathcal{P}})\delta_{jk} - \bar{\mathcal{P}}(\partial_j\epsilon_k + \partial_k\epsilon_j) \end{bmatrix}, \qquad (12.6.49)$$

其中 ϵ_j 在式 (12.6.34) 中给出。规范变换不产生对应式 (12.6.20) 的耗散项。这可以从以下事实解释, 规范变换产生的项在一定程度上取决于不含耗散项的、具有理想流体形式的非扰动形式的能–动量张量。于是有

$$\Delta\pi^{(S)} = \Delta\pi_j^{(V)} = \Delta\pi_{jk}^{(T)} = 0. \qquad (12.6.50)$$

至此为止, 已经全部给出了各种扰动函数在规范变换下的泛函改变表达式。

12.6.3.3 规范不变组合

首先总结规范变换对各种标量扰动函数的影响。对于 $x_0 \to x_0 + \epsilon_0$, $x_j \to x_j + \partial_j\epsilon^{(S)} + \epsilon_j^{(V)}$, $\partial_j\epsilon_j^{(V)} = 0$,

$$A \to A + 2H\epsilon_0, \qquad\qquad \delta\rho \to \delta\rho + \dot{\bar{\rho}}\epsilon_0, \qquad (12.6.51)$$

$$B \to B - \frac{2}{a^2}\epsilon^{(S)}, \qquad\qquad \delta\mathcal{P} \to \delta\mathcal{P} + \dot{\bar{\mathcal{P}}}\epsilon_0,$$

$$E \to E + 2\dot{\epsilon}_0, \qquad\qquad \delta u^{(S)} \to \delta u^{(S)} - \epsilon_0,$$

$$F \to F - \frac{1}{a}\left(\epsilon_0 + a^2\partial_0\left(\frac{\epsilon^{(S)}}{a^2}\right)\right), \qquad \pi^{(S)} \to \pi^{(S)}.$$

---

38 ΔT_{00}, ΔT_{0j} 和 ΔT_{jk} 的明确表示已在文献 [204], 237 页, 式 (5.3.9)~(5.3.11) 给出。

有一些线性组合的项是规范不变的。标量函数有以下规范不变组合：

$$\hat{A} \equiv A + 2H\delta u^{(S)}, \tag{12.6.52}$$

$$\hat{E} \equiv E + 2\delta \dot{u}^{(S)},$$

$$\hat{B}_F \equiv F - \frac{a}{2}\dot{B} - \frac{1}{a}\delta u^{(S)} \equiv B_F - \frac{1}{a}\delta u^{(S)}, \quad B_F \equiv F - \frac{a}{2}\dot{B},$$

$$\delta\hat{\rho} \equiv \delta\rho + \dot{\bar{\rho}}\delta u^{(S)} = \delta\rho - 3H(\bar{\rho} + \bar{\mathcal{P}})\delta u^{(S)},$$

$$\delta\hat{\mathcal{P}} \equiv \delta\mathcal{P} + \dot{\bar{\mathcal{P}}}\delta u^{(S)},$$

$$\hat{\pi}^{(S)} \equiv \pi^{(S)},$$

上式使用了式 (9.1.30) 来改写 $\delta\hat{\rho}$。注意，所有的规范不变标量场扰动分别是各自的标量扰动加上流体速度矢量的标量部分 $\delta u^{(S)}$。

矢量函数的规范不变组合为

$$\hat{G}_{Cj} \equiv G_j - a\dot{C}_j, \tag{12.6.53}$$

$$\delta\hat{u}_j = \delta u_j, \qquad \hat{\pi}_j^{(V)} = \pi_j^{(V)}.$$

张量扰动项是规范不变的：

$$\hat{D}_{jk} = D_{jk}, \qquad \hat{\pi}_{jk}^{(T)} = \pi_{jk}^{(T)}. \tag{12.6.54}$$

以式 (12.6.52) 中的第一个量 $\hat{A}$ 为例来说明此式中的项是规范不变的。由公式 (12.6.47) 和 (12.6.40) 得

$$\hat{A} = A + 2H\delta u^{(S)} \tag{12.6.55}$$

$$\rightarrow (A + \Delta A) + 2H(\delta u^{(S)} + \Delta u^{(S)})$$

$$= (A + 2H\epsilon_0) + 2H(\delta u^{(S)} - \epsilon_0) = A + 2H\delta u^{(S)}.$$

12.6.4   宇宙学方程的扰动：方程的数目和解

爱因斯坦方程在坐标规范变换下是不变的，在扰动展开时可展开为描述均匀各向同性宇宙的零阶方程、包含上述线性扰动项的一阶方程以及更高阶方程。这里只关注一阶扰动。爱因斯坦方程的第一阶扰动项涉及 20 个未知函数，推导非常繁琐。幸运的是，共动空间对称性使得扰动项分成三个独立的组：包含 8 个扰动函数的三标量组、包含 8 个扰动函数的三矢量组以及包含 4 个扰动函数的三张量组。这种把扰动函数分解成组的做法尽管增加了相当多的独立方程数目，但是大大简化了待解方程。讨论 CMB 各向异性时仅仅标量函数是重要的，故仅考虑包含标量函数的表达。扰动矢量项由于满足衰变型方程因此降低了在宇宙演化中的重要性，

这在当前时期是可以忽略的。张量项有助于 CMB 的极化,这在目前实验紧密观测研究之中。

如前文所述,有八个标量函数:A, B, E, F, $\delta\rho$, $\delta\mathcal{P}$, $\delta u^{(\mathrm{S})}$ 和 $\pi^{(\mathrm{S})}$。它们满足六个方程:由爱因斯坦方程得到的四个方程和来自能量–动量守恒的两个方程。下面看上面方程的数目是如何确定下来的。

- 爱因斯坦方程是四维时空二阶对称张量方程,可分成 (00), $(0j)$ 和 (jk) 分量形式。其中 (00) 和 $(0j)$ 各给出一个方程,而 (jk) 分量产生两个方程。其中一个对应 (jk) 的方程正比于 δ_{jk},另一个则正比于 $\partial_j\partial_k$。故从爱因斯坦方程可得到四个方程。
- 能动量守恒是一个四维矢量方程。(0) 分量是能量守恒,而 (j) 分量是动量守恒。故由能动量守恒可得到两个方程。

所以如前文所述,总的独立方程数目为六。

但是已知有 8 个未知函数却只有 6 个方程,如何才能唯一地确定这些未知函数呢?这时规范不变性开始发挥作用。由公式 (12.6.37)、(12.6.40) 和 (12.6.45)~(12.6.47) 可看出标量函数的规范变换由两个标量规范参数 ϵ_0 和 $\epsilon^{(\mathrm{S})}$ 确定。因此通过巧妙选择标量规范参数,可确定两个标量扰动函数的值,例如可以将它们设为零,剩余的六个标量扰动函数在给定初始条件后就可以唯一地确定。

12.6.4.1 爱因斯坦场方程的扰动

从爱因斯坦方程得到的四个标量扰动函数可参见文献 [204]。[39] 它们是规范不变的,正如它们应该的那样。可用式 (12.6.52) 定义的规范变换不变的参数函数把它们表示为明显的规范不变形式。四个方程的规范不变形式可列出如下:[40]

$$-4\pi G_{\mathrm{N}}\left(\delta\hat{\rho}-\delta\hat{\mathcal{P}}-\nabla^2\pi^{(\mathrm{S})}\right)=\left(-\frac{1}{2}\partial_t^2-3H\partial_t+\frac{1}{2a^2}\nabla^2\right)\hat{A} \tag{12.6.56}$$
$$+\left(\frac{1}{2}H\partial_t+2H^2+\frac{\ddot{a}}{a}\right)\hat{E}+\frac{H}{a}\nabla^2\hat{B}_F,$$

$$-16\pi G_{\mathrm{N}}\partial_j\partial_k\pi^{(\mathrm{S})}=\frac{1}{a^2}\partial_j\partial_k\left(\hat{A}+\hat{E}+2a(\partial_t+2H)\hat{B}_F\right),$$

$$\partial_j\left(\partial_t\hat{A}-H\hat{E}\right)=0,$$

$$-4\pi G_{\mathrm{N}}\left(\delta\hat{\rho}+3\delta\hat{\mathcal{P}}+\nabla^2\pi^{(\mathrm{S})}\right)=\left(\frac{3}{2}\partial_t^2+3H\partial_t\right)\hat{A}-\left(\frac{3}{2}H\partial_t+3\frac{\ddot{a}}{a}+\frac{1}{2a^2}\nabla^2\right)\hat{E}$$
$$-\frac{1}{a}(\partial_t+H)\nabla^2\hat{B}_F.$$

---

[39] 文献 [204], 226 页, 式 (5.1.44)~(5.1.47)。

[40] 为把文献 [204], 226 页, 式 (5.1.44)~(5.1.47) 按照式 (12.6.52) 给出的规范不变函数表示为明显的规范不变形式,我们使用了式 (9.1.44) 和下面的零阶恒等式来代替背景能量和压强密度:$\bar{\rho}=(3/8\pi G_{\mathrm{N}})(\dot{a}/a)^2$, $\bar{\mathcal{P}}=-(1/(8\pi G_{\mathrm{N}}))(2\ddot{a}/a+(\dot{a}/a)^2)$, 和 $4\pi G_{\mathrm{N}}(\bar{\rho}+\bar{\mathcal{P}})=-\dot{H}=H^2-\ddot{a}/a$。

从式 (12.6.56) 可得到随后用到的公式。将第一个方程增加 3 倍，加上对 j、k 求和后的第二个方程的 1/2 倍，再加上第四式可得 [41]

$$-8\pi G_{\mathrm{N}}\delta\hat{\rho} = \left(-3H\partial_t + \frac{1}{a^2}\nabla^2\right)\hat{A} + 3H^2\hat{E} + 2\frac{H}{a}\nabla^2\hat{B}_F. \qquad (12.6.57)$$

结合公式 (12.6.56) 的第三式，可得

$$\partial_j\left(8\pi G_{\mathrm{N}}\delta\hat{\rho} + \frac{1}{a^2}\nabla^2\hat{A} + 2\frac{H}{a}\nabla^2\hat{B}_F\right) = 0. \qquad (12.6.58)$$

12.6.4.2 能动量守恒方程的扰动形式

能动量守恒 $T^{\mu\nu}_{;\nu} = 0$ 给出两个方程。[42] 能动量守恒方程虽然不独立于爱因斯坦方程，但使用起来很方便。使用规范变换不变的参数函数，方程可以写为

$$\partial_j\left(\delta\hat{\mathcal{P}} + \nabla^2\pi^{(\mathrm{S})} + \frac{1}{2}(\bar{\rho} + \bar{\mathcal{P}})\hat{E}\right) = 0, \qquad (12.6.59)$$

$$\delta\dot{\hat{\rho}} + 3H\left(\delta\hat{\rho} + \delta\hat{\mathcal{P}}\right) + H\nabla^2\pi^{(\mathrm{S})} + \frac{3}{2}(\bar{\rho} + \bar{\mathcal{P}})\hat{A} - \frac{1}{a}(\bar{\rho} + \bar{\mathcal{P}})\nabla^2\hat{B}_F = 0.$$

根据文献 [204]，能动量守恒方程可以应用于宇宙中已经与宇宙其他部分退耦的某个组分或者所有种类组分的一个子集，因此不与后者交换能量和动量。中微子和暗物质就是这样的宇宙学组分。中微子在宇宙年龄大约 1 秒时与其他部分退耦，暗物质则更早。还应该指出，在将能动量守恒关系应用到宇宙分量的子集时，应该使用的原始形式而不是明显规范不变形式。特别地，公式 (12.6.59) 的第一式的原始形式

$$\partial_j\left(\delta\mathcal{P} + \nabla^2\pi^{(\mathrm{S})} + (\partial_t + 3H)\left((\bar{\rho} + \bar{\mathcal{P}})\delta u^{(\mathrm{S})}\right) + \frac{1}{2}(\bar{\rho} + \bar{\mathcal{P}})E\right) = 0. \qquad (12.6.60)$$

注意这个方程适用于与宇宙其他部分没有能量和动量交换的孤立系统，比如暗物质。这个方程将用于讨论下面的同步规范。

最后，注意由爱因斯坦方程和能动量守恒方程导出的微分方程不论在位形空间 $(t, \vec{x})$ 还是在波数空间 $(t, \vec{q})$ 都是实的。这是将扰动函数根据标量、矢量和张量的对称性质加以区分的结果。波数空间是扰动函数的傅里叶变换，其中 $\vec{q}$ 是共动波数矢量。波数空间中，空间微分 ∂_j 用 $\mathrm{i}q_j$ 替代。在 §12.8 节中讨论扰动函数的演化时，将再回到波数空间。

---

41 按照初始扰动函数，式 (12.6.57) 为

$$-8\pi G_{\mathrm{N}}\rho = -2H\left(\frac{3}{2}\dot{A} + \frac{1}{2}\dot{B}\right) + \frac{1}{a^2}\nabla^2 A + 3H^2 E + \frac{2}{a}H\nabla^2 F,$$

在同步规范一节 §12.7.2 时还会讨论。

42 见文献 [204]，226 页，式 (5.1.48) 和 (5.1.49)，为将它们写成明显规范变换不变的形式，又一次使用等式 $\bar{\rho} = (3/(8\pi G_{\mathrm{N}}))(\dot{a}/a)^2$ 和 $\bar{\mathcal{P}} = -(1/(8\pi G_{\mathrm{N}}))(2\ddot{a}/a + (\dot{a}/a)^2)$。

12.7　规范固定

由于爱因斯坦方程和能动量守恒方程各自的规范不变性，规范项也就是规范变换产生的扰动函数公式 (12.6.45)~(12.6.47) 以及式 (12.6.50)，满足爱因斯坦方程和能动量守恒方程。这是由于爱因斯坦方程 (12.6.56) 和能动量守恒方程 (12.6.59) 是关于扰动函数的线性函数。对于扰动第一阶，给定扰动函数 $\delta\rho$, $\delta\mathcal{P}$, A, $\cdots$，规范变换集合 $\delta\rho+\Delta\rho$, $\delta\mathcal{P}+\Delta\mathcal{P}$, $A+\Delta A$, $\cdots$ 也是一个解。故规范函数集合 $\Delta\rho$, $\Delta\mathcal{P}$, ΔA, $\cdots$ 也是一个解。由于规范项 $\Delta\rho$ 等是规范参数函数 $\epsilon_\mu(x)$ 的任意函数，这种解一定是赝的。这就产生了规范模糊性 (gauge ambiguity)。

我们也可以从所考虑体系基本动力学方程中的允许解中看出规范模糊性问题。体系有六个方程，分别是从爱因斯坦方程 (12.6.56) 得到的四个和从能动量守恒式 (12.6.59) 得到的两个方程。这六个方程中的函数是六个规范不变的扰动函数，即 $\delta\hat{\rho}$ 等，而规范不变扰动函数又是式 (12.6.52) 列出的八个扰动函数 $\delta\rho$ 等的线性组合。用来帮助定义规范不变扰动函数的速度势扰动函数 $\delta u^{(S)}$ 是由公式 (12.6.56) 和 (12.6.59) 隐式而不是显式给出。扰动函数 F 和 B 仅由它们的线性组合 $B_F \equiv F-(a/2)\dot{B}$ 给出，所以可得出规范不变量的唯一解。但是，除非不依赖于体系动力学就能决定八个扰动函数中的两个，否则体系将没有唯一的完整解。

然而，如前文章节所述，固定规范可以决定体系的完整解并简化计算，原来的不确定性也可转换为优势。固定规范参数，选择合适的 ϵ_0、$\epsilon^{(S)}$ 和 $\epsilon_j^{(V)}$ 值可令某些度规、密度以及 (或者) 速度扰动函数为零。因此，不再允许存在更多的规范变换，同时简化了一些基本扰动函数方程。于是，在标量扰动下，公式 (12.6.56) 和 (12.6.59) 可以在所需的初始条件后唯一求解。不局限于标量的一般情形时，由于在坐标变换下有四个规范参数，故仅可确定四个扰动函数，两个三标量和一个无散的三矢量。对于和 CMB 各向异性功率谱相关的标量部分而言，两个标量规范参数恰好完全满足其所需。

标量扰动规范变换与四个规范变换参数中的两个有关：ϵ_0 和 $\epsilon^{(S)}$。故可确定 E、F、A、B、$\delta\rho$、$\delta\mathcal{P}$ 和 $\delta u^{(S)}$ 等七个扰动函数中的两个，剩下的扰动函数 $\pi^{(S)}$ 是规范不变的，因此与规范固定无关。现在研究标量扰动对规范参数的依赖性。规范变换 E、A、$\delta\rho$、$\delta\mathcal{P}$ 和 $\delta u^{(S)}$ 依赖于 ϵ_0；B 依赖于 $\epsilon^{(S)}$；F 依赖于 ϵ_0 和 $\epsilon^{(S)}$。因此 F 或 B，或者二者都必须包括在所选择的两个函数中。然而，由于 ΔE 和 ΔF 的特定形式，可能会使某些规范选择复杂化。式 (12.6.45) 给出的 ΔE 依赖于 ϵ_0 的时间导数，因此，ϵ_0 中的只依赖于空间坐标的部分仍不能确定。ΔF 由式 (12.6.46) 给出，有以下特性：当

$$\epsilon^{(S)}(t,x) = -a(t)^2 \int^t \frac{\epsilon_0(t',x)}{a(t')^2}\mathrm{d}t' \tag{12.7.1}$$

时，$\Delta F = 0$。于是可知，除非规范条件可以固定 ϵ_0 或者 $\epsilon^{(S)}$，否则大有可能具有剩余的规范变换，从而不能唯一地确定扰动函数。稍后讨论同步规范时探讨这一点。

基于计算中的优势有两种常用的规范选择：牛顿规范和同步规范。下面对它们进行简要讨论。

12.7.1　牛顿规范

牛顿规范是由选择规范函数 ϵ_0 和 $\epsilon^{(S)}$ 满足下述条件来定义的，

$$B + \Delta B = B - 2\left(\frac{\epsilon^{(S)}}{a^2}\right) = 0, \tag{12.7.2}$$

$$F + \Delta F = F - \frac{1}{a}\left(\epsilon_0 + a^2\partial_t\left(\frac{\epsilon^{(S)}}{a^2}\right)\right) = 0.$$

第一式固定 $\epsilon^{(S)}$，它和第二式一起固定 ϵ_0。这样就消除了式 (12.7.1) 中的规范模糊性。由于 ϵ_0 和 $\epsilon^{(S)}$ 不为零，没有更多的规范自由度来进行额外的规范变换。实际上，可令式 (12.6.56) 和式 (12.6.59) 中的 $B = F = 0$，所有其他扰动函数保持相同的记号，可得到牛顿规范方程。

通常重命名一些扰动函数，令

$$E \equiv 2\Phi, \qquad A \equiv -2\Psi. \tag{12.7.3}$$

$$F = 0, \qquad B = 0, \tag{12.7.4}$$

其中 Φ 叫做牛顿势，Ψ 叫做牛顿曲率势。它们也就是所谓的巴丁势。在此规范下，度规的标量扰动函数部分完全确定而且简单，

$$g_{00}^{(NG)}|_{标量} = -(1 + 2\Phi), \quad g_{0j}^{(NG)}|_{标量} = 0, \quad g_{jk}^{(NG)}|_{标量} = a^2(1 - 2\Psi)\delta_{jk}. \tag{12.7.5}$$

线元可写为

$$ds^{(NG)2}|_{标量} = -(1 + 2\Phi)dt^2 + a^2(1 - 2\Psi)\delta_{jk}dx^j dx^k, \tag{12.7.6}$$

应力能量张量为

$$T_{00}^{(NG)}|_{标量} = (1 + 2\Phi)|\bar{\rho} + \delta\rho, \tag{12.7.7}$$

$$T_{0j}^{(NG)}|_{标量} = -(\bar{\rho} + \mathcal{P})\partial_j u^{(S)},$$

$$T_{(jk)}^{(NG)}|_{标量} = a^2\left((1 - 2\Psi)\mathcal{P} + \delta\mathcal{P}\right)\delta_{jk} + a^2\partial_j\partial_k\pi^{(S)}.$$

牛顿规范下的爱因斯坦场方程由式 (12.6.56) 具体给出 [43]

$$-4\pi G_N\left(\delta\rho - \delta\mathcal{P} - \nabla^2\pi^{(S)}\right) = \left(H\partial_t + 2\dot{H} + 6H^2\right)\Phi + \left(\partial_t^2 + 6H\partial_t - \frac{1}{a^2}\nabla^2\right)\Psi, \tag{12.7.8}$$

---

43 可直接从文献 [204]，式 (5.1.44)~(5.1.47) 得出，该方程组使用了恒等式 $\ddot{a}/a = \dot{H} + H^2$。

$$-8\pi G_{\mathrm{N}}\partial_j\partial_k\pi^{(\mathrm{S})} = \frac{1}{a^2}\partial_j\partial_k(\Phi - \Psi),$$

$$4\pi G_{\mathrm{N}}(\bar\rho + \bar{\mathcal{P}})\partial_j\delta u^{(\mathrm{S})} = -\partial_j\left(H\Phi + \partial_t\Psi\right),$$

$$4\pi G_{\mathrm{N}}\left(\delta\rho + 3\delta\mathcal{P} + \nabla^2\pi^{(\mathrm{S})}\right) = \left(3H\partial_t + 6\dot{H} + 6H^2 + \frac{1}{a^2}\nabla^2\right)\Phi + (3\partial_t^2 + 6H\partial_t)\Psi.$$

式 (12.6.59) 的动量能量守恒方程为 [44]

$$\partial_j\left(\delta\mathcal{P} + \nabla^2\pi^{(\mathrm{S})} + \frac{1}{a^3}\partial_t\left(a^3(\bar\rho + \bar{\mathcal{P}})\delta u^{(\mathrm{S})}\right) + (\bar\rho + \bar{\mathcal{P}})\Phi\right) = 0, \tag{12.7.9}$$

$$\delta\dot\rho + 3H(\delta\rho + \delta\mathcal{P}) + \nabla^2\left(\frac{(\bar\rho + \bar{\mathcal{P}})}{a^2}\delta u^{(\mathrm{S})} + H\pi^{(\mathrm{S})}\right) - 3(\bar\rho + \bar{\mathcal{P}})\partial_t\Psi = 0.$$

注意在牛顿规范下，令 $B = 0$, $F = 0$，关系式 (12.6.58) 变得特别简单，显式地按照扰动函数写出

$$\partial_j\left(8\pi G_{\mathrm{N}}\delta\hat\rho + \frac{1}{a^2}\nabla^2\hat{A} - 2\frac{H}{a^2}\nabla^2\delta u^{(\mathrm{S})}\right) \tag{12.7.10}$$

$$= \partial_j\left(8\pi G_{\mathrm{N}}\delta\hat\rho - \frac{2}{a^2}\nabla^2\Psi\right) = 0.$$

这是一个约束方程，将在 § 12.8 节中用于推导早期宇宙演化的一个关键的守恒关系。

12.7.2 同步规范

同步规范将用于计算 CMB 各向异性，通过设置下列关系来定义

$$E + \Delta E = E + 2\dot\epsilon_0 = 0, \tag{12.7.11}$$

$$F + \Delta F = F - \frac{1}{a}\left(\epsilon_0 + a^2\partial_t\left(\frac{\epsilon^{(\mathrm{S})}}{a^2}\right)\right) = 0.$$

度规的标量部分为

$$g_{00}^{(\mathrm{SG})}|_{\text{标量}} = -1, \qquad g_{0j}^{(\mathrm{SG})}|_{\text{标量}} = 0, \tag{12.7.12}$$

$$g_{jk}^{(\mathrm{SG})}|_{\text{标量}} = a^2\left((1+A)\delta_{jk} + \partial_j\partial_k B\right) = a^2\left((1-2\Psi)\delta_{jk} + \partial_j\partial_k B\right).$$

应力-能量张量为

$$T_{00}^{(\mathrm{SG})}|_{\text{标量}} = \bar\rho + \delta\rho, \qquad T_{0j}^{(\mathrm{SG})}|_{\text{标量}} = -\left(\bar\rho + \bar{\mathcal{P}}\right)\partial_j u^{(\mathrm{S})}, \tag{12.7.13}$$

---

44 可直接从文献 [204]，式 (5.1.48) 和 (5.1.49) 得出。

$$T_{jk}^{(\mathrm{SG})}|_{\text{标量}} = a^2\mathcal{P}((1+A)\delta_{jk} + \partial_j\partial_k B) + a^2(\delta\mathcal{P} + \partial_j\partial_K\pi^{(\mathrm{S})})$$
$$= a^2\mathcal{P}((1-2\Psi)\delta_{jk} + \partial_j\partial_k B) + a^2(\delta\mathcal{P} + \partial_j\partial_K\pi^{(\mathrm{S})}).$$

下面列出在同步规范下从公式 (12.6.56) 和 (12.6.59) 得到的场方程。在文献 [204] 中以原来未做规范不变组合的扰动函数的形式给出。爱因斯坦场方程为 [45]

$$-4\pi G_{\mathrm{N}}\left(\delta\rho - \delta\mathcal{P} - \nabla^2\pi^{(\mathrm{S})}\right) = \frac{1}{2}\nabla^2\left(\frac{1}{a^2}A - H\dot{B}\right) - \frac{1}{2}(\partial_t + 6H)\dot{A}, \qquad (12.7.14)$$

$$-16\pi G_{\mathrm{N}}\partial_j\partial_k\pi^{(\mathrm{S})} = \frac{1}{a^2}\partial_j\partial_k\left(A - (\partial_t + 3H)\dot{B}\right),$$

$$8\pi G_{\mathrm{N}}(\bar{\rho} + \bar{\mathcal{P}})\partial_j\delta u^{(\mathrm{S})} = \partial_j\dot{A},$$

$$-4\pi G_{\mathrm{N}}(\delta\rho + 3\delta\mathcal{P} + \nabla^2\pi^{(\mathrm{S})}) = \frac{1}{a^2}\left(a^2\left(\frac{3}{2}\dot{A} + \nabla^2\dot{B}\right)\right) \equiv \frac{1}{a^2}\partial_t(a^2\psi).$$

上式定义

$$\psi \equiv \frac{1}{2}(3\dot{A} + \nabla^2\dot{B}). \qquad (12.7.15)$$

能动量守恒关系分别为 [46]

$$\delta\dot{\rho} + 3H(\delta\rho + \delta\mathcal{P}) + \nabla^2\left(\frac{1}{a^2}(\bar{\rho} + \bar{\mathcal{P}})\delta u^{(\mathrm{S})} + H\pi^{(\mathrm{S})}\right) + (\bar{\rho} + \bar{\mathcal{P}})\psi = 0, \qquad (12.7.16)$$

$$\partial_j\left(\delta\mathcal{P} + \nabla^2\pi^{(\mathrm{S})} + (\partial_t + 3H)\left((\bar{\rho} + \bar{\mathcal{P}})\delta u^{(\mathrm{S})}\right)\right) = 0.$$

后面用到的式 (12.6.57) [47]，在同步规范下写成下列简单形式：

$$-8\pi G_{\mathrm{N}}\delta\rho = \frac{1}{a^2}\nabla^2 A - 2H\psi. \qquad (12.7.17)$$

现在仔细研究一下同步规范条件式 (12.7.11)。这两个条件都有潜在的问题。第一个条件只确定下来 ϵ_0 的时间依赖部分，允许 ϵ_0 附加上任意的只依赖于空间坐标的函数。第二个条件则允许将相应的部分添加到式 (12.7.1) 的 $\epsilon^{(\mathrm{S})}$ 中。这种自由度是允许的剩余规范变换 [48]：这个剩余规范变换的参数为

$$\epsilon_0'(t, \vec{x}) \equiv -\tau(\vec{x}), \qquad (12.7.18)$$

$$\epsilon'^{(\mathrm{S})}(t, \vec{x}) \equiv a^2(t)\tau(\vec{x})\int^t \frac{\mathrm{d}t'}{a^2(t')},$$

其中 $\tau(\vec{x})$ 是任意与时间无关的函数。规范变换中依然存在的 $\tau(\vec{x})$ 的任意性会造成麻烦，这是因为在同步规范中得到的不同扰动函数集合不一定就真的不同 (得到的扰动函数解不唯一)，它们之间可能就差一个式 (12.7.18) 所示的规范变换。[49]

---

45 见文献 [204]，式 (5.3.28)~(5.3.31)。
46 见文献 [204]，式 (5.3.34) 和 (5.3.32)。
47 见脚注 41。
48 文献 [204]，242 页，式 (5.3.39)。
49 剩余规范变换式 (12.7.18) 所引起效应的具体讨论可参见文献 [204]，242-243 页。

然而，如果可以对某些标量扰动函数施加适当的规范条件，以消除剩余规范变换式 (12.7.18)，并且固定下同步规范中所有的扰动函数，就可避免这种规范模糊性。在存在冷暗物质的 ΛCDM 模型中，情况确实如此。如文献 [204] 所述，具有式 (12.6.40) 所示变换性质的暗物质标量 4 速度扰动函数 $\epsilon^{(S)}$，不依赖于时间，并且这样的规范变换使得同步规范可以唯一确定下来。[50]

12.7.3 关于其他规范、规范转化以及规范解的综述

12.7.3.1 其他规范和规范转化

CMB 各向异性的研究领域中还存在了其他规范。不同的规范可以方便地用于不同的物理情况。不同的规范可以相互转换。在上面给出的两个例子中，度规扰动上施加了规范条件。规范条件也可用能动量张量中的量 $\delta\rho$、$\delta\mathcal{P}$ 或者 δu_μ 来定义。

列举一下研究领域中出现的一些其他规范：令 $F = 0$ 和 $A = 0$ 的平坦空间规范。在此规范中存在非平庸剩余规范变换要求其他条件以消除多余的规范自由度。[51] 均匀密度规范设定 $\delta\rho = 0$，这确定 ϵ_0。另一个规范条件确定了适当的度规扰动项，它要求 $F = 0$ 或者 $B = 0$。共动规范定义为 $\delta u^{(S)} = 0$ 加上 $F = 0$ 或者 $B = 0$。更多规范条件可参见文献，如，文献 [207]、[268] 以及早期工作文献 [269] 等。

12.7.3.2 规范转换

尽管在不同的情形下为了诸如简化计算等原因而使用不同的规范，但是所有规范都是等价的，选择合适的规范变换可从一种规范转换为另一种规范。不同规范间的转换以及实例可参考文献 [204]。[52]

---

50 讨论细节可参见文献 [204]，243 页。这里因为教学需要给出来。冷暗物质是非相对论的，压强密度为零，$\bar{\mathcal{P}}_{DM} = 0$。可令它的压强扰动也为零。由于式 (12.6.36)，规范变换保持压强为零。也可令它的耗散部分为零，$\pi_{DM}^{(S)} = 0$。这样能量–动量守恒的第一个方程 (12.6.60) 适用于每个暗物质，可改写为

$$\partial_j \left(\bar{\rho}_{DM} \partial_t \delta u_{DM}^{(S)} + \delta u_{DM}^{(S)} (\partial_t + 3H) \bar{\rho}_{DM} \right) = 0.$$

由于 $\bar{\rho}_{DM} \sim 1/a^3$，所以 $(\partial_t + 3H)\bar{\rho}_{DM} = 0$，上述表达式可化简为 $\partial_j \partial_t u^{(S)} = $ 常数。这个方程最一般的解为 $u_{DM}^{(S)}$，是对两个函数的求和：其中一个函数仅依赖于宇宙时间，另一个则仅依赖于共动坐标。第一个函数产生均匀、各向同性的速度势，它由于产生零模式解而被忽略。这相当于删除式 (12.6.60) 中的空间全导数 ∂_j。第二个函数产生暗物质的速度势 $\delta u'^{(S)}(x)$，它只是共动坐标的函数。因此规范参数为 $\epsilon^0(x) = \delta u'^{(S)}(x)$ 的规范变换可用于得到零速度势 $\delta u_{DM}^{(S)} = 0$，这是物理上的要求。这样就完全固定了规范。

51 剩余规范变换为

$$\epsilon'^{(S)} = a^2(t)\tau(\vec{x}),$$

其中 $\tau(\vec{x})$ 是只依赖于共动空间坐标的任意函数。

52 见文献 [204]，243-255 页。

12.7.3.3 规范解

对规范函数的一般性质作以下两点评述。在下节 §12.8 节讨论早期宇宙演化时将利用它们得到一组解。

- **规范解**: 由于基本方程,即爱因斯坦场方程和能动量守恒方程,在扰动函数中是均匀、各向同性且规范不变的,正如公式 (12.6.56) 和 (12.6.59) 所示,因此由公式 (12.6.34)、(12.6.37)、(12.6.40)、(12.6.45)、(12.6.46)、(12.6.47) 和 (12.6.50) 给出的规范变换函数 $\Delta\rho$ 等和 ΔE 等,都是爱因斯坦场方程和能动量守恒方程的解。这也是为什么可以由固定一个规范来获得这些基本方程的解的原因。

- **值得注意的一点**: 由公式 (12.6.46) 和 (12.6.47),似乎对任意形式的规范函数 ϵ_0、$\epsilon^{(S)}$ 和 $\epsilon_j^{(V)}$ 都能对扰动函数有 ΔB、ΔF、ΔG_j 和 ΔG_j 等形式的贡献。然而,这些扰动函数以空间导数的形式出现在爱因斯坦场方程和能动量守恒方程中,因此当规范函数对共动坐标有某些简单依赖关系时,其贡献为零。从公式 (12.6.56) 和 (12.6.59) 中可以看出,F 和 B_j 以二阶导数形式出现在主要方程中,故规范函数中关于 x_j 常数、线性的项将没有影响。从矢量扰动函数的公式可以看出 $\epsilon_j^{(V)}$ 的函数限制,这一点可参考文献 [204] [53]。

12.8 极早期宇宙扰动——视界之外

12.8.1 涉及的问题——初步讨论

首先,在开始之前先讨论一下宇宙扰动的一些要点。

- 宇宙扰动发生在极早期宇宙,其最初的种子是暴胀时期的量子涨落。然而,对扰动效应的观测,例如对 CMB 各向异性,观测最后散射面上所留下来的东西,是在当前时期开展的。最后散射面是宇宙光子与重子等离子体退耦的地方,其后宇宙光子就可以携带最后散射面的信息自由传播,一直到现在观测的时刻。因此,为研究宇宙扰动效应,必须清楚随着宇宙的发展,早期扰动是如何演化的。

- 从暴胀时期到现在观测的时刻,宇宙经历了几个阶段的转变。这些转变包括暴胀后宇宙的重新加热,暗物质的冻结,也许还有其他宇宙剧烈演化阶段。在重加热过程中,真空能可能衰变到正常粒子,如夸克、规范玻色子等。除了这非常一般的物理图像,人们对转换过程的动力学知之甚少。例如,在暗物质方面,我们对暗物质的性质其实了解不多。它们是什么样的粒子,遵循什么样的动力学等,都不是很清楚。因此,计算中,需要一种机制来确保极

---

[53] 见文献 [204],式 (5.1.50) 和 (5.1.51)。

早期宇宙的信息一直保存到宇宙性质较为清晰的时期。并从那里开始，宇宙到最后散射面的演化可以确切计算。

- 度规和应力–能量张量扰动具有明确的时间依赖性，遵循爱因斯坦场方程。与此相反，它们的空间依赖性是一种随机分布，不是精确地确定，是一种基于随机性的定义。

  随机的空间依赖性影响到可以进行的实验观测的类型。例如，在研究温度扰动时，虽然无法预测天空中某一点的温度，但是我们可以测量天空的平均温度以及任意两个方向的温度各向异性之间的关联，正如公式 (12.4.3) 和 (12.4.7) 所述。另一个例子，比如说，关于星系大尺度结构方面，不能期望计算出银河系与最近的大星系之间的距离，但可以要求计算两个大星系之间的平均距离[54]。通过前面这些宇宙学研究的例子，我们了解到哪些研究是有意义的，哪些是无意义的，可以看出宇宙扰动必须被当作依赖于空间坐标的随机变量。

- 主导扰动的方程是关于时间和空间导数的线性齐次方程。在标量情形下，有六个未知的规范不变标量扰动函数和六个方程，并在六个方程中同时存在时间导数和空间导数时，由固定规范来确定八个标量扰动函数。这是一个相当复杂的情况。幸运的是，可以通过下面给出的指数变换形式对扰动函数的空间坐标分量做傅里叶变换从而简化系统，

$$\exp(i\vec{q}\cdot\vec{x}) = \exp\left(i\left(\frac{\vec{q}}{a}\right)\cdot(a\vec{x})\right),\tag{12.8.1}$$

其中 $a = a(t)$ 是哈勃标度因子，$q/a \equiv |\vec{q}|/a$ 是物理波数。因为扰动函数中只保留线性项，所以不同的傅里叶模式，也称为正规模，在给定宇宙时间 t 并且固定 q/a 时是互相独立的。因此，支配扰动函数的爱因斯坦场和能量动量守恒方程可以用它们的傅里叶模来表示。此外，空间导数 ∂_j 变成乘法因子 iq。因此，傅里叶模方程只能包含时间导数。

- 宇宙扰动函数演化的精确解，必须采用动理学理论玻尔兹曼方程进行求解,[55] 这导致系统方程过于复杂而不可能解析求解。因此，为了详细比较理论和观测，有必要进行数值模拟。现代计算能力处理此类任务轻易而举，但是数值解往往掩盖了其中的物理意义。流体力学极限下[204]，上述问题可以求出演化的解析解，而且该解析解和 CMB 观测结果符合得很好。在本章的其余部分都沿用这种方法。

---

54 见文献 [207], 85 页。
55 关于动理学理论的讨论可参见文献 [204], §6.1, 第 258-274 页。

12.8.2 傅里叶展开与随机性

扰动函数是随机变量，其乘积的平均值，由 n 点等时关联函数 $\langle A(t,\vec{x})B(t,\vec{y})\cdots\rangle$ 来刻画。为求解爱因斯坦场方程和能量-动量守恒方程，我们需要一系列步骤来提取扰动函数的随机依赖性并简化前面讨论的某些复杂形式。在这个过程中，可以用扰动函数对应 (动量) 模为 q 的傅里叶变换振幅改写方程。考虑一个典型的扰动函数 $X(t,\vec{x})$，并在膨胀的背景宇宙中对它进行傅里叶展开，

$$X(t,\vec{x}) = \sum_n \int \mathrm{d}^3q \mathrm{e}^{\mathrm{i}(\vec{q}/a)\cdot(a\vec{x})}\alpha_n(\vec{q})X_{nq}(t), \tag{12.8.2}$$

其中 $\vec{x}$ 是共动坐标，$\vec{q}$ 是共动波矢量，n 表示独立解的不同模式，$\alpha_n(\vec{q})$ 是相应的随机变量。下面将要讨论需要了解的随机变量的统计性质。傅里叶分量 $X_{nq}(t)$ [56] 表示模 q 的第 n 个解，是关于宇宙时间 t 和波数 $q \equiv |\vec{q}|$ 的普通函数。因为傅里叶分量与物理量有关，它不依赖于与统计变量相关联的波矢量的方向。

物理波数是 $\vec{q}/a$，可由它定义给定模式 q 的物理波长

$$\lambda_q \equiv \frac{2\pi a}{q}. \tag{12.8.3}$$

这对于构造宇宙演化中的守恒量是有用的。正如预期的那样，随着宇宙膨胀，与哈勃膨胀参数成正比的波长在时间方向上被拉伸。在宇宙暴胀时期，所有波长都呈指数拉伸。辐射主导时期，拉伸因子正比于 $t^{1/2}$，而物质主导时期，拉伸因子正比于 $t^{2/3}$。有关说明，可参见表 9.1.2。

正如式 (12.8.2) 所示，扰动函数的随机性质包含在随机变量 $\alpha_n(\vec{q})$ 的标度因子中，这也体现了波矢量的方向信息。对于给定模式 n，$\alpha_n(\vec{q})$ 对所有八个标量扰动函数 E, F, A, B, $\delta\rho$, $\delta\mathcal{P}$, $u^{(\mathrm{S})}$ 和 $\pi^{(\mathrm{S})}$ 都相同，而宇宙的各种能量和物质分量对这八个函数都有贡献。选定规范后，剩下六个独立标量扰动函数，满足六个线性耦合方程。因此有六套独立解，故 $n = 1, 2, \cdots, 6$。如果扰动函数之间存在一定的关系，则可减少独立耦合方程的数目，从而减少 n 的最大值。微分方程 (12.6.56)、(12.6.59) 或者牛顿规范下的微分方程 (12.7.8) 和 (12.7.9)，或者同步规范下的公式 (12.7.14)~(12.7.16)，可以用给定模式下的傅里叶振幅重写。正如 §12.6 节结尾时提到的，微分方程在傅里叶空间和共动坐标空间都是实的。

随机变量 $\alpha_n(\vec{q})$ 可选为正交归一基，这样一来，[57] $\alpha_n(\vec{q})$ 的两点平均值关于模数和波数正交，

$$\langle \alpha_{n_1}(\vec{q_1})\alpha_{n_2}^*(\vec{q_2})\rangle = \delta_{n_1 n_2}\delta^3(\vec{q_1}-\vec{q_2}). \tag{12.8.4}$$

---

56 符号与文献 [204] 一致。
57 见文献 [204]，229-231 页关于总是可以构造正交基的证明。

这使得人们可以投影出标量扰动函数的一个特殊正规模式，即

$$\langle \partial_{j_1}\partial_{j_2}\cdots X(t,\vec{x})\alpha_n^*(\vec{q})\rangle = (\mathrm{i}q_{j_1})(\mathrm{i}q_{j_2})\cdots \mathrm{e}^{\mathrm{i}\vec{q}\cdot\vec{x}}X_{nq}(t). \tag{12.8.5}$$

可以很容易得到等时的两点关联函数，

$$\langle X_1(t,\vec{x})X_2(t,\vec{y})\rangle \tag{12.8.6}$$
$$= \sum_{n_1,n_2}\int \mathrm{d}^3q_1\mathrm{d}^3q_2\mathrm{e}^{\mathrm{i}\vec{q_1}\cdot\vec{x}}\mathrm{e}^{-\mathrm{i}\vec{q_2}\cdot\vec{y}}\langle\alpha_{n_1}(\vec{q_1})\alpha_{n_2}^*(\vec{q_2})\rangle X_{1n_1q_1}(t)X_{2n_2q_2}^*(t)$$
$$= \sum_n \int \mathrm{d}^3q\mathrm{e}^{\mathrm{i}\vec{q}\cdot(\vec{x}-\vec{y})}X_{1nq}(t)X_{2nq}^*(t).$$

这表明，关联函数依赖于两个共动坐标点的相对距离 $\vec{x}-\vec{y}$，而不是它们的实际位置。这反映了原始分布函数 $X(t,\vec{x})$ 和 $Y(t,\vec{y})$ 的随机性特征。注意，将扰动函数分离为相互独立的标量、矢量和张量，会导致标量-矢量、标量-张量和矢量-张量等随机变量的交叉乘积平均值都为零。所以标量、矢量和张量扰动函数都有不同的随机变量。

现在，可以直接用给定模式 n 和波数 q 的傅里叶振幅写出标量扰动的主控制方程。同步规范中的方程式 (12.7.14) 和 (12.7.16) 为

$$-4\pi G_{\mathrm{N}}\left(\delta\rho_q - \delta\mathcal{P}_q + q^2\pi_q^{(\mathrm{S})}\right) = -\frac{q^2}{2a^2}(A_q - a^2H\dot{B}_q) - \frac{1}{2}(\partial_t + 6H)\dot{A}_q, \tag{12.8.7}$$
$$-16\pi G_{\mathrm{N}}\pi_q^{(\mathrm{S})} = \frac{1}{a^2}A_q - (\partial_t + 3H)\dot{B}_q,$$
$$8\pi G_{\mathrm{N}}(\bar{\rho}+\bar{\mathcal{P}})\delta u_q^{(\mathrm{S})} = \dot{A}_q,$$
$$-4\pi\left(\delta\rho_q + 3\delta\mathcal{P}_q - q^2\pi_q^{(\mathrm{S})}\right) = \frac{1}{a^2}\partial_t(a^2\psi_q),$$

其中爱因斯坦方程为

$$\psi_q \equiv \frac{1}{2}(3\dot{A}_q - q^2\dot{B}_q). \tag{12.8.8}$$

能量–动量守恒方程为

$$\delta\dot{\rho}_q + 3H(\delta\rho_q + \delta\mathcal{P}_q) - q^2\left(\frac{1}{a^2}(\bar{\rho}+\bar{\mathcal{P}})\delta u_q^{(\mathrm{S})} + H\pi_q^{(\mathrm{S})}\right) + 3(\bar{\rho}+\bar{\mathcal{P}})\psi_q = 0, \tag{12.8.9}$$
$$\delta\mathcal{P}_q - q^2\pi_q^{(\mathrm{S})} + (\partial_t + 3H)\left((\bar{\rho}+\bar{\mathcal{P}})\delta u_q^{(\mathrm{S})}\right) = 0.$$

为简化表示，省略掉解的指标 n，同时收缩时间依赖性，这样，A_q 就是 $A_{nq}(t)$，

$$A(t,\vec{x}) \equiv \sum_n \int \mathrm{d}^3q\mathrm{e}^{(a\vec{q})\cdot(a\vec{x})}\alpha_n(\vec{q})A_{nq}, \tag{12.8.10}$$

等等。下面将使用此表示法。

12.8.3 视界以外的守恒

由于宇宙膨胀与物理波长之间的关系，研究波数空间中的扰动函数是非常有用的。前文早已说明，下面的讨论与文献 [204] 保持一致，读者可以阅读该文献了解更多内容。在暴胀期间，度规标度因子 a 指数增长，对于给定的共动波数 q，式 (12.8.3) 定义的物理波长呈指数增长。然而，哈勃膨胀率 $H = \dot{a}/a$ 保持不变。因此，暴胀期间以及此后足够长时期内，大多数物理波长 $2\pi/(q/a)$ 要大于哈勃长度 H^{-1},[58] 故 $2\pi/(q/a) \gg H^{-1}$，于是除了极短波长范围，下列公式成立

$$\frac{q}{aH} \ll 1. \tag{12.8.11}$$

由于傅里叶变换中对应很大 q 值区域的指数因子快速振荡，所以来自超短波长区域的贡献很小。满足式 (12.8.11) 的傅里叶模式被称为视界以外。[59] 在宇宙暴胀期间和此后一段时间内，视界内的傅里叶模的贡献可以忽略不计。

为使暴胀的影响在此后很长宇宙时期内都保持下来，宇宙演化过程中必须有一个守恒定律以对之进行保护。下面将看到，的确存在这样的守恒定律，它可以表述如下：

视界以外的守恒: 与宇宙的组分无关，爱因斯坦场方程存在绝热解，其中

某些扰动函数的组合在视界之外是时间无关的。

上面定理中提到的守恒量是扰动函数的规范不变组合。方便起见，在牛顿规范下考虑下面规范不变的量，

$$\mathcal{R} \equiv \frac{1}{2}\hat{A} = -\Psi + H\delta u^{(\mathrm{S})}, \tag{12.8.12}$$
$$\zeta \equiv \frac{1}{2}\hat{A} + \frac{\delta\hat{\rho}}{3(\bar{\rho}+\bar{\mathcal{P}})} = -\Psi + \frac{\delta\rho}{3(\bar{\rho}+\bar{\mathcal{P}})}$$
$$= \mathcal{R} + \frac{1}{12\pi^2 G_{\mathrm{N}}(\bar{\rho}+\bar{\mathcal{P}})a^2}\nabla^2\Psi,$$

其中，规范不变组合 $\hat{A}$ 和 $\delta\hat{\rho}$ 由式 (12.6.52) 给出。标量扰动函数 $A = -2\Psi$ 出现在度规扰动 h_{jk} 的三张量部分 $a^2 A\delta_{jk}$ 中，见式 (12.6.8) 的定义。利用式 (12.7.10)，去掉整体空间导数 ∂_j，即忽略了傅里叶空间中的零模式项，可以得到公式 (12.8.12) 第二式的最后的形式。这可以由将式 (12.7.10) 写成它的傅里叶分量形式看出，

$$q_j\left(\delta\bar{\rho}_q + \frac{q^2}{4\pi G_{\mathrm{N}}a^2}\Psi_q\right) = 0. \tag{12.8.13}$$

---

58 取自然单位制。见第 13 章关于宇宙长度的讨论。

59 这不是第 13 章讨论的粒子视界或者事件视界。然而，注意 $H(t)^{-1}$ 是宇宙时间为 t 时的哈勃长度。当前时期的粒子视界是 $H_0^{-1} = H(t_0)^{-1}$ 乘以一个量级为 1 的数值因子，其中 t_0 是宇宙的当前时间。

去掉相乘性因子 q_j 意味着忽略了正比于波矢量的 δ 函数的项，也就是零模 $\delta(\vec{q})$ 项。

波数空间中，式 (12.8.12) 为

$$\mathcal{R}_q = -\Psi_q + H\delta u_q^{(\mathrm{S})}, \tag{12.8.14}$$

$$\zeta_q = \mathcal{R}_q - \frac{q^2}{12\pi G_{\mathrm{N}}(\bar{\rho} + \bar{\mathcal{P}})a^2}\Psi_q.$$

公式 (12.8.14) 说明在视界外 $\mathcal{R}_q$ 和 ζ_q 实际上是相同的，

$$(\mathcal{R}_q - \zeta_q)\,|_{\text{视界外}} = 0. \tag{12.8.15}$$

因为第二式中 Ψ_q 的系数在视界外非常小

$$\frac{q^2}{12\pi G_{\mathrm{N}}(\bar{\rho} + \bar{\mathcal{P}})a^2} = \xi\left(\frac{q}{aH}\right)^2 \ll 1, \tag{12.8.16}$$

其中 ξ 量级为 1。[60] 由于规范不变性，$\mathcal{R}_q$ 和 ζ_q 的这种牛顿关系在其他规范下同样成立。在单标量场驱动的暴胀理论中，$\mathcal{R}_q$ 守恒，故 ζ_q 在这种情况下也守恒。

接下来，证明 ζ 对于一组特定的扰动在视界外守恒，这里的特定扰动指的是绝热扰动，用到时本文会给出其定义。取 ζ 的时间导数，利用式 (12.8.12) 中间公式的最后一项，在波数空间中有

$$\dot{\zeta} = -\dot{\Psi} + \frac{\delta\dot{\rho}_q}{3(\bar{\rho} + \bar{\mathcal{P}})} - \frac{\dot{\bar{\rho}} + \dot{\bar{\mathcal{P}}}}{3(\bar{\rho} + \bar{\mathcal{P}})^2}\delta\rho_q \tag{12.8.17}$$

$$= -\dot{\Psi} + \frac{1}{3(\bar{\rho} + \bar{\mathcal{P}})}\left(-3H(\delta\rho_q + \delta\mathcal{P}_q) + \frac{q^2}{a^2}(\bar{\rho} + \bar{\mathcal{P}})\delta u_q^{(\mathrm{S})} + q^2 H\pi_q^{(\mathrm{S})} + 3(\bar{\rho} + \bar{\mathcal{P}})\dot{\Psi}\right)$$

$$\quad - \frac{\dot{\bar{\rho}} + \dot{\bar{\mathcal{P}}}}{3(\bar{\rho} + \bar{\mathcal{P}})^2}\delta\hat{\rho}_q,$$

上式使用公式 (12.8.9) 的第一式来代入 $\delta\dot{\rho}_q$。由式 (12.7.8) 的第二和第三式之间的关系可以进一步简化表示，

$$\dot{\zeta} = \frac{1}{3(\bar{\rho} + \bar{\mathcal{P}})^2}\left(\dot{\bar{\rho}}\delta\mathcal{P}_q - \dot{\bar{\mathcal{P}}}\delta\rho_q\right) + \frac{q^2}{12\pi G_{\mathrm{N}}(\bar{\rho} + \bar{\mathcal{P}})a^2}\left(-\frac{3}{2}H\Phi_q - \dot{\Psi}_q + \frac{1}{2}H\Psi_q\right). \tag{12.8.18}$$

在视界外，右边第二项很小，则有

$$\dot{\zeta}\,|_{\text{视界外}} = \frac{1}{3(\bar{\rho} + \bar{\mathcal{P}})^2}\left(\dot{\bar{\rho}}\delta\mathcal{P}_q - \dot{\bar{\mathcal{P}}}\delta\rho_q\right). \tag{12.8.19}$$

---

[60] 这一点可以从表格 9.1.1 看出，该表列举了极早期宇宙的可能成分状态方程。由于早期宇宙是辐射主导的，而不是由暗物质或是暗能量主导的，$\bar{\mathcal{P}} = \bar{\rho}/3$，故 $12\pi G_{\mathrm{N}}(\bar{\rho} + \bar{\mathcal{P}}) = 6H^2$。

在绝热扰动的情况下，这意味着 [61]

$$\frac{\delta\rho_{\alpha q}}{\dot{\bar{\rho}}_\alpha} = \cdots = \frac{\delta\mathcal{P}_{\beta q}}{\dot{\bar{\mathcal{P}}}_\beta} = \cdots, \tag{12.8.20}$$

其中 α 和 β 表示宇宙中任意种类的物质和能量组分。因此 ζ 对宇宙中各种能量和物质的组分都是守恒的。

$$\dot{\zeta}\Big|_{\substack{\text{视界外}\\\text{绝热扰动}}} = 0. \tag{12.8.21}$$

相似地，$\mathcal{R}$ 在同样情况下也是守恒的。

下面用式 (12.7.17) 代替 A 在同步规范下改写 $\mathcal{R}$ 和 ζ 以备后用。为此考虑 $\nabla^2\mathcal{R}$ 和 $\nabla^2\zeta$：

$$\nabla^2\mathcal{R}\,|_{\text{SG}} = -4\pi G_{\text{N}}a^2\delta\rho + a^2H\psi + H\nabla^2\delta u^{(\text{S})}, \tag{12.8.22}$$

$$\nabla^2\zeta\,|_{\text{SG}} = -4\pi G_{\text{N}}a^2\delta\rho + a^2H\psi + \frac{\nabla^2\delta\rho}{3(\bar{\rho}+\bar{\mathcal{P}})}$$

$$= -4\pi G_{\text{N}}a^2\delta\rho + a^2H\psi - \frac{H\nabla^2\delta\rho}{\dot{\bar{\rho}}},$$

其中下标 SG 意味着同步规范，$\psi \equiv (3\dot{A}+\nabla^2\dot{B})/2 \equiv -3\dot{\Psi}+\nabla^2\dot{B}/2$ 在公式 (12.7.15) 中定义。最后一行使用了式 (9.1.45)。

12.8.4 绝热解

这一小节将论证绝热解的存在。首先观察到规范变换在密度函数中产生了具有绝热性质的项 $\Delta\rho$ 和 $\Delta\mathcal{P}$，正如式 (12.6.38) 所示。它们和其他扰动函数 (12.6.37)、(12.6.40)、(12.6.45)、(12.6.46)、(12.6.47) 产生的项一起，都满足爱因斯坦场方程和能动量守恒方程。但是可以通过规范变换把它们去掉。因此它们是规范项，而不是真正的解。一旦将规范固定下来，就可以避免这种规范陷阱。这里选择牛顿规范。如前文所述，在牛顿规范中，一旦设置 $B = F = 0$，将不存在允许系统保持在牛顿规范中的其他附加规范变换。这样得到的解是唯一的。

找到绝热解的技巧是从所有变量仅依赖于宇宙时间的均匀宇宙开始。注意牛顿规范中关于均匀宇宙有两个有用点与我们的考虑有关。[62]

- 第一点是在均匀宇宙中标量扰动函数 B 和 F 一般不起作用。这是由于这样的事实，从公式 (12.6.56) 和 (12.6.59) 可以看出，它们以 $\hat{B}_F$ 的形式一起出现在方程中，并且前面有两个空间导数的作用 ∇^2，$\partial_j\partial_k$。因此如果有非平庸的可以保持宇宙均匀性不变的坐标变换，这样产生的扰动函数就不是规范模式，而且根据式 (12.6.38) 它是绝热的。

---

61 在 §12.3.1 节已经遇到过绝热扰动，这与宇宙中不同粒子种类的密度扰动有关。
62 如前文所述，讨论和文献 [204] 一致。

- 第二点, 所有空间导数都为零的均匀宇宙的解可看成一般不均匀宇宙的零模解, $q = 0$. 将零模解推广到 $q \neq 0$ 的情形, 如果这个解存在, 则它正是所要寻找的扰动函数.

12.8.4.1　均匀宇宙中的绝热解

下面将看到, 在均匀宇宙中, 即使在牛顿规范中, 也允许一个特殊的规范变换. 做坐标变换, [63]

$$x_\mu \to x_\mu + \epsilon_\mu(t, x), \tag{12.8.23}$$
$$\epsilon_\mu \equiv (\epsilon_0, \epsilon_j) = (\epsilon_0, \partial_j \epsilon^{(\mathrm{S})} + \epsilon_j^{(\mathrm{V})}), \qquad \partial_j \epsilon_j^{(\mathrm{V})} = 0,$$

注意坐标变换允许依赖于共动坐标, 它不是空间均匀的. 由公式 (12.6.44) 和 (12.6.45), 对于 $\Delta^{(H)} h_{00} = -2\dot{\epsilon}_0$ 的空间均匀性, 有 (其中上标 (H) 表示均匀空间)

$$\epsilon_0 = \epsilon(t) + X(\vec{x}), \tag{12.8.24}$$

其中 $\epsilon(t)$ 和 $X(\vec{x})$ 分别是 t 和 $\vec{x}$ 任意小的函数. 规范变换下度规张量的时间-空间交叉分量的增量为零

$$\Delta^{(H)} h_{0j} = -\partial_j \epsilon_0 - a^2 \partial_t(\epsilon_j/a^2) = 0. \tag{12.8.25}$$

由此产生了由任意非零函数 $X(x)$ 联系 ϵ_0 和 ϵ_j 的微分方程,

$$\partial_t \left(\frac{\epsilon_j}{a^2} \right) = -\frac{1}{a^2} \partial_j X. \tag{12.8.26}$$

这个微分方程的解为

$$\epsilon_j(t, \vec{x}) = a^2(t) f_j(\vec{x}) - a^2(t) (\partial_j X(\vec{x})) \int_\tau^t \frac{\mathrm{d}t'}{a^2(t')}, \tag{12.8.27}$$

其中 $f_j(\vec{x})$ 是共动坐标的任意矢量函数. 积分下限 τ 是任意宇宙时间.

由式 (12.6.44) 也可以得到

$$\Delta^{(H)} h_{jk} = 2a^2 H \epsilon_0 \delta_{jk} - (\partial_j \epsilon_k + \partial_k \epsilon_j) \tag{12.8.28}$$
$$= 2a^2 H (\epsilon(t) + X(\vec{x})) \delta_{jk} - a^2 (\partial_j f_k(\vec{x}) + \partial_k f_j(\vec{x})) + 2a^2 \partial_j \partial_k X(\vec{x}) \int_\tau^t \frac{\mathrm{d}t'}{a^2(t')}.$$

为使 $\Delta^{(H)} h_{jk}$ 不依赖共动坐标 $\vec{x}$, 必须要求 $X(\vec{x}) = 0$ 且 $f_j(\vec{x})$ 是 $\vec{x}$ 的线性函数. 因此可令 $f_j(\vec{x}) \equiv \omega_{jk} x_k$. 于是得到了 ϵ_j 和 Δh_{jk}. 对 $\epsilon_j(t, \vec{x})$ 进行分解得

$$\epsilon_j(t, \vec{x}) = a^2 f_j(\vec{x}) \equiv a^2 \omega_{jk} x_k \tag{12.8.29}$$

---

[63] 这里重复了文献 [204] 中 248 和 249 页的讨论.

$$= \frac{a^2}{3}\omega_{\ell\ell}x_j + \frac{a^2}{2}\left(\omega_{jk} + \omega_{kj} - \frac{2}{3}\omega_{\ell\ell}\delta_{jk}\right)x_k + \frac{a^2}{2}\left(\omega_{jk} - \omega_{kj}\right)x_k$$

$$= \frac{a^2}{6}\omega_{\ell\ell}\partial_j x^2 + \frac{a^2}{2}\partial_{j'}\left(x_{j'}\omega_{j'k}x_k - \frac{1}{3}\omega_{\ell\ell}x^2\right) + \frac{a^2}{2}\left(\omega_{jk} - \omega_{kj}\right)x_k,$$

其中 (ω_{jk}) 是 3×3 的数值矩阵，$\omega_{\ell\ell}$ 是它的迹。现在可清楚写出

$$\Delta^{(H)}h_{jk} = 2a^2\left(H\epsilon(t) - \frac{1}{3}\omega_{\ell\ell}\right)\delta_{jk} - a^2\left(\omega_{jk} + \omega_{kj} - \frac{2}{3}\omega_{\ell\ell}\delta_{jk}\right). \qquad (12.8.30)$$

正如预言的一样，它只是宇宙时间的函数。最后一项出现在公式 (12.8.29) 第二行和第三行，它与反对称量 $\omega_{jk} - \omega_{kj}$ 成正比。该项对下文讨论没有贡献。

公式 (12.8.29) 和 (12.8.30) 的结果可解释如下。首先将公式 (12.8.29) 与 (12.6.34) 给出的 ϵ_j 标准形式进行比较。公式 (12.8.29) 第三行中的第一项可看作 $\partial_j\epsilon^{(S)}$，第三项可看作 $\epsilon^{(V)}$。公式 (12.8.29) 右边的中间项是模糊的。它既无旋也无散，因此可包含在 $\partial_j\epsilon^{(S)}$ 或者 $\epsilon_j^{(V)}$ 中。造成这个令人费解的事实的原因在于，如脚注 34 所述，由于式 (12.8.29) 中的 $\epsilon_j(t, \vec{x})$ 关于 x_j 的渐近行为，矢量场式 (12.6.5) 的亥姆霍兹分解不适用于式 (12.8.29) 中的 $\epsilon_j(t, \vec{x})$。至于 $\Delta^{(H)}h_{jk}$，公式 (12.8.30) 给出的结果说明右边第一项属于式 (12.6.47) 的 ΔA，第二项属于 ΔD_{jk}。容易看出它满足式 (12.6.8) 施加于 D_{jk} 的条件。第二项是新出现的，在规范变换中一般坐标变换式 (12.6.47) 下是没有这一项的。

现在可确定由坐标变换公式 (12.8.23) 和 (12.8.24) 产生的所有度规、密度和流体项。这些项都按宇宙时间的标量函数 $\epsilon(t)$ 和常数 3×3 矩阵 ω_{jk} 表示。

$$\Delta^{(H)}E = 2\dot{\epsilon}(t), \qquad\qquad \Delta^{(H)}A = 2\left(H\epsilon(t) - \frac{1}{3}\omega_{\ell\ell}\right), \qquad (12.8.31)$$

$$\Delta^{(H)}D_{jk} = -\omega_{jk} - \omega_{kj} + \frac{2}{3}\omega_{\ell\ell}\delta_{jk},$$

$$\Delta^{(H)}\rho = \dot{\bar\rho}\epsilon(t), \qquad\qquad \Delta^{(H)}\mathcal{P} = \dot{\bar{\mathcal{P}}}\epsilon(t),$$

$$\Delta^{(H)}u_0 = -\dot{\epsilon}(t), \qquad\qquad \Delta^{(H)}u^{(S)} = -\epsilon(t).$$

所有其他变换都为零。

如前文所述，公式 (12.8.31) 中的坐标变换函数可以为均匀宇宙中的爱因斯坦场和能量-动量守恒方程提供了一组解。因此依据文献 [204]，可以把规范变换函数的负值解作为解，即

$$\Phi(t) \equiv -\frac{1}{2}\Delta^{(H)}E = -\dot{\epsilon}(t), \qquad\qquad \Psi(t) \equiv -\frac{1}{2}(-\Delta^{(H)}A) = H\epsilon(t) - \frac{1}{3}\omega_{\ell\ell},$$

$$\qquad\qquad\qquad\qquad\qquad\qquad\qquad\qquad\qquad\qquad\qquad (12.8.32)$$

$$D_{jk} \equiv -\Delta^{(H)}D_{jk} = \omega_{jk} + \omega_{kj} - \frac{2}{3}\omega_{\ell\ell}\delta_{jk},$$

$$\delta\rho \equiv -\Delta^{(H)}\rho = -\dot{\rho}\epsilon(t), \qquad\qquad \delta\mathcal{P} = -\Delta^{(H)}\mathcal{P} = -\dot{\mathcal{P}}\epsilon(t),$$

$$\delta u(t) \equiv -\Delta^{(H)}u_0 = \dot{\epsilon}(t), \qquad\qquad \delta u^{(S)}(t) = -\Delta^{(H)}u^{(S)} = \epsilon(t).$$

所有其他的扰动函数都为零。从式 (12.8.32) 第三行能量和应力密度解的形式可以看出，这组解是绝热的。

可直接检验前面的解 (12.8.32) 满足牛顿规范下的零模方程，包括公式 (12.7.8) 的第一式和第四式以及公式 (12.7.9) 的第二式。其余方程由于它们与一个或两个空间导数相关也都为零。然而，含有两个一阶导数表达式，即公式 (12.7.8) 的第三式和公式 (12.7.9) 的第一式，即使在没有空间导数时依然成立。[64] 但是公式 (12.7.8) 第二式包含二阶导数，必须加上零模条件才能成立。当推广到 $q \neq 0$ 时，这对获得唯一的一组解有重要意义。

12.8.4.2 解的推广与守恒律

下面将解推广到 $q \neq 0$ 情形，这里重点讨论标量函数。[65] 迄今为止，$\epsilon(t)$ 是宇宙时间的任意函数。可以看到除了公式 (12.7.8) 第二式外，不使用 $q = 0$ 条件不带来任何影响。然而，根据表达式的明确形式，可以自然地解决将结果推广为 $q \neq 0$ 时的困难：当标量各向异性惯量为零时，$\pi^{(S)} = 0$，施加条件 $\Phi = \Psi$，在没有空间导数时表达式 (12.8.32) 成立。$\Phi = \Psi$ 这个条件产生了从公式 (12.8.32) 第一行得出的 $\epsilon(t)$ 一阶微分方程：

$$\partial_t\epsilon(t) + H\epsilon(t) = \frac{\omega_{\ell\ell}}{3} \equiv R_\omega. \tag{12.8.33}$$

这个方程的解可直接得出，

$$\epsilon(t) = \frac{R_\omega}{a(t)}\int_\tau^t \mathrm{d}t'a(t'), \qquad R_\omega \equiv \frac{\omega_{\ell\ell}}{3}. \tag{12.8.34}$$

非零的标量扰动函数为

$$\Phi(t) = \Psi(t) = -\delta u_0(t) = -\dot{\epsilon}(t) = R_\omega\left(-1 + \frac{H}{a(t)}\int_\tau^t \mathrm{d}t'a(t')\right), \tag{12.8.35}$$

$$\frac{\delta\rho(t)}{\dot{\rho}} = \frac{\delta\mathcal{P}(t)}{\dot{\mathcal{P}}} = -\delta u^{(S)} = -\epsilon(t) = -\frac{R_\omega}{a(t)}\int_\tau^t \mathrm{d}t'a(t').$$

第二式说明这是一个绝热解。

公式 (12.8.33) 最一般的解应该也包括该微分方程齐次部分的解，也即以式 (12.8.33) 取 $R_\omega = 0$ 的解作为通解。解的形式为

$$\tilde{\epsilon}(t) = \frac{\mathcal{C}}{a(t)}, \tag{12.8.36}$$

---

64 为了验证方程，下列恒等式很好使用：$\ddot{a}/a = \dot{H} + H^2$，$\dddot{a}/a = \ddot{H} + 3\dot{H}H + H^3$，$8\pi G_N\bar{\rho} = 3H^2$ 和 $8\pi G_N\bar{\mathcal{P}} = -2\dot{H} - 3H^2$。

65 关于 D_{jk} 效应，参见文献 [204]，251 页。

这正是两组特解的差, 也就是 R_ω 非零时取不同积分下限 (如 τ 和 τ') 的两组解的差. $R_\omega = 0$ 的解导致下列扰动方程

$$\tilde{\Phi} = \tilde{\Psi} = -\dot{\tilde{\epsilon}} = H\frac{\mathcal{C}}{a}, \tag{12.8.37}$$

$$\frac{\delta\tilde{\rho}}{\dot{\bar{\rho}}} = \frac{\delta\tilde{\mathcal{P}}}{\dot{\bar{\mathcal{P}}}} = -\tilde{\epsilon} = -\frac{\mathcal{C}}{a}.$$

对于不断膨胀的宇宙来说, 这些是 "衰变" 解, 随着时间的推移而减少. 它们在宇宙演化中无关紧要, 因而将被忽略.

对于波长在视界外的情况, 扰动函数 (12.8.35) 和 (12.8.37) 满足牛顿规范方程. 现在对零模解进行推广: R_ω 最初为扰动函数前面的乘数因子, 它可扩展为 q 的函数: $R_\omega \to R_{\omega q}$. 在波数空间中有下列依赖于 q 的扰动函数

$$\Phi_q(t) = \Psi_q(t) = -\delta_q u_0(t) = -\dot{\epsilon}_q(t) = R_{\omega q}\left(-1 + \frac{H}{a(t)}\int_\tau^t \mathrm{d}t'a(t')\right), \tag{12.8.38}$$

$$\frac{\delta\rho_q(t)}{\dot{\bar{\rho}}} = \frac{\delta\mathcal{P}_q(t)}{\dot{\bar{\mathcal{P}}}} = -\delta u_q^{(S)}(t) = -\epsilon_q(t) = -\frac{R_{\omega q}}{a(t)}\int_\tau^t \mathrm{d}t'a(t').$$

可得到 § 12.8.3 节讨论的守恒量. 在现在的解中, 公式 (12.8.14) 定义的守恒量 $\mathcal{R}_q$ 和 ζ_q 为

$$\mathcal{R}_q = -\Psi_q + H\delta u_q^{(S)} = R_{\omega q}, \tag{12.8.39}$$

$$\zeta_q = -\Psi_q + \frac{\delta\rho_q}{3(\bar{\rho} + \bar{\mathcal{P}})} = R_{\omega q}.$$

由 $R_{\omega q}$ 给出的 q 依赖性也导致了扰动函数的空间依赖性. 这种宇宙演化中的空间依赖性对于每一单独的波数都是守恒的, 只要它们的波长在视界之外.

12.9 流体力学极限下的标量扰动演化

依据文献 [204], 我们可以从宇宙某个时刻开始来计算宇宙涨落的演化. 在这个时间点, 对于宇宙的组成我们或多或少是可以确定下来的. 当初始阶段选取在温度为 10^9 K 时, 由此我们可以解析给出各种扰动函数从此刻开始一直到 (相对较近的) 现在的演化过程. 这样, 扰动的尺寸就会增大, 线性扰动不再适用. 但是目前我们主要关心的是 CMB 温度的涨落, 因此这里仅需要解析地计算出最后散射面 (此时温度为 3000 K) 以前的扰动演化, 此时线性扰动依然有效. 经过最后散射面, CMB 光子可以自由传播到当前时期并将最后散射面印在它上面的信息保存下来.[66]

---

[66] 这一节的题目来源于文献 [204], §6.2, 274 页. 尽管 "流体力学极限" 不是粒子物理中通常熟悉的术语, 但它是经典物理学和应用数学中涉及面很广的一个课题. 快速浏览见文献 [270].

在 10^9 K，宇宙大约有几分钟的年龄，主要是由四种成分组成的：光子、中微子、暗物质和包括电子在内的重子物质，但是在当前宇宙主导的暗能量在 10^9 K 时的份额很小，可忽略不计。这种主要是物质–辐射组成成分的宇宙大致有以下几种存在状态：

- 中微子在 $T \approx 10^{10}$ K 时退耦变成宇宙自由粒子流。
- 轻核的合成即将完成。
- 假定暗物质是冷暗物质，它已经"长久地"从宇宙中退耦，变成无压非相对论粒子。
- 由于汤姆逊散射，光子和重子等离子体仍然由电磁相互作用紧密耦合。但是光子到电子–正电子对的转化已经冻结。

回想一下，最后散射面时宇宙年龄为三十八万年，温度为 3000 K，而红移 $z = 1100$。想要快速一瞥宇宙的历史，可参考表格 9.5.2。毋庸置疑，当所有其他的相互作用不重要时，由于存在引力效应，从决定宇宙演化的爱因斯坦场方程可以看出，不同的能量物质成分从来都不是完全彼此分开的。

对各种宇宙成分的运动学描述是精确处理宇宙演化所必需的。关于运动学基本理论，请参阅文献 [204]。[67] 在精确方法中，玻尔兹曼方程的数值模拟是必不可少的。[68] 然而，为更好地看清涉及的物理本质，这里采用了文献 [204] 的方法，通过近似，它为包含四种能量 - 物质成分的宇宙体系给出了解析处理方法。[69] 即使在这种近似下，体系已经相当复杂。在某些处理阶段，近似似乎是极端的。但是 CMB 功率谱的结果却与实验观测结果符合得很好。下面勾勒出这种近似方法，具体细节参见文献 [204]。[70]

12.9.1 建立方程组

相关研究已经证明同步规范用在宇宙演化研究中非常方便。这里将首先在同步规范中列出不同能量–物质种类演化的基本方程。回顾一下，在爱因斯坦场方程 (12.7.14) 中，宇宙所有的能量 - 物质成分都体现在四个方程中。所以所有方程都涉及暗物质、中微子、光子和重子等物质。对于能量–动量守恒方程 (12.7.16)，每个单独分量都有自己的方程，其中也都包括引力作用 (体现在 ψ 参量中)。在宇宙的这个早期阶段，暗能量是宇宙一个很小的组成部分，因此在目前的考虑中是可以忽略

---

67 见文献 [204]，§6.1，258-274 页。

68 除了文献 [204]，257 页提到的玻尔兹曼代码，CMBFast 文献 [271] 和 CAMB 文献 [272] 代码，最近还开发了更多的代码，如 CMBEASY 文献 [273] 和 CLASS。有四篇关于 CLASS 的文章 [274]，而文献 [275] 对不同代码进行比较。

69 这种近似解占据了文献 [204] 第 6 章的大部分篇幅。

70 文献 [204] 第六和第七章中，提出了动力学和流体力学方法。这里仅参考文献 [204] 的流体力学方法。

不计的。

下面将采用下列近似:

- 在流体力学极限下,各向异性惯量将被忽略,故对所有能量–物质分量都可令 $\pi^{(S)} = 0$。
- 可设冷暗物质的流体速度为零 $\delta u_D^{(S)} = 0$。这等于把暗物质固定在共动坐标系中。
- 对中微子来说,流体速度和各向异性惯量在宇宙极早期视界外的贡献很小。它们的能量和动量密度扰动关系为 $\delta \mathcal{P}_\nu = \delta \rho_\nu / 3$,就像中微子处于局域热平衡一样。而且,当宇宙变得以物质为主时,中微子的总体效应就变得越来越小了。
- 由于汤姆逊散射电磁作用非常显著,重子和光子形成紧密耦合的等离子体,因此它们具有相同的流体速度势: $\delta u_B^{(S)} = \delta u_\gamma^{(S)}$。光子处于局部热平衡,给出 $\mathcal{P}_\gamma = \rho_\gamma / 3$。重子物质是非相对论的,所以它的压强密度为零,$\mathcal{P}_B = 0$。

在上述近似下,宇宙学体系中包含以下变量:

- 四个能量密度扰动,包括光子扰动 $\delta \rho_\gamma$,中微子扰动 $\delta \rho_\nu$,和重子物质扰动 $\delta \rho_B$ 以及暗物质扰动 $\delta \rho_D$;
- 两个流体速度扰动参数,包括光子、重子物质相关的 δu_γ 和中微子相关的 δu_ν;
- 两个表示引力势的度规扰动 A 和 B。

同步规范中,密度和速度势的扰动是由爱因斯坦场方程 (12.7.14) 第四式和第三式决定的。密度扰动依赖于由式 (12.7.15) 定义的度规扰动的特殊组合:$\psi = (3\dot{A} + \nabla^2 \dot{B})/2$。下面将看到,这七个量,包括 ψ,密度扰动的四个函数,以及流体速度势扰动的两个函数,构成了由七个微分方程和七个未知数组成的封闭系统。所以可以存在完备解。由于 ψ 是由 A 的时间导数和 B 的时间和空间导数决定的,因此,需要用公式 (12.7.14) 第一式和第二式来分别确定 A 和 B。

12.9.2 流体力学方程及其初始条件

12.9.2.1 微分方程

现在列出宇宙演化的基本微分方程。所有表达式都选在波数空间。宇宙成分都被明确标记出来。

12.9.2.1.1 引力场方程

公式 (12.7.14) 第四个式子:

$$\frac{1}{a^2} \partial_t \left(a^2 \psi_q \right) = -4\pi G_{\mathrm{N}} \left(\delta \rho_{Dq} + \delta \rho_{Bq} + 2\delta \rho_{\gamma q} + 2\delta \rho_{\nu q} \right). \tag{12.9.1}$$

光子和中微子是相对论的，当处于绝热扰动时，$\delta\mathcal{P}_\gamma = (1/3)\delta\rho_\gamma$，$\delta\mathcal{P}_\nu = (1/3)\delta\rho_\nu$。重子物质和暗物质是非相对论的，$\delta\mathcal{P}_B = \delta\mathcal{P}_D = 0$。

12.9.2.1.2　能量守恒方程

这四个宇宙成分中的每一个都有它自己的能量密度演化方程。由公式 (12.7.16) 第一个方程，

$$(\partial_t + 3H)\delta\rho_{Dq} = -\bar{\rho}_D\psi_q, \tag{12.9.2}$$

$$(\partial_t + 3H)\delta\rho_{Bq} - \frac{q^2}{a^2}\bar{\rho}_B\delta u_\gamma^{(S)} = -\bar{\rho}_B\psi_q,$$

$$(\partial_t + 4H)\delta\rho_{\gamma q} - \frac{4q^2}{3a^2}\bar{\rho}_\gamma\delta u_\gamma^{(S)} = -\frac{4}{3}\bar{\rho}_\gamma\psi_q,$$

$$(\partial_t + 4H)\delta\rho_{\nu q} - \frac{4q^2}{3a^2}\bar{\rho}_\nu\delta u_\nu^{(S)} = -\frac{4}{3}\bar{\rho}_\nu\psi_q,$$

其中宇宙成分的标量各向异性惯量和暗物质标量速度势都设为零。光子和重子形成紧密耦合的等离子体，故 $\delta u_\gamma^{(S)} = \delta u_B^{(S)}$。暗物质速度势为零，$\delta u_D^{(S)} = 0$。

12.9.2.1.3　动量守恒方程

忽略冷暗物质的动量。重子物质和光子的动量耦合使它们作为一个整体出现在动量守恒方程中。中微子有它自己独立的动量守恒方程。由公式 (12.7.16) 的第二式，得到速度势扰动函数的方程，

$$(\partial_t + 3H)\left(\left(\bar{\rho}_B + \frac{4}{3}\bar{\rho}_\gamma\right)\delta u_\gamma^{(S)}\right) = -\frac{1}{3}\delta\rho_{\gamma q}, \tag{12.9.3}$$

$$(\partial_t + 3H)\left(\left(\frac{4}{3}\bar{\rho}_\nu\right)\delta u_\nu^{(S)}\right) = -\frac{1}{3}\delta\rho_{\nu q},$$

其中，令 $\bar{\mathcal{P}}_B = 0$，$\bar{\mathcal{P}}_\gamma = \frac{1}{3}\bar{\rho}_\gamma$，和 $\bar{\mathcal{P}}_\nu = \frac{1}{3}\bar{\rho}_\nu$。暗物质速度势为零 $\delta u_D^{(S)} = 0$，且关于暗物质的式 (12.7.16) 也成立。

由文献 [204]，定义重标度密度扰动可以大大简化上面的式子

$$\delta_{\beta q} \equiv \frac{\delta\rho_{\beta q}}{\bar{\rho}_\beta + \bar{\mathcal{P}}_\beta}, \tag{12.9.4}$$

其中 β 表示能量物质种类。背景能量密度对标度因子 a 的依赖行为很明确，即 $\rho_B \sim a^{-3}$，$\rho_D \sim a^{-3}$，$\gamma_\gamma \sim a^{-4}$，$\rho_\nu \sim a^{-4}$，对于非相对论暗物质和重子物质有 $\dot{\bar{\rho}}_\beta/\bar{\rho}_\beta = -3H$，对于光子和中微子则有，$\dot{\bar{\rho}}_\beta/\bar{\rho}_\beta = -4H$。特别地，公式 (12.9.2) 第二式和第三式为

$$\partial_t\delta_{Bq} - \frac{q^2}{a^2}\delta u_\gamma^{(S)} = -\psi_q, \tag{12.9.5}$$

$$\partial_t\delta_{\gamma q} - \frac{q^2}{a^2}\delta u_\gamma^{(S)} = -\psi_q,$$

这导致

$$\partial_t \left(\delta_{Bq} - \delta_{\gamma q} \right) = 0. \tag{12.9.6}$$

那么，如果关系式 $\delta_{Bq} = \delta_{\gamma q}$ 在某个宇宙时间成立，它将在所有宇宙时间中都成立。由于我们对早期宇宙视界外的绝热条件 $\delta_{Bq} = \delta_{\gamma q}$ 感兴趣，所以在流体力学方程 (12.9.1)~(12.9.3) 中，可取

$$\delta_{Bq} = \delta_{\gamma q}. \tag{12.9.7}$$

所以，现在有六个独立的量，由六个方程决定。

12.9.2.1.4 绝热解的基本微分方程集合

按照 $\delta_{\beta q}$ 改写时间演化方程并令 $\delta_{Bq} = \delta_{\gamma q}$。引力场方程 (12.9.1) 变为 [71]

$$\frac{1}{a^2} \partial_t \left(a^2 \psi_q \right) = -4\pi G_{\mathrm{N}} \left(\bar\rho_D \delta_{Dq} + \left(\bar\rho_B + \frac{8}{3}\bar\rho_\gamma \right) \delta_{\gamma q} + \frac{8}{3}\bar\rho_\nu \delta_{\nu q} \right). \tag{12.9.8}$$

能量守恒方程 (12.9.2) 变为

$$\partial_t \delta_{Dq} = -\psi_q, \tag{12.9.9}$$

$$\partial_t \delta_{\gamma q} - \frac{q^2}{a^2} \delta u_{\gamma q}^{(\mathrm{S})} = -\psi_q,$$

$$\partial_t \delta_{\nu q} - \frac{q^2}{a^2} \delta u_{\nu q}^{(\mathrm{S})} = -\psi_q.$$

动量守恒方程 (12.9.3)，

$$\partial_t \left(\frac{1+R_B}{a} \delta u_{\gamma q}^{(\mathrm{S})} \right) = -\frac{1}{3a} \delta_{\gamma q}, \tag{12.9.10}$$

$$\partial_t \left(\frac{1}{a} \delta u_{\nu q}^{(\mathrm{S})} \right) = -\frac{1}{3a} \delta_{\nu q},$$

其中 [72]

$$R_B \equiv \frac{3\bar\rho_B}{4\bar\rho_{\mathrm{R}}}. \tag{12.9.11}$$

这些简化方程 (12.9.8)、(12.9.9) 和 (12.9.10)，加上根据具体物理条件所做的进一步的近似，将用来得到需要的解。公式 (12.9.8)~(12.9.10) 一共六个方程，涉及六个未知量：ψ_q，$\delta_{\gamma q} = \delta_{Bq}$，$\delta_D$，$\delta_{\nu q}$，$\delta u_{\gamma q}^{(\mathrm{S})}$ 和 $\delta u_{\nu q}^{(\mathrm{S})}$。微分方程中的参数显然包括 q 和 R_B，以及标度因子 $a(t)$。

---

[71] 下面的方程 (12.9.8)~(12.9.10) 是文献 [204]，276 页，式 (6.2.9)~(6.2.14)。

[72] 这里 R_B 即文献 [204] 中 276 页的 R。由于此前已用过 R 表示别的量，这里就使用不同的符号以免混淆。

12.9.2.2 初始条件

首先确定演化方程的解应该满足的初始条件。我们选择的开始进行计算的宇宙时期相对简单，这个时期中有明确定义的能量物质成分组成。扰动函数仍然很小，可以线性处理。从宇宙温度 $T = 10^9 \, \mathrm{K}$ 开始，此时宇宙是高度辐射主导的 [73] 并且描述背景宇宙的参数很简单：

$$\bar{\rho} \approx \bar{\rho}_{\mathrm{R}} \equiv \bar{\rho}_\gamma + \bar{\rho}_\nu \gg \bar{\rho}_{\mathrm{M}} \equiv \bar{\rho}_B + \bar{\rho}_D, \qquad R_B \ll 1, \qquad (12.9.12)$$

$$a(t) \propto \sqrt{t}, \qquad\qquad\qquad H = \frac{\dot{a}}{a} = \frac{1}{2t},$$

通过这些输入和进一步适当的简化，六个方程 (12.9.8)~(12.9.10) 将得到足够的简化，从而得到所有六个量的单项解。它们将被视为各自在更长的时间范围内成立的更完整解的领头项，其中包括 $T = 10^9 \, \mathrm{K}$ 作为其最早的时间边界。因此，这些初始时间单项解将起到微分方程组初始条件的作用。

由于研究 CMB 功率谱时使用的是绝热解，所以我们在这里的讨论将仅限于绝热扰动。下面将看到有两个独立的绝热解，但它们中只有一个适合于结构的形成。为了继续下去，进一步假设如下：

- 在辐射为主时期，和辐射密度 $\bar{\rho}_{\mathrm{R}}$ 相比，可以略去背景物质密度 $\bar{\rho}_{\mathrm{M}}$。于是，可设 R_q 为零。
- 在足够高的温度下，取能量物质密度所有成分的绝热扰动为 [74]

$$\delta_{Dq} = \delta_{Bq} = \delta_{\gamma q} = \delta_{\nu q} \equiv \delta_q, \qquad (12.9.13)$$
$$\delta u_{\gamma q}^{(\mathrm{S})} = \delta u_{\nu q}^{(\mathrm{S})} \equiv \delta u_q^{(\mathrm{S})}.$$

注意，尽管 $\bar{\rho}_D$ 和 $\bar{\rho}_B$ 远小于 $\bar{\rho}_\gamma$ 和 $\bar{\rho}_\nu$，因而可忽略不计，但是在式 (12.9.4) 给出定义的扰动函数 δ_D 和 δ_B 是分母很小的分数，与 δ_γ 和 δ_ν 比较起来，不一定很小。因此为了满足绝热条件，假设它们的大小差不多。

- 略去所有正比于 q^2/a^2 的项，因为在视界外，宇宙时间足够早时，宇宙是辐射主导的。[75] 得到解后，将验证这种近似是正确的。

在这些附加近似下，公式 (12.9.8)，(12.9.9) 和 (12.9.10) 可减少为三个未知量，$\delta_q, \delta u_q^{(\mathrm{S})}, \psi_q$ 以及三个方程：

$$\frac{1}{t}\frac{\partial}{\partial t}\left(t\psi_q(t)\right) = -4\pi G_{\mathrm{N}}\left(\frac{8}{3}\left(\bar{\rho}_\gamma + \bar{\rho}_\nu\right)\right)\delta_q(t) = -4H^2\delta_q(t) = -\frac{1}{t^2}\delta_q(t), \quad (12.9.14)$$

---

[73] 在宇宙温度 T 时，辐射密度与物质密度的比为 T/T_{EQ}。当 T_{EQ} 在 10^4 量级时，辐射能量密度比物质密度大 5 个量级。

[74] 正如文献 [204]，277 页公式 (6.2.23) 上面的陈述："⋯ 只有在单标量场暴胀理论中才存在这种模式，或者只有当宇宙更早时候处于没有非零守恒量的完全局域热平衡时才有这种模式。"

[75] 见文献 [204]，277 页，公式 (6.2.23) 上面。

$$\partial_t \delta_q(t) = -\psi_q(t),$$

$$\frac{\partial}{\partial t}\left(\frac{\delta u_q^{(S)}(t)}{\sqrt{t}}\right) = -\frac{1}{3\sqrt{t}}\delta_q(t),$$

上式使用了式 (12.9.12) $H = 1/(2t)$。前两个方程导出 δ_q 的二阶齐次方程:

$$\frac{\partial}{\partial t}\left(t\partial_t\delta_q(t)\right) - \frac{1}{t}\delta_q(t) = 0. \tag{12.9.15}$$

它有两个简单的解: $\delta_q(t) \sim t$ 和 $\delta_q(t) \sim t^{-1}$。当然,这些不是演化方程的解。这些解可以看作是和实际解相匹配的领头阶的值,匹配位置取在宇宙演化的开始时间。下面具体讨论这些解的领头项。

12.9.2.2.1 模式 1: 领头项解 $\delta_q(t) \sim t$

当 $\delta_q(t) \sim t$ 时,从公式 (12.9.14) 第二式可知,宇宙时间行为为 $\psi_q(t)$ 与 t 无关,同时 $\delta u_q^{(S)}(t) \sim t^2$。从式 (12.9.14) 的微分方程可写出领头项解

$$\psi_q(t) \equiv \hat{\psi}_q, \quad \delta_q(t) = -\hat{\psi}_q t, \quad \delta u_q^{(S)}(t) = (2\hat{\psi}_q/9)t^2. \tag{12.9.16}$$

这里的 $\hat{\psi}_q$ 不依赖于 t,其值可以通过其与更早时期宇宙的关联来确定,特别是通过与同步规范 (12.8.22) 下守恒量 $\mathcal{R}$ 和 ζ 的关联来确定。在波数空间中,由式 (12.9.16) 得

$$q^2\mathcal{R}_q = 4\pi G_N a^2 \delta\rho_q(t) - a^2 H\psi_q(t) + q^2 H\delta u_q^{(S)}(t) \tag{12.9.17}$$

$$= -2a^2 H^2 t\hat{\psi}_q - a^2 H\hat{\psi}_q + \left(\frac{q^2}{a^2 H^2}\right)\frac{2}{9}a^2 H^3 t^2\hat{\psi}_q.$$

为得到第二行右边第一项,在辐射主导阶段重写第一行的相应项并运用式 (12.9.4)

$$4\pi G_N \delta\rho_q(t) = 4\pi G_N\left((\bar{\rho}_\gamma + \bar{\mathcal{P}}_\nu)\delta_{\gamma q}(t) + (\bar{\rho}_\nu + \bar{\mathcal{P}}_\nu)\delta_{\nu q}(t)\right) \tag{12.9.18}$$

$$= 4\pi G_N\left(\frac{4}{3}\right)(\bar{\rho}_\gamma + \bar{\rho}_\nu)\delta_q = 2H^2\delta_q = -2H^2 t\hat{\psi}_q,$$

上式使用了辐射分量的状态方程 $\mathcal{P}_\gamma = (1/3)\rho_\gamma$ 和 $\mathcal{P}_\nu = (1/3)\rho_\nu$ 以及辐射主导时的量 $H^2 = (8\pi G_N/3)(\rho_\gamma + \rho_\nu)$,式 (12.9.13)。在辐射主导阶段 $a \sim \sqrt{t}$,$H = 1/(2t)$,故因子 $a^2 H^3 t^2$ 不依赖于时间。在视界外,式 (12.9.17) 右边第二行的最后一项正比于 $q^2/(a^2 H^2)$,可忽略不计。于是式 (12.9.17) 给出

$$\hat{\psi}_q = -\frac{tq^2\mathcal{R}_q^{(o)}}{a^2}, \tag{12.9.19}$$

其中 $\mathcal{R}_q^{(o)}$ 代表是在视界外计算 $\mathcal{R}_q$。

现在可以写下模式 1 下扰动函数的解:

$$\psi_q^{(\mathrm{M1})}(t) = -\frac{q^2 \mathcal{R}_q^{(o)} t}{a^2}, \tag{12.9.20}$$

$$\delta_q^{(\mathrm{M1})}(t) = \delta_{\gamma q}(t) = \delta_{\nu q}(t) = \delta_{Bq}(t) = \delta_{Dq}(t) = \frac{q^2 \mathcal{R}_q^{(o)} t^2}{a^2},$$

$$\delta u_q^{(\mathrm{SM1})}(t) = \delta u_{\gamma q}^{(\mathrm{S})}(t) = \delta u_{\nu q}^{(\mathrm{S})}(t) = -\frac{2}{9}\frac{q^2 \mathcal{R}_q^{(o)} t^3}{a^2}.$$

这将作为视界外扰动函数的初始条件即领头项。以后得到的解, 在视界外并且在包含初始时间 (对应温度 $T = 10^9$ K) 的范围内有效, 它们在宇宙时间 t 时刻的领头项将必须与式 (12.9.20) 一致。

现在验证式 (12.9.9) 中的 $(q^2/a^2)\delta u_{\beta q}^{(\mathrm{S})}$ 项可忽略不计。由模式 1 表达式可得

$$\frac{q^2}{a^2}\delta u_q^{(\mathrm{SM1})} = -\frac{2}{9}\frac{q^2}{a^2}\frac{q^2 \mathcal{R}_q^{(o)} t^3}{a^2} = \frac{1}{18}\frac{q^2}{a^2 H^2}\psi_q^{(\mathrm{M1})}(t). \tag{12.9.21}$$

上式使用了关系式 $H = 1/(2t)$。实际上, 在视界外, 正比于 q^2/a^2 的项可忽略不计。

另一个解 $\delta_q \sim t^{-1}$, 则 $\hat{\psi} \sim t^{-2}$ 和 $\delta u^{(\mathrm{S})} \sim$ 常数, 它是衰减解, 其扰动随时间的减少而减小。所以, 它们与宇宙演化的结构形成无关, 这里不过多讨论。还有其他解的形式, 具体讨论可参见文献 [204] [76]

12.9.3　解析解方法

12.9.3.1　获得解析解的策略

描绘扰动函数的参数空间, 除了包括各种能量组分, 还包括宇宙时间 t 和相应于波长 $\lambda_q = 2\pi a/q$ 的物理波数 q/a。物理波长范围从零变化到 ∞, 宇宙时间几乎涵盖整个宇宙历史。目前处理中, 宇宙时间是从大爆炸后几百秒开始的, 对应于宇宙温度 $T \sim 10^9$ K, 此时宇宙物理已经众所周知, 公式表述也清楚明白。这是一个巨大的多维空间, 涉及非常复杂的动态过程。毫不奇怪, 获得解析解是一个严峻的挑战。它要求将参数空间明智地划分为时间和波长的子区域, 并进行近似, 以简化驱动宇宙演化的动力学方程。

所考虑的宇宙时间可分为两个大的阶段。第一阶段是从初始时间到大约是 380 000 年的最后散射面, 此时宇宙温度为 $T \sim 3000$ K, 红移为 $z_{\mathrm{L}} = 1100$。第二阶段从最后散射面到目前为止, 大约是 $\tau_U = 138$ 亿年。宇宙在第一阶段经历了多个导致宇宙性质重大改变的重要标志性事件。因为包含有物质–辐射相等时期, 第一时间段可以进一步划分为辐射主导和物质主导两个阶段。下面将讨论物质–辐

---

76 文献 [204], 278-279 页。

射相等的问题, 具体可参见 §9.5.4 节。在处理宇宙的性质变化时, 有时必须作出重大的简化, 但是系统的基本物理性质是要确保不变的。波长空间可分为长波区域和短波区域。长波对低阶多极矩的温度系数有贡献, 而短波则对高阶多极矩的温度系数有贡献。

如前文所述, 这里将紧紧跟随在脚注中经常提到的文献 [204] 的处理方法。但是这里不会照搬解析解的全部论据, 而是在情况相对简单的初始阶段阐述细节。在以后的阶段中, 将引用文献 [204] 中的相关结果, 详细信息可参考相关页面和/或方程。

首先简要描述一下宇宙时间第一个时期的标志性事件, 这对于得到解析解是至关重要的: 在早期, 宇宙辐射比例很大。物质和辐射的密度比 $\bar{\rho}_{\rm M}/\bar{\rho}_{\rm R} \sim a$ 很小。然而, 该比值随着时间的增加而增加, 以 $\sqrt{t}$ 的形式增加。在某个时刻, 物质和辐射的贡献是相等的, 即所谓的物质–能量相等。随后, 物质和辐射的占比发生逆转, 宇宙变成物质主导。以 $t_{\rm EQ}$ 表示物质–能量相等的时间,

$$\left.\frac{\bar{\rho}_{\rm M}}{\bar{\rho}_{\rm R}}\right|_{t_{\rm EQ}} = 1. \tag{12.9.22}$$

正如表 9.5.2 所示, $t_{\rm EQ} \approx 50000$ 年, 红移和温度分别为 $T_{\rm EQ} \approx 10^4\,{\rm K}$, $z_{\rm EQ} \approx 3500$。下面将看到物质–能量相等在目前的考虑中起着非常重要的作用。

把定义为 $D_{\rm H} = H^{-1}(c=1)$ 的哈勃长度叫做视界。物理波长的标度由视界与物理波长的比值来确定

$$\frac{D_{\rm H}}{\lambda_q} \equiv \frac{H^{-1}}{\lambda_q} = \frac{1}{2\pi}\frac{q}{aH}. \tag{12.9.23}$$

将视界小于波长 $H^{-1}/\lambda < 1$ 的情形叫做视界外, 而视界大于波长 $H^{-1}/\lambda > 1$ 的情形则称为视界内。去掉数值因子 $1/(2\pi)$, 上面可总结为:

$$\frac{q}{aH} = \frac{q}{\dot{a}} \begin{cases} < 1, & \text{视界外,} \\ > 1, & \text{视界内.} \end{cases} \tag{12.9.24}$$

在极早期的宇宙暴胀阶段以及随后一定的时期, 由于宇宙膨胀是指数形式而哈勃膨胀率保持不变, 所以除了非常短的波长或者非常大的波数的情况, 对应的 q 值在很大范围内的绝大多数波长, 都是在视界外的。这段很短的时间之后, 当宇宙进一步演化时, $q/(aH)$ 变大。例如在辐射主导时期, $a \sim t^{1/2}$, $H \sim t^{-1}$, 则有 $q/(aH) \sim t^{-1/2}$。物质主导时期, $a \sim t^{2/3}$, $H \sim t^{-1}$, 则有 $q/(aH) \sim t^{-1/3}$。最终, 大多数波长或大多数波数, 除了那些对应 q 非常小的很长的波长, 都进入视界内, 即 $q/(aH) > 1$。当比值 $q/(aH)$ 等于 1 时, 在 $t_{\rm EQ}$ 定义了一个特殊波数 $q_{\rm EQ}$,

$$q_{\rm EQ} \equiv aH|_{t=t_{\rm EQ}} \equiv (aH)_{\rm EQ} = a_0 H_0 \frac{\sqrt{2}\Omega_{\rm M}}{\sqrt{\Omega_{\rm R}}}, \tag{12.9.25}$$

其中 a_0 是当前时期的 FLRW 标度因子，H_0 是相应的哈勃膨胀率。上式也用到了关系式 $a_{EQ}/a_0 = \Omega_R/\Omega_M$。详情参见 §13.4.3.1 节。[77]

由于时间和波长的行为如此不同，不可能存在适合于所有波长和整个时间范围的单一的扰动函数解析表达式。所以必须适当地将 $q - t$ 空间划分不同的区域，在这些区域中扰动函数的性质足够均匀，并在适当的近似下可以得到扰动函数的解析表达式。还必须要求相邻的区域重叠，从而使同一扰动函数在不同区域中的解的领头项在重叠区域中相匹配。

$q - t$ 空间被 $q/q_{EQ} = 1$ 和 $t/t_{EQ} = 1$ 这两条线分为四个区域。这四个区域都有各自的扰动函数解析解，这些解析解在相邻区域的绝大部分地方是有效的，以保证在它们的重叠区域，这两种解有相同的领头项。包含早期时间 $T = 10^9 \, \mathrm{K}$ 的区域的解，必须满足 §12.9.2 讨论的每一个极早期初始条件式 (12.9.20)。

12.9.3.2　 $t - q$ 空间划分

使用物质–辐射相等时 t 和 q 各自的值为单位，即利用 t/t_{EQ} 和 q/q_{EQ}，来定义宇宙时间 t 和波数 q 将带来很大的便利。定义下列重新标定 (重标定) 的变量，

$$\bar{t} \equiv \frac{t}{t_{EQ}}, \qquad \bar{q} \equiv \frac{q}{q_{EQ}}, \qquad \bar{a} \equiv \frac{a}{a_{EQ}} = \frac{\bar{\rho}_M}{\bar{\rho}_R}. \tag{12.9.26}$$

注意 $\bar{\rho}_R \sim a^{-4}$，$\bar{\rho}_M \sim a^{-3}$ 和 $\bar{\rho}_{REQ} = \bar{\rho}_{MEQ}$，可验证最后一个等式。$t$-$q$ 空间可根据常数 $\bar{t}$ 线和 $\bar{q}$ 线很方便地划分成不同的区域。

首先探讨一下重标度后的变量 $\bar{t}$、$\bar{q}$ 和 $\bar{a}$ 中一些有用的关系。第 13 章探讨了比值 $aH/(aH)_{EQ}$。在 §13.4.3.1 节中公式 (13.4.23) 给出在真空能与物质和辐射相比可以忽略不计时的解析表达式，更多细节也可参见 §13.4.3.1 节。首先有

$$\frac{aH}{(aH)_{EQ}} = \frac{1}{\sqrt{2}} \frac{\sqrt{\bar{a}(\bar{t}) + 1}}{\bar{a}(\bar{t})} \tag{12.9.27}$$

$$\approx \begin{cases} \dfrac{1}{\sqrt{2}\bar{a}(\bar{t})} \sim (\bar{t})^{-1/2}, & \bar{t} < 1 \ (\bar{a}(\bar{t}) < 1), \quad \text{辐射主导}, \\[3mm] \dfrac{1}{\sqrt{2\bar{a}(\bar{t})}} \sim (\bar{t})^{-1/3}, & \bar{t} > 1 \ (\bar{a}(\bar{t}) > 1), \quad \text{物质主导}. \end{cases}$$

视界和波长的比可写成下列不同形式，下面会很有用，

$$\frac{q}{aH} = \frac{q/q_{EQ}}{(aH)/(aH)_{EQ}} = \bar{q} \frac{\sqrt{2\bar{a}}}{\sqrt{\bar{a}+1}} = \bar{q} \frac{\sqrt{2}}{\sqrt{\bar{a}+1}} \frac{\bar{\rho}_M}{\bar{\rho}_R} = \bar{q} \frac{\sqrt{2\bar{a}}}{\sqrt{\bar{a}+1}} \sqrt{\frac{\bar{\rho}_M}{\bar{\rho}_R}} \tag{12.9.28}$$

---

[77] 在物质–辐射相等时期，$\rho_{MEQ} = \rho_{REQ}$ 给出 $a_{EQ}/a_0 = \Omega_R/\Omega_M$，其中下标 0 表示目前的量，$\Omega_R = \rho_R/\rho_c$ 等，ρ_c 为临界密度。忽略早期宇宙时期占宇宙能量极少的暗能量贡献，物质–辐射相等时的哈勃膨胀率为 $H_{EQ}^2 = (8\pi G_N/3)(2\rho_{MEQ})$。目前哈勃膨胀率为 $H_0^2 = (8\pi G_N/3)\rho_0$。平坦宇宙中 $\rho_0 = \rho_c$。于是 $H_{EQ}/H_0 = \sqrt{2\rho_{MEQ}/\rho_0} = \sqrt{2\Omega_M(a_0/a_{EQ})^3} = (a_0/a_{EQ})\sqrt{2}\Omega_M/\sqrt{\Omega_R}$。

$$
\approx \bar{q}
\begin{cases}
\sqrt{2}\,\dfrac{\bar{\rho}_{\mathrm{M}}}{\bar{\rho}_{\mathrm{R}}} \sim (\bar{t})^{1/2}, & t < 1 \ (\bar{a}(t) < 1), \quad \text{辐射主导}, \\[3mm]
\sqrt{2}\sqrt{\dfrac{\bar{\rho}_{\mathrm{M}}}{\bar{\rho}_{\mathrm{R}}}} \sim (\bar{t})^{1/3}, & t > 1 \ (\bar{a}(t) > 1), \quad \text{物质主导}.
\end{cases}
$$

这里利用了公式 (12.9.26) 的最后一个等式。相比较于精确表示，近似表示公式 (12.9.27) 和 (12.9.28) 在 20% 的误差之内行为良好。

在辐射主导阶段 $\bar{t} < 1$，有 $\bar{a}(t) < 1$，而物质主导阶段 $\bar{t} > 1$，则 $\bar{a}(t) > 1$。这说明可以分别在物质和辐射主导阶段中，由 $q/(aH)$ 和 $\bar{\rho}_{\mathrm{M}}/\bar{\rho}_{\mathrm{R}} = \bar{a}(t)$ 构造近似不变的表达式，这一点可从式 (12.9.28) 看出：

- 在辐射主导阶段 $\bar{t} < 1$，$(q/(aH))(\bar{\rho}_{\mathrm{R}}/\bar{\rho}_{\mathrm{M}})$ 近似是时间不变的，以 $\sqrt{2}$ 的因数变化，其值介于 $\sqrt{2}\bar{q}$ 和 $\bar{q}$ 之间。
- 物质主导阶段 $\bar{t} > 1$，$(q/(aH))^2(\bar{\rho}_{\mathrm{M}}/\bar{\rho}_{\mathrm{R}})$ 近似接近常数，也以 $\sqrt{2}$ 的因数变化，其值也介于 $\bar{q}$ 和 $\sqrt{2}\bar{q}$ 之间。

图 12.9.1 画出几个相关的量关于 $\bar{t}$ 函数。这是一个曲线较多的图形，包含 6 条曲线，表示沿着同一标度的左右两条垂直轴上标出的 6 个函数。曲线用数字 1 到 6 标记。下面给出这些曲线的一些细节：

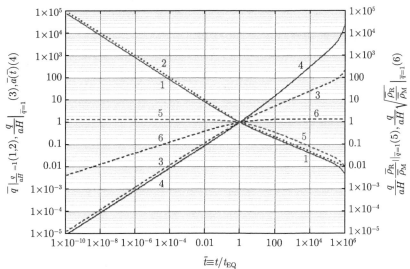

图 12.9.1 横轴是 $\bar{t} \equiv t/t_{\mathrm{EQ}}$，即以物质–辐射相等时的时间为单位的宇宙时间。纵轴，左右两条标度相同，代表六个不同的函数。左边纵轴标记曲线 1 到 4，表示 $\bar{a}$ 以及 q/q_{EQ} 和 $q/(aH)$ 之间的关系。右边纵轴标记曲线 5 到 6，表示 $\bar{q} = q/q_{\mathrm{EQ}} = 1$ 固定时的 $(q/(aH)^n)(\bar{\rho}_{\mathrm{R}}/\bar{\rho}_{\mathrm{M}})$，$n = 1$ 和 2。文中给出了各种曲线的细节

- 曲线 1 和 2：根据式 (12.9.28) 给出的表达式，当 $q/(aH)$ 取固定值时，这两条曲线表示 $\bar{q}$ 和 $\bar{t}$ 的关系

$$\bar{q} = \frac{q}{aH}\left(\frac{\sqrt{2}\bar{a}(\bar{t})}{\sqrt{\bar{a}(\bar{t})+1}}\right)^{-1}. \tag{12.9.29}$$

蓝色实线 1 描绘 $q/(aH)=1$ 时的函数 $\sqrt{\bar{a}(\bar{t})+1}/(\sqrt{2}\bar{a}(\bar{t}))$，其中 $\bar{a}(\bar{t})$ 由式 (13.4.33) 给出。蓝色点线 2 是它的近似表示

$$\bar{q}|_{q/(aH)=1} = \left(\frac{\sqrt{2}\bar{a}(\bar{t})}{\sqrt{\bar{a}(\bar{t})+1}}\right)^{-1} \approx (\bar{t})^{-1/2}\,\Theta(1-\bar{t}) + (\bar{t})^{-1/3}\,\Theta(\bar{t}-1). \tag{12.9.30}$$

$q/(aH)$ 取不同值时的相应曲线与曲线 1 和 2 平行。由于 $\bar{a}(\bar{t}=1)=1$，给定曲线的 $q/(aH)$ 值可直接由它与垂直线 $\bar{t}=1$ 的交点读取。

- 蓝色虚线 3: 代表 $\bar{q}=1$ 时的式 (12.9.28)

$$\frac{q}{aH} = \bar{q}\frac{\sqrt{2}\bar{a}}{\sqrt{\bar{a}+1}}. \tag{12.9.31}$$

$\bar{q}$ 取不同值时的曲线平行于曲线 3，曲线 3 与竖直线 $\bar{t}=1$ 的交点给出 $\bar{q}$ 的值。

- 黑色实线 4: 根据式 (13.4.33)，给出的 $\bar{a}$ 和 $\bar{t}$ 的关系。表达式 $\bar{a}$ 适用于从核合成到现在。
- 红色虚线 5: 此曲线画出当 $\bar{q}=1$ 时，

$$\frac{q}{aH}\frac{\bar{\rho}_{\rm R}}{\bar{\rho}_{\rm M}} = \bar{q}\sqrt{\frac{2}{\bar{a}(\bar{t})+1}}. \tag{12.9.32}$$

当 $\bar{t}<1$ 时，曲线是平的，即在 $\bar{t}<1$ 区域内接近常数。$\bar{q}$ 取不同值时的曲线平行于曲线 5，且 $\bar{q}$ 可由与垂直线 $\bar{t}=1$ 的交点读取出。

- 暗棕色曲线 6: 当 $\bar{q}=1$ 时，此曲线表示

$$\frac{q}{aH}\left(\frac{\bar{\rho}_{\rm R}}{\bar{\rho}_{\rm M}}\right)^{1/2} = \bar{q}\sqrt{\frac{2\bar{a}(\bar{t})}{\bar{a}(\bar{t})+1}}. \tag{12.9.33}$$

曲线实际上是平坦的，表示在 $\bar{t}>1$ 时近似于常数。$\bar{q}^2$ 的值也可由它与垂直线 $\bar{t}=1$ 的交点读出。

下面关于图 12.9.1 再作几点评论:

- 这里所考虑的时间范围从 $\bar{t}\approx 10^{-10}$ 一直到 10^6。初始时间为 $t\approx 200$ 秒，温度为 $T=10^9\,{\rm K}$，目前最终时期是 13.8 亿年，而物质–辐射相等时刻为 $t\approx 49\,000$ 年。
- 视界与波长比相差 $-(2\pi)^{-1}$ 因子，由 $q/(aH)=q/\dot{a}$ 给出，根据图中用蓝色实线 1 表示的曲线 $q/(aH)=1$ 将波长分类。$q/(aH)=1$ 上面的区域，

即 $q/(aH) > 1$ 的区域，其波长小于视界，称其在视界内，而 $q/(aH) = 1(q/(aH) < 1)$ 下面的区域则在视界外。在极早期，除了非常短的波长或者非常大的 $\bar{q}$ 值外，绝大部分波长都在视界外。从图 12.9.1 可看出，在 $\bar{t} = 10^{-8}$ 时，所有 $\bar{q} < 10^4$ 的波都在视界外。初始时刻 $\bar{t} = 10^{-10}$ 时，所有 $\bar{q} < 10^5$ 的波都在视界外。

- 给定 q 的波，随着时间的增加，aH 减小因而 $q/(aH)$ 增加，于是越来越多处于视界外的波长将穿过视界。波长越短或者 q 值越大，穿越变化越早发生。这可由固定 q 值的曲线 3(描述 $q/(aH)$) 看出。所有 $\bar{q} > 1$ 的波长在由垂直线 $\bar{t} = 1$ 表示的物质-辐射相等之前就发生穿越，而所有 $\bar{q} < 1$ 的波随后就穿越。因此给定 $\bar{q}$ 值时，相应的波长迟早会进入视界内，$\bar{q}$ 越大进入越早。辐射主导时期，即 $\bar{t} < 1$，所有 $\bar{q} > 1$ 的波长在辐射主导时期完成穿越，而所有 $q/q_{\text{EQ}} < 1$ 的波长在物质主导时期完成穿越。长波，如 $\bar{q} = 0.1$，即使在最后散射面时也在视界外。

12.9.3.3 相关量的大小和量纲

为了看清 $t - q$ 空间这种划分的物理关联，下面计算几个相关参数。[78] 在物质-辐射主导时期，各种量都可方便地用可观测的宇宙学参数，如红移和目前的物质和能量密度比值等来表示。为此所需的基本工具是在辐射和物质主导时期中标度因子的宇宙时间行为：$a_{\text{R}} \sim \sqrt{t}$ 和 $a_{\text{M}} \sim t^{2/3}$，以及与红移的关系 $a = (1+z)^{-1}a_0$，其中下标 0 表示现时期的量。应该记住，宇宙学参数的值每年更新一次，但所涉及的参数值的变化通常小于目前计算中采用的近似带来的不确定性，然而，保持更新数据依然不失为一个好的练习。[79]

- 由 $\rho_{\text{R}} \sim a^{-4}$ 和 $\rho_{\text{M}} \sim a^{-3}$，物质-辐射相等时的红移可写为

$$1 + z_{\text{EQ}} = \frac{a_0}{a_{\text{EQ}}} = \frac{\rho_{\text{M0}}}{\rho_{\text{R0}}} \frac{\rho_{\text{REQ}}}{\rho_{\text{MEQ}}} = \frac{\Omega_{\text{M}}}{\Omega_{\text{R}}} = 2.273 \times 10^4 (\Omega_{\text{M}} h^2) \approx 3200. \quad (12.9.34)$$

表 9.5.2 给出了最后散射面时的红移大小，$1 + z_{\text{L}} = 1100$，相关讨论见 §9.5.6 节。

- 辐射和物质主导时期中的哈勃膨胀率：[80] 辐射部分贡献为

$$H_{\text{R}}^2 = \frac{8\pi G_{\text{N}}}{3} \rho_R = H_0^2 \frac{\rho_R}{\rho_C} = H_0^2 \Omega_{\text{R}} \left(\frac{a_0}{a}\right)^4 = H_0^2 \Omega_{\text{R}} (1+z)^4, \quad (12.9.35)$$

---

78 这一小节对应于文献 [204]，280-282 页。

79 下面宇宙学参数取自 2014 年粒子数据手册：$H_0 = 3.240905h \times 10^{-18} \, s^{-1}$，$\Omega_{\text{M}} = 0.142h^{-2}$，$\Omega_{\text{R}} = 4.4h^{-2} \times 10^{-5}$，$h = 0.673$，$\Omega_{\Lambda} = 0.685$，$\Omega_{\text{M}} = 0.315$。当今时期的温度取为 $T_0 = 2.7255$ K。有用的换算系数为 $1 \, \text{Mpc} = 1.029 \times 10^{14} \, s$。

80 由文献 [204] 可认为中微子无质量，因此可归类为能量密度的辐射部分。

则有

$$H_{\mathrm{R}} = H_0\sqrt{\Omega_{\mathrm{R}}}(1+z)^2 = 3.2409 \times 10^{-18}\sqrt{\Omega_{\mathrm{R}}h^2}(1+z)^2\,s^{-1} \tag{12.9.36}$$
$$= 2.15 \times 10^{-20}(1+z)^2 s^{-1}.$$

相似地，哈勃膨胀率的物质部分的贡献为 [81]

$$H_{\mathrm{M}} = H_0\sqrt{\Omega_{\mathrm{M}}}(1+z)^{3/2} = 3.2409 \times 10^{-18}\sqrt{\Omega_{\mathrm{M}}h^2}(1+z)^{3/2}\,s^{-1} \tag{12.9.37}$$
$$= 1.221 \times 10^{-18}(1+z)^{3/2}\,s^{-1}.$$

真空能有一个常数贡献

$$H_{\Lambda} = H_0\sqrt{\Omega_{\Lambda}} = 3.2409 \times 10^{-18}\sqrt{\Omega_{\Lambda}h^2} = 1.81 \times 10^{-18}\,s^{-1}. \tag{12.9.38}$$

总哈勃膨胀率为

$$H = \sqrt{H_{\Lambda}^2 + H_{\mathrm{R}}^2 + H_{\mathrm{M}}^2}. \tag{12.9.39}$$

宇宙学常数–辐射相等发生在红移 $z \approx 9$ 时，宇宙学常数–物质相等发生在红移 $z \approx 0.42$ 时。故物质–辐射将主宰所有红移大于几十的时期，从宇宙极早期一直到第一代恒星的出现。

于是，物质–辐射相等时，哈勃膨胀率为

$$H_{\mathrm{EQ}} = \sqrt{2}H_{\mathrm{M}}|_{\mathrm{EQ}} = 1.77(\Omega_{\mathrm{M}}h^2)^2 \times 10^{-11}\,s^{-1} \approx 3.55 \times 10^{-13}\,s^{-1}. \tag{12.9.40}$$

这是个相当小的膨胀率。

- 当今时期看到的物质–辐射相等时的物理波长为 [82]

$$\lambda_{\mathrm{EQ0}} = \frac{2\pi}{q_{\mathrm{EQ}}/a_0} = \frac{2\pi}{q_{\mathrm{EQ}}/a_{\mathrm{EQ}}}\frac{a_0}{a_{\mathrm{EQ}}} = \frac{2\pi}{H_{\mathrm{EQ}}}(1+z_{\mathrm{EQ}}) \tag{12.9.41}$$
$$= 8.069 \times 10^{15}(\Omega_{\mathrm{M}}h^2)^{-1} = 78.4(\Omega_{\mathrm{M}}h^2)^{-1}\mathrm{Mpc}\,s$$
$$\approx 553\,\mathrm{Mpc} = 1800\,\mathrm{Myr}.$$

- 根据公式 (12.9.37) 和 (12.9.40) 可估算由地球观测者观测到的物质–辐射相等时的多极矩阶数，ℓ_{EQ}，

$$\ell_{\mathrm{EQ}} = q_{\mathrm{EQ}} \cdot r_{\mathrm{L}} = \frac{q_{\mathrm{EQ}}}{a_{\mathrm{EQ}}}\frac{a_{\mathrm{EQ}}}{a_0}\frac{a_0}{a_{\mathrm{L}}}a_{\mathrm{L}} \cdot r_{\mathrm{L}} = H_{\mathrm{EQ}}\frac{1+z_{\mathrm{L}}}{1+z_{\mathrm{EQ}}}a_{\mathrm{L}} \cdot r_{\mathrm{L}} \tag{12.9.42}$$
$$= H_0\sqrt{2\Omega_{\mathrm{M}}(1+z_{\mathrm{EQ}})}(1+z_{\mathrm{L}})d_{\mathrm{A}}^{(\mathrm{LSS})} = 3.12\sqrt{2\Omega_{\mathrm{M}}(1+z_{\mathrm{EQ}})} \approx 140,$$

---

81 一致性检查式 (12.9.34) 可从公式 (12.9.36) 和 (12.9.37) 推导得到。
82 数值比较可参见文献 [204]，281 页，式 (6.2.45)。

其中 a_L 和 r_L 分别是 FLRW 标度因子和最后散射面共动坐标，z_L 是最后散射面上的红移，$d_A^{(\text{LSS})} \equiv a_L r_L$ 是最后散射面上由式 (13.6.3) 给出的角直径距离。计算中令 $\Omega_M = 0.315$. 对于最后散射面上一般的波数 q, 有

$$\ell_q = q \cdot r_L = \ell_{\text{EQ}} \bar{q} \approx 140 \bar{q}. \tag{12.9.43}$$

因此长波区域 $\bar{q} < 1$ 对 "低阶" 多极 $\ell < 140$ 有贡献，而短波区域 $\bar{q} > 1$ 贡献于 "高阶" 多极 $\ell > 140$.

了解讨论中涉及的物理量的量纲是有趣的，有时也是有用的。自然单位制中只有一个量纲，可将之取为宇宙时间量纲，用 $[t]$ 表示。因此，所有物理量的量纲都是 $[t]$ 的幂次。下面列出各种量的量纲。

- $[t]^2$: G_N; 度规扰动函数 B; 坐标变换矢量中三矢量部分 (有导数作用的) 的三标量 $\epsilon^{(\text{S})}$.
- $[t]$: 共动坐标 $x^0 = t$, x^j; 扰动函数 F, C_j; 标量速度势 $\delta u^{(\text{S})}$; 三标量和三矢量坐标偏移 ϵ_0 和 $\epsilon_j^{(\text{V})}$.
- $[t]^0$: 速度; FLRW 标度因子 a; 度规张量 $g_{\mu\nu}$; 度规扰动 $h_{\mu\nu}$; 度规扰动函数 E、G_j、A、D_{jk}; 速度势 u_μ; 速度势扰动函数 δu_0 和 $\delta u_j^{(\text{V})}$; 以及视界以外的守恒量 $\mathcal{R} = A/2 + H \delta u^{(\text{S})}$.
- $[t]^{-1}$: 能量; 质量; H; 引力势 $\psi = (3\dot{A} + \nabla^2 \dot{B})/2$; 波数 q.
- $[t]^{-2}$: 标量各向异性惯量 $\pi^{(\text{S})}$.
- $[t]^{-3}$: 矢量各向异性惯量 $\pi_j^{(\text{V})}$.
- $[t]^{-4}$: 能量–质量密度及其扰动 ρ_j 和 $\delta\rho_j$; 压强及其扰动 $\mathcal{P}$, $\delta\mathcal{P}$; 能量–动量张量 $T_{\mu\nu}$; 张量各向异性惯量 π_{Jk}.
- 各个函数傅里叶分量的量纲是它们的初始值乘以 $[t]^3$. 例如，A_q 的量纲为 $[t]^3$, $\delta\rho_q$ 的量纲为 $[t]^{-1}$ 等。

12.9.4 长波区域的解

长波区域定义为扰动函数的波长足够长以至于在物质辐射相等时，它们仍然处于视界之外。如图 12.9.1 所示，这个区域远在曲线 3 之下，而曲线 3 上 $q/(aH) = 1$. 根据式 (12.9.31), 这意味着 $\bar{q} \ll 1$. 由图 12.9.1 曲线 5 和 6, 以及公式 (12.9.32) 和 (12.9.33) 可得出如下限制：

$$\frac{q}{aH} \frac{\bar{\rho}_R}{\bar{\rho}_M} = \bar{q} \frac{2}{\sqrt{\bar{a}+1}} \ll 1 \tag{12.9.44}$$

和

$$\left(\frac{q}{aH}\right)^2 \frac{\bar{\rho}_R}{\bar{\rho}_M} = \bar{q}^2 \frac{2\bar{a}}{\bar{a}+1} \ll 1. \tag{12.9.45}$$

分别对应于物质和辐射主导区域的量 $(q/(aH))(\bar{\rho}_R/\bar{\rho}_M)$ 和 $(q/(aH))^2(\bar{\rho}_R/\bar{\rho}_M)$，且几乎都为常数。

因为在整个长波区内 $\bar{q}<1$，故由式 (12.9.43) 可知，长波区仅对不大于 140 的多极矩有贡献，$\ell\leqslant 140$。

对于由公式 (12.9.8)~(12.9.10) 联系起来并定义了宇宙扰动的六个量来说，在包含辐射主导和物质主导时期的整个长波区，不可能存在一组有效的解析解。为了得到解析解，将宇宙时间长波区域根据近似不变约束条件按宇宙时间进一步划分。辐射主导阶段中，当 $(q/(aH))(\rho_R/\rho_M)$ 在时间上接近常数时，约束条件式 (12.9.44) 标记为视界外长波(LOH)。物质主导阶段中，当 $[q/(aH)]^2(\rho_R/\rho_M)$ 在时间上接近常数时，约束条件式 (12.9.45) 标记为物质主导时期的长波(LMD)。利用合适的附加近似，可找到分别针对 LOH 和 LMD 的解析解集。这两个阶段在物质主导开始时有一个小范围的重叠。这两组解在此重叠区内相互一致。

12.9.4.1 长波–视界之外 (LOH)

这个阶段包括辐射主导以及物质主导的最初时期，根据式 (12.9.44)，$q/(aH)\ll 1$ 或者 $q/a\ll H$，$\bar{q}\ll 1$。而此式涉及辐射为主的阶段，并且当宇宙时间比 t_{EQ} 晚不太多时，延伸到物质主导时期的早期。所以微分方程式 (12.9.8)、(12.9.9) 和 (12.9.10)，可去掉正比于 q^2/a^2 的项。由方程 (12.9.9)，所有重 (新) 标度的密度扰动，都满足相同的微分方程，即 $\dot{\delta}_{\beta q}=-\psi_q$。于是视界外所有标度密度的绝热解都是相同的。将所有相关的量加上一个下标 (LOH)，则

$$\delta_q^{(\mathrm{LOH})}\equiv\delta_{Dq}^{(\mathrm{LOH})}=\delta_{Bq}^{(\mathrm{LOH})}=\delta_{\gamma q}^{(\mathrm{LOH})}=\delta_{\nu q}^{(\mathrm{LOH})}. \tag{12.9.46}$$

故方程组 (12.9.8)~(12.9.10) 可简化为以下四个方程：

$$\partial_t\left(a^2\psi_q^{(\mathrm{LOH})}\right)=-4\pi G_N a^2\left(\bar{\rho}_M+\frac{8}{3}\bar{\rho}_R\right)\delta_q^{(\mathrm{LOH})}, \tag{12.9.47}$$

$$\partial_t\delta_q^{(\mathrm{LOH})}=-\psi_q^{(\mathrm{LOH})},$$

$$\partial_t\left(\frac{1+R_B}{a}\delta u_{\gamma q}^{(\mathrm{LOH})}\right)=-\frac{1}{3a}\delta_q^{(\mathrm{LOH})},$$

$$\partial_t\left(\frac{1}{a}\delta u_{\nu q}^{(\mathrm{LOH})}\right)=-\frac{1}{3a}\delta_q^{(\mathrm{LOH})},$$

其中，正如定义式 (12.9.11)，$R_B=3\bar{\rho}_B/(4\bar{\rho}_R)$，$\bar{\rho}_R=\bar{\rho}_\gamma+\bar{\rho}_\nu$，$\bar{\rho}_M=\bar{\rho}_B+\bar{\rho}_D$。

微分方程组 (12.9.47) 存在解析解。下面将简略说明如何得到这些解析解，具体推导过程请参阅文献 [204]。[83] 将关于 $-\psi_q$ 的方程组 (12.9.47) 中的第二式代入

---

[83] 文献 [204]，283-284 页。

第一式，可得 δ_q 二阶微分方程。这个微分方程有两个特解，而通解是两个特解的线性组合。施加边界条件式 (12.9.20)，可得以下的解 [84]

$$\psi_q^{(\mathrm{LOH})} = \frac{2\sqrt{2}q^2\mathcal{R}_q^{(o)}}{5H_{\mathrm{EQ}}a_{\mathrm{EQ}}^2\bar{a}^4}\left(\sqrt{1+\bar{a}}\left(32+8\bar{a}-\bar{a}^3\right)-32+24\bar{a}\right), \qquad (12.9.48)$$

$$\delta_q^{(\mathrm{LOH})} = \frac{4q^2\mathcal{R}_q^{(o)}}{5H_{\mathrm{EQ}}^2a_{\mathrm{EQ}}^2\bar{a}^2}\left(16+8\bar{a}-2\bar{a}^2+\bar{a}^3-16\sqrt{1+\bar{a}}\right),$$

$$\delta u_{\gamma q}^{(\mathrm{LOH})} = -\frac{\sqrt{2}\bar{a}}{3H_{\mathrm{EQ}}(1+R_B)}\int_0^{\bar{a}}\frac{\delta_q(\bar{a}')}{\sqrt{1+\bar{a}'}}\mathrm{d}\bar{a}',$$

$$\delta u_{\nu q}^{(\mathrm{LOH})} = -\frac{\sqrt{2}\bar{a}}{3H_{\mathrm{EQ}}}\int_0^{\bar{a}}\frac{\delta_q(\bar{a}')}{\sqrt{1+\bar{a}'}}\mathrm{d}\bar{a}'.$$

根据 §12.9.2.2 节中的处理方法，特别是在处理式 (12.9.21) 时，在视界外满足 $\bar{q}^2 \ll 1$ 时，可以检查，$(q^2/a^2)\delta u_{\beta q}(\beta=\gamma,\nu)$ 等项实际上远小于出现在同一方程 (12.9.9) 中的其他项。然而，由于不能得到 $\delta u_{\beta q}$ 的显式表示，目前情况更为复杂。下面的脚注给出了证明的梗概。[85] 因此忽略掉 $(q^2/a^2)\delta u_{\beta q}$ 项是合理的。

为准备好在以后物质主导 $\bar{a} > 1$ 时期有效的匹配条件，下面给出上述量在大 $\bar{a} \gg 1$ 时的领头阶展开：[86]

$$\psi_q^{(\mathrm{LOH})}|_{\bar{a}\gg1} \rightarrow -\frac{2\sqrt{2}q^2\mathcal{R}_q^{(o)}}{5H_{\mathrm{EQ}}a_{\mathrm{EQ}}^2\sqrt{\bar{a}}} = -\frac{3q^2\mathcal{R}_q^{(o)}t}{5a^2}, \qquad (12.9.49)$$

---

84 此即文献 [204] 中式 (6.3.13)~(6.3.16)，其中 $y = a/a_{\mathrm{EQ}}$ 就是 $\bar{a}$。在检查深度辐射主导阶段的初始条件时，按小 $\bar{a}$ 领头阶展开并注意下面的关系式：$H_{\mathrm{EQ}}^2\bar{a}^{-4} = (8\pi G_{\mathrm{N}}/3)2\bar{\rho}_{\mathrm{REQ}}(a_{\mathrm{EQ}}^4/a^4) = (8\pi G_{\mathrm{N}}/3)2\bar{\rho}_{\mathrm{REQ}}$ 和 $2H^2 = 1/(2t^2)$。

85 由式 (12.9.48)，可得

$$\frac{q^2}{a^2}\delta u_{\nu q}^{(\mathrm{LOH})} = \bar{q}^2\frac{2\sqrt{2}q^2\mathcal{R}_q^{(o)}}{5H_{\mathrm{EQ}}a_{\mathrm{EQ}}^2\bar{a}^4}F_u(\bar{a}),$$

$$F_u(\bar{q}) = -\frac{2}{3}\bar{a}^3\int_0^{\bar{q}}\frac{\mathrm{d}\bar{a}'}{\bar{a}'^2\sqrt{1+\bar{a}'}}\left(16+8\bar{a}'-2\bar{a}'^2+\bar{a}'^3-16\sqrt{1+\bar{a}'}\right),$$

其中用到关系式 $q^2/a^2 = \bar{q}^2(H_{\mathrm{EQ}}^2/\bar{a}^2)$。又有下式

$$\psi^{(\mathrm{LOH})} = \frac{2\sqrt{2}q^2\mathcal{R}_q^{(o)}}{5H_{\mathrm{EQ}}a_{\mathrm{EQ}}^2\bar{a}^4}F_\psi(\bar{a}),$$

$$F_\psi(\bar{a}) = \sqrt{1+\bar{q}}(32+8\bar{a}-\bar{a}^3)-32-24\bar{a}.$$

可对 $F_u(\bar{a})$ 和 $F_\psi(\bar{a})$ 进行数值比较。比值 $F_u(\bar{a})/F_\psi(\bar{a})$ 在 $\bar{q}=0$ 时为零，此后随着 $\bar{a}$ 的增加而增加。$\bar{a}=1$ 时这个比值为 0.08，$\bar{a}=4.6$ 接近于 1，$\bar{a}=10$ 时为 2.9。

86 这些公式包括文献 [204] 中的式 (6.3.23) 和 (6.3.24)。为得到式 (12.9.48) 的大 $\bar{a}$ 领头项，利用物质主导阶段的关系式 $H_{\mathrm{EQ}} = \sqrt{2}H\bar{a}^{3/2}$ 和 $H = (2/3)t^{-1}$。其中，第二个关系式来自 $a \sim t^{2/3}$。第一式可以证明如下：$H^2 \approx (8\pi G_{\mathrm{N}}/3)\bar{\rho}_{\mathrm{M}} = (8\pi G_{\mathrm{N}}/3)\bar{\rho}_{\mathrm{MEQ}}(a_{\mathrm{EQ}}^3/a^3) = H_{\mathrm{MEQ}}^2\bar{a}^{-3}/2$。

$$\rightarrow \delta_q^{(\mathrm{LOH})}\mid_{\bar a\gg 1}\rightarrow \frac{4q^2\mathcal{R}_q^{(o)}\bar a}{5H_{\mathrm{EQ}}^2 a_{\mathrm{EQ}}^2}=\frac{9q^2\mathcal{R}_q^{(o)}t^2}{10a^2},$$

$$\delta u_{\gamma q}^{(\mathrm{LOH})}\mid_{\bar a\gg 1}\rightarrow -\frac{8\sqrt{2}q^2\mathcal{R}_q^{(o)}\bar a^{5/2}}{45H_{\mathrm{EQ}}^3 a_{\mathrm{EQ}}^2(1+R_B)}=-\frac{3q^2\mathcal{R}_q^{(o)}t^3}{10(1+R_B)a^2},$$

$$\delta u_{\nu q}^{(\mathrm{LOH})}\mid_{\bar a\gg 1}\rightarrow -\frac{8\sqrt{2}q^2\mathcal{R}_q^{(o)}\bar a^{5/2}}{45H_{\mathrm{EQ}}^3 a_{\mathrm{EQ}}^2}=-\frac{3q^2\mathcal{R}_q^{(o)}t^3}{10a^2}.$$

注意，最后一个表达式是正比于 a^{-2}，以便处理 a_{EQ} 中的归一化因子。

12.9.4.2 长波–物质主导时期 (LMD)

在物质主导阶段 $\bar t\gg 1$，忽略掉引力势方程 (12.9.8) 中的辐射贡献。为进一步简化处理，与暗物质贡献相比，也忽略掉重子物质贡献。[87] 这些近似是说暗物质在很大程度上决定了哈勃膨胀率，因而决定了引力势的扰动。因此，式 (12.9.8) 的右边可写为 $-(3/2)H^2\delta_{Dq}$。然而，正如式 (12.9.49) 所示，由于 $\delta u_{jq}\sim t^3$ 的时间增长相对于 $\psi_q\sim t$ 要快得多，所以不能忽略式 (12.9.9) 中正比于 q^2/a^2 的项。利用物质主导阶段：$a\sim t^{2/3}$，$H=2/(3t)$，可将公式 (12.9.8)~(12.9.10) 简写为

$$\partial_t\left(t^{4/3}\psi_q^{(\mathrm{LMD})}\right)=-\frac{2}{3t^{2/3}}\delta_{Dq}^{(\mathrm{LMD})},\tag{12.9.50}$$

$$\partial_t\delta_{Dq}^{(\mathrm{LMD})}=-\psi_q^{(\mathrm{LMD})},$$

$$\partial_t\delta_{\gamma q}^{(\mathrm{LMD})}-\frac{q^2}{a^2}\delta u_{\gamma q}^{(\mathrm{LMD})}=-\psi_q^{(\mathrm{LMD})},$$

$$\partial_t\delta_{\nu q}^{(\mathrm{LMD})}-\frac{q^2}{a^2}\delta u_{\nu q}^{(\mathrm{LMD})}=-\psi_q^{(\mathrm{LMD})},$$

$$\partial_t\left(\frac{(1+R_B)}{t^{2/3}}\delta u_{\gamma q}^{(\mathrm{LMD})}\right)=-\frac{1}{3t^{2/3}}\delta_{\gamma q}^{(\mathrm{LMD})},$$

$$\partial_t\left(\frac{1}{t^{2/3}}\delta u_{\nu q}^{(\mathrm{LMD})}\right)=-\frac{1}{3t^{2/3}}\delta_{\nu q}^{(\mathrm{LMD})}.$$

如上所述，上面前两式表示引力势扰动是由暗物质密度决定的。光子和中微子方程的求解更为复杂。下面概述解的情况，详情参见文献 [204]。以下将分别讨论不同的宇宙成分。

12.9.4.2.1 暗物质和引力势中的扰动

在此阶段，在上述近似下，暗物质和引力势的扰动由它们自身决定：将公式 (12.9.50) 第二式代入第一式，可得到 δ_{Dq} 的二阶方程，

$$\partial_t\left(t^{4/3}\partial_t\delta_q^{(\mathrm{LMD})}\right)=\frac{2}{3t^{2/3}}\delta_q^{(\mathrm{LMD})}.\tag{12.9.51}$$

---

87 注意，即使在现在 $\Omega_B/\Omega_D=0.02207/0.1198=18.4\%$，因此忽略重子物质贡献的这种近似非常极端，但是这使得获得解析解成为可能。

很容易得出两个特解：其中一个特解是 $\delta_{Dq} \sim t^{2/3}$ 和 $\psi_q \sim t^{-1/3}$，另一个是 $\delta_{Dq} \sim t^{-1}$ 和 $\psi_q \sim t^{-2}$。这两个解必须和之前在式 (12.9.49) 给出的在大 $\bar{a}$ 极限时视界外的长波解一致。第一组解可与初始条件匹配。$\delta_{Dq}^{(\mathrm{LMD})}$ 和 $\psi_q^{(\mathrm{LMD})}$ 的泛函形式为

$$\delta_{Dq}^{(\mathrm{LMD})} = \frac{9q^2 \mathcal{R}_q^{(o)} t^2}{10a^2}, \tag{12.9.52}$$

$$\psi_q^{(\mathrm{LMD})} = -\frac{3q^2 \mathcal{R}_q^{(o)} t}{5a^2}.$$

注意舍弃的第二个特解是一个衰变解。

12.9.4.2.2　光子和重子中的扰动

取值相同的光子和重子的分支能量密度扰动 $\delta_{Bq} = \delta_{\gamma q}$ 和光子速度势扰动 $\delta u_{\gamma q}$ 都是由公式 (12.9.50) 第三式和第五式决定的，因此可得到 $\delta_{\gamma q}^{\mathrm{LMD}}$ 或者 $\delta u_{\gamma q}^{\mathrm{LMD}}$ 的二阶非齐次微分方程。我们根据文献 [204] 来处理 $\delta_{\gamma q}^{\mathrm{LMD}}$ 的微分方程，由公式 (12.9.50) 第三式解出 $\delta u_{\gamma q}^{\mathrm{LMD}}$。非齐次方程的解有两部分组成：非齐次方程的特解和方程齐次部分的通解。用 $\delta_{\gamma q}^{(i\mathrm{LMD})}$ 和 $\delta_{\gamma q}^{(h\mathrm{LMD})}$ 分别表示光子分支能量密度扰动函数的非齐次和齐次解，

$$\partial_t \left(\frac{a^2}{t^{2/3}} \left(1 + R_B\right) \partial_t \delta_{\gamma q}^{(i\mathrm{LMD})} \right) + \frac{q^2}{3t^{2/3}} \delta_{\gamma q}^{(i\mathrm{LMD})} = -\partial_t \left(\frac{a^2}{t^{2/3}} \left(1 + R_B\right) \psi_q^{(\mathrm{LMD})} \right),$$
$$\tag{12.9.53}$$

$$\partial_t \left(\frac{a^2}{t^{2/3}} \left(1 + R_B\right) \partial_t \delta_{\gamma q}^{(h\mathrm{LMD})} \right) + \frac{q^2}{3t^{2/3}} \delta_{\gamma q}^{(h\mathrm{LMD})} = 0,$$

其中 $\psi_q^{(\mathrm{LMD})}$ 由公式 (12.9.52) 第二式给出，$R_B \equiv 3\bar{\rho}_B/(4\bar{\rho}_R)$ 由式 (12.9.11) 给出定义。这个方程的完备解为

$$\delta_{\gamma q}^{(\mathrm{LMD})} = \delta_{\gamma q}^{(i\mathrm{LMD})} + C_h \delta_{\gamma q}^{(h\mathrm{LMD})}, \tag{12.9.54}$$
$$\delta u_{\gamma q}^{(\mathrm{LMD})} = \delta u_{\gamma q}^{(i\mathrm{LMD})} + C_h \delta u_{\gamma q}^{(h\mathrm{LMD})},$$

其中 C_h 是齐次方程中的任意常数。下面分别讨论齐次和非齐次方程的解。

非齐次方程的解

首先考虑非齐次方程 (12.9.53)，这个看起来复杂的二阶非齐次微分方程有一组封闭的解析解 [88]

$$\delta_{\gamma q}^{(i)} = \frac{3q^2 \mathcal{R}_q^{(o)} \left(1 + 3R_B\right) t^2}{5a^2 \left(t^2 q^2/a^2 + 2R_B\right)}, \tag{12.9.55}$$

---

88 见文献 [204]，286 页，式 (6.3.25)。

$$\delta u^{(i)}_{\gamma q} = -\frac{3q^2 \mathcal{R}^{(o)}_q t^3}{5a^2 \left(t^2 q^2/a^2 + 2R_B\right)}.$$

为了继续研究，可在 $q-t$ 空间中寻找那些可以简化上述非齐次方程解集的区域。这些简化的解和齐次微分方程的解析解一起构成满足 LMD 要求的解。简化是与式 (12.9.55) 分母中的项相互比较，要么忽略 $t^2 q^2/a^2$，要么忽略 $2R_B$。首先假设 $R_B \gg t^2 q^2/a^2$ 情形。如果 $R_B \gg 1$，那么此时上面的 $\delta^{(i)}_{\gamma q}$ 和 $\delta u^{(i)}_q$ 已经满足它们在式 (12.9.49) 给出的匹配条件。由于在物质主导阶段时的关系式 $q^2 t^2/a^2 = (q^2/(a^2 H^2))t^2 H^2 = (4/9)(q^2/(a^2 H^2))$，可以在足够小的波长时满足条件 $R_B \gg t^2 q^2/a^2$。然而，在最后散射面或者更早时却不能满足条件 $R_B \gg 1$。这一点可从 R_B 的大小看出来：

$$R_B = \frac{3\bar{\rho}_B}{4\bar{\rho}_R} = \frac{3\bar{\rho}_{B0}(a_0/a)^3}{4\bar{\rho}_{R0}(a_0/a)^4} = (1+z)^{-1}\frac{3\Omega_B}{4\Omega_R} = \frac{376.2}{1+z}, \tag{12.9.56}$$

它从在红移 $z_{\mathrm{EQ}} = 3500$ 的物质–辐射相等时的 0.11 变化到红移 $z_{\mathrm{L}} = 1100$ 的最后散射面时的 0.34。[89] 所以在物质–辐射相等时和最后散射面时之间时 $R_B < 1$。

于是可以对波数施加一个额外限制，即

$$R_B \equiv \frac{3\bar{\rho}_B}{4\bar{\rho}_R} \ll \frac{q^2 t^2}{a^2} \ll \frac{\bar{\rho}_M}{\bar{\rho}_R}. \tag{12.9.57}$$

这与上述假设一致，即 $\bar{\rho}_B$ 远小于 $\bar{\rho}_D$。这个额外的限制也说明我们的讨论应该限制在 q 足够小的适度长的波长范围，使得在物质–辐射相等时，$q/(aH) \ll 1$。因为式 (12.9.57) 中的所有项都有相同的时间行为，即正比于 $t^{2/3}$，所以在整个物质主导的时期，这个不等式都成立。这种适度长的波长限制可在目前的解和下一小节将要讨论的短波情形下的解之间建立联系。注意短波解与大的 ℓ 值有关。考虑适度长的波长限制条件式 (12.9.57)，非齐次解式 (12.9.55) 可近似写为

$$\delta^{(i\mathrm{LMD})}_{\gamma q} = \frac{3}{5}(1 + 3R_B)\mathcal{R}^{(o)}_q, \qquad \delta u^{(i\mathrm{LMD})}_{\gamma q} = -\frac{3}{5}\mathcal{R}^{(o)}_q t. \tag{12.9.58}$$

齐次方程的解

齐次微分方程的解式 (12.9.53) 更为复杂。精确解由高斯超几何函数组成。然而，如果添加一些额外近似，则可以得到更简单的解析解。为了符合条件限制，将此阶段划分为两部分。第一部分，$R_B \ll 1$，可忽略不计，对应于不那么深入物质主导时期的情况。第二个子阶段，R_B 与 1 相比不可忽略。

---

89 其中利用了这些值：$\Omega_B = 0.02207h^{-2}$，$\Omega_R = 4.4h^{-2} \times 10^{-5}$。物质–辐射相等时的红移是 $z_{\mathrm{EQ}} = 3500$，最后散射面时红移为 $z_{\mathrm{L}} = 1100$。

$R_B \ll 1$ 时，在公式 (12.9.53) 第二式中，R_B 与 1 相比可忽略不计，可以很容易地检验微分方程有解析特解 $\sin(\sqrt{3}qt/a)$ 和 $\cos(\sqrt{3}qt/a)$。故光子密度和速度扰动的齐次通解为 [90]

$$\delta_{\gamma q}^{(h)} = c_q \cos\left(\frac{\sqrt{3}q}{a}t\right) + d_q \sin\left(\frac{\sqrt{3}q}{a}t\right), \tag{12.9.59}$$

$$\delta u_{\gamma q}^{(h)} = \frac{a}{\sqrt{3}q}\left(-c_q \sin\left(\frac{\sqrt{3}q}{a}t\right) + d_q \cos\left(\frac{\sqrt{3}q}{a}t\right)\right).$$

然而，由于当前阶段也包括 R_B 不是远小于 1 的情形，所以这还不是要求的解。因此，也必须修正齐次解。在齐次微分方程 (12.9.53) 中存在 R_B 项时，可用式 (12.9.59) 作为指导，由 WKB 方法得到近似解。在 R_B 不可忽略时，近似解的形式为 [91]

$$\delta_{\gamma q}^{(h\text{LMD})} = -\frac{3\mathcal{R}_q^{(o)}}{5}\frac{1}{(1+R_B)^{1/4}}\cos\varphi, \tag{12.9.60}$$

$$\delta u_{\gamma q}^{(h\text{LMD})} = \frac{3\mathcal{R}_q^{(o)}}{5}\frac{a}{\sqrt{3}q(1+R_B)^{3/4}t}\sin\varphi,$$

$$\varphi \equiv \int_0^t \frac{qdt}{a\sqrt{3(1+R_B)}} = \frac{\sqrt{3}qt}{a\sqrt{R_B}}\ln\left(\sqrt{R_B}+\sqrt{1+R_B}\right).$$

注意，$\ln(\sqrt{B_R}+\sqrt{B_R+1})/\sqrt{R_B}$ 随着 R_B 递增而单调减小，在 $R_B=0$ 时有最大值，值为 1。因此，在物质主导阶段和 $q^2t^2/a^2 \ll 1$ 的视界外，ϕ 值很小。可直接验证当 $R_B \ll 1$，且式 (12.9.59) 中 $c_q = -\mathcal{R}_q^{(o)}/5$，$d_q = 0$ [92] 时，$\delta_{\gamma q}^{(h\text{LMD})}$ 和 $\delta u_{\gamma q}^{(h\text{LMD})}$ 可简化为 $\delta_{\gamma q}^{(h)}$ 和 $\delta u_{\gamma q}^{(h)}$。

光子和重子的完备解

光子解式 (12.9.54)，包括非齐次解式 (12.9.58) 和齐次解式 (12.9.60)，其形式为

$$\delta_{\gamma q}^{(\text{LMD})} = \delta_{\gamma q}^{(i\text{LMD})} + \delta_{\gamma q}^{(h\text{LMD})}, \tag{12.9.61}$$

$$\delta u_{\gamma q}^{(\text{LMD})} = \delta u_{\gamma q}^{(i\text{LMD})} + \delta u_{\gamma q}^{(h\text{LMD})},$$

90 见文献 [204]，289 页，式 (6.3.29) 和 (6.3.30)。这里采用同样的符号。在从 $\delta_{\gamma q}^{(h)}$ 得到 $\delta u_{\gamma q}^{(h)}$ 时，公式 (12.9.50) 第三式中涉及 $\psi_q^{(\text{LMD})}$ 的项必须忽略不计，因为它是非齐次性的。

91 见文献 [204]，288-289 页。为验证式 (12.9.60) 中关于 φ 的公式中的第二个等式，可在物质主导阶段使用下列恒等式：$R_B = 3\bar{\rho}_B/(4\bar{\rho}_R) = (3/4)(\Omega_B/\Omega_R)(a/a_0)$ 和 $\dot{R}_B = (2/3)R_B t^{-1}$。

92 见文献 [204]，288 页。

这对应于式 (12.9.54) 中 $C_h = 1$。

现在已有光子和重子体系的解,

$$\delta_{\gamma q}^{(\mathrm{LMD})} = \delta_{Bq}^{(\mathrm{LMD})} = \frac{3R_q^{(o)}}{5}\left(1 + 3R_B - \frac{1}{(1+R_B)^{1/4}}\cos\varphi\right), \qquad (12.9.62)$$

$$\delta u_{\gamma q}^{(\mathrm{LMD})} = \frac{3\mathcal{R}_q^{(o)}t}{5}\left(-1 + \frac{a}{\sqrt{3}q\left(1+R_B\right)^{3/4}t}\sin\varphi\right),$$

其中式 (12.9.60) 中给出 φ 的表达式。

12.9.4.2.3 关于中微子贡献的说明

完整起见, 尽管中微子系统对它贡献不大, 这里也说明一下它的解。如式 (12.9.50) 所示, 若令 $R_B = 0$, 那么中微子体系的微分方程和光子体系微分方程完全相同。因此, 中微子体系的解可以类似地求得, 即在式 (12.9.62) 中令 $R_B = 0$:

$$\delta_{\nu q}^{(\mathrm{LMD})} = \delta_{Bq}^{(\mathrm{LMD})} = \frac{3R_q^{(o)}}{5}\left(1 - \cos\varphi\right), \qquad (12.9.63)$$

$$\delta u_{\nu q}^{(\mathrm{LMD})} = \frac{3\mathcal{R}_q^{(o)}t}{5}\left(-1 + \frac{a}{\sqrt{3}qt}\sin\varphi\right).$$

然而, 应当注意, 中微子体系在这个波长区域的贡献是可以忽略不计的。

12.9.4.2.4 LMD 解的总结

综合式 (12.9.52)、(12.9.62) 和 (12.9.63) 等公式可将物质主导长波情形的解总结如下:

$$\delta_{Dq}^{(\mathrm{LMD})} = \frac{9q^2\mathcal{R}_q^{(o)}t^2}{10a^2}, \qquad (12.9.64)$$

$$\psi_q^{(\mathrm{LMD})} = -\frac{3q^2\mathcal{R}_q^{(o)}t}{5a^2},$$

$$\delta_{\gamma q}^{(\mathrm{LMD})} = \delta_{Bq}^{(\mathrm{LMD})} = \frac{3R_q^{(o)}}{5}\left(1 + 3R_B - \frac{1}{(1+R_B)^{1/4}}\cos\varphi\right),$$

$$\delta u_{\gamma q}^{(\mathrm{LMD})} = \frac{3\mathcal{R}_q^{(o)}t}{5}\left(-1 + \frac{a}{\sqrt{3}q\left(1+R_B\right)^{3/4}t}\sin\varphi\right).$$

$$\delta_{\nu q}^{(\mathrm{LMD})} = \frac{3\mathcal{R}_q^{(o)}}{5}\left(1 - \cos\varphi\right),$$

$$\delta u_{\nu q}^{(\mathrm{LMD})} = \frac{3\mathcal{R}_q^{(o)}t}{5}\left(-1 + \frac{a}{\sqrt{3}qt}\sin\varphi\right),$$

$$\varphi \equiv \frac{\sqrt{3}qt}{a\sqrt{R_B}}\ln\left(\sqrt{R_B} + \sqrt{R_B + 1}\right),$$

$$R_B \equiv \frac{3\bar{\rho}_B}{4\bar{\rho}_{\mathrm{R}}}.$$

可以验证，在视界外且在条件 (12.9.57) 下，即 $R_B \ll (q^2 t^2)/a^2 \ll 1$ 时，满足边界条件式 (12.9.49)。

12.9.5　短波区域的解

这个区域和长波区域相反，包括足够短的波长，以致于在物质–辐射相等时很好地处于视界内。如图 12.9.1 所示，这要求 $\bar{q} \gg 1$。因此，由式 (12.9.43) 可知，这是对 CMB 各向异性 ℓ 较大的多极矩 $\ell \gg 140$ 贡献大的波长区域。这个波长区域的扰动引起引力凝聚，导致星系和星系团的结构形成。

与长波区域类似，目前情形的宇宙时间参数范围又被划分为在视界深处辐射占主导的区域以及视界深处物质占主导的区域。与公式 (12.9.44) 和 (12.9.45) 相反，在视界深处辐射主导区域，参数处于短波区域的条件为

$$\frac{q}{aH} \frac{\bar{\rho}_{\mathrm{R}}}{\bar{\rho}_{\mathrm{M}}} = \bar{q} \frac{\sqrt{2}}{\sqrt{\bar{a}+1}} \gg 1, \tag{12.9.65}$$

而在视界深处物质主导时的短波条件为

$$\left(\frac{q}{aH}\right)^2 \frac{\bar{\rho}_{\mathrm{R}}}{\bar{\rho}_{\mathrm{M}}} = \bar{q}^2 \frac{2\bar{a}}{\bar{a}+1} \gg 1. \tag{12.9.66}$$

由于在这个短波区域中，$\bar{q} \gg 1$，所以它们会贡献数百甚至更大的高阶多极矩。

12.9.5.1　辐射主导阶段的短波 (SRD)

在辐射主导阶段，与辐射密度相比，可忽略物质密度。忽略引力场方程中的物质密度，从公式 (12.9.8)、(12.9.9) 和 (12.9.10) 可得出基本微分方程；并且，在光子动量方程 ((12.9.10) 第一个式子) 中，$1 + R_B$ 项中忽略掉相对于 1 很小的 R_B 项。利用 $a \sim t^{1/2}$

$$\frac{1}{t} \partial_t(t\psi_q) = -\frac{32\pi}{3} G_{\mathrm{N}} \left(\bar{\rho}_\gamma \delta_{\gamma q} + \bar{\rho}_\nu \delta_{\nu q} \right), \tag{12.9.67}$$

$$\partial_t \delta_{Dq} = -\psi_q,$$

$$\partial_t \delta_{\gamma q} - \frac{q^2}{a^2} \delta u_{\gamma q} = -\psi_q,$$

$$\partial_t \left(t^{-1/2} \delta u_{\gamma q} \right) = -\frac{1}{3} t^{-1/2} \delta_{\gamma q},$$

$$\partial_t \delta_{\nu q} - \frac{q^2}{a^2} \delta u_{\nu q} = -\psi_q,$$

$$\partial_t \left(t^{-1/2} \delta u_{\nu q} \right) = -\frac{1}{3} t^{-1/2} \delta_{\nu q}.$$

下面简单讨论如何进一步简化这些微分方程，检验它们是否满足初始条件并写出解。详情可参见文献 [204]。[93]

- 我们只对绝热解感兴趣，因为在绝热解中，极早期的所有约化密度函数 δ_q 和速度势 δu_q 都相同。特别地，从式 (12.9.67) 可看出，光子和中微子的扰动函数满足同一组微分方程，故可令

$$\delta_{\gamma q} = \delta_{\nu q}, \qquad \delta u_{\gamma q} = \delta u_{\nu q}. \tag{12.9.68}$$

- 在高度辐射主导的阶段中，为了得到绝热解，可以通过下面关系简化方程 (12.9.67) 中的第一式，

$$\frac{8\pi G_{\mathrm{N}}}{3}\left(\bar{\rho}_\gamma + \bar{\rho}_\nu\right) \approx H^2 = \frac{1}{4t^2}, \tag{12.9.69}$$

其中，在计算 $H = \dot{a}/a = 1/(2t)$ 时，取 $a \sim t^{1/2}$。

下面列出方程 (12.9.67) 的解：[94]

$$\psi_q^{(\mathrm{SRD})} = \frac{3\mathcal{R}_q^{(o)}}{t}\left(\frac{2}{\theta}\sin\theta + \frac{2}{\theta^2}(\cos\theta - 1) - 1\right), \tag{12.9.70}$$

$$\delta_{Dq}^{(\mathrm{SRD})} = -6\mathcal{R}_q^{(o)}\int_0^\theta \left(\frac{2}{\theta'^2}\sin\theta' + \frac{2}{\theta'^3}(\cos\theta' - 1) - \frac{1}{\theta'}\right)\mathrm{d}\theta',$$

$$\delta_{\gamma q}^{(\mathrm{SRD})} = \delta_{\nu q}^{(\mathrm{SRD})} = 3\mathcal{R}_q^{(o)}\left(\frac{2}{\theta}\sin\theta + \frac{2}{\theta^2}(\cos\theta - 1) - \cos\theta\right),$$

$$\delta u_{\gamma q}^{(\mathrm{SRD})} = \delta u_{\nu q}^{(\mathrm{SRD})} = 4t\mathcal{R}_q^{(o)}\left(\frac{1}{2\theta}\sin\theta + \frac{1}{\theta^2}(\cos\theta - 1)\right),$$

其中

$$\theta \equiv \frac{2qt}{\sqrt{3}a} \approx \frac{1}{\sqrt{3}}\frac{q}{aH}. \tag{12.9.71}$$

上式的近似是因为在深度辐射主导阶段中，哈勃膨胀参数可取为 $H = 1/(2t)$。

可直接验证，在小 θ 极限下，方程 (12.9.70) 满足式 (12.9.20) 所给的初始条件。暗物质约化密度扰动与其他约化密度扰动的表达式不同。简单的数值比较表明，它们在 $\theta < 1$ 或者 $q/(aH)$ 没有远大于 1 时实际上是相同的，这正是目前正在考虑的情况。所以满足绝热条件。

12.9.5.2 短波–视界内部深处 (SDH)

微分方程组 (12.9.8)~(12.9.10) 在视界内部深处 $q/(aH) \gg 1$ 有解析解，与物质和辐射密度的相对大小无关。由图 12.9.1，这包括曲线 1 之上的大部分区域。求

---

93 文献 [204]，290-292 页。

94 见文献 [204]，291 页，公式 (6.4.11)~(6.4.14)。

出各种扰动函数的解并不那么简单。下面将简单介绍得到解的方法，然后列出文献 [204] 给出的解，详情也可参阅文献 [204]，其中也会提供具体页码和方程号。

- 视界内部深处，$q/a \gg H$，q/a 和 H，有时间倒数量纲，提供两种时间变化率。量级为 q/a 的时间导数项为快模，而量级为 H 的时间导数项则为慢模。
- 快模的快速振荡会产生阻尼效应，从而可忽略中微子的影响。
- 扰动函数的快模和慢模有解析解。此外，这两种模式有一个重叠区域，它们的解在该重叠区域相互匹配。

下面给出在此区域中一直到复合时期扰动函数的完备解。[95] 在公式 (12.9.72) 中的四个方程的右边，第一项是慢速模式的解，第二项是快模。

$$\psi_q^{(\mathrm{SDH})} = -\frac{6\mathcal{R}_q^{(o)}a}{a_{\mathrm{EQ}}t}\mathcal{J}(\hat{\kappa}) \tag{12.9.72}$$
$$+ 16\sqrt{3}\pi G_{\mathrm{N}}\bar{\rho}_\gamma(2+R_B)(1+R_B)^{1/4}\left(\frac{a}{q}\right)\mathcal{R}_q^{(o)}\mathrm{e}^{-\hat{\Gamma}_q(t)}\sin\Theta_q(t),$$

$$\delta_{Dq}^{(\mathrm{SDH})} = -\frac{9\mathcal{R}_q^{(o)}a}{a_{\mathrm{EQ}}}\mathcal{J}(\hat{\kappa})$$
$$+ 48\pi G_{\mathrm{N}}\bar{\rho}_\gamma(2+R_B)(1+R_B)^{3/4}\left(\frac{a}{q}\right)^2\mathcal{R}_q^{(o)}\mathrm{e}^{-\hat{\Gamma}_q(t)}\cos\Theta_q(t),$$

$$\delta_{\gamma q}^{(\mathrm{SDH})} = \delta_{Bq}^{(\mathrm{SDH})} = \frac{6\mathcal{R}_q^{(o)}a^3(1+3R_B)}{a_{\mathrm{EQ}}q^2t^2}\mathcal{J}(\hat{\kappa}) - \frac{3\mathcal{R}_q^{(o)}}{(1+R_B)^{1/4}}\mathrm{e}^{-\hat{\Gamma}_q(t)}\cos\Theta_q(t),$$

$$\delta u_{\gamma q}^{(\mathrm{SDH})} = -\frac{6\mathcal{R}_q^{(o)}a^3}{a_{\mathrm{EQ}}q^2t}\mathcal{J}(\hat{\kappa}) + \frac{\sqrt{3}a\mathcal{R}_q^{(o)}}{q(1+R_B)^{3/4}}\mathrm{e}^{-\hat{\Gamma}_q(t)}\sin\Theta_q(t),$$

其中

$$\mathcal{R}_q^{(o)} = \frac{1}{2}\hat{A}_q\big|_{视界外} = \frac{1}{2}\left(A_q + 2H\delta u^{(S)}\right)\big|_{视界外}, \tag{12.9.73}$$

$$\mathcal{J}(\hat{\kappa}) = \left(-\frac{7}{2} + \gamma + \ln\frac{4\hat{\kappa}}{\sqrt{3}}\right),$$

$$\hat{\kappa} = \sqrt{2}\bar{q} = \sqrt{2}\frac{q}{q_{\mathrm{EQ}}} = \frac{\sqrt{2}q}{a_{\mathrm{EQ}}H_{\mathrm{EQ}}} = \frac{\sqrt{\Omega_{\mathrm{R}}}}{H_0\Omega_{\mathrm{M}}}\frac{q}{a_0} = \frac{19.3}{\Omega_{\mathrm{M}}h^2}\frac{q}{a_0},$$

$$\Theta_q(t) = \frac{q}{\sqrt{3}}\int_0^t \frac{\mathrm{d}t}{a\sqrt{1+R_B}} \equiv \int_0^t \omega_q(t')\mathrm{d}t', \qquad \omega_q(t) \equiv \frac{1}{\sqrt{3}}\frac{q}{a\sqrt{1+R_B}},$$

$$\hat{\Gamma}_q(t) = \frac{q^2}{6}\int_0^t \frac{t_\gamma}{a^2(1+R_B)}\left(\frac{16}{15} + \frac{R_B^2}{1+R_B}\right)\mathrm{d}t \equiv \int_0^t \Gamma_q\mathrm{d}t,$$

$$\Gamma_q \equiv \frac{q^2}{6}\frac{t_\gamma}{a^2(1+R_B)}\left(\frac{16}{15} + \frac{R_B^2}{1+R_B}\right), \qquad R_B \equiv \frac{3\bar{\rho}_B}{4\bar{\rho}_R}, \qquad t_\gamma \equiv \frac{1}{\sigma_T n_e}.$$

---

95 见文献 [204]，302 页，式 (6.4.59)~(6.4.62)，其中给出推导的细节。

式 (12.8.14) 定义的 $\mathcal{R}_q^{(o)}$ 在视界外取值，$\gamma = 0.5772156649\cdots$ 是欧拉常数。t_γ 是在电子数密度为 n_e 的非相对论等离子体中的光子平均自由程或者平均自由时，汤姆逊散射截面 σ_T 在等离子体的电子静止系中计算。

现在指出，在方程 (12.9.72) 中，上述扰动函数中的第一项，慢模式项和第二项，快模式项具有不同的数量级，可以直接分类。扰动函数 ψ_q 和 Δ_{Dq} 分别决定于它们各自的慢模式项。然而，第二项，快模解由于其快速振荡对重子声学振荡有显著影响。函数 $\delta_{\gamma q}$ 和 $\delta u_{\gamma q}$ 在进入视界时由第二项快模解主导。但是慢模项在研究稍后讨论的多极矩系数 C_ℓ 的 CMB 各向异性时有明显的效应。

12.9.6 长波与短波之间的插入函数 (ILS)——转移函数

迄今为止已经得到两个特殊波长区域的解析解: (1) 超长波长区进入视界的时间比物质–辐射相等的时间晚很多。它们对低阶多极矩 $\ell < 140$ 有贡献，以及 (2) 超短波长区进入视界的时间比物质–辐射相等的时间早很多，它们对几百级的高阶多极矩有贡献。要将分析结果与观测结果进行比较，必须知道中间波长的解。中间波长区域大约在物质–辐射相等的时候进入视界，并对 CMB 各项异性 $\ell \approx 200$ 范围 (第一个声学峰的位置) 的多极矩有贡献。这个中间波长区的解的解析表达式可以通过在长波和短波之间插值构造出来。由领头阶的最后一个表示 [96]

$$\psi_q^{(\text{ILS})} = -\frac{3\mathcal{R}_q^{(o)} q^2 t \mathcal{T}(\hat{\kappa})}{5a^2}, \tag{12.9.74}$$

$$\delta_{Dq}^{(\text{ILS})} = \frac{9\mathcal{R}_q^{(o)} q^2 t^2 \mathcal{T}(\hat{\kappa})}{10a^2},$$

$$\delta_{\gamma q}^{(\text{ILS})} = \delta_{Bq}^{(\text{ILS})}$$
$$= \frac{3\mathcal{R}_q^{(o)}}{5}\left((1 + 3B_R)\mathcal{T}(\hat{\kappa}) - \frac{1}{(1+R_B)^{1/4}} e^{-\hat{\Gamma}_q}\mathcal{S}(\hat{\kappa})\cos\left(\Theta_q(t) + \Delta(\hat{\kappa})\right)\right),$$

$$\delta u_{\gamma q}^{(\text{S})(\text{ILS})} = -\frac{3\mathcal{R}_q^{(o)}}{5}\left(t\mathcal{T}(\hat{\kappa}) - \frac{a}{\sqrt{3}q(1+R_B)^{3/4}} e^{-\hat{\Gamma}_q}\mathcal{S}(\hat{\kappa})\sin\left(\Theta_q(t) + \Delta(\hat{\kappa})\right)\right),$$

其中 $\hat{\kappa}, \hat{\Gamma}_q(t)$ 和 $\Theta_q(t)$ 已在式 (12.9.73) 给出。文献 [204] 给出转移函数 $\mathcal{T}(\hat{\kappa})$、$\mathcal{S}(\hat{\kappa})$、$\Delta(\hat{\kappa})$ [97]，下面直接引用: [98]

$$\mathcal{T}(\hat{\kappa}) = \frac{\ln(1+(0.124\hat{\kappa})^2)}{(0.124\hat{\kappa})^2}\left(\frac{1 + (1.257\hat{\kappa})^2 + (0.4452\hat{\kappa})^4 + (0.2197\hat{\kappa})^6}{1 + (1.606\hat{\kappa})^2 + (0.8568\hat{\kappa})^4 + (0.3927\hat{\kappa})^6}\right)^{1/2},$$

$$\tag{12.9.75}$$

---

96 相应的表达式参见文献 [204]，309 页，式 (6.5.15) 和 (6.5.16) 以及 310 页，式 (6.5.17) 和 (6.5.18)，其中给出了详细的推导过程。

97 转移函数参见文献 [204]，307-308 页，式 (6.5.12)～(6.5.14)。

98 下面给出的 $\Delta(\hat{\kappa})$ 表达式是更正的形式，可在文献 [204] 的第一版勘误表中找到。见

http://zippy.ph.utexas.edu/ weinberg/swcorrections.pdf。

$$\mathcal{S}(\hat{\kappa}) = \left(\frac{1 + (1.209\hat{\kappa})^2 + (0.5116\hat{\kappa})^4 + \sqrt{5}(0.1657\hat{\kappa})^6}{1 + (1.9459\hat{\kappa})^2 + (0.4249\hat{\kappa})^4 + (0.1657\hat{\kappa})^6} \right)^2,$$

$$\Delta(\hat{\kappa}) = \frac{(1.1547\hat{\kappa})^2 + (0.5986\hat{\kappa})^4 + (0.2578\hat{\kappa})^6}{1 + (1.723\hat{\kappa})^2 + (0.8707\hat{\kappa})^4 + (0.4581\hat{\kappa})^6 + (0.2204\hat{\kappa})^8},$$

其中，式 (12.9.73) 中给出 $\hat{\kappa}$、$\hat{\Gamma}$ 和 Θ 的定义。对于长波，即 $\hat{\kappa} \ll 1$ 时，转移函数取极限值 $\mathcal{T}(\hat{\kappa}) \to 1$，$\mathcal{S}(\hat{\kappa}) \to 1$ 和 $\Delta(\hat{\kappa}) \to 0$。于是，$\psi_q^{(\mathrm{ILS})}$ 和 $\delta_{Dq}^{(\mathrm{ILS})}$ 简化为 $\psi_q^{(\mathrm{LMD})}$ 和 $\delta_{Dq}^{(\mathrm{LMD})}$。图 12.9.2 画出了转移函数。[99]

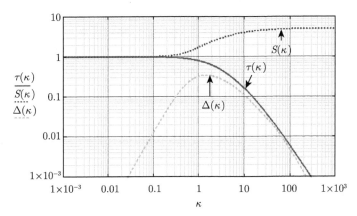

图 12.9.2　在式 (12.9.75) 中定义的转移函数

12.10　标量扰动引起的温度各向异性

这一节将通过一系列近似来处理最后散射面后的宇宙演化，从而得到由于标量扰动函数引起的 CMB 各向异性的解析表达式。如此得到的最终结果可用简单数值积分来研究并可与观测结果进行比较。张量模式远小于标量模式，故不加考虑。也不考虑 CMB 极化。重申一遍，本文将按照文献 [204] 方法和策略并在脚注中不断提到此文献中的相关表示。

上一节得到了从宇宙极早期到最后的散射面之间物质和能量引力势相关的标量扰动表示。当观测到 CMB 各向异性时，必须计算出这些表达式到现在的演化过程。为了能够对这一过程进行解析计算，必须进行一个关键近似：光子从热平衡到自由传播的急剧转变。换句话说，这个近似是光子从完全不透明到完全透明的转变是在某个瞬时发生的，完全不透明意味着光子与荷电粒子充分相互作用，完全透明意味着光子处于完全没有相互作用的自由传播状态。在这种近似下，将最后散射面视为位于某个极短时间内，记为 t_L，而不是在一个相当长时间间隔内发生的过程。

---

99 这个图类似于文献 [204]，309 页，图 6.1，其中函数 $\Delta(\hat{\kappa})$ 具有和脚注 98 更正之前一样的形式。

故 t_L 是不透明转变到透明的时间。这种近似也忽略了第一批恒星形成过程导致的重子类物质再电离的 CMB 物质散射过程，此时的红移大致在 $z \approx 10$。[100] 然而，一些相对简单的方法可用来补偿这种近似：

- 在多极 $\ell > 20$ 的情况下，与再电离修正相关的温度关联可以被简单地包含进去。这将包括在最终结果中。
- 通过考虑粘滞阻尼及考虑在最后散射面上有限时间间隔内的平均效应的影响，也可以部分地弥补这种急剧转变近似。

12.10.1 突然透明近似–光子径迹追踪

在最后散射面突然透明化的假设下，CMB 各向异性表达式可以通过跟踪在扰动度规下从最后散射面到当前正自由传播的 CMB 光子的轨迹得到。计算可以在一类规范中开展，在这类规范中，度规函数的时-空分量的扰动都设为零，即 $g_{0j} = 0$，如牛顿规范和同步规范。由式 (12.6.9) 得

$$g_{00} = -1 + h_{00} \equiv -1 - E(\vec{r}, t), \tag{12.10.1}$$
$$g_{0j} = h_{0j} \equiv a(\partial_j F + G_j) = 0,$$
$$g_{jk} = a^2(t)\delta_{jk} + h_{jk}(\vec{r}, t)$$
$$\equiv a^2 \left((1 + A)\delta_{jk} + \partial_{jk}B + \partial_j C_k + \partial_k C_j + D_{jk}\right).$$

取观察者处于坐标原点的共动坐标系，并考虑沿着径向 $\hat{n}$ 向观察者传播的光子脉冲。在宇宙时间 t 时。光子坐标为 $r(t)\hat{n}$。沿着类光路径，光子在测地线上。

$$g_{jk}\mathrm{d}x^j\mathrm{d}x^k = -(1 + E(r(t)\hat{n}, t))(\mathrm{d}t)^2 + \left(a^2(t) + h_{rr}\right)(\mathrm{d}r)^2 = 0, \tag{12.10.2}$$

这给出了膨胀宇宙中光子径向坐标的时间演化方程，

$$\frac{\mathrm{d}}{\mathrm{d}t}r(t) = -\left(\frac{1 + E(r(t)\hat{n}, t)}{a^2(t) + h_{rr}(r(t)\hat{n}, t)}\right)^{1/2} \tag{12.10.3}$$
$$\equiv \frac{1}{a(t)}\left(-1 + N(\bar{r}(t)\hat{n}, t)\right),$$

其中 $\bar{r}(t)$ 背景宇宙的径向坐标，或者是上述方程解的零阶形式。到一阶扰动，

$$N(\bar{r}(t)\hat{n}, t) = \frac{1}{2}\left(\frac{h_{rr}(\bar{r}(t)\hat{n}, t)}{a^2(t)} - E(\bar{r}(t)\hat{n}, t)\right). \tag{12.10.4}$$

公式 (12.10.3) 第一行右边的负号表示所述光子脉冲向原点传播。注意，由于扰动函数 E 和 h_{rr} 都已经是一阶，所以其中的坐标参数可以用光子零阶径向坐标 $\bar{r}(t)$

---

100 讨论参见文献 [204]，329 页。

来代替，即相当于没有度规扰动的情况。忽略扰动函数，从方程 (12.10.3) 中可得零阶方程

$$\frac{\mathrm{d}}{\mathrm{d}t}\bar{r}(t) = -\frac{1}{a(t)}. \tag{12.10.5}$$

也可同时解出方程 (12.10.3) 和 (12.10.5)：

$$\bar{r}(t) = r_{\mathrm{L}} - \int_{t_{\mathrm{L}}}^{t} \frac{\mathrm{d}t'}{a(t')}, \tag{12.10.6}$$

其中 t_{L} 是最后散射面时间，r_{L} 是最后散射面时的径向坐标。径向坐标作为共动时间的函数可写为

$$
\begin{aligned}
r(t) &= \bar{r}(t) + \int_{t_{\mathrm{L}}}^{t} \frac{1}{a(t')} N(\bar{r}(t')\hat{n}, t') \mathrm{d}t' \\
&= r_{\mathrm{L}} + \int_{t_{\mathrm{L}}}^{t} \frac{1}{a(t')} \left(N(\bar{r}(t')\hat{n}, t') - 1 \right) \mathrm{d}t'.
\end{aligned} \tag{12.10.7}
$$

满足初始条件：

$$r(t_{\mathrm{L}}) = \bar{r}(t_{\mathrm{L}}) = r_{\mathrm{L}}. \tag{12.10.8}$$

假设光子脉冲在现时期 t_0 时到达观测者，则

$$r(t_0) = 0 = r_{\mathrm{L}} + \int_{t_{\mathrm{L}}}^{t_0} \frac{1}{a(t)} \left(N(\bar{r}(t)\hat{n}, t) - 1 \right) \mathrm{d}t. \tag{12.10.9}$$

迄今为止已经考虑了固定点的径迹，此固定点指的是光子脉冲的波峰。考虑下一个波峰通过最后散射面到达原点观察者的轨迹。假定下一个波峰峰顶通过最后散射面的时间为 $t_{\mathrm{L}} + \delta t_{\mathrm{L}}$，到达原点观察者的时间为 $t_0 + \delta t_0$。这种滞后的光子脉冲满足类似于公式 (12.10.9) 的方程，只不过分别用 $t_{\mathrm{L}} + \delta t_{\mathrm{L}}$ 和 $t_0 + \delta t_0$ 来代替 t_{L} 和 t_0。另外，由于光子气体或光子 - 核子等离子体的径向速度的扰动，t_{L} 有一个变化。将从 t_{L} 开始和 $t_{\mathrm{L}} + \delta t_{\mathrm{L}}$ 开始的方程结合起来，得到原始方程 (12.10.9) 的变分形式。当把 δt_{L} 和 δt_0 分别看作是在最后散射面和目前时期的光波的周期时，记作 τ_{L} 和 τ_0，则可得出两个周期或者频率 ν_{L} 和 ν_0 的关系。注意，由于宇宙膨胀影响了光子波长，光子在 t_{L} 和 t_0 时的周期或者频率并不相同。

下面说明这个时间变分。首先，考虑在 $t < t_0$ 时的零阶坐标变分。由式 (12.10.6) 得

$$
\begin{aligned}
\delta\bar{r}(t) &= \delta r_{\mathrm{L}} - \delta \int_{t_{\mathrm{L}}}^{t} \frac{\mathrm{d}t'}{a(t')} = \delta r_{\mathrm{L}} - \left(\int_{t_{\mathrm{L}} + \delta t_{\mathrm{L}}}^{t} \frac{\mathrm{d}t}{a(t)} - \int_{t_{\mathrm{L}}}^{t} \frac{\mathrm{d}t}{a(t)} \right) \\
&= \delta u_{\gamma}^{(r)}(r_{\mathrm{L}}\hat{n}, t_{\mathrm{L}})\delta t_{\mathrm{L}} + \frac{\delta t_{\mathrm{L}}}{a(t_{\mathrm{L}})}.
\end{aligned} \tag{12.10.10}
$$

第二行右边第一项，$\delta r_{\rm L} = \delta u_\gamma^{(r)}(r_{\rm L}\hat{n}, t_{\rm L})\delta t_{\rm L}$ 来自光子气体或光子–核子等离子体径向速度的扰动 $\delta u_\gamma^{(r)}$，它引入了由时间推移 $\delta t_{\rm L}$ 引起的零阶径向距离的一个非零变分，尽管 $r_{\rm L}$ 为常数。

第二光子波峰在 $t_{\rm L} + \delta t_{\rm L}$ 时离开最后散射面，它的零阶径向坐标为 $\bar{r}(t) + \delta u_\gamma^{(r)}\delta t_{\rm L}$。式 (12.10.9) 的变分为

$$0 = \delta r_{\rm L} + \delta \int_{t_{\rm L}}^{t_0} \frac{{\rm d}t}{a(t)} \left(N(\bar{r}(t)\hat{n}, t) - 1\right) \tag{12.10.11}$$

$$= \delta r_{\rm L} + \left(\int_{t_{\rm L}+\delta t_{\rm L}}^{t_0+\delta t_0} - \int_{t_{\rm L}}^{t_0}\right) \frac{{\rm d}t}{a(t)} \left(N(\bar{r}(t)\hat{n}, t) - 1\right) + \int_{t_{\rm L}}^{t_0} \frac{{\rm d}t}{a(t)} \delta N(\bar{r}(t)\hat{n}, t),$$

其中

$$\delta N\left(\bar{r}(t)\hat{n}, t\right) = N\left((\bar{r}(t) + \delta\bar{r}(t))\bar{n}, t\right) - N\left(\bar{r}(t)\hat{n}, t\right) \tag{12.10.12}$$

$$= \frac{\partial}{\partial x}N\left(x\hat{n}, t\right)|_{x=\bar{r}(t)} \frac{\delta t_{\rm L}}{a(t_{\rm L})}.$$

注意，在上面表达式的第二行由式 (12.10.10) 给出的 $\delta\bar{r}(t)$ 中忽略了依赖于 $\delta u_\gamma^{(r)}$ 的项，这是一个二阶贡献项。

现在有了从式 (12.10.11) 计算式 (12.10.9) 变分所需的所有必要准备。

$$0 = \left(1 - N(r_{\rm L}\hat{n}, t_{\rm L}) + a(t_{\rm L})\delta u_\gamma^{(r)}(r_{\rm L}\hat{n}, t_{\rm L}) + \int_{t_{\rm L}}^{t_0} \frac{{\rm d}t}{a(t)} \frac{\partial}{\partial x}N(x\hat{n}, t)|_{x=\bar{r}(t)}\right) \frac{\delta t_{\rm L}}{a(t_{\rm L})}$$

$$- (1 - N(0, t_0)) \frac{\delta t_0}{a(t_0)}, \tag{12.10.13}$$

其中，在一阶项 $N(\bar{r}(t_0), t_0)$ 中使用了零阶结果 $\bar{r}(t_0) = 0$。上述表达式可以由下列关系进一步简化

$$\frac{1}{a(t)}\frac{\partial}{\partial x}N(x\hat{n}, t)|_{x=\bar{r}(t)} = -\frac{{\rm d}}{{\rm d}t}N(\bar{r}(t)\hat{n}, t) + \frac{\partial}{\partial t}N(x\hat{n}, t)|_{x=\bar{r}(t)}. \tag{12.10.14}$$

用式 (12.10.14) 替代式 (12.10.13) 并进行切实可行的积分，可得

$$0 = \left(1 - N(0, t_0) + a(t_{\rm L})\delta u_\gamma^{(r)}(r_{\rm L}\hat{n}, t_{\rm L}) + \int_{t_{\rm L}}^{t_0} {\rm d}t \frac{\partial}{\partial t}N(x\hat{n}, t)|_{x=\bar{r}(t)}\right) \frac{\delta t_{\rm L}}{a(t_{\rm L})}$$

$$- (1 - N(0, t_0)) \frac{\delta t_0}{a(t_0)}. \tag{12.10.15}$$

现在计算两个时间间隔的比值，精确到一阶扰动，

$$\frac{\delta t_{\rm L}}{\delta t_0} = \left(1 - \int_{t_{\rm L}}^{t_0} {\rm d}t \frac{\partial}{\partial x}N(x\hat{n}, t)|_{x=\bar{r}(t)} - a(t_{\rm L})\delta u_\gamma^{(r)}(r_{\rm L}\hat{n}, t_{\rm L})\right) \frac{a(t_{\rm L})}{a(t_0)}. \tag{12.10.16}$$

光子在不同时间 t 的周期由合适的时间间隔确定，这些时间间隔为

$$\delta\tau_{\mathrm{L}} = \sqrt{-g_{00}(r_{\mathrm{L}}, t_{\mathrm{L}})}\delta t_{\mathrm{L}} = \sqrt{1 + E(r_{\mathrm{L}}, t_{\mathrm{L}})}\delta t_{\mathrm{L}}, \tag{12.10.17}$$

$$\delta\tau_0 = \sqrt{-g_{00}(0, t_0)}\delta t_0 = \sqrt{1 + E(0, t_0)}\delta t_0.$$

现在得出频率比值，精确到一阶扰动，

$$\frac{\nu_0}{\nu_{\mathrm{L}}} = \frac{\sqrt{1 + E(r_{\mathrm{L}}, t_{\mathrm{L}})}}{\sqrt{1 + E(0, t_0)}}\frac{\delta t_{\mathrm{L}}}{\delta t_0} \tag{12.10.18}$$

$$= \left(1 + \frac{1}{2}\left(E(r_{\mathrm{L}}\hat{n}, t_{\mathrm{L}}) - E(r_0\hat{n}, t_0)\right) - a(t_{\mathrm{L}})\delta u_\gamma^{(r)}(r_{\mathrm{L}}\hat{n}, t_{\mathrm{L}})\right.$$

$$\left. - \int_{t_{\mathrm{L}}}^{t_0} \mathrm{d}t \frac{\partial}{\partial t}N(x\hat{n}, t)\big|_{x=\bar{r}(t)}\right)\frac{a(t_{\mathrm{L}})}{a(t_0)}.$$

在不存在扰动的情况下，这正是在式 (9.1.60) 中所示的关于红移的讨论。

12.10.2 标量扰动引起的温度涨落

宇宙演化把当前时期的温度涨落和最后散射面时期的温度涨落联系起来，可以通过这种联系来计算当前时期的温度涨落。我们应该注意，对于离开最后散射面自由传播但仍受宇宙影响的光子，它们的行为和它们处于热平衡的行为类似。其数密度为 $n_\gamma \sim T^3$，能量密度为 $\rho_\gamma \sim T_\gamma^4$。单个光子的能量正比于它们的频率 $\epsilon_\gamma \sim \nu_\gamma$。那么关系式 $\rho_\gamma = n_\gamma\epsilon_\gamma$ 给出 $T_\gamma^4 \sim T_\gamma^3\nu_\gamma$，这也反过来产生 $\nu_\gamma \sim T_\gamma$。因此，时间为 t_0 的当前时期的温度 T_0 与时间为 t_{L} 的最后散射面温度 $T_{\mathrm{L}} \equiv T(t_{\mathrm{L}})$ 由它们的光子频率比值相互关联。令 $T(\hat{n})$ 为来自 $\hat{n}$ 方向的光子温度，则

$$T(\hat{n}) = T(t_{\mathrm{L}})\frac{\nu_0}{\nu_{\mathrm{L}}} \equiv \left(\bar{T}(t_{\mathrm{L}}) + \delta T^{(i)}(r_{\mathrm{L}}\hat{n}, t_{\mathrm{L}})\right)\frac{\nu_0}{\nu_{\mathrm{L}}}, \tag{12.10.19}$$

其中，$\bar{T}(t_{\mathrm{L}})$ 是时间为 t_{L} 的最后散射面上的平均温度，$\delta T^{(i)}(r_{\mathrm{L}}\hat{n}, t_{\mathrm{L}})$ 是时间为 t_{L} 的最后散射面上的温度涨落。在 t_{L} 时最后散射面上的平均温度和当前时间 T_0 的平均温度之间的关系为

$$T_0 = \frac{a(t_{\mathrm{L}})}{a(t_0)}\bar{T}(t_{\mathrm{L}}). \tag{12.10.20}$$

现在可以定义到当前观测到的 $\hat{n}$ 方向的温度扰动分支比，精确到一阶扰动，

$$\frac{\Delta T(\hat{n})}{T_0} = \frac{T(\hat{n}) - T_0}{T_0} = \frac{\nu_0}{\nu_{\mathrm{L}}}\frac{a(t_0)}{a(t_{\mathrm{L}})}\left(1 + \frac{\delta T^{(i)}(r_{\mathrm{L}}\hat{n}, t_{\mathrm{L}})}{\bar{T}(t_{\mathrm{L}})}\right) - 1 \tag{12.10.21}$$

$$= \frac{\nu_0}{\nu_{\mathrm{L}}}\frac{a(t_0)}{a(t_{\mathrm{L}})} + \frac{\delta T^{(i)}(r_{\mathrm{L}}\hat{n}, t_{\mathrm{L}})}{\bar{T}(t_{\mathrm{L}})} - 1.$$

为得到最后一行，注意 $\delta T^{(i)}(r_{\mathrm{L}}\hat{n}, t_{\mathrm{L}})/\bar{T}(t_{\mathrm{L}})$ 是一阶扰动，因此可以把比值 (ν_0/ν_{L}) $(a(t_0)/a(t_{\mathrm{L}}))$ 的零阶取为 1。[101] 将式 (12.10.18) 代入式 (12.10.21) 得

$$\frac{\Delta T(\hat{n})}{T_0} = \frac{1}{2}\left(E(r_{\mathrm{L}}\hat{n}, t_{\mathrm{L}}) - E(0, t_0)\right) - a(t_{\mathrm{L}})\delta u_\gamma^{(r)}(r_{\mathrm{L}}\hat{n}, t_{\mathrm{L}}) \tag{12.10.22}$$
$$- \int_{t_{\mathrm{L}}}^{t_0} \mathrm{d}t \frac{\partial}{\partial t} N(x\hat{n}, t)\big|_{x=\bar{r}(t)} + \frac{\delta T^{(i)}(r_{\mathrm{L}}\hat{n}, t_{\mathrm{L}})}{\bar{T}(t_{\mathrm{L}})}.$$

在温度扰动中，度规扰动中的标量和张量扰动都有贡献，而在所考虑的规范下，度规矢量扰动设为零 $h_{0j} = 0$。由于温度多极系数 C_ℓ 中的标量扰动和张量扰动之间没有相关性，所以，它们的贡献可以分开处理。如前文所述，我们只关注标量扰动，这是 CMB 各向异性的主要贡献。

12.10.2.1 标量扰动的细致剖析

公式 (12.6.6) 和 (12.6.8) 给出度规标量扰动中的非零函数：

$$h_{00}^{(S)} = -E, \qquad h_{jk}^{(S)} = a^2\left(A\delta_{jk} + \frac{\partial^2 B}{\partial x_j \partial x_k}\right). \tag{12.10.23}$$
$$N = \frac{1}{2}\left(A + \frac{\partial^2 B}{\partial r^2} - E\right),$$

其中上标 S 表示标量扰动。标量径向光子流速度 $\delta u_\gamma^{(r)}$ 可从光子速度势 $\delta u_\gamma^{(S)}$ 得出，具体如下：[102]

$$\delta u_\gamma^{(r)} = \bar{g}^{r\lambda}\frac{\partial \delta u_\gamma^{(S)}}{\partial x^\lambda} = \frac{1}{a^2}\frac{\partial \delta u_\gamma^{(S)}}{\partial r}. \tag{12.10.24}$$

温度扰动比例式 (12.10.22) 的标量贡献部分为

$$\left(\frac{\Delta T(\hat{n})}{T_0}\right)^{(S)} = \frac{1}{2}\left(E(r_{\mathrm{L}}\hat{n}, t_{\mathrm{L}}) - E(0, t_0)\right) - \frac{1}{a(t_{\mathrm{L}})}\frac{\partial}{\partial x}\delta u_\gamma^{(S)}(x\hat{n}, t_{\mathrm{L}})\big|_{x=\bar{r}(t_{\mathrm{L}})}$$
$$\tag{12.10.25}$$
$$- \frac{1}{2}\int_{t_{\mathrm{L}}}^{t_0}\mathrm{d}t\left(\dot{A}(x\hat{n}, t) + \frac{\partial^2}{\partial r^2}\dot{B}(x\hat{n}, t) - \dot{E}(x\hat{n}, t)\right)\big|_{x=\bar{r}(t)}$$
$$+ \frac{\delta T^{(i)}(r_{\mathrm{L}}\hat{n}, t_{\mathrm{L}})}{\bar{T}(t_{\mathrm{L}})},$$

上式使用了宇宙时间偏导数的标记

$$\dot{A}(x\hat{n}, t) \equiv \frac{\partial}{\partial t}A(x\hat{n}, t), \qquad \dot{E}(x\hat{n}, t) \equiv \frac{\partial}{\partial t}E(x\hat{n}, t), \quad 等等. \tag{12.10.26}$$

---

101 在背景宇宙中，FLRW 度规因子和光子频率的乘积在任意宇宙时间 t 时均为常数，即 $a(t)\nu(t) =$ 常数，见式 (9.1.60)。

102 见文献 [204]，339 页，式 (7.1.32)。

为进一步阐明物理, 重写式 (12.10.25) 第二行的积分的被积函数: [103]

$$\left(\dot{A}(x\hat{n}, t) + \frac{\partial^2}{\partial x^2} \dot{B}(x\hat{n}, t) - \dot{E}(x\hat{n}, t) \right) |_{x=\bar{r}(t)} \tag{12.10.27}$$

$$= - \frac{\mathrm{d}}{\mathrm{d}t} \left(\left(a^2(t)\ddot{B}(x\hat{n}, t) + a(t)\dot{a}(t)\dot{B}(x\hat{n}, t) + a(t)\frac{\partial}{\partial x}\dot{B}(x\hat{n}, t) \right) |_{x=\bar{r}(t)} \right)$$

$$+ \frac{\partial}{\partial t} \left(a^2(t)\ddot{B}(x\hat{n}, t) + a(t)\dot{a}(t)\dot{B}(x\hat{n}, t) + A(x\hat{n}, t) - E(x\hat{n}, t) \right) |_{x=\bar{r}(t)}.$$

将式 (12.10.27) 的结果代入式 (12.10.25), 进行直接时间积分, 并根据它们对宇宙时间变量的依赖对结果各项进行分组: 在最后散射面的时间 t_{L}, 当前时期时间 t_0, 以及二者之间的时间间隔, 即在 t_{L} 和 t_0 之间的时间积分. 分别将它们命名为 "早"、"晚" 和 "ISW": [104]

$$\left(\frac{\Delta T(\hat{n})}{T_0} \right)^{(S)} = \left(\frac{\Delta T(\hat{n})}{T_0} \right)^{(S)}_{\text{早}} + \left(\frac{\Delta T(\hat{n})}{T_0} \right)^{(S)}_{\text{晚}} + \left(\frac{\Delta T(\hat{n})}{T_0} \right)^{(S)}_{\text{ISW}}. \tag{12.10.28}$$

这些项的表示以及它们的物理含义将在下面讨论.

"早" 项可给出为 [105]

$$\left(\frac{\Delta T(\hat{n})}{T_0} \right)^{(S)}_{\text{早}} \equiv - \frac{1}{2} \left(a^2(t_{\mathrm{L}})\ddot{B}(r_{\mathrm{L}}\hat{n}, t_{\mathrm{L}}) + a(t_{\mathrm{L}})\dot{a}(t_{\mathrm{L}})\dot{B}(r_{\mathrm{L}}\hat{n}, t_{\mathrm{L}}) - E(r_{\mathrm{L}}\hat{n}, , t_{\mathrm{L}}) \right)$$

$$+ \frac{\delta T^{(i)}(r_{\mathrm{L}}\hat{n}, t_{\mathrm{L}})}{\bar{T}(t_{\mathrm{L}})} - a(t_{\mathrm{L}})\frac{\partial}{\partial x} \left(\frac{1}{2}\dot{B}(x\hat{n}, t_{\mathrm{L}}) + \frac{1}{a^2(t_{\mathrm{L}})}\delta u_\gamma^{(S)}(x\hat{n}, t_{\mathrm{L}}) \right) |_{x=r_{\mathrm{L}}}. \tag{12.10.29}$$

这一项的名字意义清楚: 所有项都是最后散射面上变量 r_{L} 和 t_{L} 的函数. 第二行第二项, 包括径向导数, 来自多普勒效应. 第二行第一项, 如前文所述, 表示在最后散射面上发生的内禀温度涨落. 这个 "早" 项对多极矩系数 $\ell > 20$ 时的贡献最大.

"晚" 项为 [106]

$$\left(\frac{\Delta T(\hat{n})}{T_0} \right)^{(S)}_{\text{晚}} \equiv \frac{1}{2} \left(a^2(t_0)\ddot{B}(0, t_0) + a(t_0)\dot{a}(t_0)\dot{B}(0, t_0) - E(0, t_0) \right) \tag{12.10.30}$$

---

[103] 其中利用了下面的恒等式:

$$\frac{\partial^2}{\partial x^2}\dot{B}(x\hat{n}, t) |_{x=\bar{r}(t)} = - \frac{\mathrm{d}}{\mathrm{d}t} \left(\left(a^2(t)\ddot{B}(x\hat{n}, t) + a(t)\dot{a}(t)\dot{B}(x\hat{n}, t) + a(t)\frac{\partial}{\partial x}\dot{B}(x\hat{n}, t) \right) |_{x=\bar{r}(t)} \right)$$

$$+ \frac{\partial}{\partial x} \left(a^2(t)\ddot{B}(x\hat{n}, t) + a(t)\dot{a}(t)\dot{B}(x\hat{n}, t) \right) |_{x=\bar{r}(t)},$$

此即文献 [204] 中 342 页第一个公式.

[104] 见文献 [204], 式 (7.1.36).
[105] 见文献 [204], 式 (7.1.37).
[106] 见文献 [204], 式 (7.1.38).

$$+ a(t_0)\frac{\partial}{\partial x}\left(\frac{1}{2}\dot{B}(x\hat{n}, t_0) + \frac{1}{a^2(t_0)}\delta u_\gamma^{(S)}(x\hat{n}, t_0)\right)|_{x=0}.$$

这项的名字也意义清楚: 所有项都是当前时期的变量 $r_0 = 0$ 和 t_0 的函数。"晚" 项类似于 "早" 项,但正如所料,没有内禀温度涨落项。右边前三项不依赖于入射光子方向 $\hat{n}$。因此,它只对单极矩有贡献。下一小节讨论标量扰动函数的傅里叶分解时可以看到,最后一项线性依赖于 $\hat{n}$。因此,这一项仅对偶极矩 $\ell = 1$ 有贡献。所以当 $\ell > 1$ 时可忽略 "晚" 项。

"ISW" 项是 [107]

$$\left(\frac{\Delta T(\hat{n})}{T_0}\right)_{\text{ISW}}^{(S)}$$
$$\equiv -\frac{1}{2}\int_{t_{\text{L}}}^{t_0}\mathrm{d}t\left[\frac{\partial}{\partial t}\left(a^2(t)\ddot{B}(x\hat{n}, t) + a(t)\dot{a}(t)\dot{B}(x\hat{n}, t) + A(x\hat{n}, t) - E(x\hat{n}, t)\right)\right]_{x=\bar{r}(t)},$$
$$(12.10.31)$$

此即积分萨奇斯-沃尔夫效应 (ISW)。它是将随时间变化的引力场涨落从最后散射面时间 t_{L} 到当前时间 t_0 积分的结果。对于处在最后散射面到当前的光子路径上与时间无关的引力势来说,没有 ISW 效应。因此冷暗物质的引力效应对 ISW 没有贡献。ISW 效应对相对较小的多极矩系数 $\ell < 20$ 有贡献。

12.10.2.2   标量扰动函数的傅里叶展开

现在用扰动函数的傅里叶分解求出上一节 "早" 项各表达式的形式。也就是用傅里叶展开重写扰动函数 $E(\vec{x}, t)$ 等。具体请参阅 § 12.8.2 节。

$$B(\vec{x}, t) \equiv \int \mathrm{d}^3 q\, \alpha(\vec{q}) \exp(i\vec{q}\cdot\vec{x})\, B_q(t), \qquad (12.10.32)$$

其中假定标量扰动函数是单模形式主导。为简化起见,用 $B_q(t)$ 表示 q 和 t 的函数,故 $B(q, t)$ 和 $B_q(t)$ 两种表示可以交替使用。随机变量 $\alpha(\vec{q})$ 归一化为

$$\langle\alpha(\vec{q})\alpha^*(\vec{q}')\rangle = \delta(\vec{q} - \vec{q}'). \qquad (12.10.33)$$

重写 "早" 等项,

$$\left(\frac{\Delta T(\vec{n})}{T_0}\right)_{\text{早}}^{(S)} = \int \mathrm{d}^3 q\, \alpha(\vec{q}) \exp(i\vec{q}\cdot\hat{n}t_{\text{L}})\left(F_T(q, t_{\text{L}}) + i\hat{q}\cdot\hat{n}G_T(q, t_{\text{L}})\right), \qquad (12.10.34)$$

---

[107] 见文献 [204], 式 (7.1.39)。

其中 [108]

$$F_T(q,t) \equiv F_{T1}(q,t) + \frac{\delta T_q^{(i)}(t_{\mathrm{L}})}{\bar{T}(t_{\mathrm{L}})}, \tag{12.10.35}$$

$$F_{T1}(q,t) \equiv -\frac{1}{2}\left(a^2(t)\ddot{B}_q(t) + a(t)\dot{a}(t)\dot{B}_q(t) - E_q(t)\right),$$

$$G_T(q,t) = -q\left(\frac{a(t)}{2}\dot{B}_q(t) + \frac{1}{a(t)}\delta u_{\gamma q}^{(S)}(t)\right).$$

"晚" 项变为

$$\left(\frac{\Delta T(\vec{n})}{T_0}\right)_{\text{晚}}^{(S)} = \int \mathrm{d}^3 q\,\alpha(\vec{q})\left(F_{T1}(q,t_0) + \mathrm{i}\hat{q}\cdot\hat{n}G_T(q,t_0)\right), \tag{12.10.36}$$

这表明 "晚" 对多极的贡献只到 $\ell = 1$ 阶。

"ISW" 项为

$$\left(\frac{\Delta T(\vec{n})}{T_0}\right)_{\text{ISW}}^{(S)} = \int_{t_{\mathrm{L}}}^{t_0}\mathrm{d}t\int\mathrm{d}^3 q\,\alpha(\vec{q})\exp(\mathrm{i}\hat{q}\cdot\hat{n}\bar{r}(t))\frac{\partial}{\partial t}\left(F_{T1}(q,t) - \frac{A_q(t)}{2}\right). \tag{12.10.37}$$

12.10.2.3 标量扰动的规范不变性

为了使方程 (12.10.28)~(12.10.31) 能分成有明确物理意义的单项的组合，也为了使式 (12.10.29) 中的多普勒项标号有意义，需要在所考虑的规范 $g_{0j} = 0$ 下，这些项分别都要各自满足规范不变性。[109] 用 § 12.6.3 节讨论的规范不变形式重写相关扰动函数。在式 (12.6.52) 中给出了规范不变的标量扰动函数。下面给出相关泛函的表达式，对宗量函数的依赖性没有明确写出来，

$$\hat{E} \equiv E + 2\delta\dot{u}^{(S)}, \qquad \hat{A} \equiv A + 2H\delta u^{(S)}, \tag{12.10.38}$$

$$\hat{B}_F \equiv F - \frac{1}{2}a\dot{B} - \frac{1}{a}\delta u^{(S)},$$

$$\delta\hat{T} \equiv \delta T + \dot{\bar{T}}\delta u^{(S)} = \delta T - H\bar{T}\delta u^{(S)},$$

其中 $\hat{E}$, $\hat{A}$, $\hat{B}_F$, $\delta\hat{T}$ 在任意规范下具有规范不变性。在上面公式的最后一行中，δT 是标量，$\bar{T} \sim 1/a$，故 $\dot{\bar{T}} = -H\bar{T}$。回顾一下可知，$F$ 是出现在 g_{0j} 扰动中的标量函数。

---

108 这里 F_T 和 G_T 是文献 [204]，式 (7.1.44) 和 (7.1.45) 中的 F 和 G。将这些写法稍作修改是为了不和在式 (12.6.7) 中定义的度规扰动函数 F 和 G_j 混淆。度规扰动函数 F 将出现在下面规范不变性的讨论中。

109 可以由对各项进行规范变换直接验证它们的规范不变性。这是文献 [204]，341 页采用的方法。

基本上，公式 (12.10.29)~(12.10.31) 中的项有三组，下面用规范不变扰动函数将它们重新写出。忽略它们的泛函参数。首先，公式 (12.10.29) 和 (12.10.30) 的项分组为

$$\frac{1}{2}\dot{B} + \frac{1}{a^2}\delta u_\gamma^{(S)} = \frac{1}{a}\left(\frac{a}{2}\dot{B} + \frac{1}{a}\delta u_\gamma^{(S)}\right) = -\frac{1}{a}\hat{B}_F + \frac{1}{a}F; \tag{12.10.39}$$

式 (12.10.29) 中的项分组为

$$\begin{aligned} a^2\ddot{B} + a\dot{a}\dot{B} - E - 2\frac{\delta T^{(i)}}{\bar{T}} &= a^2\partial_t\left(\frac{2}{a}\left(-\hat{B}_F + F - \frac{1}{a}\delta u_\gamma^{(S)}\right)\right) \\ &\quad + 2\dot{a}\left(-\hat{B}_F + F - \frac{1}{a}\delta u_\gamma^{(S)}\right) \\ &\quad - \left(\hat{E} - 2\delta\dot{u}_\gamma^{(S)}\right) - 2\left(\frac{\delta\hat{T}^{(i)}}{\bar{T}} + H\delta u_\gamma^{(S)}\right) \\ &= -a^2\partial_t\left(\frac{2}{a}\hat{B}_F\right) - 2\dot{a}\hat{B}_F - \hat{E} - \frac{\delta\hat{T}^{(i)}}{\bar{T}} + 2a\dot{F}; \tag{12.10.40} \end{aligned}$$

以及式 (12.10.31) 中的分组为

$$\begin{aligned} a^2\ddot{B} + a\dot{a}\dot{B} + A - E &= a^2\partial_t\left(\frac{2}{a}\left(-\hat{B}_F + F - \frac{1}{a}\delta u_\gamma^{(S)}\right)\right) + 2\dot{a}\left(-\hat{B}_F + F - \frac{1}{a}\delta u_\gamma^{(S)}\right) \\ &\quad + \left(\hat{A} - 2H\delta u_\gamma^{(S)}\right) - \left(\hat{E} - 2\delta\dot{u}_\gamma^{(S)}\right) \\ &= -a^2\partial_t\left(\frac{2}{a}\hat{B}_F\right) - 2\dot{a}\hat{B}_F + \hat{A} - \hat{E} + 2a\dot{F}. \tag{12.10.41} \end{aligned}$$

这些单项的组合，由公式 (12.10.39)~(12.10.41) 给出。它们在规范 $g_{0j} = 0$ 中是规范变换不变的，此规范保持 $F = 0$。这使得"早"项 (12.10.29) 和"ISW"项 (12.10.31) 都是规范不变的。但是"晚"项 (12.10.30) 却不是规范不变的。正如式 (12.10.40) 所示，由于"晚"项右边第一项没有内禀温度涨落，故不是规范不变的。然而，正如式 (12.10.36) 所示，"晚"项仅对最多为偶极矩 $\ell = 1$ 的多极矩有贡献，故可将之忽略。

下面简单查看一下目前要求下的规范变换。如式 (12.6.44) 所示，由形如式 (12.6.34) 的无穷小坐标平移 $x_\mu \to x_\mu + \epsilon_\mu$ 引起的广义规范变换为

$$\epsilon_\mu \equiv (\epsilon_0, \partial_j\epsilon^{(S)} + \epsilon_j^{(V)}). \tag{12.10.42}$$

正如 §12.6.3.2 节所述，已在公式 (12.6.40)、(12.6.45)~(12.6.47)、(12.6.49)、(12.6.50) 等式中给出的一样，上面的坐标变换导致所有的标量扰动函数和一些矢量扰动函

数发生了平移。为保持 $g_{0j} = 0$, 特别要求 $\Delta F = 0$, 这导致了式 (12.6.46) 中给出的规范变换参数的标量部分之间的关系为

$$\epsilon_0 + a^2 \partial_t \left(\frac{\epsilon^{(S)}}{a^2} \right) = 0. \tag{12.10.43}$$

这样, 所有扰动函数 ΔE、ΔA 等的变换都可表示成参数 ϵ_0 的函数。可直接验证 "早" 和 "ISW" 这两项, 公式 (12.10.29) 和 (12.10.31) 是规范不变的。[110]

12.10.2.4　标量模温度多极系数与角功率谱

现在计算标量扰动模式下温度多极矩的扰动系数和相应功率谱。在多极矩 $\ell > 20$ 时, 可忽略 "ISW" 项, 故把重点放在 "早" 项 (12.10.34) 并将之进行多极展开

$$\left(\frac{\Delta T(\hat{n})}{T_0} \right)^{(S)} \approx \left(\frac{\Delta T(\hat{n})}{T_0} \right)^{(S)}_{\text{早}} \tag{12.10.44}$$

$$= \int \mathrm{d}^3 q \alpha(\vec{q}) \left(F_T(q, t_{\mathrm{L}}) + G_T(q, t_{\mathrm{L}}) \frac{\partial}{\partial x} \right) \exp(\mathrm{i}\hat{q} \cdot \hat{n}x) \big|_{x = q r_{\mathrm{L}}}$$

$$\equiv \frac{1}{T_0} \sum_{\ell m} a^{(S)}_{\mathrm{T}, \ell m} Y_{\ell m}(\hat{n}),$$

其中式 (12.10.35) 给出 $F_T(q, t_{\mathrm{L}})$ 和 $G_T(q, t_{\mathrm{L}})$, $\alpha^{(S)}_{\mathrm{T}, \ell m}$ 是标量温度涨落的多极矩展开系数。为得到这些多极矩展开系数, 采用 §12.4 节中的方法。如式 (12.5.5) 所示, 对指数函数进行多极矩展开, 即

$$\exp\left(\mathrm{i}\hat{q} \cdot \hat{n}x \right) = 4\pi \sum_{\ell m} \mathrm{i}^\ell j_\ell(x) Y_{\ell m}(\hat{n}) Y^*_{\ell m}(\hat{q}).$$

可以很容易地计算出来标量温度涨落多极系数,

$$\alpha^{(S)}_{\mathrm{T}, \ell m} = 4\pi \mathrm{i}^\ell T_0 \int \mathrm{d}^3 q \alpha(\vec{q}) \left(j_\ell(q r_{\mathrm{L}}) F - T(q, t_{\mathrm{L}}) + j'_\ell(q r_{\mathrm{L}}) G_T(q, t_{\mathrm{L}}) \right) Y_{\ell m}(\hat{q}), \tag{12.10.45}$$

$$j'_\ell(q r_{\mathrm{L}}) = \frac{\partial}{\partial x} j_\ell(x) \big|_{x = q r_{\mathrm{L}}}.$$

公式 (12.4.11) 给出角功率谱的定义

$$C^{(S)}_{\mathrm{TT}, \ell} = \frac{1}{2\ell + 1} \sum_m \langle a_{\ell m} a^*_{\ell m} \rangle \tag{12.10.46}$$

$$= (4\pi T_0)^2 \int_0^\infty q^2 \mathrm{d}q \left| j_\ell(q r_{\mathrm{L}}) F_T(q, t_{\mathrm{L}}) + j'_\ell(q r_{\mathrm{L}}) G_T(q, t_{\mathrm{L}}) \right|^2.$$

---

110 如前文所述, 在文献 [204], 341 页采用了这种直接验证方法。

这里对高阶多极矩更感兴趣一些。正如 §12.5.3 节所述，可利用第一类球贝塞尔函数的大 ℓ 近似来简化角功率谱的表达式 (12.10.46)。注意 $\ell \gg 1$ 时，$j_\ell(z)$ 仅在 $z \gtrsim \ell$ 有足够大的值，并且 $z > \ell$ 时，$j_\ell(z)$ 快速振荡。在图 12.5.2 中可以很清楚地看出这种 $\ell - z$ 关系，而且，将 ℓ 尽可能多地提取出来是有利的。改变变量使三角函数的参数看起来更简单，可以改写大 ℓ 渐近表达式 (12.5.13) 和 (12.5.14)：[111]

$$qr_{\mathrm{L}} \equiv \ell\beta, \qquad \text{当} \quad \beta \geqslant 1. \tag{12.10.47}$$

对于给定的多极矩阶数，共动波数 q 可以按多极的阶数重新标定，$q = (\ell/r_{\mathrm{L}})\beta$。

$$j_\ell(qr_{\mathrm{L}}) \equiv j_\ell(\ell\beta) \approx \frac{1}{\ell\sqrt{\beta}(\beta^2-1)^{1/4}} \cos\left(\ell\sqrt{\beta^2-1} - \ell\cos^{-1}\left(\frac{1}{\beta}\right) - \frac{\pi}{4}\right), \tag{12.10.48}$$

$$j'_\ell(qr_{\mathrm{L}}) \equiv j'_\ell(\ell\beta) \approx -\frac{1}{\ell\sqrt{\beta}(\beta^2-1)^{1/4}} \cdot \frac{\sqrt{\beta^2-1}}{\beta} \sin\left(\ell\sqrt{\beta^2-1} - \ell\cos^{-1}\left(\frac{1}{\beta}\right) - \frac{\pi}{4}\right).$$

角功率谱变为

$$C_{\mathrm{TT},\ell}^{(S)} \approx (4\pi T_0)^2 \frac{\ell}{r_{\mathrm{L}}^3} \int_1^\infty \frac{\beta d\beta}{\sqrt{\beta^2-1}} \left| F_T\left(\frac{\ell\beta}{r_{\mathrm{L}}}, t_{\mathrm{L}}\right) \cos\left(\ell\sqrt{\beta^2-1} - \ell\cos^{-1}\left(\frac{1}{\beta}\right) - \frac{\pi}{4}\right) \right.$$

$$\tag{12.10.49}$$

$$\left. - \frac{\sqrt{\beta^2-1}}{\beta} G_T\left(\frac{\ell\beta}{r_{\mathrm{L}}}, t_{\mathrm{L}}\right) \sin\left(\ell\sqrt{\beta^2-1} - \ell\cos^{-1}\left(\frac{1}{\beta}\right) - \frac{\pi}{4}\right) \right|^2.$$

公式 (12.10.49) 的三角函数包括下列项：$\cos^2(\eta) = \frac{1}{2}(1 + \cos(2\eta))$，$\sin^2(\eta) = \frac{1}{2}(1 - \cos(2\eta))$，$\cos(\eta)\sin(\eta) = \frac{1}{2}\sin(2\eta)$，其中 $\eta \equiv \ell\sqrt{\beta^2-1} - \ell\cos^{-1}(1/\beta) - \pi/4$。当 ℓ 很大时 β 快速振荡。假定 $F_T(\ell\beta/r_{\mathrm{L}}, t_{\mathrm{L}})$ 和 $G_T(\ell\beta/r_{\mathrm{L}}, t_{\mathrm{L}})$ 都是 β 的光滑函数。那么，在对 β 积分以后，$\cos(2\eta)$ 和 $\sin(2\eta)$ 实际上是零，$\cos^2(\eta)$ 和 $\sin^2(\eta)$ 实际上为 $1/2$。[112] 与通常的情况一样，角功率谱乘以因子 $\ell(\ell+1) \approx \ell^2$ 以后有更简单的表示形式，

$$\ell(\ell+1)C_{\mathrm{TT},\ell}^{(S)} \approx 8\pi^2 T_0^2 \frac{\ell^3}{r_{\mathrm{L}}^3} \int_1^\infty \frac{\beta d\beta}{\sqrt{\beta^2-1}} \left(F_T^2\left(\frac{\ell\beta}{r_{\mathrm{L}}}, t_{\mathrm{L}}\right) + \frac{\beta^2-1}{\beta^2} G_T^2\left(\frac{\ell\beta}{r_{\mathrm{L}}}, t_{\mathrm{L}}\right)\right).$$

$$\tag{12.10.50}$$

---

111 计算中采用了文献 [204] 中给出的变量变化的各个阶段选取。这里采取第二阶段的变量变化，见文献 [204]，347-348 页。

112 这些结果可如下得出。在测量中变量的值，例如 q 或者目前情况下的 β，不能绝对精确地给出。每个点都可认为实际上处在一个很小的间隔。因此变量函数的值应该取为变量在这小间隔内的平均值。快速振荡函数在上面需要取平均的区间内可能会有几个振荡。因此，正弦和余弦函数的平均值为 0，它们平方的平均值为 1/2。这一论断在长基线中微子振荡中是必不可少的。但在目前的情况下，必须小心处理，因为当 β 非常接近 1 时，η 很小。那么，在 $\beta \approx 1$ 合理取值的百分比区间可能并不包括几个振荡周期。因此，在计算平均值时，必须切实给 β 分配好一个小的但是有限的间隔。

由上面的泛函形式和公式中的物理输入，即使不知道形状因子 F_T 和 G_T 的具体表示形式，也可以得出以下几个结论：

- 当多极矩 $\ell > 20$ 时，温度各向异性的功率谱在很大程度上取决于最后散射面上的物理。
- 由目前为止采用的近似可以看出，形状因子取决于最后散射面的总物质密度和重子物质密度。最后散射面上的这些密度与它们现在的值有关，因此也与密度参数 $\Omega_B h$ 和 $\Omega_{\rm M} h$ 有关。当前时期的暗物质密度分支比是 $\Omega = \Omega_{\rm M} - \Omega_B$。
- ℓ 很大时，标度功率谱 $\ell(\ell+1)C_{{\rm TT},\ell}^{(S)}$ 依赖于比值 $\ell/r_{\rm L}$，而不是单独的 ℓ 和 $r_{\rm L}$，其中 $r_{\rm L}$ 取决于 H_0 以及所有密度参数，包括空间曲率 κ。因此，温度各向异性不能用来分别确定宇宙学常数 H_0，Ω_Λ 和 Ω_κ。
- 在平坦宇宙情形，即 $\kappa = 0$，可得 $\Omega_\Lambda = 1 - \Omega_{\rm M}$。在目前处理精度下，辐射密度比 $\Omega < 10^{-3}$ 可忽略不计。

可以这样来简化形状因子 F_T 和 G_T 的表示：假定最后散射面上由式 (12.7.15) 给出引力势 ψ，主要是由冷暗物质决定[113]，它的动量空间表达式为

$$\psi_q = \frac{1}{2}\left(\dot{A} - q^2\dot{B}\right).\tag{12.10.51}$$

那么形状因子就可以和三个势扰动函数相关联：引力势 ψ，光子–重子速度势 $\delta u_\gamma^{(S)}$ 以及光子密度扰动分支比 δ_γ。关键在于，最后散射面是由物质主导的，在假定冷暗物质主导的情况下，可以证明扰动函数 A 是时间无关的。于是可用 ψ 表示 $\dot{B}$ 和 $\ddot{B}$。

由式 (12.7.17) 可得

$$q^2 A_q = 8\pi G_{\rm N}a^2\bar{\rho}_D\delta_{Dq} - 2a^2 H\psi_q.\tag{12.10.52}$$

各量的时间依赖性如下：以下几个量是明显的，物质主导时 $H \sim t^{-1}$，$a^2 \sim t^{4/3}$，并且，$\bar{\rho}_D \sim a^{-3} \sim t^{-2}$。由式 (12.9.64) 或者式 (12.9.74) 可知 $\psi_q \sim t/a^2 \sim t^{-1/3}$ 和 $\delta_{Dq} \sim t^2/a^2 \sim t^{2/3}$。因此上面方程右边两项中的每一项都与时间无关。所以 A_q 与时间无关。由式 (12.10.51) 得

$$\dot{B}_q\,|_{\rm DMD}= -\frac{2\psi_q}{q^2},\tag{12.10.53}$$

其中 DMD 表示暗物质主导。知道时间依赖性 $\psi_q \sim t^{-1/3}$，可对上式进行时间微分得

$$\ddot{B}_q\,|_{\rm DMD}= \frac{2\psi_q}{3q^2 t}.\tag{12.10.54}$$

---

113 见脚注 87，在公式 (12.9.50) 上面段落中，关于暗物质主导引力势的假设的评论。

将最后散射面上的内禀温度涨落与最后散射面上的光子密度扰动联系起来 [114]

$$\frac{\delta T^{(i)}(r_{\mathrm{L}}\hat{n}, t_{\mathrm{L}})}{\bar{T}(t_{\mathrm{L}})} = \frac{1}{3}\delta_\gamma(t_{\mathrm{L}}).$$ (12.10.55)

设同步规范中度规扰动函数的时间分量为零，$E = 0$。于是，由式 (12.10.35) 可得两个形状因子的简化形式：[115]

$$F_T(q, t_{\mathrm{L}}) = \frac{1}{3}\delta_{\gamma q}(t_{\mathrm{L}}) + \frac{1}{3}\frac{a^2(t_{\mathrm{L}})}{q^2 t_{\mathrm{L}}}\psi_q(t_{\mathrm{L}}),$$ (12.10.56)

$$G_T(q, t_{\mathrm{L}}) = -\frac{q}{a(t_{\mathrm{L}})}\delta u_{\gamma q}^{(S)}(t_{\mathrm{L}}) + \frac{a(t_{\mathrm{L}})}{q}\psi_q(t_{\mathrm{L}}),$$

其中扰动函数由它们的插值形式 $\delta_{\gamma q}^{(\mathrm{ILS})}(t_{\mathrm{L}})$，$\psi_q^{(\mathrm{ILS})}(t_{\mathrm{L}})$ 和 $\delta u_{\gamma q}^{(S)(\mathrm{ILS})}(t_{\mathrm{L}})$ 给出，如式 (12.9.74) 所示。下面再次列出扰动函数：

$$\psi_q(t_{\mathrm{L}}) = -\frac{3\mathcal{R}_q^{(o)}q^2 t_{\mathrm{L}}\mathcal{T}(\hat{\kappa})}{5a^2(t_{\mathrm{L}})},$$ (12.10.57)

$$\delta_{\gamma q}(t_{\mathrm{L}}) = \frac{3\mathcal{R}_q^{(o)}}{5}$$
$$\left((1 + 3B_{RL})\mathcal{T}(\hat{\kappa}) - \frac{1}{(1 + R_{BL})^{1/4}}\mathrm{e}^{-\hat{\Gamma}_q(t_{\mathrm{L}})}\mathcal{S}(\hat{\kappa})\cos(\Theta_q(t_{\mathrm{L}}) + \Delta(\hat{\kappa}))\right),$$

$$\delta u_{\gamma q}^{(S)}(t_{\mathrm{L}}) = -\frac{3\mathcal{R}_q^{(o)}}{5}$$
$$\left(t_{\mathrm{L}}\mathcal{T}(\hat{\kappa}) - \frac{a(t_{\mathrm{L}})}{\sqrt{3}q(1 + R_{BL})^{3/4}}\mathrm{e}^{-\hat{\Gamma}_q(t_{\mathrm{L}})}\mathcal{S}(\hat{\kappa})\sin(\Theta_q(t_{\mathrm{L}})) + \Delta(\hat{\kappa})\right),$$

其中 $\hat{\kappa}$，$\hat{\Gamma}_g(t)$，$\Theta_g(t)$ 由式 (12.9.73) 给出，R_{BL} 是在最后散射面时间 t_{L} 计算的 R_B。转移函数 $\mathcal{T}(\hat{\kappa})$，$\mathcal{S}(\hat{\kappa})$，$\Delta(\hat{\kappa})$ 由式 (12.9.75) 给出。

现在讨论前面近似中忽略的两个复杂问题。一个是最后散射面的瞬时透明近似，另一种是由于第一代恒星出现而产生的再电离效应。

12.10.2.4.1 最后散射面上求平均

考虑到光子是在有限的时间内而不是瞬间透明化，用宇宙时间的一个峰值函数来表示最后散射面，此峰值函数可以参数化为一个高斯分布 [116]，

$$P_L(t) \equiv \frac{1}{\sqrt{2\pi}\sigma_t}\mathrm{e}^{-(t-t_{\mathrm{L}})^2/(2\sigma_t^2)},$$ (12.10.58)

其中 $2\sqrt{2\cdot\ln(2)}\sigma_t$ 是半峰全宽。$P_L(t)$ 从 $-\infty$ 到 ∞ 的时间积分是 1。对于零宽度高斯分布，在极限 $\sigma_t \to 0$ 下，$P_L(t)$ 变为 $\delta(t - t_{\mathrm{L}})$，即恢复瞬时透明的情况。可以

---

114 这可以如下实现：由 $\rho_\gamma \sim T^4$，$\delta\rho_\gamma (\sim 4T^4(\delta T/T)) = 4\rho_\gamma(\delta T/T)$ 和 $\delta\rho_\gamma = (\bar{\rho}_\gamma + \bar{\mathcal{P}}_\gamma)\delta_\gamma = (4/3)\bar{\rho}_\gamma\delta_\gamma$，可得式 (12.10.55)。

115 简化方程是文献 [204]，349 页，式 (7.2.18) 和 (7.2.19)。

116 这个论断取自于文献 [204]，350-352 页。见文献 [204] 式 (7.2.25)。

用三角函数的平均有限宽度来代替三角函数,

$$\cos(\Theta_q(t_L) + \Delta(\hat{\kappa})) \to \int_{-\infty}^{\infty} dt P_L(t) \cos(\Theta_q(t) + \Delta(\hat{\kappa})), \tag{12.10.59}$$

$$\sin(\Theta_q(t_L) + \Delta(\hat{\kappa})) \to \int_{-\infty}^{\infty} dt P_L(t) \sin(\Theta_q(t) + \Delta(\hat{\kappa})).$$

在 σ_t 为零的极限下, 恢复为原来的三角函数。如果作进一步的近似, 用在最后散射面时间 t_L 附近的泰勒级数展开的前两项来代替三角函数, 上面积分式 (12.10.59) 就可以积出来了:

$$\Theta_q(t) = \Theta_q(t_L) + \frac{d}{dt}\Theta(t)\mid_{t_L} \cdot (t - t_L) + \mathcal{O}((t - t_L)^2) \tag{12.10.60}$$

$$= \int_0^{t_L} \omega_q(t) dt + \omega_q(t_L)(t - t_L) + \mathcal{O}((t - t_L)^2),$$

其中 $\Theta_q(t)$ 由式 (12.9.73) 给出。另外

$$\omega_q(t) \equiv \frac{q}{\sqrt{3}} \frac{1}{a\sqrt{1 + R_B}}. \tag{12.10.61}$$

在上述泰勒级数展开中保留前两项, 对式 (12.10.59) 进行积分。公式 (12.10.59) 第一式给出

$$\cos(\Theta_q(t) + \Delta(\hat{\kappa})) \to \int_{-\infty}^{\infty} dt P_L(t) \cos(\Theta_q(t_L) + \Delta(\hat{\kappa}) + \omega_q(t_L)(t - t_L)) \tag{12.10.62}$$

$$= \cos(\Theta_q(t_L) + \Delta(\hat{\kappa})) \int_{-\infty}^{\infty} dt P_L(t) \cos(\omega_q(t_L)(t - t_L))$$

$$- \sin(\Theta_q(t_L) + \Delta(\hat{\kappa})) \int_{-\infty}^{\infty} dt P_L(t) \sin(\omega_q(t_L)(t - t_L)).$$

上式最后一行正比于正弦函数, 最终结果为零, 这是由于式 (12.10.58) 给出的 $P_L(t)$ 是 $t - t_L$ 的偶函数, 而 $\sin(\omega_q(t_L)(t - t_L))$ 则是奇函数, 所以积分为零。剩下的积分结果为 [117]

---

117 证明如下:

$$\int_{-\infty}^{\infty} dt P_L(t) \cos(\omega_q(t_L)(t - t_L))$$

$$= \frac{1}{2\sqrt{2\pi}\sigma_t} e^{-\omega_q^2(t_L)\sigma_t^2/2} \int_{-\infty}^{\infty} dt \left(e^{-(t - t_L - i\omega_q(t_L)\sigma_t^2)^2/(2\sigma_t^2)} + e^{-(t - t_L + i\omega_q(t_L)\sigma_t^2)^2/(2\sigma_t^2)} \right)$$

$$= e^{-\omega_q^2(t_L)\sigma_t^2/2}.$$

上面最终结果是通过改变积分变量, 去掉被积函数的指数中的虚部而得到的。利用柯西定理, 可以对这一过程进行严格的数学证明。柯西定理指出, 闭合上的解析函数积分为零。在这种情况下, 闭合路径是无限矩形的边界, 包括实轴, 加上复平面上与实轴平行的一条合适直线, 以及两条与虚轴平行的位于 $t \to \pm\infty$ 的线段, 其中 t 是复平面中的实变量。

$$\int_{-\infty}^{\infty} dt P_L(t) \cos(\omega_q(t_L)(t - t_L)) = e^{-\omega_q^2(t_L)\sigma_t^2/2}. \tag{12.10.63}$$

公式 (12.10.59) 中第二式可类似处理。

$$\cos(\Theta_q(t_L) + \Delta(\hat{\kappa})) \rightarrow \cos(\Theta_q(t_L) + \Delta(\hat{\kappa}))e^{-\omega_q^2(t_L)\sigma_t^2/2}, \tag{12.10.64}$$
$$\sin(\Theta_q(t_L) + \Delta(\hat{\kappa})) \rightarrow \sin(\Theta_q(t_L) + \Delta(\hat{\kappa}))e^{-\omega_q^2(t_L)\sigma_t^2/2}.$$

平均效果就是引入一种阻尼效应 $\exp(-\omega_q^2(t_L)\sigma_t^2/2)$。

将式 (12.10.64) 代入形状因子式 (12.10.56) 的扰动函数式 (12.10.57)，可以看到有两个阻尼因子出现在密度扰动 $\delta_{\gamma q}(t_L)$ 和 $\delta u_{\gamma q}^{(S)}(t_L)$ 中：$\hat{\Gamma}_q(t_L)$ 和 $\exp(-\omega_q^2(t_L)\sigma_t^2/2)$。公式 (12.9.73) 和 (12.10.61) 给出它们的显式表示，这说明它们正比于最后散射面上物理波数的平方，即 q^2/a_L^2，因此，与式 (12.8.3) 的物理波长成反比，其中 $a_L \equiv a(t_L)$。因此，为每一个阻尼因子定义一个阻尼长度将会是非常便利的

$$\hat{\Gamma}_q(t_L) \equiv \frac{q^2}{a_L^2}d_{斯尔克}^2, \tag{12.10.65}$$
$$\frac{1}{2}\omega_q^2(t_L)\sigma_t^2 \equiv \frac{q^2}{a_L^2}d_{朗道}^2.$$

由公式 (12.9.73) 和 (12.10.61) 可得

$$d_{斯尔克}^2 = \frac{a_L^2}{6}\int_0^{t_L} \frac{t_\gamma}{a^2(1 + R_B)}\left(\frac{16}{15} + \frac{R_B^2}{1 + R_B}\right)dt, \tag{12.10.66}$$
$$d_{朗道}^2 = \frac{\sigma_t^2}{6(1 + R_B(t_L))}.$$

总阻尼长度 d_D 为

$$d_D^2 \equiv d_{斯尔克}^2 + d_{朗道}^2. \tag{12.10.67}$$

可以按照最后散射面上的物理波数 q/a_L 和适当定义的长度乘积写出另外两个出现在多极矩系数中的无量纲量，$\hat{\kappa}$ 和 $\Theta_q(t_L)$。首先，写出转移函数中的参量 [118]

$$\hat{\kappa} = \sqrt{2}\frac{q}{q_{EQ}} \equiv \frac{q}{a_L}d_T, \tag{12.10.68}$$
$$d_T = \frac{\sqrt{2}a_L}{a_{EQ}H_{EQ}} = \frac{\sqrt{\Omega_R}}{(1 + z_L)\Omega_M H_0}.$$

其次，式 (12.10.57) 中三角函数可以写为

$$\Theta_q(t_L) = \frac{q}{\sqrt{3}}\int_0^{t_L} \frac{dt}{\sqrt{1 + R_B}} \equiv \frac{q}{a_L}d_H, \tag{12.10.69}$$

---

118 其中利用了下面恒等式：$a_{EQ}/a_0 = \Omega_R/\Omega_M$ 和 $H_{EQ} = \sqrt{2}H_0(a_0/a_{EQ})^2$。

$$d_H = \frac{a_{\mathrm{L}}}{\sqrt{3}} \int_0^{t_{\mathrm{L}}} \frac{\mathrm{d}t}{a\sqrt{1 + R_B}},$$

其中 d_H 叫做声学视界距离。结果发现，对时间的积分换算成对 R_B 的积分，我们就可以得到上面积分的解析表达式。[119]

$$\mathrm{d}t = \frac{R_B \mathrm{d} R_B}{H_0 \sqrt{\Omega_{\mathrm{M}} R_{R0}^3} \sqrt{R_B + R_{B\mathrm{EQ}}}}, \tag{12.10.70}$$

其中 $R_{B0} \equiv R_B(t_0) = 3\Omega_B/(4\Omega_\gamma)$ 和 $R_{B\mathrm{EQ}} \equiv R_B(t_{\mathrm{EQ}}) = (\Omega_{\mathrm{R}}/\Omega_{\mathrm{M}}) R_{B0}$。由 $a/a_0 = R_B/R_{R0}$，就可进行式 (12.10.69) 中的积分，则 [120]

$$d_H = \frac{2}{\sqrt{3 R_{B0} \Omega_{\mathrm{M}}} H_0 (1+z_{\mathrm{L}})} \ln\left(\frac{\sqrt{1 + R_{BL}} + \sqrt{R_{B\mathrm{EQ}} + R_{BL}}}{1 + R_{B\mathrm{EQ}}} \right), \tag{12.10.71}$$

其中 $R_{BL} \equiv R_B(t_{\mathrm{L}})$。注意 R_{B0}、$R_{B\mathrm{EQ}}$ 和 R_{BL} 与它们的红移有关：$R_{B0} = (1 + z_{\mathrm{EQ}}) R_{B\mathrm{EQ}} = (1 + z_{\mathrm{L}}) R_{BL}$。

现在可利用公式 (12.10.57)、(12.10.64)、(12.10.67) $\sim$ (12.10.69) 和 (12.10.71) 来写出式 (12.10.56) 的两个形状因子 [121]

$$F_T(q, t_{\mathrm{L}}) = \frac{\mathcal{R}_q^{(o)}}{5} \left(R_{BL} \mathcal{T}\left(\frac{q}{a_{\mathrm{L}}} d_T \right) \right. \tag{12.10.72}$$
$$\left. - \frac{\mathrm{e}^{-(q^2/a_{\mathrm{L}}^2) d_D^2}}{(1 + R_{BL})^{1/4}} S\left(\frac{q}{a_{\mathrm{L}}} d_T \right) \cos\left(\frac{q}{a_{\mathrm{L}}} d_H + \Delta\left(\frac{q}{a_{\mathrm{L}}} d_T \right) \right) \right),$$

$$G_T(q, t_{\mathrm{L}}) = - \frac{\sqrt{3} \mathcal{R}_q^{(o)}}{5} \frac{\mathrm{e}^{-(q^2/a_{\mathrm{L}}^2) d_D^2}}{(1 + R_{BL})^{3/4}} S\left(\frac{q}{a_{\mathrm{L}}} d_T \right) \sin\left(\frac{q}{a_{\mathrm{L}}} d_H + \Delta\left(\frac{q}{a_{\mathrm{L}}} d_T \right) \right).$$

---

119 关于这点可以推导如下：

$$R_B = \frac{3\bar{\rho}_B}{4\bar{\rho}_\gamma} = \frac{3\Omega_B}{4\Omega_\gamma} \frac{a}{a_0},$$

则可得到

$$\mathrm{d}R_B = \frac{3\Omega_B}{4\Omega_\gamma} \frac{\dot{a}}{a_0} \mathrm{d}t = R_B H \mathrm{d}t.$$

一直到最后散射面时间，在很好的近似下，哈勃膨胀率可以用物质和辐射密度来近似表示。由于暗能量在这些时期非常小，曲率贡献可忽略不计，则有 $\rho_0 = \rho_c$，

$$\frac{H}{H_0} = \sqrt{\frac{\bar{\rho}_{\mathrm{M}} + \bar{\rho}_{\mathrm{R}}}{\bar{\rho}_0}} = \sqrt{\Omega_{\mathrm{M}} \left(\frac{a_0}{a} \right)^3 + \Omega_{\mathrm{R}} \left(\frac{a_0}{a} \right)^4} = \sqrt{\Omega_{\mathrm{M}} \left(\frac{3\bar{\rho}_{B0}}{4\bar{\rho}_{\gamma 0}} \frac{4\bar{\rho}_\gamma}{3\bar{\rho}_B} \right)^3 + \Omega_{\mathrm{R}} \left(\frac{3\bar{\rho}_{B0}}{4\bar{\rho}_{\gamma 0}} \frac{4\bar{\rho}_\gamma}{3\bar{\rho}_B} \right)^4}$$

$$= \sqrt{\Omega_{\mathrm{M}} \left(\frac{R_{B0}}{R_B} \right)^3 + \Omega_{\mathrm{R}} \left(\frac{R_{B0}}{R_B} \right)^4} = \frac{\sqrt{\Omega_{\mathrm{M}} R_{B0}^3}}{R_B^2} \sqrt{R_B + R_{B\mathrm{EQ}}},$$

其中 $R_{B\mathrm{EQ}} = (\Omega_{\mathrm{R}}/\Omega_{\mathrm{M}}) R_{B0}$ 和 $B_{R0} = 3\Omega_B/(4\Omega_\gamma)$。综合以上结果即可得式 (12.10.70)。

120 此即文献 [204]，353 页，式 (7.2.39)，但改写了其中几项，即 $R_{BL} = R_{B0}/(1 + z_{\mathrm{L}})$。

121 此即文献 [204]，352 页，式 (7.2.36) 和 (7.2.37)。

12.10.2.4.2 第一代恒星再电离

首先简单描绘一下再电离效应。[122] 再电离是形成第一代恒星和星系的宇宙时期，它是宇宙黑暗时期终结的开始。该过程发生在宇宙年龄大约为 4 亿年时，相应于红移量级 $z_{Re} \approx 10$，这是宇宙演化过程中的关键变化阶段之一。在此相变之前，宇宙是黑暗的，弥漫着原初中性氢气和氦气的浓雾。简单地说，宇宙之前的状态如下：在最初的 370000 年里，宇宙充满了热电离气体。随着宇宙的膨胀，以黑体电磁辐射谱形式存在的大爆炸热能不断红移到更低的能量。这使得越来越多的电子、质子和氦原子核等气体结合在一起形成中性氢原子和氦原子。当宇宙的温度降到 3000K 以下时，几乎所有的离子和电子都组合成中性原子，因此光子与重子退耦，宇宙变得透明。这就是最后散射面，当然，光子在这里留下了 CMB 印记。尽管宇宙对辐射是透明的，但光源还不存在。CMB 印记的平均温度低于 3000K，因此主要在中红外波段，红移进一步向低频段偏移。这就开始了黑暗时期。

当宇宙年龄为 4 亿年时，黑暗时期结束，此时出现了第一批恒星和星系，它们发出紫外电离辐射，使中性原子电离，开启再电离时期 (EoR)。[123] 在 EoR 开始时，除了第一代恒星周围的邻近区域，星系间介质是中性的。再电离气体的数目随着恒星和星系电离源的增加而增加。宇宙从中性状态恢复到等离子体的状态。这种状态发生在宇宙的红移区间 $6 < z < 15$ 的阶段，此时宇宙年龄在 4 亿年到 10 亿年之间。这个时候，宇宙已经进行了足够的膨胀，物质已经足够扩散，以至于由光子 - 电荷相互作用引起的光子电子散射 (也有很少的光子–质子散射) 发生概率变得很小，使得宇宙基本上保持透明。

尽管对大多数 CMB 光子来说，宇宙是完全透明的，然而也有些光子在再电离等离子体中被电子散射，这种可能性很小但是并不为零。[124] 因此，我们今天观察到的 CMB 包括两部分。一部分来自不受再电离效应影响的光子。它们保存了最后散射面印迹，这发生在大约 $z_{LSS} = 1100$ 时。这种未受影响的光子概率为 $\exp(-\tau_{再电离})$，其中 $\tau_{再电离}$ 是再电离等离子体的光学深度，是定义了标准 ΛCDM 模型的参数之一。另一部分涉及最近在较小的红移处 $z_{再电离} \approx 10$ 附近受到电子散射的 CMB 光子。这种光子分量的概率是 $\sim 1 - \exp(-\tau_{再电离})$。这个"再电离表面"的半径 $r_{再电离}$ 远小于

---

122 2015 年 Planck 实验组的 CMB 极化的数据把第一代恒星出现的时期推迟了 1 亿年，从 4.5 亿年到 5.5 亿年。参见 Planck 新闻稿

http://www.esa.int/Our_Activities/Space_Science/Planck/Planck_reveals_first_stars_were_born_late 或者查看剑桥大学的新闻报导：

    http://www.cam.ac.uk/research/news/planck-reveals-first-stars-were-born-late>。

也可以参阅 Planck 出版物：http://www.cosmos.esa.int/web/planck/publications，所以应该减少再电离红移 $z_{再电离}$。讨论中尝试性地使用了 $z_{再电离}$ 的旧值。

123 在文献中可以找到许多关于再电离时期的描述。例如参见文献 [276]。

124 讨论见文献 [204]，353 页。

最后散射面半径 r_L。因此，对于给定的波数 q，它对较小的多极矩 $\ell \sim q r_{再电离}$ (而不是 $\ell \sim q r_L$) 有贡献。故研究高阶多极矩时，可忽略这种 CMB 光子分量的贡献。于是再电离效应是用因子 $\exp(-\tau_{再电离})$ 乘以形状因子 F_T 和 G_T (式 (12.10.72))，用 $\exp(-2\tau_{再电离})$ 乘以多极系数。最近的粒子物理数据合作组 [11] 给出 $\tau_{再电离} = 0.091$，这相应于 $\exp(-2\tau_{再电离}) = 0.83$。[125]

12.10.3 温度多极系数的显式表示

现在计算温度多极矩系数所需之要素均已具备，它是多极矩阶 ℓ 的函数。首先明确确定扰动函数 (12.10.57) 的整体标度因子 $\mathcal{R}_q^{(o)}$。回顾一下，$\mathcal{R}_q^{(o)}$ 是视界外的守恒量，用来表征极早期宇宙中原初涨落。必须将形状因子 F_T 和 G_T (式 (12.10.72)) 表示为多极矩阶数 ℓ 的函数，并阐明与温度多极系数的表达式相关的点。由于出现在温度多极系数表达式中的参数数目众多，本节将它们进行总结。

12.10.3.1 整体因子 $\mathcal{R}_q^{(o)}$

可将整体因子参数化为

$$|\mathcal{R}_q^{(o)}|^2 = \frac{N^2}{q^3}\left(\frac{q}{a_0 k_R}\right)^{n_s-1}, \tag{12.10.73}$$

其中 n_s 是标准 ΛCDM 模型 [277] 的宇宙学参数之一的标量谱指数，N 是一个无量纲常数，k_R 是波数的标度因子，量纲为 Mpc^{-1}。[126] 在绘制温度多极系数图时，会再谈到它们。这里指出，$\mathcal{R}_q^{(o)}$ 与曲率涨落振幅有关，它也是标准 ΛCDM 模型 [277] 的一个参数。从公式 (12.10.50) 和 (12.10.72) 可以看出，$|\mathcal{R}_q^{(o)}|^2$ 与因子 ℓ^3/r_L^3 一起变化，于是有 [127]

$$\frac{\ell^3}{r_L^3}|\mathcal{R}_q^{(o)}|^2 = N^2\frac{\ell^3}{q^3 r_L^3}\left(\frac{q r_L}{(a_0/a_L)a_L r_L k_R}\right)^{n_s-1} = \frac{N^2}{\beta^3}\left(\frac{\ell\beta}{(1+z_L)k_R d_A^{(L)}}\right)^{n_s-1}, \tag{12.10.74}$$

其中利用了 $q \equiv \ell\beta/r_L$ (式 (12.10.47))。$d_A^{(L)} \equiv a_L r_L$ 是最后散射面角直径距离，对于平坦宇宙的情况如式 (13.6.3) 所示，

$$d_A^{(L)} = a_L r_L = \frac{1}{(1+z_L)H_0}\int_0^{z_L}\frac{\mathrm{d}z}{\sqrt{\Omega_\Lambda + \Omega_M(1+z)^3 + \Omega_R(1+z)^4}}. \tag{12.10.75}$$

关于角直径距离的讨论请参见 §13.6 节。

---

125 在文献 [204] 中令 $\exp(-2\tau_{再电离}) = 0.8$，这相应于 $\tau_{再电离} \approx 0.117$。
126 请参见文献 [277]，§27.3，关于宇宙学参数的讨论。
127 这是文献 [204]，354 页，第一个方程。

12.10.3.2 　与多极矩阶数相关的距离

利用公式 (12.10.47)、(12.10.67)~(12.10.69) 和 (12.10.75)，可将对波数 q 的依赖转化为对多极矩阶数 ℓ 的依赖。

$$\frac{q}{a_{\rm L}}d_D = \ell\beta\frac{d_D}{d_A^{(L)}} \equiv \beta\frac{\ell}{\ell_D}, \qquad \ell_D \equiv \frac{d_A^{(L)}}{d_D}, \tag{12.10.76}$$

$$\frac{q}{a_{\rm L}}d_T = \ell\beta\frac{d_T}{d_A^{(L)}} = \beta\frac{\ell}{\ell_T}, \qquad \ell_T \equiv \frac{d_A^{(L)}}{d_T},$$

$$\frac{q}{a_{\rm L}}d_H = \ell\beta\frac{d_H}{d_A^{(L)}} = \beta\frac{\ell}{\ell_H}, \qquad \ell_H \equiv \frac{d_A^{(L)}}{d_H},$$

以及

$$\frac{\ell\beta}{(1+z_{\rm L})d_A^{(L)}k_R} = \beta\frac{\ell}{\ell_R}, \qquad \ell_R \equiv (1+z_{\rm L})k_R d_A^{(L)}. \tag{12.10.77}$$

12.10.3.3 　标量多极系数的显式表示及其一些性质

利用上述关系，将公式 (12.10.72) 代入到式 (12.10.50) 中，并且，对于高阶 ℓ，将系数乘上因子 $\ell(\ell+1) \approx \ell^2$，则有 [128]

$$\frac{\ell(\ell+1)}{2\pi}C_{\rm TT,\ell}^{(S)} \tag{12.10.78}$$

$$= \frac{4\pi}{25}T_0^2 N^2 e^{-2\tau_{\text{再电离}}}\int_1^\infty {\rm d}\beta\,\frac{1}{\beta^2\sqrt{\beta^2-1}}\left(\frac{\ell}{\ell_R}\beta\right)^{n_s-1}$$

$$\times\left[\left(3R_{BL}\mathcal{T}\left(\frac{\ell}{\ell_T}\beta\right) - \frac{e^{-2(\ell^2/\ell_D^2)\beta^2}}{(1+R_{BL})^{1/4}}S\left(\frac{\ell}{\ell_T}\beta\right)\cos\left(\frac{\ell}{\ell_H}\beta + \Delta\left(\frac{\ell}{\ell_T}\beta\right)\right)\right)^2\right.$$

$$\left. + \frac{3(\beta^2-1)}{\beta^2(1+R_{BL})^{3/2}}e^{-2(\ell^2/\ell_D^2)\beta^2}S^2\left(\frac{\ell}{\ell_T}\beta\right)\sin^2\left(\frac{\ell}{\ell_H}\beta + \Delta\left(\frac{\ell}{\ell_T}\beta\right)\right)\right].$$

从上式的积分可以看出温度多极系数的粗略行为。下面对之进行简要概述。

- 它是 ℓ 的振荡函数，振荡周期主要由 ℓ_T 决定。它关于 ℓ 和 β 指数压低。因此积分的重要贡献来自于大约在 $\beta \approx 1$ 的积分下限。
- 第 $(n+1)$ 个振荡峰相对于第 n 个峰值压低，因为前者 ℓ 值较高。
- 曲线的高度由 ℓ_D 和依赖于 ℓ_T 的转移函数 S 决定。
- 由于 G_T 包含因子 $(\beta^2-1)/\beta^2$，所以其贡献相对于形状因子 F_T 的贡献有压低。因此，多极系数的行为很大程度上取决于形状因子 F_T。所以式 (12.10.78) 右边第二行，来自于 F_T(式 (12.10.72))，是控制项。

---

128 这是文献 [204]，354 页，式 (7.2.41)。

- 将余弦项的参量表示为 $\vartheta = \ell\beta/\ell_H + \Delta(\ell\beta/ell_T)$，则峰值出现在 $\vartheta = n\pi$，$n = 1, 2, \cdots$。控制线上的这两项对奇数 $n = 2n'-1$ 是相干增强，但对于偶数 $n = 2n'$，$n' = 1, 2, \cdots$ 则是相干抵消。这意味着，与 $2n'$ 的峰值相比，$2n'+1$ 峰值可能不会像其他情况那样受到强烈的压低。稍后将会看到，由于转移函数 Δ 很小，第一个峰值出现在大约是 ℓ_T 的几倍值的 ℓ 处。除非 ℓ_H 与未来相关宇宙参数所确定的值有很大差异，(但这是不太可能的) 第二个峰值出现在大约是 ℓ 值两倍处，第三个峰值出现在大约 ℓ 值三倍处，等等，依此类推。

- 严格说来，当 $n_s < 1$ 时，形式上 $(\ell)^{n_s-1}$ 存在一个 $\ell = 0$ 的弱奇点。由于表达式仅在 ℓ 远大于 1 的情况下有效，所以可以忽略这个奇点。

12.10.3.4　数值结果

由于温度多极系数依赖于多个参数的复杂性，因此，最好对它进行详细的数值研究。以最近的粒子物理数据合作组 [11] 中给出的参数值为基础，在保持其他参数固定不变的同时，更改一些参数值，以查看这些变化对 $C_{\mathrm{TT},\ell}^{(\mathrm{S})}$ 等的影响。

- 这些固定输入参数和它们的粒子物理数据合作组 2014 [11] 的值为：$T_0 = 2.7255\,\mathrm{K}$，$n_s = 0.958$，$\tau_{\text{再电离}} = 0.091$，$z_\mathrm{L} = 1090 - 1$。[129]
- 文献 [204] 中给出标度因子 $N^2 = 1.736 \times 10^{-10}$ 和 $k_R = 0.05\mathrm{Mpc}^{-1}$ 的值。[130]
- 由上述给定的值，可得到积分式 (12.10.78) 前面的整体系数 [131]

$$\frac{4\pi}{25} T_0^2 N^2 \mathrm{e}^{-2\tau_{\text{再电离}}} (10^6 \mu\mathrm{K})^2 = 540.3 \mu\mathrm{K}^2. \tag{12.10.79}$$

- ℓ_R、ℓ_T 和 ℓ_H 直接依赖物质-能量密度。将根据我们选择使用的每一组参数来计算它们。
- $\ell_D = d_A^{(L)}/d_D$ (公式 (12.10.76) 和 (13.7.5)) 是很复杂的，其中 $d_D = \sqrt{d_{\text{斯尔克}}^2 + d_{\text{朗道}}^2}$ (式 (12.10.67))。尽管对 $d_{\text{斯尔克}}$ 和 $d_{\text{朗道}}$ 所知不多，但可在文献 [204] 中找到关于它们的详细讨论。[132] 由 $d_{\text{朗道}}$ [204] 的表达式，[133]

$$d_{\text{朗道}}^2 = \frac{3\sigma^2 t_\mathrm{L}^2}{8T_\mathrm{L}(1 + R_{BL})}, \tag{12.10.80}$$

其中 $t_\mathrm{L} = 0.1134\mathrm{Mpc}(37\,000\ \text{年})$ 和 $T_\mathrm{L} = (1 + z_\mathrm{L})T_0$ 分别是最后散射面时间和温度，$\sigma = 262\mathrm{K}$。对于给定的物质-辐射密度，此式很容易计算，下面将

---

129 这些值和文献 [204] 给出的值并不完全一致，但是非常接近。具体请参见文献 [204]，356 页。

130 见文献 [204]，356 页。文献 [277] 给出 k_R 的值与上面相同，这里 k_R 写为 k_0。

131 此即文献 [204]，356 页，式 (7.2.51)，它给出的数值为 $519.7\,\mu\mathrm{K}^2$，对应于 $\tau_{\text{再电离}} = 0.1103$ 时的值。

132 见文献 [204]，352 页，式 (7.3.34) 和 (7.3.35) 以及相关讨论。

133 文献 [204]，352 页，式 (7.3.35)。

进行这种计算。但是 $d_{斯尔克}$ 更复杂。下面取它的值为文献 [204] 所给出的固定值：$d_{斯尔克} = 0.006555\text{Mpc}$。[134] 这种近似将在下面的结果中引入一些不确定因素。但是，人们并不认为 $d_{斯尔克}$ 在下面考虑的参数范围内剧烈地变化。因此，结果仍然能保持参数变化的主要特征。

下面在表 12.10.1 中列出 10 套用于计算温度多极系数的输入参数。这 10 套参数可分为 4 组：基线组使用观测数据，其余的分为 3 组，每一组中有 3 份数据取点，它们具有明确的变化特征：

表 12.10.1   温度多极系数中的参数值，单位：μK^2

	基础	$A1$	$A2$	$A3$	$B1$	$B2$	$B3$	$C1$	$C2$	$C3$
h	0.673	0.673	0.673	0.673	0.673	0.673	0.673	0.38	0.5	0.9
Ω_B	0.049	0.011	0.177	0.309	0.049	0.049	0.049	0.153	0.088	0.027
Ω_{M}	0.313	0.313	0.313	0.313	0.221	0.552	0.994	0.983	0.568	0.175
Ω_Λ	0.687	0.687	0.697	0.687	0.779	0.448	0.006	0.017	0.432	0.825
R_{B0}	670.1	151.8	2429	4251	670.1	760.1	670.1	670.1	670.1	670.1
R_{BL}	0.615	0.139	2.229	3.900	0.615	0.615	0.615	0.615	0.615	0.615
R_{BEQ}	0.196	0.044	0.711	1.244	0.278	0.111	0.062	0.196	0.196	0.196
$d_A^{(L)}$	12.83	12.83	12.83	12.83	14.76	10.18	7.95	14.14	13.54	12.09
d_H	0.133	0.145	0.111	0.097	0.144	0.114	0.094	0.133	0.133	0.133
d_T	0.125	0.125	0.125	0.125	0.177	0.071	0.039	0.125	0.125	0.125
$d_{朗道} \times 10^3$	4.820	5.739	3.409	2.767	4.820	4.820	4.820	4.820	4.820	4.820
$d_D \times 10^3$	8.137	8.712	7.388	7.115	8.137	8.137	8.137	8.137	8.137	8.137
ℓ_D	1577	1473	1736	1803	1814	1251	977	1738	1664	1486
ℓ_H	96.39	88.6	116.4	132.2	102.3	89.2	84.1	106.3	101.7	90.8
ℓ_R	699.2	699.2	699.2	699.2	804.3	554.6	433.2	770.7	737.9	658.0
ℓ_T	102.7	102.7	102.7	102.7	83.26	143.53	202.0	113.2	108.4	96.8

- 基线组从文献 [11] 取得最新数据：$h = 0.673$，$\Omega_B = 0.02207h^{-2} = 0.0487$，$\Omega_{\text{M}} = 0.1419h^{-2} = 0.3132$，$\Omega_\Lambda = 1 - \Omega_{\text{M}} = 0.6868$。

- $A1$，$A2$，$A3$ 数据组：和基线组一样，有相同的物质密度，因此具有相同的暗能量密度，但重子密度不同，对应于 $A1$，$A2$，$A3$，重子密度分别为 $\Omega_B h^2 = 0.005, 0.08, 0.14$。所以暗物质密度也会相应变化。

- $B1$，$B2$，$B3$ 数据组：和基线组一样，有相同的重子密度，但物质密度不

---

134 文献 [204]，356 页，式 (7.2.49)。文献 [204]，352 页，式 (7.2.34) 给出了 $d_{斯尔克}$ 的表达式。为完整起见，下面写出这个表达式。关于时间 t 的积分可以由式 (12.10.70) 变换为 R_B 的积分。

$$d_{斯尔克}^2 = \frac{R_{BL}^2}{6(1-Y)n_{B0}\sigma_T cH_0\sqrt{\Omega_{\text{M}}}R_{B0}^{9/2}} \int_0^{R_{BL}} \frac{\mathrm{d}R_B R_B^2}{X(R_B)(1+R_B)\sqrt{R_B + R_{BEQ}}} \left(\frac{16}{15} + \frac{R_B^2}{1+R_B}\right),$$

其中 $Y = 0.24$ 为氢的核子分支比，n_{B0} 是目前重子数密度，σ_T 是汤姆逊截面，$X(R_B)$ 是作为 R_B 的函数的质子密度分支比。

同，因此暗能量密度和暗物质密度都不同，对应于 $B1$，$B2$，$B3$，$\Omega_{\mathrm{M}}h^2 = 0.1$，$0.25$，$0.45$。

- 对于 $C1$，$C2$，$C3$ 数据组，哈勃膨胀率不同，分别为 $h = 0.38$，0.5，0.9，标度因子也随之变化。

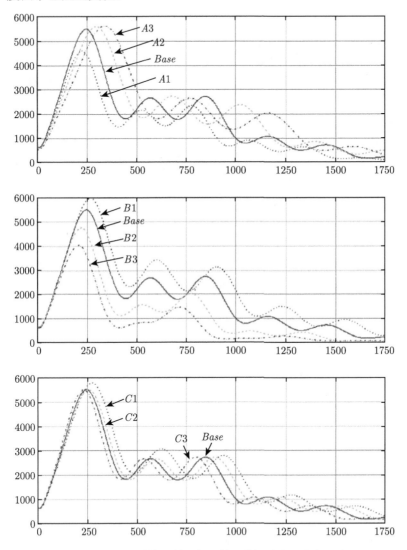

图 12.10.1　三种输入数据的比较。详细信息请参阅文本

对于平坦的宇宙，在我们使用的精度内施加条件 $\Omega_{\mathrm{M}} + \Omega_\Lambda = 1$。因此，我们不考虑只改变暗能量密度而其他所有密度保持不变的情况。上述变量的数据输入是简单直接的。有更复杂的方法来改变输入数据，但这属于数据拟合的领域，这里就

不涉及相关讨论了。

图 12.10.1 画出了三组输入参数的温度多极系数。为了对比起见，每一组都与基线数据一起呈现。纵轴为常规的温度多极系数 $\ell(\ell+1)C_\ell^{(S)}/(2\pi)$，横轴为多极矩阶数 ℓ。图中标出了每条曲线的数据组别。

下面简要地评论一下数据组的特点以及它们在物理上敏感的方面。

- 如图 12.10.1 的上部所示，对于数据集 A，当重子密度增加时，峰值和谷值都会移动到更高的 ℓ 值处。当 Ω_B 较小时，第一个峰值高度随着 Ω_B 的增加而增加。但是当 $\Omega_B h^{-2}$ 大于 0.02 或者 Ω_B 大于 0.05 时，峰的高度随 Ω_B 变化不大，可从曲线 $A3$，$A2$，$Base$ 看出这一点。
- 当物质密度改变，趋势很明显，如图 12.10.1 中部所示。随着 Ω_{M} 增加，峰值和低谷会移动到更低的 ℓ 值处，所有峰值的高度都会降低。偶数峰的高度下降趋势尤为明显。如图 $B3$ 所示，随着 Ω_{M} 增加，当物质密度非常大时，即 $\Omega_{\mathrm{M}} = 0.994$ 或者 $\Omega_{\mathrm{M}}h^{-2} = 0.45$，偶数峰消失。
- 如图 12.10.1 的底部所示，当 h 变化时，除了很小的 h 外，这四个参数的差异不太明显。曲线 $C1$ 说明，当 $h = 0.38$ 时，峰值会更高一些，并且出现在更大的 ℓ 处。

把图 12.10.1 中的所有曲线取在一起综合考虑，可以看出参数存在许多简并的情况。因此，为确定额外的宇宙学参数，好的数据和详细的拟合是必不可少的。

12.10.4 多极系数 $C_{\mathrm{TT},\ell}$

12.10.4.1 观测资料

通常认为标准 ΛCDM 模型包括 6 个参数：Ω_{M}，Ω_B，Ω_Λ，n_s，$\tau_{\text{再电离}}$ 以及与 $\mathcal{R}_q^{(0)}$ (式 (12.10.73)) 有关的曲率涨落振幅。然而，为将理论和实验观测进行比较，所需参数的范围不断变化，其数目从 5 到 10 不等。[135]

确定温度多极系数是宇宙学观测的一项基本任务。最新的高统计数据取自 2013 年的 Planck 实验组 [278, 279] 和 2012 年 WMAP9 实验 [280, 281]。图 12.10.2 重复了 Planck 实验组 2013 年关于温度多极系数的实验数据。纵轴是常规量 $D_\ell \equiv \ell(\ell+1)C_\ell/(2\pi)$。图中显示了几个声学峰和声学谷，六参数 ΛCDM 模型可以很好地拟合它们。横轴在 $\ell > 50$ 时取线性变化，$\ell < 50$ 则是对数变化。当 ℓ 减少到包含宇宙方差时，$\ell < 50$ 以下的阴影区域增加。这里为获得图形和宇宙学参数的详细信息，参考了 Planck 文献 [278] 和 [279]。由于 WMAP9 对应的图形使用不同的标度，这不利于用以比较，因此这里不显示 WMAP9 的结果。在这两篇文献 [280] 和 [281] 中可以很容易地找到 WMAP9 的结果。文献 [282] 列出了 WMAP 的科学

---

135 参见粒子物理数据合作组 [11] 中 O. Lahav 和 A.R. Liddle 的评论文章：宇宙学参数。

文献。

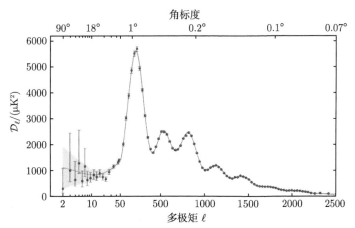

图 12.10.2 关于 CMB 温度功率谱的 Planck 实验组数据。更多解释请参阅相关文章。更多
细节见有关的参考文献，例如文献 [278] 和 [279]

文献 [283] 对 Planck 和 WMAP9 的结果进行了比较。图 12.10.3 重现了两个合
作组关于温度多级系数的结果的比较。在整个数据区间，两种结果在百分之几的范
围内一致，取决于比较中采用的特定数据组。注意，"eCMB" 表示扩展的 WMAP
数据组。有关说明，请参见文献 [280]。

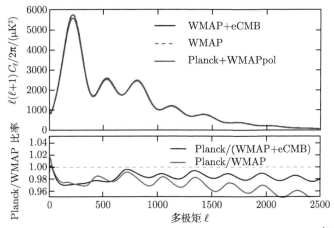

图 12.10.3 关于 Planck2013 和 WMAP9 关于多极系数的最佳拟合的比较 [283] 下部分给出
了 Planck 与 WMAP 的比值。数据中最突出的部分，大约有 2% 的不契合度

12.10.4.2 解析表达式与观测数据

温度多极系数 (12.10.78) 取决于九个量：T_0, N, $\tau_{再电离}$, n_s, R_{BL}, ℓ_D, ℓ_H, ℓ_R, ℓ_T。
后五个量 R_{BL}、ℓ_D 等是物质–能量密度的函数，其中 ℓ_D 对其他量也有复杂的依赖关系，正如公式 (12.10.66) 和 (12.10.77) 以及脚注 134 所示。为了进行数值表示，将对这些参数进行详细研究。

- 宇宙学量，如 T_0、$\rho_{\gamma 0} = \Omega_\gamma h^{-2}$，$z_L$ 和 z_{EQ}，都有比较好的、确定的描述，所以它们是固定输入部分。出现在式 (12.10.78) 中不同参数里的 R_{B0} 的值可用于确定 Ω_B。

- 在三个重要的时间节点处的重子对光子密度比 R_B，即物质-辐射相等时 R_{REQ} 和最后散射面时的 R_{BL} 以及当前时期 R_{B0} 三者之间的相互关系为

$$R_{B0} = \frac{3\Omega_B}{4\Omega_\gamma}, \qquad R_{BL} = \frac{R_{B0}}{1 + z_L}, \qquad R_{B0} = \frac{R_{B0}}{1 + z_{EQ}}. \tag{12.10.81}$$

- 多极矩阶数 ℓ_T、ℓ_H、ℓ_R 按密度参数给出如下：

$$\ell_T = \frac{d_A^{(L)}}{d_T} = \frac{\Omega_M}{\sqrt{\Omega_R}} I(z_L), \tag{12.10.82}$$

$$\ell_H = \frac{d_A^{(L)}}{d_H} = \left(\frac{2}{\sqrt{3R_{B0}\Omega_M}} \ln \left(\frac{\sqrt{1 + R_{BL}} + \sqrt{R_{BEQ} + R_{BL}}}{1 + R_{BEQ}} \right) \right)^{-1} I(z_L),$$

$$\ell_R = \frac{k_R}{H_0} I(z_L),$$

其中

$$I(z_L) \equiv \int_0^{z_L} \frac{\mathrm{d}z}{\sqrt{\Omega_\Lambda + \Omega_M(1 + z)^3 + \Omega_R(1 + z)^4}}. \tag{12.10.83}$$

这里假设宇宙是平坦的。

- ℓ_D 的表示很复杂。它有两个分量组成，斯尔克和朗道阻尼长度。这里参考文献 [204] 中的讨论。[136]

- 暗能量和其他物质-能量密度通过式 (12.10.83) 定义的积分进入到角直径距离 $d_A(L)$ 的计算。

图 12.10.4 使用基线参数以及文献 [283] 给出的相应观测曲线，即 Planck+WMAP 的数据，画出了式 (12.10.78) 的解析表示。蓝色实线表示观测数据，红色虚线表示解析表达式 (12.10.78)。解析表达式相当好地表示了主要的物理效应。但是细节上的不一致也是很明显的。解析表达式中的振荡速度较慢，且 ℓ 值大时耗散或辐射阻尼太强。然而，鉴于所涉及的物理问题的复杂性 (所以需要采用近似) 及其显示出来的多重特性，文献 [204] 导出的解析表示相当不错。

---

136 见文献 [204]，352 页，式 (7.2.34) 和 (7.2.35)。

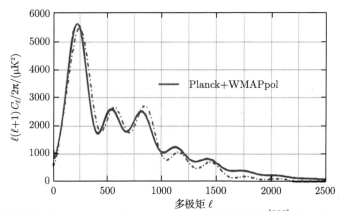

图 12.10.4   解析表达式 (12.10.78) 与 PlanckWMAP 极化数据[283] 的比较。红色虚线表示
解析表达式，蓝色实线即上述数据

13 | 宇宙学距离和时间

为了内容独立起见，本章与第 9 章有交叉和重叠。

13.1 引言

明确定义距离概念是理解动力学系统的基础，尤其在不断膨胀的宇宙系统中更是如此。然而，由于宇宙膨胀，物体之间的距离随着时间推移而不断变化，所以宇宙学中的距离测量 [1] 是很复杂的。对地球上的观测者来说，测量在遥远的星系和恒星上的距离也是在回首过去，因为这两种测量都依赖光在类光路径上的传播，这是被观测物体发射并被地球观察者接收到的电磁辐射的轨迹。因此，各种距离和时间度量的表达是相关的。为了保持一般性，本章将在 FLRW 度规中，对具有空间曲率常数 κ 弯曲空间的情况导出距离与时间的表达式，并将之推广到平坦的有宇宙学常数冷暗物质宇宙学模型的情况。

宇宙学中定义了很多不同的距离标度，但是在弯曲空间的一般情况下，大多数是不能直接测量的。在弯曲空间中，一些距离定义依赖于某些基本量，例如标度因子 $a(t)$ 和共动坐标 [2] 径向距离 r，它们在实验上是不可观测的。下面将要讨论的距离量基本上与下列两个距离定义中的其中之一相关联：角直径距离和固有距离。前者为垂直于视线方向的共动坐标系观测者定义的距离，而后者则为沿着视线方向的共动坐标系观测者定义的距离。可观测量有红移、角直径距离、辐射源的通量等。因此，一些距离量是"导出概念" [3]，它们与下文讨论的可观测量有关。

这里的可观测距离是指这样一种情况，例如，在其中某一事件中发射的光子，可以在宇宙当前时期观测到，或最终进入未来。这并不一定意味着这个事件可以在实验中观测到。由光子可观测量表示的实际可观测事件只能发生在光子与物质等离子体退耦后，也就是在最后散射面（LSS）之后，这时候宇宙年龄约为 370 000 岁。这些光子处于所谓的自由流体状态，因此它们在从发射源到观察者的路径中，不会与带电粒子发生相互作用。原则上更早的事件可以通过中微子观测，因为中微子退耦发生在宇宙诞生后大约一秒钟。引力波携带着宇宙诞生信息，可以用来探测

---

1 也叫作宇宙结构学。关于距离测量的讨论可参见文献[284]。

2 稍作回顾，共动坐标系是和宇宙哈勃膨胀同步膨胀的坐标系。如果移除掉特定速度，宇宙天体，如星系，是固定在共动坐标系上的。在 FLRW 度规中，r、θ、ϕ 是共动坐标系的球坐标，$a(t)$ 哈勃膨胀因子。

3 见文献[205]，74 页。

宇宙的开端。

13.2 FLRW 度规

为了使目前的讨论自成体系，将在这里重复提及第 9 章的一些讨论，很多细节也可参考这一章。从 FLRW 度规开始。

$$
\begin{aligned}
\mathrm{d}s^2 &= -g_{\mu\nu}\mathrm{d}x^\mu\mathrm{d}x^\nu \\
&= c^2\mathrm{d}t^2 - a^2(t)\left(\frac{\mathrm{d}r^2}{1-\kappa r^2} + r^2(\mathrm{d}\theta^2 + \sin^2\!\theta\mathrm{d}\phi^2)\right),
\end{aligned}
\tag{13.2.1}
$$

其中，为清楚起见，也为了得到正确的距离量纲，这里和下面都保留光速 c。把 $\sqrt{\mathrm{d}s^2}$ 叫做固有时间间隔，t 叫做宇宙学时间，$a(t)$ 是决定哈勃膨胀率的哈勃标度因子，κ 是空间曲率常数，具有适当的归一化标度因子，平坦空间为 0，封闭空间为 1，开放空间为 -1，r、θ、ϕ 是共动球坐标，其中 r 称为共动径向坐标。另一个时间变量叫做共形时间 η，其定义为

$$
\mathrm{d}\eta \equiv \frac{\mathrm{d}t}{a(t)}.
\tag{13.2.2}
$$

在下面的讨论中使用它很方便。

注意在膨胀的均匀和各向同性背景宇宙中，共动坐标与时间无关。当忽略宇宙物体的本动速度时，它们定义了星系等宇宙物体的共动位置。[4]

共动径向坐标的等效定义用 χ 表示，它与 r 的关系为

$$
\mathrm{d}\chi = \frac{\mathrm{d}r}{\sqrt{1-\kappa r^2}}.
\tag{13.2.3}
$$

结合条件 $r=0$ 时 $\chi=0$，对上式积分，则可以得到两种形式的共同径向坐标之间的关系：[5]

$$
\chi = \frac{1}{\sqrt{\kappa}}\sin^{-1}(\sqrt{\kappa}r) =
\begin{cases}
\dfrac{1}{\sqrt{\kappa}}\sin^{-1}(\sqrt{\kappa}r) & (\kappa > 0) \\[2mm]
r & (\kappa = 0) \\[2mm]
\dfrac{1}{\sqrt{|\kappa|}}\sinh^{-1}(\sqrt{|\kappa|}r) & (\kappa < 0)
\end{cases},
\tag{13.2.4}
$$

---

4 本动运动，或者说本动速度，指星系运动的一部分不能用哈勃宇宙膨胀来解释。物体的本动速度通常是由于与附近星系或者星系密集区的引力相互作用所致。本动速度视场巡天是一种有用的工具，可作为宇宙参数的独立探测工具。

5 下面使用了等式 $\sin(\mathrm{i}\theta) = \mathrm{i}\sinh(\theta)$。

并求上式的逆为

$$
r = \frac{1}{\sqrt{\kappa}}\sin(\sqrt{\kappa}\chi) = \begin{cases} \frac{1}{\sqrt{\kappa}}\sin(\sqrt{\kappa}\chi) & (\kappa > 0) \\ \chi & (\kappa = 0) \\ \frac{1}{\sqrt{|\kappa|}}\sinh(\sqrt{|\kappa|}\chi) & (\kappa < 0) \end{cases} .
\tag{13.2.5}
$$

所以度规也可写为

$$
\mathrm{d}s^2 = c^2\mathrm{d}t^2 - a^2(t)\left(\mathrm{d}\chi^2 + S_\kappa(\chi)(\mathrm{d}\theta^2 + \sin^2\theta\mathrm{d}\phi^2)\right),
\tag{13.2.6}
$$

其中

$$
S_\kappa(\chi) = r^2 = \frac{1}{\kappa}\sin^2(\sqrt{\kappa}\chi).
\tag{13.2.7}
$$

平坦空间中，$\kappa = 0$，$r = \chi$，两个径向坐标是完全相同的。

13.2.1 过去和未来的光锥

令观察者位于共动坐标系的原点。假设光信号在原点和径向坐标为 r_1 的一点之间传播。在原点发生的信号的宇宙时间记为 t_0 或 η_0，发生在 r_1 或者 χ_1 处的记为 t_1 或 η_1。对于观察者来说，过去和未来的光锥都是可以定义的。对于过去的光锥，$t_1 < t_0$，光信号从 r_1 传播到原点，对未来光锥，$t_1 > t_0$，光信号从原点传播到 r_1。假定光信号沿着一个具有恒定角坐标的大圆传播，即 $\mathrm{d}s^2 = 0$ 和 $\mathrm{d}\Omega = 0$，则有

$$
c\mathrm{d}\eta = c\frac{\mathrm{d}t}{a(t)} = \mp\mathrm{d}\chi = \mp\frac{\mathrm{d}r}{\sqrt{1-\kappa r^2}}.
\tag{13.2.8}
$$

"–"号表示过去的光锥，"+"号表示未来的光锥。积分关系为

$$
\int_{t_1}^{t_0}\mathrm{d}\eta = \mp\int_0^\chi\mathrm{d}\chi,
\tag{13.2.9}
$$
$$
\eta_1 = \eta_0 \mp \chi_1.
$$

同样，"–"和"+"分别表示过去的和未来的光锥。

13.2.2 有宇宙学常数的冷暗物质模型（ΛCDM）

哈勃膨胀率 H 在 ΛCDM 模型中的定义为

$$
H^2 = \left(\frac{\dot{a}}{a}\right)^2 = \frac{8\pi G_\mathrm{N}}{3}\sum_j \rho_j,
\tag{13.2.10}
$$

其中 G_N 是牛顿引力常数，ρ_j 是四种能量密度形式：宇宙学常数密度 ρ_Λ，非相对论物质密度 ρ_M，辐射密度 ρ_R，以及空间曲率常数密度 ρ_κ，

$$\rho_\Lambda \equiv \frac{1}{8\pi G_N}\Lambda, \tag{13.2.11}$$

$$\rho_\kappa \equiv -\frac{3}{8\pi G_N}\frac{c^2\kappa}{a^2},$$

其中 Λ 是宇宙学常数。能量密度作为宇宙标度因子的函数形式是：

$$\rho_j \sim a^{-3(1+w_j)}, \tag{13.2.12}$$

其中 w_j 表示能量各分量的状态方程，分别为：对宇宙学常数，$w_\Lambda = -1$；非相对论物质，$w_M = 0$；辐射，$w_R = 1/3$ 以及空间曲率常数，$w_\kappa = -1/3$。表 9.1.1 总结了 w_j 的各种具体形式。

在下面符号中，下标"0"表示当前时期的量，即 t_0 是当前的宇宙时间，H_0 是当前的膨胀率或者哈勃常数，a_0 是当前的标度因子等。临界能量密度是按照哈勃常数 H_0 来定义的当前宇宙总能量密度，

$$\rho_c = \frac{3H_0^2}{8\pi G_N}. \tag{13.2.13}$$

定义当前时期的密度比

$$\Omega_j \equiv \frac{\rho_{j0}}{\rho_c}, \tag{13.2.14}$$

$$\Omega_\Lambda + \Omega_M + \Omega_R + \Omega_\kappa = 1.$$

特别地

$$\Omega_\kappa = \frac{\rho_{\kappa0}}{\rho_c} = -\frac{c^2\kappa}{a_0^2 H_0^2}. \tag{13.2.15}$$

又定义

$$\Omega_0 \equiv \Omega_\Lambda + \Omega_M + \Omega_R, \tag{13.2.16}$$

$$\Omega_\kappa = 1 - \Omega_0.$$

可以用有效空间曲率能量密度比改写空间曲率常数 κ，

$$\sqrt{\kappa} = i\frac{a_0 H_0}{c}\sqrt{\Omega_\kappa} = i\frac{a_0}{D_H}\sqrt{\Omega_\kappa}, \tag{13.2.17}$$

其中 D_H 是当前时期的**哈勃长度**[6]，

$$D_H \equiv \frac{c}{H_0}, \tag{13.2.18}$$

---

6 也叫做哈勃半径。

稍后再对之进行讨论。将式(13.2.7)改写成下面的形式：

$$S_\kappa(\chi) = \frac{1}{\kappa}\sin^2(\sqrt{\kappa}\chi) = \frac{D_H^2}{a_0^2\Omega_\kappa}\sinh^2\left(\frac{a_0\sqrt{\Omega_\kappa}}{D_H}\chi\right)$$

$$= \frac{D_H^2}{a_0^2(1-\Omega_0)}\sinh^2\left(\frac{a_0\sqrt{1-\Omega_0}}{D_H}\chi\right).$$

在平坦宇宙情形下，$\Omega_\kappa = 0$，$\Omega_0 = 1$，$\chi = r$，则

$$S_\kappa(\chi)|_{\Omega_0=1} = \chi^2 = r^2. \tag{13.2.19}$$

13.3 距离和时间以及共动径向坐标

由于距离是由电磁辐射测量的，而电磁辐射是沿着类光路径传播的，所以可以将距离测量转换为宇宙时间的测量。下面探讨这个问题。

13.3.1 在 FLRW 度规下的光传播和类光路径

由 FLRW 度规，可得光传播的类光路径，

$$\mathrm{d}s^2 = c^2\mathrm{d}t^2 - a(t)^2\left(\frac{\mathrm{d}r^2}{1-\kappa r^2} + r^2\mathrm{d}\Omega\right) \tag{13.3.1}$$

$$= c^2\mathrm{d}t^2 - a(t)^2\left(\mathrm{d}\chi^2 + S_\kappa(\chi)\mathrm{d}\Omega\right) = 0.$$

特别地，对于处于坐标原点的观察者来说，可以选择共动坐标使得类光路径有恒定的角变量，因此 $\mathrm{d}\Omega = 0$。于是

$$\frac{c\mathrm{d}t}{a(t)} \equiv c\mathrm{d}\eta = \frac{\mathrm{d}r}{\sqrt{1-\kappa r^2}} = \mathrm{d}\chi. \tag{13.3.2}$$

注意左边是宇宙时间的函数，第二个等号后的项是共动径向坐标的函数，这些函数与时间无关。所以，上式描述了类光路径，允许我们将距离和时间关联起来，并把它们的关系用红移 z 或者哈勃标度因子 $a(t)$ 表示出来。

当 $t \leqslant t_0$ 时，t_0 是当前时期的时间，膨胀标度因子和红移之间关系为

$$a(t) = a(z) = (1+z)^{-1}a_0, \tag{13.3.3}$$

其中 $a_0 \equiv a(t_0)$，z 是红移。

在 ΛCDM 中时间和距离表达式关系明确，可以数值计算出来。因为哈勃膨胀率的表达式已知，所以在特殊情况下可能有解析表达式。可改写在任意宇宙时间的哈勃膨胀率为

$$H = \frac{\dot{a}}{a} = H_0 \left(\frac{H}{H_0} \right) = H_0 \sqrt{\frac{\sum_j \rho_j}{\rho_c}} \tag{13.3.4}$$

$$\equiv H_0 \tilde{E},$$

其中 $\tilde{E}$ 可以清楚地写出来

$$\tilde{E} \equiv \frac{H}{H_0} = \sqrt{\frac{\sum_j \rho_j}{\rho_c}} \tag{13.3.5}$$

$$\equiv \tilde{E}_z = \sqrt{\Omega_\Lambda + \Omega_M(1+z)^3 + \Omega_R(1+z)^4 + \Omega_\kappa(1+z)^2}.$$

由 $H = \dot{a}/a$，可改写时间导数，

$$dt = \frac{1}{H}\frac{da}{a} = \frac{1}{H_0\tilde{E}}\frac{da}{a} \tag{13.3.6}$$

$$= -\frac{1}{H_0}\frac{1}{1+z}\frac{dz}{\sqrt{\Omega_\Lambda + \Omega_M(1+z)^3 + \Omega_R(1+z)^4 + \Omega_\kappa(1+z)^2}}.$$

13.3.2 共动径向坐标

既然共动坐标是固定的，可以由宇宙能量-物质密度变量得到它的显式表达式（得到的不同表达式之间可以差一个标度因子）。取一个位于径向坐标 r_1 的物体，它在宇宙时间 t_1 发出光信号，t_0 到达 (地球) 观测者。观测到这个物体的红移为 z_1。由公式(13.3.2)和(13.3.6)，可以由红移等写出共动径向距离，

$$d\chi = \frac{c\,dt}{a(t)} = c\,d\eta \tag{13.3.7}$$

$$= -\frac{D_H}{a_0}\frac{dz}{\sqrt{\Omega_\Lambda + \Omega_M(1+z)^3 + \Omega_R(1+z)^4 + \Omega_\kappa(1+z)^2}},$$

其中 D_H 是哈勃长度，由式(13.2.18)定义。

可写出位于红移 z_1 处的径向坐标 χ_1 或 r_1

$$\chi_1 = \chi(z_1) = c\int_{t_1}^{t_0}\frac{dt}{a(t)} \tag{13.3.8}$$

$$= \frac{D_H}{a_0}\int_0^{z_1}\frac{dz}{\sqrt{\Omega_\Lambda + \Omega_M(1+z)^3\Omega_R(1+z)^2 + \Omega_\kappa(1+z)^2}},$$

$$r_1 = r(z_1) = \frac{1}{\sqrt{\kappa}}\sin(\sqrt{\kappa}\chi_1).$$

因此，共动径向坐标取决于红移，不同结果之间可以差一个常数归一化因子 a_0。由于 $\tilde{E}_z$ 是正定的，这个表达式清楚地表明，物体的红移越大，离观察者就越远。

z 积分的有效范围在 0 到 ∞ 之间。但是，如果密度比 Ω_j 取固定值，它们的有效范围是多少呢？进行下面观察：宇宙大部分时间都是在最后散射面之后度过的，直到现在。从最后散射面开始，即在 $z_L \approx 1100$ 时，宇宙的所有能量成分彼此退耦，并且 Ω_j 值是常数。然而，回到比最后散射面更早的时候，存在着非相对论性物质向相对论性物质的转变。因此，Ω_j 值将被改变，辐射部分将变得更大。对于涉及 $\tilde{E}_z^{-1}$ 的量，由于辐射能量密度与 $(1+z)^4$ 成正比，则它对应的红移 z 值应该更大。所以，当运用公式(13.3.6)和(13.3.7)，涉及比最后散射面更早时期的积分时，使用目前所确定的常数 Ω_j 是一种近似。由于主要贡献来自于从最后散射面到现在的这一时期，所以这个近似是有效的。

比较径向变量 χ 和 r，从上面的讨论中可以看出，χ 与宇宙时间和红移直接相关，可以直接进行计算。r 通过几何或双曲函数与 χ 相连。在平坦空间中，这正是目前人类所处的宇宙空间情形，r 和 χ 相等，距离的计算得到了简化。

13.3.3　回溯时间和光传播时间 $\Delta t = t_0 - t_1$

考虑时间 t_1 时发出的电磁辐射脉冲，它是由来自位于共动径向坐标 r_1 处红移为 z_1 的源发出的。地球上的观察者，在 $r_0 = 0$ 处，时间 t_0 时 (当前时期) 接收到这个信号。电磁波的轨迹沿着具有固定角坐标的类光路径，因而 $\mathrm{d}\Omega = 0$。时间间隔 $\Delta t = t_0 - t_1$，称为回溯时间，可以在 FLRW 度规下表示如下。由式(13.3.6)，回溯时间作为红移 z_1 的函数，可表示为

$$\Delta t_{\mathrm{lb}} = t_0 - t_1 = \int_{t_1}^{t_0} \mathrm{d}t = \tau_{\mathrm{H}} \int_0^{z_1} \frac{1}{1+z} \frac{\mathrm{d}z}{\tilde{E}_z} \tag{13.3.9}$$

$$= \tau_{\mathrm{H}} \int_0^{z_1} \frac{1}{1+z} \frac{\mathrm{d}z}{\sqrt{\Omega_\Lambda + \Omega_{\mathrm{M}}(1+z)^3 + \Omega_{\mathrm{R}}(1+z)^4 + \Omega_\kappa(1+z)^2}}.$$

其中，哈勃时间 τ_{H} 由下式定义，

$$\tau_{\mathrm{H}} \equiv \frac{1}{H_0} = \frac{D_{\mathrm{H}}}{c}. \tag{13.3.10}$$

对于小的 z_1，回溯时间式(13.3.9)可近似为

$$\Delta t_{\mathrm{lb}}|_{z_1 \ll 1} \approx \tau_{\mathrm{H}} z_1. \tag{13.3.11}$$

13.4 哈勃标度，宇宙年龄以及标度因子的显式表示

13.4.1 哈勃时间 τ_{H} 和哈勃长度 D_{H}

当前时期的哈勃膨胀率为

$$H_0 = 100h\,\mathrm{km\,s^{-1}Mpc^{-1}} = (9.777752\,\mathrm{Gyr})^{-1}h = 3.2408 \times 10^{-18}h\,\mathrm{s^{-1}}. \quad (13.4.1)$$

于是当前时期的哈勃时间为 [7]

$$\tau_{\mathrm{H}} = \frac{1}{H_0} = 9.777752h^{-1} \times 10^9\,\mathrm{yr} \quad (13.4.2)$$

$$= \begin{cases} 1.377 \times 10^{10}\,\mathrm{yr} = 4.346 \times 10^{17}\,\mathrm{s}, & (h=0.71) \\ 1.453 \times 10^{10}\,\mathrm{yr} = 4.585 \times 10^{17}\,\mathrm{s}, & (h=0.673) \end{cases}$$

哈勃长度为

$$D_{\mathrm{H}} = c\tau_{\mathrm{H}} = 0.925063h^{-1} \times 10^{26}\,\mathrm{m} = 2.997925h^{-1}\,\mathrm{Gpc} \quad (13.4.3)$$

$$= \begin{cases} 1.303 \times 10^{26}\,\mathrm{m} = 4.222\,\mathrm{Gpc}, & (\Omega_\Lambda = 0.73, \quad h=0.71) \\ 1.374 \times 10^{26}\,\mathrm{m} = 4.455\,\mathrm{Gpc}. & (\Omega_\Lambda = 0.685, \quad h=0.673) \end{cases}$$

哈勃长度和哈勃时间分别为宇宙长度和宇宙时间提供了标度。星系膨胀的速度可以说明哈勃长度的意义。正如在 §13.5.1 节中将要看到的那样，哈勃长度是当前时期退行速度等于光速时的固有距离。

13.4.2 宇宙年龄 τ_{U}，物质–辐射相等的时期 t_{EQ}

宇宙年龄 $\tau_{\mathrm{U}} = t_0$ 由上式取 $z_1 \to \infty$ 的回溯时间给出，正如式 (9.1.81) 中的讨论。

$$\tau_{\mathrm{U}} = \tau_{\mathrm{H}} \int_0^\infty \frac{1}{1+z} \frac{\mathrm{d}z}{\sqrt{\Omega_\Lambda + \Omega_{\mathrm{M}}(1+z)^3 + \Omega_{\mathrm{R}}(1+z)^4 + \Omega_\kappa(1+z)^2}}. \quad (13.4.4)$$

给定能量–物质密度比，可以很容易地对上述积分进行数值计算。在平坦宇宙中可得下列值：[8]

$$\tau_{\mathrm{U}} = \begin{cases} 0.993\tau_{\mathrm{H}} = 13.7\,\mathrm{Byr} & (\Omega_\Lambda = 0.73 \quad h=0.71) \\ 0.951\tau_{\mathrm{H}} = 13.8\,\mathrm{Byr} & (\Omega_\Lambda = 0.685 \quad h=0.673) \end{cases}, \quad (13.4.5)$$

---

[7] 可利用 2014 年粒子物理数据合作组给出的中心值来进行数值计算：$\Omega_\Lambda = 0.685, \Omega_{\mathrm{M}} = 0.315, \Omega_\gamma = 5.46\times10^{-5}$ 和 $h=0.673$。在许多情况下，辐射能贡献的 Ω_γ 量级在 10^{-5}，这是可以忽略的。但是，如果需要，比如在最后散射面 $z_{\mathrm{L}} = 1100$ 的大红移情况下，可将中微子视为无质量粒子，从而得到 $\Omega_{\mathrm{R}} = 9.18\times10^{-5}$。作为比较，相关研究经常也会给出 2013 年粒子物理数据合作组中 WMAP7 的结果：$\Omega_\Lambda = 0.73, \Omega_{\mathrm{M}} = 0.27$，以及 $h=0.71$。

[8] 当积分上限大于 100 时，积分对它不敏感。积分对 Ω_{R} 的存在也不敏感。我们可以取 $\Omega_{\mathrm{R}} = 0$，因此将 z 从 0 到最后散射面上红移 $z_{\mathrm{L}} \approx 1100$ 积分时，$\Omega_\Lambda + \Omega_{\mathrm{M}} = 1$。因此，最后散射面之后的 Ω_{R} 和 Ω_{M} 的复杂性在计算所关注的精度范围内可以忽略不计。

其中 Byr 是十亿年。

物质–辐射相等时期的宇宙年龄也可以直接计算出来。这是为了在相应红移 z_{EQ} 处设定上面积分(13.4.5)的下限,计算如下:$\rho_R = (a_0/a)^4 \rho_{R0}$, $\rho_M = (a_0/a)^3 \rho_{M0}$。在物质–辐射相等时 $\rho_R = \rho_M$,则当 $\Omega_M = 0.315$, $\Omega_R = 9.18 \times 10^{-5}$ 时,

$$z_{EQ} = \frac{a_0}{a_L} - 1 = \frac{\Omega_M}{\Omega_R} - 1 = 3430. \tag{13.4.6}$$

于是可得

$$t_{EQ} = 50\,300 \text{ yr}. \tag{13.4.7}$$

13.4.3 标度因子 a 的泛函形式

哈勃膨胀率(13.3.4)定义了在标度因子 a 和宇宙时间 t 之间的泛函关系,如下所示。定义归一化标度因子

$$\hat{a}(t) \equiv \frac{a(t)}{a_0} = \frac{1}{z+1}, \tag{13.4.8}$$

其中 $a_0 \equiv a(t_0)$, t_0 是当前时期的时间。令空间曲率参数为零,即 $\kappa = 0$,可得

$$\frac{H^2}{H_0^2} \sum_j \frac{\rho_j}{\rho_c} = \sum_j \Omega_j \left(\frac{a_0}{a(t)}\right)^{3(1+w_j)} \tag{13.4.9}$$
$$= \frac{1}{\hat{a}^4(t)} \left(\Omega_\Lambda (\hat{a}(t))^4 + \Omega_M \hat{a}(t) + \Omega_R\right),$$

其中舍去了空间曲率项。式(13.3.4)可改写为

$$dt = \frac{1}{H_0} \frac{da}{a\sqrt{\sum_j \frac{\rho_j}{\rho_c}}} = \frac{1}{H_0} \frac{\hat{a}d\hat{a}}{\sqrt{\Omega_\Lambda \hat{a}^4 + \Omega_M \hat{a} + \Omega_R}}. \tag{13.4.10}$$

这种表示在初始条件 $\hat{a}(t=0) = 0$ 下将宇宙时间和归一化的标度因子 $\hat{a}$ 联系起来。一般来说,可将上式数值求逆,可得到 $\hat{a}$ 作为 t 的函数。然而,如果将三种密度比中的任何一个设置为零,就可以得到解析结果。两个有趣的情形是 $\Omega_R = 0$ 和 $\Omega_\Lambda = 0$ 的情况。对于后者,曾用于讨论 CMB 各向异性,而对前者,将在本章中用于讨论宇宙事件视界。

13.4.3.1 早期标度因子,可忽略的真空能

由于在宇宙时间的计算中真空能的贡献为常数 Ω_Λ,辐射和物质贡献分别为 $\Omega_R(1+z)^4$ 和 $\Omega_M(1+z)^3$,因此,在红移为几十或者更大的早期宇宙中,真空能

的影响可以忽略不计。这正是第一批恒星出现之前的时期的情形，此时红移约为 $z = 70$，则式(13.4.10)可写为

$$\mathrm{d}t \simeq \tau_H \frac{\hat{a}\mathrm{d}\hat{a}}{\sqrt{\Omega_M \hat{a} + \Omega_R}}, \tag{13.4.11}$$

其中 $\tau_H = H_0^{-1}$。上述积分可直接给出

$$t = \frac{\tau_H}{\sqrt{\Omega_M}} \left(\frac{2}{3}\sqrt{\hat{a} + \hat{a}_{EQ}}(\hat{a} - 2\hat{a}_{EQ}) + \frac{4}{3}\hat{a}_{EQ}^{3/2} \right), \tag{13.4.12}$$

其中 $\hat{a}_{EQ}$ 是物质–辐射密度相等 $\rho_M = \rho_R$ 时的约化标度，

$$\hat{a}_{EQ} = \frac{\Omega_R}{\Omega_M}. \tag{13.4.13}$$

显而易见，在辐射主导区域，即 $\hat{a} < \hat{a}_{EQ}$ 时，$\hat{a} \sim t^{1/2}$。在物质主导区域，即 $\hat{a} > \hat{a}_{EQ}$，$\hat{a} \sim t^{2/3}$。这是宇宙时间中标度因子的预期行为。可以计算当物质–辐射密度相等 $\hat{a} = \hat{a}_{EQ}$ 时的时间，

$$t_{EQ} = t(\hat{a}_{EQ}) = \frac{\tau_H}{\sqrt{\Omega_M}}\frac{4}{3}\left(1 - \frac{1}{\sqrt{2}}\right)\hat{a}_{EQ}^{3/2}. \tag{13.4.14}$$

对于任意一组宇宙学参数，这给出 $t_{EQ} \approx 5 \times 10^4$ 年 [9]，和表 9.5.2 中列出的值一致。

如果用物质–辐射相等时期的时间为单位来归一化时间，用物质–辐射相等时期的标度因子为单位来归一化标度因子，则可进一步简化时间和哈勃标度因子之间的关系式(13.4.12)。定义

$$\bar{a} \equiv \frac{\hat{a}}{\hat{a}_{EQ}} = \frac{a}{a_{EQ}}, \qquad \bar{t} \equiv \frac{t}{t_{EQ}}, \tag{13.4.15}$$
$$\bar{a}_{EQ} \equiv \bar{a}(t_{EQ}) = 1.$$

将 $\bar{a}$ 定义为 $\bar{t}$ 的函数的方便之处在于当 $\bar{t} < 1$ 时，$\bar{a}(\bar{t}) < 1$，而当 $\bar{t} > 1$ 时，$\bar{a}(\bar{t}) > 1$。式(13.4.12)可因之写为

$$\bar{t} = \left(1 + \frac{1}{\sqrt{2}}\right)\left(\sqrt{\bar{a}+1}(\bar{a}-2) + 2\right). \tag{13.4.16}$$

也可将 $\bar{a}$ 表示为 $\bar{t}$ 的函数。将上式(13.4.16)整理为 $\bar{a}$ 的三次方程，

$$\bar{a}^3 - 3\bar{a}^2 + 4 - 4\left(\left(1 - \frac{1}{\sqrt{2}}\right)\bar{t} - 1\right)^2 = 0. \tag{13.4.17}$$

---

9 和前面一样，用到了 $\Omega_M = 0.315$ 和 $\Omega_R = 9.18 \times 10^{-5}$。

这个三次方程的三个根中的两个的线性组合给出了 $\bar{a}$ 作为 $\bar{t}$ 函数的表示。早期解为

$$\bar{a}(\bar{t}) = 1 - \frac{1}{2}\left(s_1(\bar{t}) + s_2(\bar{t}) - \mathrm{i}\sqrt{3}(s_1(\bar{t}) - s_2(\bar{t}))\right)\Theta\left(2\left(1+\frac{1}{\sqrt{2}}\right) - \bar{t}\right) \tag{13.4.18}$$
$$+ (s_1(\bar{t}) + s_2(\bar{t}))\Theta\left(\bar{t} - 2\left(1+\frac{1}{\sqrt{2}}\right)\right),$$

$$\hat{a}^{(e)}(\bar{t}) = \hat{a}_{\mathrm{EQ}}\bar{a}(\bar{t}),$$

其中上标 (e) 表示早期时间，式(13.4.13)给出 $\hat{a}_{\mathrm{EQ}}$，"i" 是通常的虚数符号，Θ 是赫维赛德单位阶跃函数，

$$s_1(\bar{t}) = \sqrt[3]{2f_t^2(\bar{t}) - 1 + 2f_t(\bar{t})\sqrt{f_t^2(\bar{t}) - 1}}, \tag{13.4.19}$$

$$s_2(\bar{t}) = \sqrt[3]{2f_t^2(\bar{t}) - 1 - 2f_t(\bar{t})\sqrt{f_t^2(\bar{t}) - 1}},$$

$$f_t(\bar{t}) \equiv \left(1 - \frac{1}{\sqrt{2}}\right)\bar{t} - 1.$$

不用详述，表示解(13.4.18)是实的。三次方程解的更多细节，参见 §13.7.5 节。与式(13.4.16)相比，式(13.4.18)的复杂性是由于从式(13.4.16)转换到式(13.4.17)时，涉及对等号两边都出现的项取平方。这产生了式(13.4.17)中的赝解。因此，为了恢复式(13.4.16)的初始信息，必须对立方根进行适当的线性组合。有关这三个根的更多细节以及在获得 $\bar{a}$ 的正确解时对它们的选取，可参见 §13.7.5 节。

下面将哈勃膨胀率写成另一种形式，在 §12.9.3 节讨论 CMB 各向异性时会发现这种形式的有用之处。

$$H = H_0\frac{H}{H_0} = H_0\frac{1}{\hat{a}^2}\sqrt{\Omega_{\mathrm{M}}\hat{a} + \Omega_{\mathrm{R}}} \tag{13.4.20}$$
$$= H_0\sqrt{\Omega_{\mathrm{M}}}\left(\frac{1}{\hat{a}_{\mathrm{EQ}}}\right)^{3/2}\left(\frac{1}{\bar{a}}\right)^2\sqrt{\bar{a}+1},$$

其中 $\bar{a} \equiv \bar{a}(\bar{t})$ 由式(13.4.18)给出。由式(13.4.20)和前面给出的 $\bar{a}_{\mathrm{EQ}} = 1$ 有

$$aH = a_0\hat{a}_{\mathrm{EQ}}\bar{a}H = a_0H_0\sqrt{\frac{\Omega_{\mathrm{M}}}{\hat{a}_{\mathrm{EQ}}}}\frac{\sqrt{\bar{a}+1}}{\bar{a}}, \tag{13.4.21}$$

$$(aH)_{\mathrm{EQ}} = a_0H_0\sqrt{\frac{2\Omega_{\mathrm{M}}}{\hat{a}_{\mathrm{EQ}}}}.$$

于是

$$\frac{aH}{(aH)_{\mathrm{EQ}}} = \frac{\sqrt{\bar{a}(\bar{t})+1}}{\sqrt{2}\bar{a}(\bar{t})}. \tag{13.4.22}$$

注意这种函数的行为符合预期：当 $\bar{t} \ll 1$ 时，趋近于 $\bar{t}^{-1/2}$，当 $\bar{t} \gg 1$ 时，趋近于 $\bar{t}^{-1/3}$。幂次前面的系数不恒为常数，但接近于 1。当 $\bar{t}$ 从 0 增加到 1 时，$\bar{t}^{-1/2}$ 前的系数单调从 0.80 到 1 递增。而当 $\bar{t}$ 从 1 增加到 ∞ 时，$\bar{t}^{-1/3}$ 前的系数单调从 1 到 0.85 递减。[10] 所以，在整个宇宙时间范围内，可将这个函数近似写为下列形式（误差不超过 20%），

$$\frac{aH}{(aH)_{\text{EQ}}} \approx \bar{t}^{-1/2}\Theta(1-\bar{t}) + \bar{t}^{-1/3}\Theta(\bar{t}-1). \tag{13.4.23}$$

上面给出的标度因子形式的有效范围是从核合成时间到光子最后一次散射的时间。在讨论 CMB 时用到了 §12.9.3 节中的式(13.4.23)。

13.4.3.2 晚期标度因子，可忽略的辐射能

下面讨论晚期宇宙情形，此时红移值只有十几或者更小，比如说，在结构形成开始以后，红移约为 $z = 7$。在此晚期情况，$\Omega_{\text{R}}(1+z)^4 \ll 1$，辐射贡献可忽略不计。真空能变得重要。可写出

$$dt = \tau_{\text{H}} \frac{\sqrt{\hat{a}}\,d\hat{a}}{\sqrt{\Omega_\Lambda \hat{a}^3 + \Omega_{\text{M}}}}. \tag{13.4.24}$$

这里令 $\Omega_\Lambda + \Omega_{\text{M}} = 1$。积分可以由变量变换直接进行 [11]，

$$\hat{a}^{(l)}(t) \equiv \frac{a(t)}{a(t_0)} = \left(\frac{1-\Omega_\Lambda}{\Omega_\Lambda}\right)^{1/3} \sinh^{2/3}\left(\frac{3\sqrt{\Omega_\Lambda}}{2}\frac{t}{\tau_{\text{H}}}\right), \tag{13.4.25}$$

其中 $\tau_{\text{H}} = 1/H_0$，上标 (l) 表示和早期时间表示(13.4.18)区分开来的晚期时间。很明显 $\hat{a}$ 的一阶导数是正的，$\hat{a}^{(l)} > 0$，表示宇宙是膨胀的。可证明 $\hat{a}(t)$ 二阶导数在下列时间处为零，

$$t_{\text{AV}} = \frac{2}{3\sqrt{\Omega_\Lambda}} \ln(\frac{1+\sqrt{3}}{\sqrt{2}})\tau_{\text{H}}. \tag{13.4.26}$$

当 $t < t_{\text{AV}}$ 时，$\ddot{a} < 0$，宇宙膨胀减速，当 $t > t_{\text{AV}}$ 时，$\ddot{a} > 0$，宇宙加速膨胀。大致上，$t_{\text{AV}} \approx \tau_{\text{H}}/2$。[12] 也可很直观地看出，当 $\Omega_\Lambda = 0$ 时，即对于物质主导的宇宙，式(13.4.25)变为 $\hat{a}^{(l)}(t) \sim t^{2/3}$。这是哈勃标度因子 $a(t)$ 在物质主导的宇宙下的预期行为。

---

10 式(13.4.16)给出，当 $\bar{t} \ll 1$ 时，$\bar{a} = (4/\sqrt{6})(1 - 1/\sqrt{2})^{1/2}\bar{t}^{1/2}$，$aH/(aH)_{\text{EQ}} = (\sqrt{6}/4)(1 + 1/\sqrt{2})^{1/2}t^{-1/2}$，当 $\bar{t} \gg 1$ 时，$\bar{a} = (2(1 - 1/\sqrt{2})^{2/3}\bar{t}^{2/3}$，$aH/(aH)_{\text{EQ}} = (1/\sqrt{2})(1 + 1/\sqrt{2})^{1/3}t^{-1/3}$。

11 由变换 $y = (\hat{a})^{3/2}$ 可得 $dt = (2/(3\sqrt{H_0}))dy/\sqrt{y^2 + (1 - \Omega_\Lambda)/\Omega_\Lambda}$，这使得人们能够轻松得到式(13.4.25)的结果。

12 当 $\Omega_\Lambda = 0.685$ 时，$t_{\text{AV}} = 0.530\tau_{\text{H}}$；当 $\Omega_\Lambda = 0.73$ 时，$t_{\text{AV}} = 0.514\tau_{\text{H}}$。

把标度因子用物质–辐射相等处的因子做归一化，并把它们写成归一化时间 $\bar{t} = t/t_{\mathrm{EQ}}$ 的函数

$$\bar{a}^{(l)}(\bar{t}) = \frac{\hat{a}(t)}{\hat{a}_{\mathrm{EQ}}} \tag{13.4.27}$$

$$= \frac{\Omega_{\mathrm{M}}^{4/3}}{\Omega_{\mathrm{R}}(1-\Omega_{\mathrm{M}})^{1/3}} \sinh^{2/3}\left((2-\sqrt{2})\frac{\Omega_{\mathrm{R}}^{3/2}\sqrt{1-\Omega_{\mathrm{M}}}}{\Omega_{\mathrm{M}}^2}\bar{t}\right).$$

对上式求逆，上面表达式(13.4.25)给出，

$$t = \frac{2\tau_{\mathrm{H}}}{3\sqrt{\Omega_\Lambda}} \sinh^{-1}\left(\sqrt{\frac{\Omega_\Lambda}{1-\Omega_\Lambda}\hat{a}^3}\right). \tag{13.4.28}$$

当 $t \leqslant t_0$，可令 $\hat{a} = (1+z)^{-1}$ 得

$$t(z) = \frac{2\tau_{\mathrm{H}}}{3\sqrt{\Omega_\Lambda}} \sinh^{-1}\left(\sqrt{\frac{\Omega_\Lambda}{1-\Omega_\Lambda}(1+z)^{-3}}\right). \tag{13.4.29}$$

由 $\hat{a}(t_0) = 1$ 或令 $z = 0$ 得

$$t_0 \equiv t(0) = \frac{2\tau_{\mathrm{H}}}{3\sqrt{\Omega_\Lambda}} \sinh^{-1}\left(\sqrt{\frac{\Omega_\Lambda}{1-\Omega_\Lambda}}\right), \tag{13.4.30}$$

这正是宇宙年龄。在两组宇宙学参数 $\Omega_\Lambda = 0.73$, $h = 0.71$ 和 $\Omega_\Lambda = 0.685$, $h = 0.673$ 下，式(13.4.30)的数值再现了式(13.4.4)中 τ_{U} 的结果。

13.4.3.3　将早期和晚期标度因子联系起来

式(13.4.18)中的 $\hat{a}^{(e)}$ 和式(13.4.25)中的 $\hat{a}^{(l)}$ 所示的标度函数在不同的时间范围内有效，后者有效时间接近并包括当前时期，前者则大约在物质–辐射相等时间。二者在非常早期 $t \ll t_{\mathrm{EQ}}$ 和非常晚期 $t \gg t_{\mathrm{EQ}}$ 大为不同。然而，有一个很大的中间区域，在其中，物质密度远比辐射和真空能量贡献大，占主导地位。在那期间，这两个标度因子基本上是一致的。这可以通过两个简单的数值比较来验证。因此，可以顺利地将这两种表示结合起来，得到归一化标度函数的解析表达式，该表达式在宇宙时间上有效，这里宇宙时间实际上是指除了早期阶段外的从核合成时间 $t \approx 200$ 秒到现在 $t = 138$ 亿年之间，即整个均匀和各向同性背景的宇宙时间。

可以很方便地用标度时间 $\bar{t} = t/t_{\mathrm{EQ}}$ 来表示归一化的标度因子。将式(13.4.25)中的 $\hat{a}^{(l)}$ 写成标度时间的函数：

$$\hat{a}^{(l)}(\bar{t}) = \left(\frac{\Omega_{\mathrm{M}}}{1-\Omega_{\mathrm{M}}}\right)^{1/3} \sinh^{2/3}\left(\frac{3\sqrt{1-\Omega_{\mathrm{M}}}}{2}\frac{t_{\mathrm{EQ}}}{\tau_{\mathrm{H}}}\frac{t}{t_{\mathrm{EQ}}}\right) \tag{13.4.31}$$

$$= \left(\frac{\Omega_{\mathrm{M}}}{1-\Omega_{\mathrm{M}}}\right)^{1/3} \sinh^{2/3}\left((2-\sqrt{2})\frac{\Omega_{\mathrm{R}}^{3/2}\sqrt{1-\Omega_{\mathrm{M}}}}{\Omega_{\mathrm{M}}^2}\bar{t}\right).$$

在真空能量-辐射相等时，即宇宙年龄大约为 $t_{\Lambda R} \approx 540$ 兆年时，取为两个归一化标度因子的合并点。物质-辐射相等时间为 $t_{\mathrm{EQ}} \approx 50\,000$ 年。合并点的标度时间为

$$\bar{t}_{\mathrm{MG}} = t_{\Lambda R}/t_{\mathrm{EQ}} \approx 1.1 \times 10^4. \qquad (13.4.32)$$

整体归一化标度因子取为

$$\hat{a}(\bar{t}) = \hat{a}^{(e)}(\bar{t})\Theta(\bar{t}_{\mathrm{MG}} - \bar{t}) + \hat{a}^{(l)}(\bar{t})\Theta(\bar{t} - \bar{t}_{\mathrm{MG}}), \qquad (13.4.33)$$
$$\bar{a}(\bar{t}) = \bar{a}^{(e)}(\bar{t})\Theta(\bar{t}_{\mathrm{MG}} - \bar{t}) + \bar{a}^{(l)}(\bar{t})\Theta(\bar{t} - \bar{t}_{\mathrm{MG}}).$$

时间有效性范围从宇宙时间大约是 200 秒的核合成时期一直到现在的 138 亿年。

13.5 固有距离和相关长度测量

13.5.1 固有距离 d_{p}，共动距离 d_{c}，以及哈勃膨胀

固有距离[13] 在宇宙时间固定的超曲面上沿着空间测地线测量到的两点之间的距离。它是在宇宙时间 t 时从观测者到红移 z_1 的测量距离。在 FLRW 度规中，在 $\mathrm{d}t = 0$ 的空间表面上定义了在观测者和遥远星系之间的固有距离。特别地，当选取观测者处于共动坐标系的原点时，测量路径的角变量是固定不变的，所以 $\mathrm{d}\Omega = 0$，则有 [14]

$$\mathrm{d}s_{||} = \sqrt{g_{rr}(t)}\mathrm{d}r = \frac{a(t)}{\sqrt{1 - \kappa r^2}}\mathrm{d}r \qquad (13.5.1)$$
$$= a(t)\mathrm{d}\chi,$$

其中 g_{rr} 由式 (9.1.22) 给出，或者可以从式(13.2.1)读取。对于处于原点的观测者来说，在某个时刻 t，位于不依赖于时间的共动径向坐标 r_1、红移为 z_1 的星系的固有距离为

$$d_{\mathrm{p}}(t, r_1) \equiv a(t) \int_0^{r_1} \frac{\mathrm{d}r}{\sqrt{1 - \kappa r^2}} = a(t) \int_0^{\chi_1} \mathrm{d}\chi \qquad (13.5.2)$$
$$= a(t)\chi_1 = a(t)\frac{1}{\sqrt{\kappa}}\sin^{-1}(\sqrt{\kappa}r_1).$$

应该强调的是，对于固有距离，不能进行任何物理测量。如果想按照上述定义测量固有距离，就要求测量进行得无限快或者在测量时冻结宇宙的膨胀，以便宇宙标度

---

13 见文献[201], 415 页；[204], 4 页；[65], 36 页，以及[208], 100 页。注意在一些更新文章中，不再定义固有距离，或者用法已经有所不同。后者可参见文献[207]，而前者则可参考文献如[206]。

14 这是类空曲面上的线元，不能与定义了固有时间的 FLRW 度规线元式 (A17) 混淆。

因子在测量过程中保持不变。[15]

一个和固有距离相关的距离定义是**共动距离**，它是在光信号到达观测者的时间 t 计算的固有距离，此时间即当前时间 $t = t_0$。由式(13.5.4)，令 $z = 0$，可得 [16]

$$d_{\mathrm{c}}(r_1) = d_{\mathrm{p}}(t_0, r_1) = a_0 \chi_1 = \frac{a_0}{\sqrt{\kappa}} \sin^{-1}(\sqrt{\kappa} r_1). \tag{13.5.3}$$

在哈勃膨胀率已知的情况中，例如在 ΛCDM 模型中，利用公式(13.3.2)和(13.3.6)，固有距离和共动距离可由光传播的类光路径来计算。令一束视线在 t_1 时从红移 z_1 的星系发出，t_0 时到达观测者，标度因子为 $a(t) = a_0/(1+z)$，可将式(13.5.2)改写为

$$d_{\mathrm{p}}(t, r_1) = a(t) c \int_{t_1}^{t_0} \frac{\mathrm{d}t'}{a(t')} = a(t) c \int_{a_1}^{a_0} \frac{\mathrm{d}a}{\dot{a} a} = \frac{a(t)c}{H_0} \int_{a_1}^{a_0} \frac{1}{\tilde{E}} \frac{\mathrm{d}a}{a^2} \tag{13.5.4}$$

$$= \frac{D_{\mathrm{H}}}{1 + z(t)} \int_0^{z_1} \frac{\mathrm{d}z}{\sqrt{\Omega_\Lambda + \Omega_{\mathrm{M}}(1+z)^3 + \Omega_{\mathrm{R}}(1+z)^4 + \Omega_\kappa(1+z)^2}},$$

$$d_{\mathrm{c}}(r_1) = D_{\mathrm{H}} \int_0^{z_1} \frac{\mathrm{d}z}{\sqrt{\Omega_\Lambda + \Omega_{\mathrm{M}}(1+z)^3 + \Omega_{\mathrm{R}}(1+z)^4 + \Omega_\kappa(1+z)^2}},$$

其中 $z(t_0) = 0$。

尽管在 t 取任意值的一般情况下，固有距离与观测没有真正的相关性，但它可以用以讨论与膨胀宇宙[285]相关的问题。可以用固有距离推导出哈勃膨胀率，推导如下。取固有距离(13.5.2)的时间导数，在一般共动径向距离和任意时间下的退行速度为

$$\dot{d}_{\mathrm{p}}(t, r_1) = \dot{a}(t) \chi_1(r_1) = H(t) d_{\mathrm{p}}(t, r_1), \tag{13.5.5}$$

即在任意时间 t 坐标为 r_1 处的哈勃退行速度正比于相应的固有距离乘以给定时间的哈勃膨胀率。特别地，当前时期 $z_1 \ll 1$，由式(13.5.5)得

$$\dot{d}_{\mathrm{p}}(t_0, r_1)|_{z_1 \ll 1} \approx H_0 D_{\mathrm{H}} z_1 = c z_1. \tag{13.5.6}$$

如前文所述，考虑到星系膨胀速度以后，可以进一步论述哈勃长度的含义。取在当前时期坐标为 r_1 处的哈勃退行速度式(13.5.5) 并设光速时退行速度 $\dot{d}_{\mathrm{p}}(t_0, r_1) = c$，则得

---

15 一种想象测量固有距离的方法参见文献[201]，415 页。下面重复其中的论述：沿着所研究的两个星系的方向建立紧密排列的观测站。每一个观测站中的观测者将在同样时间 t 时刻测量各自到下一个测量站的距离，比如说，通过测量它们各自的光信号的传播时间。令相邻测量站之间的距离趋于零，那么对所有这些小测量距离求和，就得到固有距离。但在实际实验中不能进行这样的测量。

16 共动距离的定义并不唯一。在一些文献中简单定义为式(13.2.4)中的 χ_1。

$$d_{\mathrm{p}}(t_0, r_1)|_{\dot{d}(t_0,r_1)=c} = d_{\mathrm{c}}(r_1)|_{\dot{d}_{\mathrm{c}}(r_1)=c} = \frac{c}{H_0} = D_{\mathrm{H}}. \qquad (13.5.7)$$

因此哈勃长度是退行速度等于光速的共动距离。在哈勃长度内所有退行速度都是亚光速,而哈勃长度以上所有的退行速度都是超光速的。星系具有超光速退行速度并不违反狭义相对论基本定律。[17] 在 ΛCDM 模型中,可由式(13.5.4)进行计算亚光速和超光速边界处的红移值:当 $\Omega_{\Lambda} = 0.73$,$h = 0.71$ 时,$z = 1.41$;当 $\Omega_{\Lambda} = 0.685$,$h = 0.673$ 时,$z = 1.48$。

13.5.2 粒子视界 d_{ph}

粒子视界[18] 是观测者,例如地球上的观测者,能够接收到过去物体发出信号的最大共动距离,也可简称为视界。[19] 由于光速和宇宙年龄都是有限的,因此观察者的粒子视界是有限的,它随着宇宙时间的增加而增加。当前时期的粒子视界是由允许的共动距离上限决定的。因此当前时期粒子视界为

$$d_{\mathrm{ph}} \equiv d_{\mathrm{c}}(r_{\max}) = a_0 \int_0^{r_{\max}} \frac{\mathrm{d}r}{\sqrt{1 - \kappa r^2}} = a_0 c \int_0^{t_0} \frac{\mathrm{d}t}{a(t)} \qquad (13.5.8)$$

$$= D_{\mathrm{H}} \int_0^{z_{\max}} \frac{\mathrm{d}z}{\tilde{E}_z},$$

其中 $r_{\max}$ 是 r_1 的最大值,$z_{\max} \to \infty$ 是相应于 $r_{\max}$ 的过去红移值。

$$d_{\mathrm{ph}} = D_{\mathrm{H}} \int_0^{\infty} \frac{\mathrm{d}z}{\sqrt{\Omega_{\Lambda} + \Omega_{\mathrm{M}}(1+z)^3 + \Omega_{\mathrm{R}}(1+z)^3 + \Omega_{\kappa}(1+z)^2}} \qquad (13.5.9)$$

$$= c\tau_{\mathrm{U}} = ct_0$$

$$= \begin{cases} 3.45 D_{\mathrm{H}} = 4.49 \times 10^{26}\ m & (\Omega_{\Lambda} = 0.73, \quad h = 0.71) \\ 3.24 D_{\mathrm{H}} = 4.45 \times 10^{26}\ m & (\Omega_{\Lambda} = 0.685, \quad h = 0.673) \end{cases}.$$

上式忽略了 Ω_{R} 和 Ω_{κ},并设 Ω_{M} 为 $1 - \Omega_{\Lambda}$。两组数据的差异约为 5%。

粒子视界随着时间的推移而增大。对于地球上的观测者来说,随着宇宙年龄的增长,宇宙越来越多的部分变得可见,因为时间越长,就有更多的光到达地球。

13.5.3 宇宙事件视界

宇宙事件视界或简单说事件视界是现在发出的光信号能到达遥远未来观测者的最大共动距离。这个距离或者有限,或者无限,取决于决定了标度因子 $a(t)$ 大时

---

[17] 关于退行速度清楚易懂的讨论,可参阅文献[285]和[286]。

[18] 参见文献[201],489 页和文献[65],36 页。术语粒子视界及事件视界都是 1956 年 Rindler 在文献[287]中提出的名词。见文献[201],490 页。

[19] 见文献[222],93 页。它也被称为宇宙学视界或光视界。

间行为的宇宙模型。在包括现在的 ΛCDM 在内的一些模型中，存在有限的径向距离，记为 χ_{eh} 或者 r_{eh}，称为**宇宙事件视界**或**事件视界**，在此之外，任何物体，如星系，都不能被观察者看见。[20]

假设一个光源在 t_{em} 时发出信号，在 t_{obs} 时被观测者接收到。另一个光信号在 t'_{em} 时发出，在 t'_{obs} 由同一个观察者接收到。观测者位于坐标原点的共动参考系，光源与时间无关的共动径向距离表示为 χ_1 或者 r_1，

$$\chi_1 = \frac{1}{\sqrt{\kappa}} \sin^{-1}\left(\sqrt{\kappa}r_1\right) = c \int_{t_{\mathrm{em}}}^{t_{\mathrm{obs}}} \frac{\mathrm{d}t}{a(t)} = c \int_{t'_{\mathrm{em}}}^{t'_{\mathrm{obs}}} \frac{\mathrm{d}t}{a(t)}. \tag{13.5.10}$$

假定源和观测者可以永远存在，这样就可以探索他们在宇宙时间演化中的关系，而不被源或观察者有限寿命的复杂性所干扰。

由于 $a(t)$ 非负，对于给定的 t_{em}，χ_1 随着 t_{obs} 的增加而增加。当 t_{obs} 给定时，χ_1 则随着 t_{em} 的减小而增加。这说明，观测者的可视宇宙随着观测时间的增加而增加，而信号的发射则可以回溯到更早时期。对于给定的 t_{em}，当 $t_{\mathrm{obs}} \to \infty$ 时，达到最大观测范围。这就产生了称为事件视界的量。如果式(13.5.10)中的积分在 $t_{\mathrm{obs}} \to \infty$ 时发散，那么宇宙的所有部分最终都会被观察者看到。因此，不存在事件视界。但是，如果积分在 $t_{\mathrm{obs}} \to \infty$ 时收敛，则存在最大 $\chi_1(t_{\mathrm{em}})$，它就是事件视界，记为 χ_{eh1}，在此范围之外，任何物体都不能与观测者进行因果联系。用简单的话来说，事件视界意味着最远处的光源位于共动径向坐标 $r_{\mathrm{eh}}(t_{\mathrm{em}})$ 处，在此坐标之外，从 t_{em} 发出的电磁信号将永远无法到达观察者。事件视界存在的标准是非常简单的。由式(13.5.10)得

$$\frac{a(t)}{t} \xrightarrow{t \to \infty} \begin{cases} 0 & (\text{不存在有限的事件视界}) \\ \neq 0 & (\text{存在有限的事件视界}) \end{cases}. \tag{13.5.11}$$

后面将看到，在宇宙学标准模型 ΛCDM 中存在宇宙事件视界。对于给定 t_{em}，可将之写出，

$$\chi_{\mathrm{eh}}(t_{\mathrm{em}}) = c \int_{t_{\mathrm{em}}}^{\infty} \frac{\mathrm{d}t}{a(t)}. \tag{13.5.12}$$

还有一个整体事件视界，在它以外任何光信号都不能到达观察者。在事件视界表达式中，令 $t_{\mathrm{em}} = 0$，就可以获得整体事件视界

$$\chi_{\mathrm{eh}}^{(\mathrm{OA})} = c \int_{0}^{\infty} \frac{\mathrm{d}t}{a(t)}. \tag{13.5.13}$$

进一步讨论和对当前 ΛCDM 中事件视界的具体计算可参考 §13.7.3 节。

---

20 宇宙事件视界不应与黑洞事件视界相混淆，尽管二者有一些相似之处。

13.6 物理距离测量 [21]

13.6.1 角直径距离 d_A 和共动角直径距离 d_{cA} [22]

沿视线的距离可以用径向变量 r 或 χ 表示，类似地，还可以定义垂直于（地球）观察者视线的距离或大小。令一个红移为 z_1 的物体的共动坐标为 r_1 和 ϕ_1，并且在 θ 方向有 $d\theta$ 的有限扩展。横向距离线元定义为

$$ds_\perp = \sqrt{g_{\theta\theta}}d\theta = a(t)r_1 d\theta = a(t)\frac{1}{\sqrt{\kappa}}\sin(\sqrt{\kappa}\chi_1)d\theta \tag{13.6.1}$$

$$= \frac{a(t)}{\sqrt{\kappa}}\sin\left(\sqrt{\kappa}\frac{D_H}{a_0}\int_0^{z_1}\frac{dz}{\sqrt{\Omega_\Lambda + \Omega_M(1+z)^3 + \Omega_R(1+z)^4 + \Omega_\kappa(1+z)^2}}\right)d\theta,$$

其中 $t_{\theta\theta}$ 由式 (9.1.22) 给出。

假定一个物体的横向大小为 d_{tr}。光信号在 t_1 时从物体另一端发出，在 t_0 时到达观测者，形成角度 $\delta\theta$。下面定义角直径距离 d_A，

$$d_A(r_1) = \frac{ds_\perp}{\delta\theta}|_{t_1} = a(t_1)r_1 = a(t_1)\frac{1}{\sqrt{\kappa}}\sin(\sqrt{\kappa}\chi_1), \tag{13.6.2}$$

$$= \frac{a(t_1)}{\sqrt{\kappa}}\sin\left(\sqrt{\kappa}\frac{D_H}{a_0}\int_0^{z_1}\frac{dz}{\sqrt{\Omega_\Lambda + \Omega_M(1+z)^3 + \Omega_R(1+z)^4 + \Omega_\kappa(1+z)^2}}\right),$$

其中时间变量取为 t_1。

在 CMB 各向异性的讨论中，需要知道在最后散射面上的角直径距离 $d_A^{(L)}$。可以由式(13.6.2)中的 $t_1 = t_L$ 来得到。取 $\kappa = 0$，由 $a_L/a_0 = (1+z_L)^{-1}$ 可得，在 $z_L = 1100$ 时，

$$d_A^{(L)} = a_L r_L = \frac{D_H}{1+z_L}\int_0^{z_L}\frac{dz}{\sqrt{\Omega_\Lambda + \Omega_M(1+z)^3 + \Omega_R(1+z)^4}} \tag{13.6.3}$$

$$= \frac{H_0^{-1}}{1+z_L}\begin{cases} 3.32 & (\Omega_\Lambda = 0.73, \quad \Omega_M = 0.27) \\ 3.12 & (\Omega_\Lambda = 0.685, \quad \Omega_M = 0.315) \end{cases}$$

另一种情况是两个物体之间的距离，如星系，它在横贯地球视线的一条线上。此时，两个星系之间的距离会随着宇宙膨胀而增大，因此在时间 t_0 进行计算是合

---

21 目前有四种测量距离的方法。对于近地物体，有视差和固有运动的方法。对于银河系以外的物体，可以测量它们的表观视亮度与绝对亮度，也可测量它们的角直径和真实直径。这四种测量距离的方法对于距离不超过 10^9 光年红移 $z < 2$ 的物体给出类似的结果。超过这个范围，它们彼此不同，也不同于上面讨论的"固有距离"。

22 见文献[201]，422 页和文献[92]，35 页。

适的，t_0 即观察者的宇宙时间。这定义了**共动角直径距离**，

$$d_{cA} = a_0 r_1 = \frac{a_0}{a(t_1)} a(t_1) r_1 = (1 + z_1) d_A \tag{13.6.4}$$

$$= \frac{a_0}{\sqrt{\kappa}} \sin\left(\sqrt{\kappa} \frac{D_H}{a_0} \int_0^{z_1} \frac{dz}{\sqrt{\Omega_\Lambda + \Omega_M (1+z)^3 + \Omega_R (1+z)^4 + \Omega_\kappa (1+z)^2}} \right).$$

这也称为**固有运动距离** 或者**横向共动距离**[268]。它类似于式(13.5.3)定义的共动距离。平坦宇宙中横向共动距离等同于共动距离式(13.5.4)，可直接进行数值计算。

13.6.2 亮度距离 [23]d_L

计算观察者从光源的能量接收率的正常方法是用总光度 L 除以 $4\pi d^2$，并乘以探测器的有效面积 δA，其中 d 是光源与观察者之间的距离，即 $L\delta A/(4\pi d^2)$。然而，在不断膨胀的宇宙中，这种计算更加复杂。从光源的角度看，辐射波前（在光源周围）形成不同的球壳。待计算的距离涉及度规 $g_{\theta\theta}$，而且距离将和角直径距离有关。但是，对于一个不断膨胀的宇宙来说，在光源和观察者之间光传播时宇宙膨胀会带来复杂性：一个复杂性是光源和观测者之间的距离和宇宙时间的膨胀。另一个是，当光子到达观察者时，遥远光源发出的光子的频率降低，从而能量也降低。考虑这些复杂性的基础上，定义观测者测量到的表观通量 f_A 和**亮度距离**d_L

$$f_A \equiv \frac{L}{4\pi d_L^2}, \tag{13.6.5}$$

其中 L 是当光子信号发出时，星系的真实亮度。下面将亮度距离与角直径距离关联起来。

同时令观测者处于共动坐标的原点，令光发射器的共动径向坐标为 r_1，红移为 z_1。为得到亮度距离，考虑由哈勃膨胀引起的三个因子：(1) 当光信号到达观测者时，哈勃膨胀将波长拉伸了 $1 + z_1$ 倍，因此测量的能量降低同样的因子倍数；(2) 由于亮度和通量与单位时间的能量密度有关，所以必须考虑哈勃膨胀对时间的影响。在 r_1 处测量的时间间隔被拉伸了 $1 + z_1$ 因子。在 §9.1.4 节，公式 9.1.60 中考虑了同样的时间拉伸因子。因此，通量将降低另一个因子 $1 + z_1$；(3) 此外，星系到观测者的角直径距离从 $d_A = a(t_1) r_1$ 扩大到 $d_{cA} = a(t_0) r_1 = (1+z) d_A$，这就在测量辐射通量中引入另一个压低因子 $(1 + z_1)^2$。这样，相对于角直径距离，也就是光信号发射时的距离，亮度被压低了 $(1+z_1)^4$ 因子。因此，联系着光源发射时的真实亮度和观测者的观测通量的**亮度距离**可取为

---

23 见文献[201]，418-421 页和 Kolb, Turner, 41 页。

$$d_{\mathrm{L}} = (1 + z_1)d_{\mathrm{cA}} = (1 + z_1)^2 d_{\mathrm{A}} \tag{13.6.6}$$

$$= \frac{a_0}{a(t_1)}d_{\mathrm{cA}} = \left(\frac{a_0}{a(t_1)}\right)^2 d_{\mathrm{A}} = \frac{a_0^2}{a(t_1)}r_1,$$

其中 r_1, d_{cA} 和 d_{A} 分别由公式(13.3.8)、(13.6.4)和(13.6.2)给出。

13.7 平坦空间 $\kappa = 0$ 中的概括性结果

宇宙是平坦的结论存在强有力的证据，因此空间曲率常数 $\kappa = 0$，从而空间曲率能量密度为零，$\Omega_\kappa = 0$，这就简化了大多数与宇宙膨胀有关的表达式。

13.7.1 结果总结

线元:

$$\mathrm{d}s^2 = c^2\mathrm{d}t^2 - a^2(t)(\mathrm{d}r^2 + r^2\mathrm{d}\Omega^2); \tag{13.7.1}$$

类光路径:

$$\frac{c\mathrm{d}t}{a(t)} = \mathrm{d}r = \mathrm{d}\chi; \tag{13.7.2}$$

共动径向坐标:

$$\chi_1 = r_1 = \frac{D_{\mathrm{H}}}{a_0}\int_0^{z_1}\left(\frac{1}{\tilde{E}_z}\right)_{\kappa=0}\mathrm{d}z; \tag{13.7.3}$$

距离度量:

$$d_{\mathrm{p}}(t_1, r_1) = d_{\mathrm{A}}(r_1) = a(t_1)r_1 = \frac{D_{\mathrm{H}}}{1+z}\int_0^{z_1}\left(\frac{1}{\tilde{E}_z}\right)_{\kappa=0}\mathrm{d}z, \tag{13.7.4}$$

$$d_{\mathrm{c}}(r_1) = d_{\mathrm{cA}}(r_1) = a_0 r_1 = a_0\chi_1 = D_{\mathrm{H}}\int_0^{z_1}\left(\frac{1}{\tilde{E}_z}\right)_{\kappa=0}\mathrm{d}z,$$

$$d_{\mathrm{L}}(r_1) = (1 + z_1)d_{\mathrm{cA}} = (1 + z_1)^2 d_{\mathrm{A}} = (1 + z_1)D_{\mathrm{H}}\int_0^{z_1}\left(\frac{1}{\tilde{E}_z}\right)_{\kappa=0}\mathrm{d}z,$$

$$d_{\mathrm{ph}} = D_{\mathrm{H}}\int_0^{\infty}\left(\frac{1}{\tilde{E}_z}\right)_{\kappa=0}\mathrm{d}z = 3.502 D_{\mathrm{H}},$$

其中 $\tilde{E}_z$ 由式(13.3.5)给出。

图 13.7.1 画出了当 $\Omega = 0.685$ 时在平坦空间中的三个距离 $d_{\mathrm{p}}(z_1, r_1) = d_{\mathrm{A}}(r_1)$、$d_{\mathrm{c}}(r_1) = d_{\mathrm{cA}}(r_1)$ 和 $d_{\mathrm{L}}(r_1)$ 随红移的变化曲线。当红移很小时，三者几乎重合。$z >$

0.1，开始相互分离。亮度距离随红移的增加呈线性增加。$z > 100$ 时，共动距离和共动角直径距离曲线变得平坦。在 $z \approx 1.6$ 时，固有距离和角直径距离达到最大值，此后则随着 z 的增加而减小。

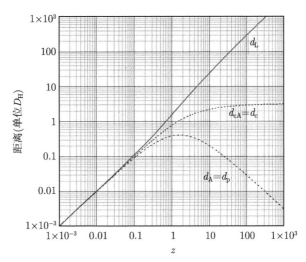

图 13.7.1   以哈勃长度 D_H 为单位的距离随红移 z 的变化曲线

13.7.2   实例：最后散射面及其之后时期

最后散射面

在 $z_1 = 1090$ 的最后散射面上有

$$d_A^{(L)} = d_p(z_L, r_L) = \frac{d_{cA}}{1 + z} = 13.4\,\mathrm{Mpc},\tag{13.7.5}$$

$$d_{cA} = d_c = a_0 r_1 = a_0 \chi_1 = 14.580\,\mathrm{Gpc},$$

$$d_L = (1 + z_L)d_{cA} = 1.59 \times 10^4\,\mathrm{Gpc}.$$

13.7.3   宇宙事件视界和宇宙远期未来的概要 [24]

为计算事件视界，需要知道当 $t_{obs} \to \infty$ 时，式(13.5.10)积分的性质。令 $\kappa = 0$ 并忽略辐射能贡献，则可改写式(13.3.6)。所以假设平坦宇宙只有物质和暗能量，也就是说，$\Omega_\Lambda + \Omega_M = 1$。这是对最后散射面以后时期的很好近似，在 §13.4.3.2 节中讨论了这种情况。约化标度因子可表达为宇宙时间的解析函数，正如式(13.4.25)所示。

对于 t 很大时的指数膨胀宇宙式(13.4.31)，式(13.5.10)中的积分在 $t_{obs} \to \infty$ 时收敛，因此给定 t_{em} 时存在有限的事件视界。所有目前可观测到的星系，除了通过

---

24 下面的一些讨论取自于文献[288]，此文献也可提供更多细节。

引力束缚而与观测者束缚在一起的那些,迟早都将移出事件视界,在那之后,上述观察者将无法观测到它们的电磁信号。因此,这些星系中任何一个都只能在其有限生命周期内被监测有限的一段时间。下面计算一个事件视界:源物体在 t_{em} 时发出信号,在 $t_{ob} \to \infty$ 到达地球观察者。源物体的共动径坐标表示为 d_{eh}。如果是过去发射出信号的话,即 $t_{em} < t_0$,那么可以用红移来表达宇宙时间。用 z_{em} 表示源物体的红移,

$$d_{eh}(t_{em}) = a_0 r_{eh}(t_{em}) = c \int_{t_{em}}^{\infty} \frac{\mathrm{d}t}{\hat{a}(t)} \tag{13.7.6}$$

$$= \frac{2}{3} D_H \left(\frac{1}{\Omega_\Lambda (1 - \Omega_\Lambda)^2} \right)^{1/6} \int_{y_{em}}^{\infty} \frac{\mathrm{d}y}{(\sinh(y))^{2/3}},$$

$$y_{em} = \frac{3}{2} \sqrt{\Omega_\Lambda} \frac{t_{em}}{\tau_H} = \sinh^{-1} \left(\sqrt{\frac{\Omega_\Lambda}{1 - \Omega_\Lambda} (1 + z_{em})^{-3}} \right) \Bigg|_{t_{em} < t_0},$$

其中 $\hat{a}(t)$ 由式(13.4.31)给出,并变换了积分变量。

有两个值得注意的宇宙事件视界。一个是当前时期的事件视界,另一个是标准 ΛCDM 世界的整体事件视界。当前时期的事件视界,即人类所能到达的最远共动径向距离,表示为 $d_{eh}^{(0)}$。它是通过将发射时间设为当前时间来获得的,$t_{em} = t_0$ 或 $z_{em} = 0$,

$$d_{eh}^{(0)} = \frac{2}{3} D_H \left(\frac{1}{\Omega_\Lambda (1 - \Omega_\Lambda)^2} \right)^{1/6} \int_{y_0}^{\infty} \frac{\mathrm{d}y}{(\sinh(y))^{2/3}} \tag{13.7.7}$$

$$= \begin{cases} 1.12 D_H = 4.73\,\text{Gpc} = 15.4\,\text{Gyr} & (\text{当 } \Omega_\Lambda = 0.73, \quad h = 0.71\text{时}), \\ 1.15 D_H = 5.12\,\text{Gpc} = 16.8\,\text{Gyr} & (\text{当 } \Omega_\Lambda = 0.685, \quad h = 0.673\text{时}). \end{cases}$$

ΛCDM 宇宙的整体事件视界是由 $t_{em} = 0$ 或者 $z_{em} \to \infty$ 来得到的,

$$d_{eh}^{(Oa)} = \frac{2}{3} D_H \left(\frac{1}{\Omega_\Lambda (1 - \Omega_\Lambda)^2} \right)^{1/6} \int_{0}^{\infty} \frac{\mathrm{d}y}{(\sinh(y))^{2/3}} \tag{13.7.8}$$

$$= \begin{cases} 4.62 D_H = 19.5\,\text{Gpc} = 63.6\,\text{Gly}, & (\text{当 } \Omega_\Lambda = 0.73, \quad h = 0.71\text{时}), \\ 4.38 D_H = 20.0\,\text{Gpc} = 63.9\,\text{Gly}, & (\text{当 } \Omega_\Lambda = 0.685, \quad h = 0.673\text{时}). \end{cases}$$

所以宇宙事件视界大小是有限的。整体事件视界约为 $d^{(Oa)} \approx 64\,\text{Gyr}$。应该记住,这个结果是近似的,因为当红移 z 很大时,即 y 很小时,积分是无效的。但估计这个效应会很小。

现在审视一下当前时期所能看到的所有星系的命运。每个可视星系都有红移 z_1,且 $z_1 \leqslant z_L$,我们收到的信号是它们在宇宙寿命 τ_{z_1} 或者宇宙时间 t_{z_1} 时发射出来的,

$$\tau_{z_1} = \frac{2}{3\sqrt{\Omega_\Lambda}} \sinh^{-1}\left(\left(\frac{1-\Omega_\Lambda}{\Omega_\Lambda}(1+z_1)^3 \right)^{-1/2} \right) \tau_{\mathrm{H}}. \tag{13.7.9}$$

此星系的共动径坐标记为 $\chi_1 = r_1$。假设时间 t_1 时红移为 z_1 的源发射出一个光脉冲，在当前时期 t_0 抵达观测者。另一个脉冲在 $t_{\mathrm{em}} > t_1$ 时发出，$t_{\mathrm{ob}} > t_0$ 时抵达观测者。二者都可以用来计算相同源的共动径坐标。由式(13.3.7)得

$$\chi_1 = \chi(z_1) = c\int_{t_1}^{t_0} \frac{\mathrm{d}t}{a(t)} \tag{13.7.10}$$

$$= \frac{c}{a_0 H_0} \int_0^{z_1} \frac{\mathrm{d}z}{\sqrt{\Omega_\Lambda + \Omega_{\mathrm{M}}(1+z)^3 + \Omega_{\mathrm{R}}(1+z)^4 + \Omega_\kappa(1+z)^2}}$$

$$= c\int_{t_{\mathrm{em}}}^{t_{\mathrm{obs}}} \frac{\mathrm{d}t}{a(t)},$$

其中 t_{obs} 随着 t_{em} 的变化而变化。上式第二行可以确定 $\chi(z_1)$，第三行限制了源和观察者之间进行因果联系的时间间隔，该时间间隔位于 $t_{\mathrm{em}} > t_1$ 和 $t_{\mathrm{obs}} > t_0$ 的未来时间中。

给定 χ_1，t_{obs} 随着 t_{em} 的增加而增加。由于积分当 $a(t)$ 指数增长时收敛，存在时间 t_{em}，称为最近发射时间，表示为 t_{Lem}，它使得 $t_{\mathrm{obs}} \to \infty$。这样对于 $t_{\mathrm{em}} > t_{\mathrm{Lem}}$，式(13.7.10)不再成立。这种物理状况表明源星系在最近发射时间之后发出的光将无法到达观测点。给定 z_1，存在唯一的 t_{Lem}，它作为下列方程的解，由公式(13.7.10)的第二和第三行得到。定义 $\check{t} \equiv t/\tau_{\mathrm{H}}$ 并忽略 Ω_κ 和 Ω_{R} 可得

$$\int_0^{z_1} \frac{\mathrm{d}z}{\sqrt{\Omega_\Lambda + (1-\Omega_\Lambda)(1+z)^3}} = \int_{\check{t}_{\mathrm{Lem}}}^{\infty} \frac{\mathrm{d}\check{t}}{\hat{a}(\check{t})} \tag{13.7.11}$$

$$= \left(\frac{1-\Omega_\Lambda}{\Omega_\Lambda}\right)^{-1/3} \int_{\check{t}_{\mathrm{Lem}}}^{\infty} \frac{\mathrm{d}\check{t}}{\left(\sinh\left(\frac{3\sqrt{\Omega_\Lambda}}{2}\check{t}\right)\right)^{2/3}},$$

其中 $\hat{a}(\check{t})$ 可由式(13.4.25)获得。图 13.7.2 画出了结果随着源物体红移 z_1 的变化情况。红色实线是观测者在无限未来能接收到信号所对应的最近发射（宇宙）时间 t_{Lem}。青色虚线是红移为 z_1 时的宇宙年龄。注意光发射的年龄，即青色虚线，决定了各种物体的共动径坐标。

下面根据图 13.7.2 再做一些详细阐述。对于给定红移的辐射源，在最近发射时发出的光信号将花费无限的时间到达地球观测者。比如，对于 $z_1 \neq 0$ 的星系，地球观测者只能在它演化的有限时间内对其进行监测。再比如，对于 $z = 5$ 的星系，现在从它那里接收到的光发射于星系形成的早期宇宙时间 $0.082\tau_{\mathrm{H}}$，即 $1.1\,\mathrm{Gly}$。[25] 从它接

---

25 在此计算中，取 $\Omega_\Lambda = 0.7$，在先前使用的值之间。另外也取 $h = 0.7$。

收到最后一束光是在宇宙年龄为 $0.46\,\tau_{\mathrm{H}} = 6.4\,\mathrm{Gly}$ 时发出的,并且在此之后,就会失去与它的因果联系,并且在最后一束光以后将再不能监控它的演化。另外一个例子是目前观测到的最古老星系,它的红移为 11.9,[26]它的光发射于 $0.026\tau_{\mathrm{H}} \approx 340\,\mathrm{Mly}$ 时,而最后的光发射于 $0.25\tau_{\mathrm{H}} \approx 3.5\,\mathrm{Gly}$ 时。

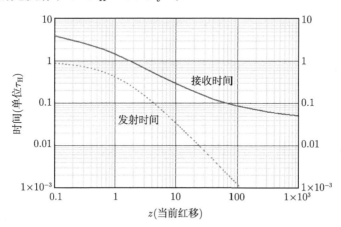

图 13.7.2　红色实线表示当前时期红移为 z 的星系的最近发射时间,星系在给定红移 z 时当前时期星系的最近发射时间;青色虚线显示了目前正在到达观测者的星系发出光信号时的年龄

13.7.4　低红移结果

红移值较小 $z < 1$ 时,可得各种与能量密度无关的量,

$$r_1 \approx \chi_1 \approx z_1 \frac{D_{\mathrm{H}}}{a_0}, \tag{13.7.12}$$

$$d_{\mathrm{A}} \approx d_{\mathrm{L}} \approx d_{\mathrm{P}} \approx d_{\mathrm{pr}} \approx d_{\mathrm{A}}^{(0)} = a_0 r_1 \approx D_{\mathrm{H}} z_1.$$

13.7.5　关于时间与哈勃标度因子的三次方程的评述

高等数学中,三次方程的根是很清楚的。关于它的总结,可参见文献[266]。[27] 由于目前讨论中有一些关于公式(13.4.16)和(13.4.17)的微妙特性,在这里对它们做一些评论。

在文献[266]的表示中,三次方程写成下面形式

$$x^3 + b_2 x^2 + b_1 x + b_0 = 0. \tag{13.7.13}$$

---

26 美国国家航天局 2012 年 12 月 12 日新闻:

　　http://www.nasa.gov/news/releases/archives/index.html#.UexHS237tuD.

27 寻找三次方程通解的过程有着丰富的历史。网络搜索会找到一些有趣的读物。

根据式(13.4.17)可得

$$b_2 \equiv -3, \qquad b_1 = 0, \qquad b_0 \equiv 4 - 4\left(\left(1 - \frac{1}{\sqrt{2}}\right)\bar{t} - 1\right)^2. \tag{13.7.14}$$

定义

$$q \equiv -\frac{b_2^2}{9} = -1, \qquad r \equiv -\frac{b_0}{2} - \frac{b_2^3}{27} = 2\left(\left(1 - \frac{1}{\sqrt{2}}\right)\bar{t} - 1\right)^2 - 1, \tag{13.7.15}$$

$$q^3 + r^2 = -1 + \left(2\left(\left(1 - \frac{1}{\sqrt{2}}\right)\bar{t} - 1\right)^2 - 1\right)^2,$$

$$s_1 \equiv \sqrt[3]{r + \sqrt{q^3 + r^2}}, \qquad s_2 \equiv \sqrt[3]{r - \sqrt{q^3 + r^2}}.$$

这三个根为

$$\bar{a}_1 = s_1 + s_2 - \frac{b_2}{3}, \tag{13.7.16}$$

$$\bar{a}_2 = -\frac{1}{2}(s_1 + s_2) - \frac{b_2}{3} + \frac{\mathrm{i}\sqrt{3}}{2}(s_1 - s_2),$$

$$\bar{a}_3 = -\frac{1}{2}(s_1 + s_2) - \frac{b_2}{3} - \frac{\mathrm{i}\sqrt{3}}{2}(s_1 - s_2).$$

$q^3 + r^2$ 的符号是这三个根性质的判别式。[28] 首先需要知道 $q^3 + r^2$ 的符号及其零点:

$$q^3 + r^2 \begin{cases} < 0, & \bar{t} < 4\left(1 + \frac{1}{\sqrt{2}}\right), \\[2mm] = 0, & \bar{t} = 0,\ 2\left(1 + \frac{1}{\sqrt{2}}\right),\ 4\left(1 + \frac{1}{\sqrt{2}}\right), \\[2mm] > 0, & \bar{t} > 4\left(1 + \frac{1}{\sqrt{2}}\right). \end{cases} \tag{13.7.17}$$

$\bar{a}_1$ 是实根。当 $\bar{t} < 4(1 + 1/\sqrt{2})$ 时, $\bar{a}_2$ 和 $\bar{a}_3$ 是实根,但是当 $\bar{t} > 4(1 + 1/\sqrt{2})$,它们是复根。因此初始条件 $\bar{a}(\bar{t} = 0) = 0$ 与先决条件 $\bar{t} = 1$ 和 $\bar{a}(\bar{t} = 1) = 1$ 可以用来区分解的情况。可以验证只有 $\bar{a}_3$ 满足这些条件。所以 $\bar{a}_3$ 是当 $\bar{t} < 4(1 + 1/\sqrt{2})$ 时方程可能的解。然而,由于 $\bar{a}_3$ 在 $\bar{t} < 2(1 + 1/\sqrt{2})$ 时与始终为实根的 $\bar{a}_1$ 光滑连接,所以哈勃标度因子的表示取为

---

28 $q^3 + r^2$ 的符号约束了根的性质。$q^3 + r^2 > 0$ 时,一个实根,两个互共轭复根。$q^3 + r^2 = 0$,$s_1 = s_2$ 时,三个实根,其中两个是简并的。$q^3 + r^2 < 0$ 时,有三个实根。

$$\bar{a}(\bar{t}) = \bar{a}_3(\bar{t})\Theta\left(2\left(1+\frac{1}{\sqrt{2}}\right)-\bar{t}\right) + \bar{a}_1(\bar{t})\Theta\left(\bar{t}-2\left(1+\frac{1}{\sqrt{2}}\right)\right). \tag{13.7.18}$$

注意宇宙时间的几个特点（单位：t_{EQ}）：在 $\bar{t}=0$ 时，$\bar{a}=0$ 是初始条件；在 $\bar{t}=1$ 时，$\bar{a}=1$ 表示物质–辐射相等；在 $\bar{t}=2\left(1+\frac{1}{\sqrt{2}}\right)$ 时，此时 $\bar{a}_1$ 和 $\bar{a}_3$ 联合起来构成解，$\bar{a}=2$ 是哈勃标度因子为物质–辐射相等时的两倍的时刻；在 $\bar{t}=4\left(1+\frac{1}{\sqrt{2}}\right)$ 时，此时 $\bar{a}_2$ 和 $\bar{a}_3$ 变成复数，$\bar{a}=3$ 是标度因子是物质–辐射相等时三倍的时刻。图 13.7.3 显示了所有这些特征。注意图中没有画出 $\bar{a}_2$ 和 $\bar{a}_3$ 的复根。作为宇宙时间的单调增长函数，当 $\bar{t}\leqslant(1/2)(1+1/\sqrt{2})$ 时，由标记为 $\bar{a}_3$ 的粉色虚线来表示约化标度因子 $\bar{a}(\bar{t})$，当 $\bar{t}\geqslant(1/2)(1+1/\sqrt{2})$ 时，由标记为 $\bar{a}_1$ 的红色实线来表示。

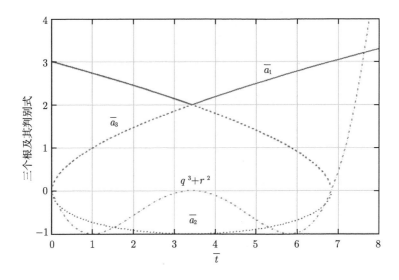

图 13.7.3 三个根：$\bar{a}_1$ 红色实线表示，$\bar{a}_2$ 蓝色点线表示，$\bar{a}_3$ 粉色虚线表示，根判别式 q^3+r^2 由青色短点划线表示。根 $\bar{a}_1$ 对于所有 $\bar{t}$ 值都是实根，而 $\bar{a}_2$ 和 $\bar{a}_3$ 则在 $\bar{t}<0$ 和 $\bar{t}>4(1+1/\sqrt{2})\approx 6.828$ 时为复根。本图只显示了实根部分。在 $\bar{t}\leqslant(1/2)(1+1/\sqrt{2})\approx 3.414$ 时，约化哈勃标度因子 $\bar{a}(\bar{t})$ 由粉色点线 $\bar{a}_3(\bar{t})$ 表示，红色实线 $\bar{a}_1(\bar{t})$ 则表示当 $\bar{t}\geqslant(1/2)(1+1/\sqrt{2})$ 时的约化标度因子

13.8 汇总表

表 13.8.1 总结了当前距离–时间的讨论结果。

表 13.8.1 不同长度和时间测量方法综述

距离/时间		表达式 (当前值)[a]	平坦宇宙 $\kappa=0$
哈勃时间	$\tau_\mathrm{H} = \dfrac{1}{H_0}$	(13.77 Byr/14.53 Byr)[b]	
哈勃长度	$D_\mathrm{H} = \dfrac{c}{H_0} = c\tau_\mathrm{H}$	(4.222 Gpc/4.455 Gpc)[b]	
哈勃膨胀率	$H(z) = H_0 \tilde{E}_z$	$H_0 \sqrt{\Omega_\Lambda + \Omega_\mathrm{R} z_+^4 + \Omega_\mathrm{M} z_+^3 + \Omega_\kappa z_+^2}$ [c]	$H_0 \tilde{E}_z$
共动 径向坐标	$\chi_1 = \dfrac{1}{\sqrt{\kappa}} \sin^{-1}(\sqrt{\kappa} r_1)$ [d]	$\displaystyle\int_0^{r_1} \left(\mathrm{d}r/(1-\kappa r^2) \right) = c \int_0^{t_1} (\mathrm{d}t/a(t))$ $= \dfrac{D_\mathrm{H}}{a_0} \displaystyle\int_0^{z_1} (\mathrm{d}z'/\tilde{E}_{z'})$	$\dfrac{D_\mathrm{H}}{a_0} \displaystyle\int_0^{z_1} (\mathrm{d}z'/\tilde{E}_{z'})$
	$r_1 = \dfrac{1}{\sqrt{\kappa}} \sin(\sqrt{\kappa}\chi_1)$	$\dfrac{1}{\sqrt{\kappa}} \sin\left(\sqrt{\kappa}\dfrac{D_\mathrm{H}}{a_0} \displaystyle\int_0^{z_1} (\mathrm{d}z'/\tilde{E}_{z'}) \right)$	$\dfrac{D_\mathrm{H}}{a_0} \displaystyle\int_0^{z_1} (\mathrm{d}z'/\tilde{E}_{z'})$
回溯时间	$\Delta t_\mathrm{lb} = \displaystyle\int_{t_1}^{t_0} \mathrm{d}t$	$\tau_\mathrm{H} \displaystyle\int_0^{z_1} (\mathrm{d}z'/((1+z')\tilde{E}_{z'}))$	$\tau_\mathrm{H} \displaystyle\int_0^{z_1} (\mathrm{d}z'/((1+z')\tilde{E}_{z'}))$
宇宙年龄	$\tau_\mathrm{U} = \Delta t_\mathrm{lb}\vert_{t_1=0}$	$\tau_\mathrm{H} \displaystyle\int_0^{\infty} (\mathrm{d}z'/((1+z')\tilde{E}_{z'}))$	$(0.992\tau_\mathrm{H}/0.948\tau_\mathrm{H})$ (13.66 Byr/13.77 Byr)
固有距离	$d_\mathrm{p}(t, r_1) = a(t)\chi_1$	$\dfrac{D_\mathrm{H}}{1+z} \displaystyle\int_0^{z_1} (\mathrm{d}z'/\tilde{E}_{z'})$	$\dfrac{D_\mathrm{H}}{1+z_1} \displaystyle\int_0^{z_1} (\mathrm{d}z'/\tilde{E}_{z'})$
共动距离	$d_\mathrm{c}(r_1) = a(t_0)\chi_1$ $= d_\mathrm{p}(t_0, r_1)$	$D_\mathrm{H} \displaystyle\int_0^{z_1} (\mathrm{d}z'/\tilde{E}_{z'})$	$D_\mathrm{H} \displaystyle\int_0^{z_1} (\mathrm{d}z'/\tilde{E}_{z'})$
粒子视界	$d_\mathrm{ph}(t_1) = d_\mathrm{c}(r_{1\mathrm{max}})$ $= a(t_1) \displaystyle\int_0^{t_1} (\mathrm{d}t'/a(t'))$	$D_\mathrm{H} \displaystyle\int_{z_1=0}^{\infty} (\mathrm{d}z'/\tilde{E}_{z'})$	$(3.383 D_\mathrm{H}/3.171 D_\mathrm{H})$ (14.28/14.13) Gpc
共动角直径距离	$d_\mathrm{A}(r_1) \equiv \dfrac{d_\mathrm{tr}}{\delta\theta} = a(t_1) r_1$	$\dfrac{a_0}{1+z_1} \dfrac{1}{\sqrt{\kappa}} \sin\left(\sqrt{\kappa}\dfrac{D_\mathrm{H}}{a_0} \displaystyle\int_0^{z_1} (\mathrm{d}z'/\tilde{E}_{z'}) \right)$	$\dfrac{D_\mathrm{H}}{1+z_1} \displaystyle\int_0^{z_1} (\mathrm{d}z'/\tilde{E}_{z'})$
共动角直径	$d_\mathrm{cA}(r_1) = a_0 r_1$	$(1+z_1)d_\mathrm{A}(r_1)$	$D_\mathrm{H} \displaystyle\int_0^{z_1} (\mathrm{d}z'/\tilde{E}_{z'})$
亮度距离	$d_\mathrm{L}(r_1) = (1+z_1)d_\mathrm{cA}(r_1)$	$(1+z_1)d_\mathrm{cA}(r_1) = (1+z_1)^2 d_\mathrm{A}(r_1)$	$(1+z_1)D_\mathrm{H} \displaystyle\int_0^{z_1} (\mathrm{d}z'/\tilde{E}_{z'})$
宇宙事件视界			

 a 上面使用两组数据。第 1 组是 WMAP 在 2013 年粒子物理数据合作组给出的: $\Omega_\Lambda = 0.73$, $\Omega_\mathrm{M} = 0.27$ 和 $h = 0.71$。第 1 组是在 WMAP2013 年数据的基础上再加上 Planck 实验组 2013 年[218]的数据: $\Omega_\Lambda = 0.685$, $\Omega_\mathrm{M} = 0.315$ 和 $h = 0.673$。

 b 不同单位的转换: 1 pc = 3.262... ly = 1.02927×10^8 秒 = 3.08568×10^{16} m, 1 ly = 0.96405×10^{16} m。

 c 令 $z_+ \equiv 1 + z$。

 d r_1 和 χ_1 指对应红移为 z_1、宇宙年龄为 t_1 时的固定共动径向坐标。

附录 A ｜ 相空间、不变量和刘维尔定理

这个附录首先证明相空间体积元

$$\mathrm{d}^3x\mathrm{d}^3p = \mathrm{d}x_1\mathrm{d}x_2\mathrm{d}x_3\mathrm{d}p_1\mathrm{d}p_2\mathrm{d}p_3 \tag{A.0.1}$$

具有洛伦兹不变性。然后证明刘维尔定理的一种形式：即相空间数密度函数也具有洛伦兹不变性。式 (9.2.2) 中的热分布函数是这类洛伦兹不变相空间分布函数的一个例子，正如在 §9.2.1 节的结尾所指出的。

刘维尔定理是许多物理分支的重要工具。它是统计力学和经典力学中的一个基本定理，也有人说刘维尔定理是天文学的基础。[1]

A.1 动量空间中的洛伦兹不变体积元

首先考虑动量空间中的洛伦兹不变元。这是众所周知的，而且相对容易得出。这里回到粒子物理学中常用的正度规，即 $p_\mu p^\mu = (p^0)^2 - (\vec{p})^2$，而不是在广义相对论中更方便的负度规式 (9.1.16)。能量–动量元 $\mathrm{d}^4p = \mathrm{d}p^0\mathrm{d}p^1\mathrm{d}p^2\mathrm{d}p^3$ 和质壳条件 $\delta_+(p_\mu p^\mu - m^2)$ 都是相对论不变的，其中 δ 函数中的下标"+"意味着 $p_\mu p^\mu - m^2 = 0$ 中的 p_0 取正值解。这样，它们的乘积

$$\mathrm{d}^4p\delta_+(p_\mu p^\mu - m^2) = \frac{1}{2E}\mathrm{d}^3p \tag{A.1.1}$$

显然就是洛伦兹不变的。这是一个典型的优雅，或者说巧妙的例子，它将洛伦兹不变量组合起来，以获得另一个洛伦兹量。

对于那些对任何投机取巧的论证持怀疑态度的读者来说，他们更愿意用可以利用的最基本的关系式来证明结果，那么可以如下证明式(A.1.1)：令 p^μ, p'^μ 为两个平行坐标系中粒子 4 动量，[2] 它们通过任意方向相对速度 $\vec{\beta}$ 的洛伦兹变换相关联。可写出 [3]

$$p'^0 = \gamma(p^0 - \vec{\beta} \cdot \vec{p}), \tag{A.1.2}$$

---

1 见文献[289]，2 页。

2 此处所说的平行坐标系是指它们的三个坐标轴是平行的。这只是一个使所涉及的公式更简单的技术假设。在平行坐标系中，通过旋转，可以得到两个相互间任意取向的坐标轴。由于旋转是幺正算符，所以下面的论断依然成立。

3 式(A.1.2)可以在文献 [290]，517 页，式 (11.19) 中找到。

$$\vec{p'} = \vec{p} + \frac{\gamma - 1}{\beta^2}(\vec{\beta} \cdot \vec{p})\vec{\beta} - \gamma p^0 \vec{\beta},$$

其中 $\vec{\beta}$ 是两个惯性系的相对速度，$\gamma = 1/\sqrt{1 - \beta^2}$ 是正则洛伦兹推动因子，$p^0 = \sqrt{m^2 + \vec{p}^2}$，$p'^0 = \sqrt{m^2 + \vec{p'}^2}$。注意这些是在自然单位制中进行的，即 $c = 1$。可将式(A.1.2)写成矩阵形式

$$p' = \tilde{\Lambda}p, \tag{A.1.3}$$

其中 p' 和 p 分别是动量 p'^μ 和 p^μ 的分量构成的列矩阵，$\tilde{\Lambda}$ 的矩阵元为

$$\tilde{\Lambda}^0_0 = \gamma, \tag{A.1.4}$$

$$\tilde{\Lambda}^0_j = \tilde{\Lambda}^j_0 = -\gamma\beta_j,$$

$$\tilde{\Lambda}^j_k = \delta_{jk} + \frac{\gamma - 1}{\beta^2}\beta_j\beta_k.$$

可直接验证 $\tilde{\Lambda}$ 行列式的幺模性，$|\tilde{\Lambda}| = 1$。通过改变 $\tilde{\Lambda}$ 中的矢量 $\vec{\beta}$ 的符号可得到 $\tilde{\Lambda}$ 的逆，即

$$\tilde{\Lambda}^{-1}(\vec{\beta}) = \tilde{\Lambda}(-\vec{\beta}). \tag{A.1.5}$$

洛伦兹变换使狭义相对论度规 $G = (2\delta_{\mu 0}\delta_{\nu 0} - g_{\mu\nu})$ 保持不变，即在 4×4 形式下

$$\tilde{\Lambda}^T G \tilde{\Lambda} = G, \tag{A.1.6}$$

$$G \equiv \begin{pmatrix} 1 & & & \\ & -1 & & \\ & & -1 & \\ & & & -1 \end{pmatrix}.$$

现在可通过考虑质壳条件 $p^0 = \sqrt{\vec{p}^2 + m^2}$，由公式(A.1.2)中第二式直接计算 3 动量空间体积元的转换

$$dp'^1 dp'^2 dp'^3 = \left|\frac{\partial p'^j}{\partial p^k}\right| dp^1 dp^2 dp^3, \tag{A.1.7}$$

其中行列式

$$\left|\frac{\partial p'^j}{\partial p^k}\right| = \left|\delta_{jk} + \frac{\gamma - 1}{\beta^2}\beta_j\beta_k - \frac{\gamma}{p^0}\beta_j p_k\right| \tag{A.1.8}$$

$$= \frac{\gamma(p^0 - \vec{\beta} \cdot \vec{p})}{p^0} = \frac{p'^0}{p^0}.$$

这给出了洛伦兹不变方程(A.1.1)

$$\frac{1}{p'^0}d^3 p' = \frac{1}{p^0}d^3 p. \tag{A.1.9}$$

A.2 位形空间中的洛伦兹不变体积元

位形空间中的洛伦兹不变体积元, 通常都是不明确讨论的。我们可以用类似的方式将它表示出来, 只是稍做变化。可以预期我们能从初学狭义相对论时的重要结论洛伦兹收缩中得到答案。下面的计算只是洛伦兹收缩的一个花哨版本。在不同的坐标系中观察一个有质量粒子。首先考虑在参考系 X 中粒子有三动量 $\vec{p}$ 和能量 p^0, 另外还有称之为 X_{R} 的粒子静止系。认为这两个参考系互相平行, 并通过洛伦兹变换相连, 其中 X 系相对于 X_{R} 系的运动速度为 $-\vec{p}/p^0 = -\vec{\beta}$。$\gamma$ 因子为 $\gamma = p^0/\sqrt{p^{02} - \vec{p}^2}$。两个参考系中的粒子坐标通过式(A.1.2)相互关联

$$t = \gamma(t_{\mathrm{R}} + \vec{\beta} \cdot \vec{x}_{\mathrm{R}}), \tag{A.2.1}$$

$$\vec{x} = \vec{x}_{\mathrm{R}} + \frac{\gamma - 1}{\beta^2}(\vec{\beta} \cdot \vec{x}_{\mathrm{R}})\vec{\beta} + \gamma t_{\mathrm{R}}\vec{\beta}.$$

取坐标的小变动:

$$\Delta t = \gamma(\Delta t_{\mathrm{R}} + \vec{\beta} \cdot \Delta \vec{x}_{\mathrm{R}}), \tag{A.2.2}$$

$$\Delta \vec{x} = \Delta \vec{x}_{\mathrm{R}} + \frac{\gamma - 1}{\beta^2}(\vec{\beta} \cdot \Delta \vec{x}_{\mathrm{R}})\vec{\beta} + \gamma \Delta t_{\mathrm{R}}\vec{\beta}.$$

X 系中的长度测量可以表示为 X_{R} 系中的长度, 而 X 系中的测量是 X 系中的同时事件, 所以取 $\Delta t = 0$。由此可得

$$\Delta \vec{x} = \Delta \vec{x}_{\mathrm{R}} + \frac{\gamma - 1}{\beta^2}(\vec{\beta} \cdot \Delta \vec{x}_{\mathrm{R}})\vec{\beta} - \gamma(\vec{\beta} \cdot \Delta \vec{x}_{\mathrm{R}})\vec{\beta}.$$

写成矢量分量形式

$$\Delta x_j = \left(\delta_{jk} - \frac{\gamma - 1}{\gamma \beta^2}\beta_j\beta_k\right)\Delta x_{\mathrm{R}k}. \tag{A.2.3}$$

这两个参照系中的无限小体积元之间的关系

$$\Delta x_1 \Delta x_2 \Delta x_3 = \left|\frac{\partial \Delta x_j}{\partial \Delta x_{\mathrm{R}k}}\right| \Delta x_{\mathrm{R}1}\Delta x_{\mathrm{R}2}\Delta x_{\mathrm{R}3}. \tag{A.2.4}$$

行列式很简单

$$\left|\frac{\partial \Delta x_j}{\partial \Delta x_{\mathrm{R}k}}\right| = \left|\delta_{jk} - \frac{\gamma - 1}{\gamma \beta^2}\beta_j\beta_k\right| = \frac{1}{\gamma}. \tag{A.2.5}$$

这给出预期的结果

$$\Delta x_{\mathrm{R}1}\Delta x_{\mathrm{R}2}\Delta x_{\mathrm{R}3} = \gamma \Delta x_1 \Delta x_2 \Delta x_3 \tag{A.2.6}$$

如果在另外一个能量为 p'^0 或者 γ 因子为 γ' 的坐标系中考虑, 粒子具有和式(A.2.6)相似的相互关系,

$$\Delta x_{R1} \Delta x_{R2} \Delta x_{R3} = \gamma' \Delta x_1' \Delta x_2' \Delta x_3'. \tag{A.2.7}$$

这样, 得到了位形空间中的不变体积元

$$\gamma' \Delta x_1' \Delta x_2' \Delta x_3' = \gamma \Delta x_1 \Delta x_2 \Delta x_3, \tag{A.2.8}$$

$$p'^0 \mathrm{d}^3 x' = p^0 \mathrm{d}^3 x,$$

其中 $p'^0/p^0 = \gamma'/\gamma$。这正是寻找中的相互关系式。

A.3　洛伦兹不变相空间元

将公式(A.1.9)和(A.2.8)结合起来, 洛伦兹不变相空间元可以写为两个洛伦兹不变元的乘积:

$$\mathrm{d}^3 p' \mathrm{d}^3 x' = \left(\frac{p^0}{p'^0} \mathrm{d}^3 p' \right) \left(\frac{p'^0}{p^0} \mathrm{d}^3 x' \right) = \mathrm{d}^3 p \mathrm{d}^3 x. \tag{A.3.1}$$

通过考虑一个开始时在 x 系静止的有质量粒子可直观、快速地检查上述结果。在 x' 系中的 z 方向上, 有 γ 因子的推动。于是有, $\Delta x' = \Delta x$, $\Delta y' = \Delta y$, $\Delta p_x' = \Delta p_x$, $\Delta p_y' = \Delta p_y$, 其中 z 方向的动量由 γ 因子推动, $\Delta p_z' = \gamma \Delta p_z$, z 方向的长度却收缩同样因子, $\Delta z' = \gamma^{-1} \Delta z$。

$$\mathrm{d}^3 p' \mathrm{d}^3 x' = (\gamma \mathrm{d}^3 p) \left(\frac{1}{\gamma} \mathrm{d}^3 x \right) = \mathrm{d}^3 p \mathrm{d}^3 x. \tag{A.3.2}$$

A.4　刘维尔定理

简单地说, 所谓的刘维尔定理是在相当广泛的约束条件下, 相空间分布函数在系统轨迹上是常数。因此, 这个定理讨论了相空间分布函数的守恒性。人们可以在文献和网络上找到许多关于这个定理的讨论。首先阐明相空间分布函数的意义。用一个力学系统为例来说明。力学系统的状态由它的坐标 x_j 和动量 p_j, $j = 1, 2, 3$ 决定。用 $f(t, x_j, p_j)$ 表示相空间体积元 $\mathrm{d} V_{\mathrm{ps}} = \mathrm{d}^3 x \mathrm{d}^3 p$ 中的状态数密度, 其中 t 是时间。这个体积元中的总态数为

$$\Delta N = f(t, x_j, p_j) \mathrm{d} V_{\mathrm{ps}}. \tag{A.4.1}$$

假设系统受到的力是光滑、保守的, 即无碰撞或摩擦力, 那么当系统沿轨道运动时, 相空间元 $\mathrm{d} V_{\mathrm{ps}}$ 和总态数 ΔN 不随时间的改变而改变。因此态分布函数也不变。这

意味着

$$\frac{\mathrm{d}}{\mathrm{d}t}f(t,x_j,p_j) = \frac{\partial}{\partial t}f(t,x_j,p_j) + \left(\frac{\partial}{\partial x_j}f(t,x_k,p_k)\right)\dot{x}_j + \left(\frac{\partial}{\partial p_j}f(t,x_k,p_k)\right)\dot{p}_j$$

$$= 0. \tag{A.4.2}$$

在文献[291]中可发现上述关系的证明。关于刘维尔定理的细节探求，包括一些有用的基本材料，可参见文献[289]。有突发性力存在时情况更复杂，如碰撞时，可参考文献[219]。[4]

最后：上一小节已经证明了相空间体积元 $\mathrm{d}V_{\mathrm{ps}}$ 是不变的。无穷小相空间体积元中的总态数显然不能通过洛伦兹变换来改变，所以相空间分布函数一定是洛伦兹不变的。从方程 (9.2.2) 中可以看出，在洛伦兹变换下，光子的能量和温度相互关联。

---

4 见文献[219] 408-413 页。

附录 B ｜ 常用的截面公式

本附录将列出相关的低能截面公式。

B.1 电磁相互作用截面

B.1.1 Klein-Nishina 公式

在实验室系中光子和电子/正电子的对撞，$\gamma + e^\pm \to \gamma + e^\pm$ 过程，入射光子三动量为 $\vec{k}$，出射光子三动量为 $\vec{k}'$，

$$|\vec{k}'| = \frac{m_e|\vec{k}|}{m_e + |\vec{k}|(1 - \cos\theta)}, \tag{B.1.1}$$

其中 θ 是末态光子动量与入射光子动量之间的夹角。于是给出微分散射截面

$$\frac{\mathrm{d}\sigma}{\mathrm{d}\Omega} = \frac{\alpha^2}{2m_c^2}\frac{|\vec{k}|^2}{|\vec{k}'|^2}\left(\frac{\vec{k}'}{|\vec{k}|} + \frac{\vec{k}}{|\vec{k}'|} - \sin^2\theta\right), \tag{B.1.2}$$

其中 $\alpha = 1/137$ 是动量为零时的精细结构常数。

B.1.2 汤姆逊散射截面

汤姆逊散射截面是取入射光子的零能量极限，并沿出射光子方向进行积分得到的。在光子能量为零的极限下，$|\vec{k}'|/|\vec{k}| \to 1$，得

$$\frac{\mathrm{d}\sigma}{\mathrm{d}\Omega}\Big|_{|\vec{k}|\to 0} = \frac{\alpha^2}{2m_e^2}(1 + \cos^2\theta). \tag{B.1.3}$$

直接对立体角进行积分得

$$\sigma_{\mathrm{Th}} = \frac{8\pi}{3}r_e^2, \tag{B.1.4}$$

$$r_e = \frac{\alpha}{m_e}.$$

r_e 是电子的经典半径。写出它们的值

$$r_e = 2.81794 \times 10^{-13} \text{ cm}, \tag{B.1.5}$$

$$\sigma_{\mathrm{Th}} = 6.65256 \times 10^{-25} \text{ cm}^2.$$

由于汤姆逊截面的质量平方反比关系，重质量费米子的散射截面将被压低 $(m_e/M)^{-2}$ 因子，其中 M 是重费米子质量。特别地，光子-质子低能散射截面，包括汤姆逊截面项加上质子反常磁矩的贡献项其截面远低于单介子产生过程（产生过程实验室系光子的阈值能量为 $m_\pi(1 + m_\pi/(2m_p)) \approx m_\pi$）。因此，截面大约压低了 $(m_e/m_p)^2 \approx 3 \times 10^{-7}$ 因子。所以，在早期宇宙中，光子与电子和质子的荷电等离子体之间的平衡主要是由于光子-电子散射，以及下一步的电子-质子散射。

B.2 弱相互作用截面

B.2.1 缪子寿命

缪子和反缪子衰变 $\mu^- \to \nu_\mu + e^- + \bar{\nu}_2$ 的最低阶计算为

$$\Gamma_\mu = \frac{G_F^2 m_\mu^5}{192\pi} + \mathcal{O}\left(\frac{m_e}{m_\mu}\right). \tag{B.2.1}$$

这确定了缪子的平均寿命，其中费米常数 $G_F = 1.1664 \times 10^{-5} \text{GeV}^{-2}$，

$$\tau_\mu = \frac{1}{\Gamma_\mu} \approx 2.187 \times 10^{-6}\text{s}. \tag{B.2.2}$$

实验值为 $\tau_\mu^{\text{exp}} = (2.197034 \pm 0.000021) \times 10^{-6}\text{s}^{[10]}$.

B.2.2 轻子弹性散射截面

这些反应涉及三种中微子对电子的弹性散射：

$$\sigma(\nu_e e^- \to \nu_e e^-) = \frac{G_F^2 S}{\pi}\left(\left(\frac{1}{2} + X_W\right)^2 + \frac{1}{3}X_W^2\right) \tag{B.2.3}$$

$$\xrightarrow{\text{实验室系}} 9.5 \times 10^{-45}\left(\frac{E_\nu + m_e/2}{1 \text{ MeV}}\right) \text{ cm}^2,$$

$$\sigma(\bar{\nu}_e e^- \to \bar{\nu}_e e^-) = \frac{G_F^2 S}{\pi}\left(\frac{1}{3}\left(\frac{1}{2} + X_W\right)^2 + X_W^2\right)$$

$$\xrightarrow{\text{实验室系}} 4.0 \times 10^{-45}\left(\frac{E_\nu + m_e/2}{1 \text{ MeV}}\right) \text{ cm}^2,$$

$$\sigma(\nu_\mu e^- \to \nu_\mu e^-) = \frac{G_F^2 S}{\pi}\left(\left(\frac{1}{2} - X_W\right)^2 + \frac{1}{3}X_W^2\right)$$

$$\xrightarrow{\text{实验室系}} 1.6 \times 10^{-45}\left(\frac{E_\nu + m_e/2}{1 \text{ MeV}}\right) \text{ cm}^2,$$

$$\sigma(\bar{\nu}_\mu e^- \to \bar{\nu}_\mu e^-) = \frac{G_F^2 S}{\pi} \left(\frac{1}{3} \left(\frac{1}{2} - X_W \right)^2 + X_W^2 \right)$$

$$\xrightarrow{\text{实验室系}} 1.3 \times 10^{-45} \left(\frac{E_\nu + m_e/2}{1 \text{ MeV}} \right) \text{ cm}^2,$$

其中 $X_W \equiv \sin^2 \theta_W \approx 0.23$[10]，$\theta_W$ 是弱混合角或者叫温伯格角，$S = (p_e + p_\nu)^2$，即入射电子和中微子的四动量之和的平方。上述各截面公式的第二个表示形式是实验室系中的公式。

B.2.3 轻子非弹性截面

下面给出缪子产生截面：

$$\sigma(\nu_\mu e^- \to \mu^- \nu_e) = \frac{G_F^2}{\pi} \frac{(S - m_\mu^2)^2}{S} \Theta(S - m_\mu^2), \tag{B.2.4}$$

$$\sigma(\bar{\nu}_\mu e^- \to \mu^- \bar{\nu}_e) = \frac{G_F^2}{3\pi} \frac{(S - m_\mu^2)^2}{S} \Theta(S - m_\mu^2),$$

其中 Θ 函数是表示阈值要求。上述公式中没有给出实验室系中的结果，因为需要相当高的能量才能从电子碰撞中产生出缪子，此能量大约为 20GeV。

B.2.4 更多中微子轻子时的湮灭截面

中微子–核子弹性散射和湮灭，中微子与荷电轻子的两体反应等公式都可参见文献[293]。

B.2.5 中微子核子弹性截面

下面是实验室系中低能中微子–核子散射截面。这些公式适用于三味中微子和三味反中微子：

$$\sigma(\nu n \to \nu n) = \frac{G_F^2 E_\nu^2}{\pi} (g_V^2 + 3g_A^2) \tag{B.2.5}$$

$$= 9.3 \times 10^{-44} \left(\frac{E_\nu}{1 \text{ MeV}} \right)^2 \text{ cm}^2,$$

$$\sigma(\nu p \to \nu p) = \frac{G_F^2 E_\nu^2}{4\pi} (g_V^2 + 3g_A^2)(1 - 4X_W)^2$$

$$= 6.0 \times 10^{-46} \left(\frac{E_\nu}{1 \text{ MeV}} \right)^2,$$

其中 E_ν 是实验室系中的中微子入射能量，并且

$$g_V = 1, \qquad g_A = 1.257. \tag{B.2.6}$$

B.2.6 两体中微子核子非弹性截面

低能中微子核子散射截面与现在的讨论直接相关。[1] 下面考虑参与反应的核子实际上处于静止状态的情况。

$$\sigma(\nu_e n \to e^- p) = \frac{G_F^2 E_\nu^2}{\pi}(g_V^2 + 3g_A^2)\left(1 + \frac{Q}{E_\nu}\right)\sqrt{1 + 2\frac{Q}{E_\nu} + \frac{Q^2 - m_e^2}{E_\nu^2}} \quad (B.2.7)$$

$$= \frac{G_F^2}{\pi}(g_V^2 + 3g_A^2)E_{e^-}p_{e^-}$$

$$= \frac{G_F^2}{\pi}(g_V^2 + 3g_A^2)\beta_{e^-}E_{e^-}^2,$$

$$\sigma(\bar{\nu}_e p \to e^+ n) = \frac{G_F^2 E_{\bar{\nu}}^2}{\pi}(g_V^2 + 3g_A^2)\left(1 - \frac{Q}{E_{\bar{\nu}}}\right)\sqrt{1 - 2\frac{Q}{E_{\bar{\nu}}} + \frac{Q^2 - m_e^2}{E_{\bar{\nu}}^2}}$$

$$= \frac{G_F^2}{\pi}(g_V^2 + 3g_A^2)E_{e^+}p_{e^+}$$

$$= \frac{G_F^2}{\pi}(g_V^2 + 3g_A^2)\beta_{e^+}E_{e^+}^2,$$

其中 E_ν 是入射中微子能量，$Q = m_n - m_p = 1.2933\text{MeV}$ 是中子和质子的质量差。$\beta_{e^\mp}$ 是电子和正电子的相对论贝塔因子，即它们在自然单位制中的速度。假设核子静止，得 $E_{e^-} = E_\nu + Q$，$E_{e^+} = E_{\bar{\nu}} - Q$ 以及 $p_{e^\mp} = \sqrt{E_{e^\mp}^2 - m_e^2}$，由它们可以分别写出两个截面公式中的第二个表达式。此外，注意上述两式可以通过交叉对称性交换两个核子相关联，这种交叉改变了 Q 的符号，然后在上面式子中进行电荷共轭和宇称 (CP) 变换。

利用交叉互换两个反应式(B.2.7)中的初态和末态轻子，又得到两个轻子核子反应截面：

$$\sigma(e^+ n \to \bar{\nu}_e p) = \frac{G_F^2}{\pi}(g_V^2 + 3g_A^2)E_{\bar{\nu}}^2, \quad (B.2.8)$$

$$\sigma(e^- p \to \nu_e n) = \frac{G_F^2}{\pi}(g_V^2 + 3g_A^2)E_\nu^2.$$

计算忽略了中微子质量。注意在宇宙核合成中出现了上述式(B.2.7)和(B.2.8) 等两种反应。[2]

---

1 下面截面公式的推导可参见文献[235]。
2 见文献[201]，547-548 页。

B.2.7 截面的典型数量级

表 B.2.1 截面的典型数量级

相互作用	典型截面	衰变、寿命
强	$10^{-26}\mathrm{cm}^{-2}=10^{2}\mathrm{barn}=10\ \mathrm{mb}$	$10^{-24}\mathrm{s}$
电磁	$10^{-32}\mathrm{cm}^{2}=10^{-8}\mathrm{barn}=10\ \mathrm{nb}$	$10^{-16}\mathrm{s}$
弱	$10^{-38}\mathrm{cm}^{2}=10^{-14}\mathrm{barn}=10\ \mathrm{fb}$	$10^{-8}\mathrm{s}$

附录 C　｜　有用的常数和单位转换

为了快速查找方便，本附录列出了几个重要的物理常量。更详细、更完整的列表，请参考文献[11]中的相应表格。

C.1　自然单位和单位转换

在扩展的自然单位制中只有一个单位，通常选为能量。通过添加适当幂次的 $\hbar$、c 和 $k_{\rm B}$，或者加上固定量的数值将能量单位转换为另一个单位，便可还原物理量单位：$\hbar = 1$ 将能量与时间联系起来，$\hbar c = 1$ 将能量与长度联系起来，$k_{\rm B} = 1$ 将能量和温度联系起来。首先列出几个广为人知的基本常数 $\hbar$，c，$k_{\rm B}$ 以及 $G_{\rm N}$ 和 $G_{\rm F}$。误差在采用的精度范围内可以不予考虑。

表 C.1.1　基本常数

基本常数	数值	单位	自然单位
$\hbar$	6.582118×10^{-22}	MeV·s	1
c	2.997825×10^{10}	cm·s^{-1}	1
$k_{\rm B}$	8.617343×10^{-11}	MeV·K^{-1}	1
$G_{\rm N}$	6.67428×10^{-14}	m^3 g^{-1}· s^{-2}	
	6.70881×10^{-39}	$\hbar c({\rm GeV}/c^2)^{-2}$	GeV^{-2}
$G_{\rm F}$	1.16637×10^{-5}	$(\hbar c)^3 {\rm GeV}^{-2}$	GeV^{-2}

C.1.1　单位转换

在自然单位中，粒子数密度的量纲为 $(E)^3$，能量密度量纲为 $(E)^4$ 等。要将能量单位转换为长度单位，需要将其乘以下面因子

$$(\hbar c)^{-1} = (1.97327 \times 10^{-11} \; {\rm MeV} \cdot {\rm cm})^{-1} \tag{C.1.1}$$

$$= 5.06773 \times 10^{10} \; {\rm MeV}^{-1}{\rm cm}^{-1}.$$

表 C.1.2 提供了这种转换因子。

例如，要将粒子数密度 MeV^3 单位形式写成 cm^{-3} 单位形式，则需要乘以因子：

$$1 \text{ MeV}^3 = (5.06773 \times 10^{10} \text{cm}^{-1})^3 \tag{C.1.2}$$

$$= 1.30149 \times 10^{32} \text{ cm}^{-3}.$$

表 C.1.2　单位转换

能量	温度	长度	时间
1 MeV	1.16045×10^{10} K	5.06773×10^{10} cm^{-1}	1.51927×10^{21} s^{-1}
1.60218×10^{-6} erg			
1.78266×10^{-27} g			
8.61734×10^{-11} MeV	1 K	4.36704 cm^{-1}	1.30920×10^{11} s^{-1}
5.06773×10^{10} MeV^{-1}	4.36704 K^{-1}	1 cm	3.33564×10^{-11} s
1.51927×10^{21} MeV^{-1}	1.30920×10^{11} K^{-1}	2.99783×10^{10} cm	1 s
1.97327×10^{-11} MeV	2.28988×10^{-1} K	1 cm^{-1}	2.99792×10^{10} s^{-1}
6.58212×10^{-22} MeV	7.63822×10^{-12} K	3.33564×10^{-11} cm^{-1}	1 s^{-1}

C.2　质量和束缚能

表 C.2.1 列出几个有用的质量和核子结合能:

表 C.2.1　核子质量及其差值

核子	质量 (MeV)
质子 m_p	938.2720
中子 m_n	939.5653
电子 m_e	0.510999
$Q = m_n - m_p$	1.2933

表 C.2.2 列出轻核的束缚能、半衰期以及自旋:

表 C.2.2　给定轻核的结合能 (大多数值来自文献[294]。有些值可能不准确。根据使用情况，最好检查信息单一来源的准确性)

核	束缚能 (MeV)	自旋	半衰期
氘 (D)	2.23452	1	-
氚 (T)	8.4818	1/2	12.32 yrs
氦 -3(^{3}He)	7.7180	1/2	-
氦 -4(^{4}He)	28.302	0	-
锂 -4(^{4}Li)	1.15/核子	2	7.58×10^{-23} s

续表

核	束缚能 (MeV)	自旋	半衰期
锂 -6(^{6}Li)	5.33/核子	1	-
锂 -7(^{7}Li)	5.606/核子	3/2	-
锂 -8(^{8}Li)	5.160	2	839 ms
锂 -9(^{9}Li)			178.3 ms
铍 -7(^{7}Be)	5.371/核子	3/2	53 天
铍 -8(^{8}Be)	7.062	0	7×10^{-17}s
铍 -9(^{9}Be)	6.463/核子	3/2	-
铍 -10(^{10}Be)	6.498/核子	0	2.18×10^6yrs

C.3 有用常数

表 C.3.1 给出**天体物理常数和参数**

表 C.3.1 一些有用的天体物理常数和参数 (所有相关的数值都指的是当前时代数值)

常数/参数	值	单位
c (光速)	2.99792×10^{10}	cm
Yr	3.15569×10^7	s
ly (光年)	9.46053×10^{15}	m
pc (秒差距)	3.08568×10^{16}	m
	3.262	ly
n_γ	$410.5(T/2.725)^3$	cm^{-3}
n_b	$(2.482 \pm 0.032) \times 10^{-7}$	cm^{-3}
	0.256 质子	m^{-3}
h	0.673 ± 0.012	
H_0	$(9.777752)^{-1}h$	Gyr^{-1}
	$3.24091 \times 10^{-18}h$	s^{-1}
$\tau_{\rm H}^{(0)} = 1/H_0$(哈勃时间)	$3.08556 \times 10^{17}h^{-1}$	s
	$9.77775h^{-1}$	Gyr
$D_{\rm H}^{(0)} = c/H_0$(哈勃长度)	$9.25025 \times 10^{25}h^{-1}$	m
$\tau_{\rm U}$(宇宙寿命)	13.6	Gyr
$\rho_c = 3H_0^2/8\pi G_{\rm N}$	$1.05368 \times 10^{-2}h^2$	(MeV/c^2)/cm^3
	$1.87835 \times 10^{-29}h^2$	g/cm^3
ρ_γ	0.2604	eV/cm^3
ρ_b	240	eV/cm^3
ε_γ(γ 平均能量)	6.34×10^{-4}	eV
$\Omega_\Lambda = \rho_\Lambda/\rho_c$	0.685	
$\Omega_{\rm m} = \rho_{\rm m}/\rho_c$	0.315	
$\Omega_{\rm b} = \rho_{\rm b}/\rho_c$	$0.02207h^{-2}$	
$\Omega_\gamma = \rho_\gamma/\rho_c$	$2.471 \times 10^{-5}(T/2.725)^4h^{-2}$	

C.4 普朗克量

表 C.4.1 给出包括引力常数 G_N 在内的普朗克量。

注意表中所有普朗克量都可以从普朗克质量 M_P 得到，方法是通过运用表 C.2.1 中的单位转换因子，这些因子来自于自然单位的定义。从表 C.1.1 可直接得到自然单位制中普朗克质量值 $M_P = 1.22 \times 10^{19}$ GeV。普朗克质量和能量密度是定义问题，正如表 C.1.2 中的定义。但它们的形式也可以用普朗克质量密度作为例子来论证如下。首先，注意虽然普朗克质量通常以能量单位表示，即 GeV，但是 $M_P = \sqrt{\hbar c / G_N}$ 实际上是质量量纲。为了获得普朗克质量密度，观察到在自然单位中，质量密度的量纲是能量的 4 次方。由于普朗克标度中唯一相关的质量是普朗克质量，所以从 M_P^4 出发，将 M_P 的三次方分别转化为以长度的逆为单位，即 $M_P \to M_P(c/\hbar)$。因此得到

$$\rho_P \equiv M_P^4 \left(\frac{c}{\hbar}\right)^3 = \left(\frac{\hbar c}{G_N}\right)^2 \left(\frac{c}{\hbar}\right)^3 \tag{C.4.1}$$
$$= \frac{c^5}{\hbar G_N^2}.$$

这正是 M_P/ℓ_P^3。为得到它在原来单位中的数值，运用表 C.1.2 将一次 M_P 转换为质量单位，以克为单位，M_P 三次方各自转换为长度单位的逆，以 cm^{-1} 为单位；或者可简单地使用表 C.4.1 中给出的所涉及的量的值。

表 C.4.1 普朗克量

普朗克量	定义	数值	单位
普朗克质量	$M_P = \sqrt{\dfrac{\hbar c}{G_N}}$	1.22089×10^{19}	GeV
		2.17651×10^{-5}	g
约化普朗克质量	$\mu_P = \sqrt{\dfrac{\hbar c}{8\pi G_N}}$	2.43532×10^{18}	GeV
普朗克长度	$\ell_P = \sqrt{\dfrac{\hbar G_N}{c^3}}$	1.61620×10^{-33}	cm
普朗克时间	$t_P = \sqrt{\dfrac{\hbar G_N}{c^5}} = \dfrac{\ell_P}{c}$	5.39123×10^{-44}	s
普朗克温度	$T_P = \sqrt{\dfrac{\hbar c^5}{G_N k_B^2}} = \dfrac{1}{k_B} M_P c^2$	1.41585×10^{32}	K
普朗克质量密度	$\rho_P = \dfrac{M_P}{\ell_P^3} = \dfrac{c^5}{\hbar G_N^2}$	5.15555×10^{93}	g/cm^3
普朗克能量密度	$\varepsilon_P = \rho_P c^2 = \dfrac{c^7}{\hbar G_N^2}$	4.63298×10^{114}	erg/cm^3

附录 D | 物理名词中英文对照

类轴子粒子	ALP
轴超子	axino[1]
轴子	axion
大爆炸核合成	BBN
玻尔兹曼输运方程	BTE
冷暗物质	CDM
宇宙微波背景辐射	CMB
漫散超新星中微子背景	DSNB
荷电超子	gaugino
胶超子	gluino
引力超子	gravitino
大统一理论	GUT
热暗物质	HDM
希格斯	Higgs
希格斯超子	Higgsino
长波短波间的插入函数	ILS
积分萨奇斯–沃尔夫效应	Integral Sachs-Wolfe effect (ISW)
有宇宙学常数的冷暗物质宇宙学模型	ΛCDM
大强子对撞机	LHC
小希格斯	little higgs
物质主导时期的长波	LMD
视界外长波	LOH
最后散射面	LSS
大质量致密晕	MACHO
大质量致密物体	MCO
最小超对称标准模型	MSSM

---

1 注意 XXino 粒子在某些资料中翻译作 XX 微子，本书统一翻译为 XX 超子，以便凸显超对称粒子以及区分两个经常会同时出现的粒子"中微子"和"中性微子"。

——译者注

模场	moduli
修正引力	MOG
修正牛顿引力	MOND
纳瓦罗–弗伦克-怀特	NFW
中性超子	neutralino
中微子	neutrino
原初黑洞	PBH
粒子物理数据合作组	PDG
光超子	photino
量子色动力学	QCD
粒子物理综述	RPP
短波–视界内部深处	SDH
自相互作用暗物质	SIDM
强相互作用大质量粒子	SIMP
粒子物理标准模型	SM
标中微子	sneutrino
孤子	soliton
标夸克	squark
辐射主导区域的短波	SRD
萨亚耶夫–泽尔多维奇效应	Sunyaev-Zeldovich effect (SZE)
超对称	supersymmetry (SUSY)
人工色	Technicolor
普适额外维度	UED
温暗物质	WDM
弱相互作用大质量粒子	WIMP
哥斯拉级暗粒子	WIMPZILLA
W 超子	wino
Z 超子	zino

参考文献

[1] S. Weinberg, Rev. Mod. Phys. **61**, 1 (1989).

[2] D. Gross, *The frontier physicist*, Outlook Science Masterclass, Nature **467**, s8 (2010).

[3] E.W. Kolb, *Particle Physics and Cosmology*, in K.L. Peach and L.L.J. Vick (eds.), *St. Andrews 1993, Proceedings, Higgh Energy Phenomenology*, arXiv:astro-ph/9403007.

[4] [ATLAS Collaboration] G. Aad *el al.*, Phys. Lett. **716**, 1 (2012), arXiv:1207.7214 [hep-ex].

[5] [CMS Collaboration] S. Chatrchyan *et al.*, Phys. Lett. **716**, 30 (2012), arXiv:1207.7235 [hep-ex].

[6] [CMS Collaboration] S. Chatrchyan *et al.*, Phys. Rev. Lett. **110**, 081803 (2013), arXiv:1212.6639.

[7] [Atlas Collaboration] G. Aad *et al.*, Phys. Lett. **726**, 120 (2013), arXiv:1307.1432 [hep-ex].

[8] Y. Baryshev, *Paradoxes of cosmological physics in the beginning of the 21-st century*, Proceedings of the XXX-th International Workshop on High Energy Physics-Particle and Astroparticle Physics, Gravitation and Cosmology-Predictions, Observations and New Projects, June 23-27, 2014, in Protvino, Moscow region, Russia, arXiv:1501.01919 [physics.gen-ph].

[9] D.N. Apergel *et al.*, Astrophys. J. Suppl. **170**, 377 (2007), arXiv:astro-ph/0603449.

[10] J. Beringer *et al.*, Phys. Rev. **D 86**, 010001 (2012): http://pdg.lbl.gov.

[11] K.A. Olive *et al.*, Chin. Phys. C **38**, 090001 (2014), http://pdg.lbl.gov]. 更新版可以从 PDG 网页: http://pdg.lbl.gov/ 下载.

[12] L. Zappacosta *et al.*, *Studying the WHIM content of the galaxy large-scale structures along the line of sight to H 2356-309*, arXiv:1004.5359 [astro-p-CO].

[13] E. Komatsu et al., Astrophys. J. 180, (suppl.), 330 (2009).

[14] K.A. Olive, TASI lecture on dark matter, arXiv:astro-ph/0301505.

[15] H. Murayama, *Physics beyond the standard model and dark matter*, Lecture given in

Les Houches 2006, arXiv:0704.2276 [hep-ph].

[16] F. Zwicky, *Die Rotverschiebung von extragalaktischen Nebeln*, Helvetica Physica Acta **6**, 110U127 (1933); See also F. Zwicky, *On the Masses of Nebulae and of Clusters of Nebulae*, Astrophysical Journal **86**, 217 (1937).

[17] J. Einasto, *Dark Matter, Astronomy and Astrophysics 2010*, Eds. O. Engvold, R. Stabell, B. Czerny, and J. Lattanzio, in: Encyclopedia of Life Support Systems (EOLSS), Developed under the Auspices of the UNESCO, Eolss Publishers, Oxford, UK, arXiv:0901.0632 [astro-ph CO].

[18] K. Freeman and G. McNamara, *In search of dark matter* (Springer, 2006).

[19] H. Zinkernagel, *High-Energy Physics and Reality-Some Philosophical Aspects of a Science*, Niels Boho Institute, 1998: 4-5, http://www.nbi.dk/ zink/HEPthesis.pdf.

[20] G. Bertone, D. Hooper and J. Silk, *Particle dark matter: Eidence, candidates and constraints*, Phys. Rpt. **405**, 279 (2005), arXiv:hep-ph/0404175.

[21] G.B. Gelmini, *TASI 2014 Lectures: The hunt for dark matter*, arXiv:1502.01320 [hep-ph].

[22] SLAC 42 届暑期学校（2014）上的报告讲义, https://indico.cern.ch/event/297618/other-view?view=standard.

[23] J. Primack, *A Brief History of Dark Matter*, http://physics.ucsc.edu/joel/Ay/214/ Jan12-Primack-DM-History.pdf.

[24] V. Springel *et al.*, Nature **435**, 629 (2005), arXiv:astro-ph/0504097.

[25] M. Bartelmann and P. Schneider, Phys. Rept. **340**, 291 (2001).

[26] R. Massey, J. Rhodes, R. Ellis, N. Scoville, A. Leauthaud, A. Finoguenov, P. Capak, D. Bacon, et al., Dark matter maps reveal cosmic scaffolding. Nature 445, 286 (2007), arXiv:astro-ph/0701594.

[27] O. Goske, B. Moore, J, Kneib and G. Soucail, *A wide-field sectroscipic survey of the cluster ofr galaxie, CL0024+1654. II. A high-speed collision?*, Astronomy & Astrophysics **386**, 31 (2002).

[28] F. Kahlhoefer, K. Schmidt-Hoberg, M.T. Frandsen and S. Sarkar, Mon . Not. R. Astron. Soc. **437**, 2865 (2014), arXiv:1308.3419[astro-ph.CO].

[29] D. Clowe *et al.*, Astrophys. J. **648**, L109 (2006), arXiv:astro-ph/0608407.

[30] http://www.astro.umd.edu/ ssm/mond/moti_bullet.html.

[31] G.W. Angus, B.Famaey and H-S. Zhao, Mon. Not. Roy. Astron. Soc. **371**, 138 (2006), arXiv:astro-ph/0606216.

[32] M. Bradac *et al.*, *Revealing the properties of dark materin the merging cluster MACSJ0025.4-1222*, arXiv:0806.2320 [astro-ph]; NASA 新闻: http://www.nasa.gov/mission_pages/chandra/news/08-111.html 短视频可以查看 http://www.youtube.com/watch?v=rn_CBHvq29k.

[33] D. Harvey, R. Massey, T. Kitching, A. Taylor and E. Tottley, *The non-graviational interactions of dark matter in colliding galaxy clusters*, Science **347**, 1662 (2015), arXiv:1503.07675 [astro-ph.CO].

[34] R. Massey *et al.*, Mon. Not. R. Astron. Soc. **449**, 3393 (2015), arXiv:1504.03388 [astro-ph.CO].

[35] J. Navarro, C.S. Frenk and S.D. White, Astrophys. J. **462**, 563 (1996), arXiv:astro-ph/9508025; **490**, 493 (1997), arXiv:astro-ph/9611107.

[36] J. Einasto, Trudy Astrofizicheskogo Instituta Alma-Ata, **5**, 87 (1965).

[37] D. Merritt, A.W. Graham, B. Moore, J. Diemand, B. Terzić, Astrophys. J. 132, 2685 (2006), arXiv:astro-ph/0509417.

[38] A.A. Dutton and A.V. Macciò, Mon. Not. R. Astron. Soc. **441**, 3359 (2014), arXiv:1402.7073 [Astro-ph.CO].

[39] A. Burkert, ApJ **447** L25 (1995), arXiv:astro-ph/9504041.

[40] M. Pierre, J.M. Siegal-Gaskins and P. Scott, *Sensitivity of CTA to dark matter signals from the galactic center*, JCAP **1406**, 024 (2014); JCAP **1410**, 10, E01 (2014), arXiv:1401.7330 [astro-ph.HE].

[41] V. Vikram et al. [DES Collaboration], *Wide-Field lensing mass Maps from DES science verification data*, arXiv:1504.03002 [astro-ph.CO].

[42] E. Komatsu et al. (Feb 2009), Five-Year Wilkinson Microwave Anisotropy Probe Observations: Cosmological Interpretation. The Astrophysical Journal Supplement 180(2), 330(2009), arXiv:0803.0547[astro-ph].

[43] D. Scott and G.F. Smoot, *27. Cosmic Microwave Background*, given in[11].

[44] D.H. Weinberg, J.S. Bullock, F. Gevernato, R.K. de Naray and A.H.G. Peter, *Cold dark matter: Controversies on small scales*, Proceedings of the National Academy of Sciences of the USA (PNAS), approved Dec. 2, 2014, arXiv:1306.0913 [astro-ph.CO].

[45] M. Boylan-Kolchin, J.S. Bullock and M. Kaplinghat, MNRAS **415**, L40 (2011), arXiv:1103.0007 [astro-ph.CO].

[46] E. Papastergis, R. Giovanelli, M.P. Haynes and F. Shanka, Astron. Astrophys. **574**, A113 (2015), arXiv:1407.4665 [astro-ph/GA].

[47] J.R. Primack, *Cosmological structure formation*, arXiv:1505.02821 [astro-ph.GA].

[48] A. Schneider, D. Anderhalden, A.V. Maccio and J. Diemand, *Warm dark matter does not do better than cold dark matter in solving small-scale inconsistencies*, Mon. Not. Roy. Astron. Soc. **441**, 6 (2014), arXiv:1309.5960 [astro-ph.CO].

[49] D.N. Spergel and P.J. Steinhardt, *Observational evidence for self-interacting cold dark matter*, Phys. Rev. Lett. **84**, 3760 (2000), arXiv:astro-ph/9909386].

[50] M. Milgrom, Astrphys. J. **270**, 365 (1983) (listed in HEP-INSPIRE. http://inspirehep. net/, but not in the arXiv e-Print archive).

[51] J.D. Bekenstein, Phys. Rev., **D 70**, 083509 (2004), arXiv:astro-ph/0403694.

[52] B. Famaey and S. McGaugh, *Modified Newtonian Dynamics (MOND): Observational phenomenology and relativistic extension*, arXiv:1112.3960 [astro-ph.CO].

[53] I. Ferreras, Phys. Rev., **D 86**, 083507 (2012), arXiv:1205.4880 [astro-ph.CO].

[54] J.W. Moffat, JCAP, **0603**, 004 (2006), arXiv:gr-qc/0506021].

[55] C. Tao, *Astrophysical constraints on dark Matter*, to appear in the proceedings of CYGNUS 2011: 3rd Workshop on directional detection of dark matter (conferenc: C11-06-08); arXiv:1110.0298 [astro-ph.CO].

[56] C. Munoz, *Direct WIMP search and theoretical scenario*, TAUP 2011 http://taup2011. mpp.mpg.de/?pg=Agenda.

[57] M. Drees and G. Gerbier, *25. Dark Matter*, review article given in[11].

[58] F. Iocco, M. Pato, and G. Bertone, Nature Physics **11**, 245 (2015), arXiv:1502. 03821[asto-ph.GA].

[59] M. Pato and F. Iocco, Astrophys. J **803**, L3 (2015), arXiv:1504.03317 [astrp-ph.GA].

[60] J. Silk, *The Big Bang*, (Freeman, 1988 edition).

[61] J.R. Bond, J. Centgrella and A.S. Wilson, *Dark matter and shocked pancakes*, Proceedings of the third Moriond Astrophysics Meeting, *Formation and evolution of galaxies and large structures in the universe*, ed. by J. Audouze and J. Tran Thanh Van (Reidel, Dordrecht 1984) pp. 87-99.

[62] J.R. Primack and G.R. Blumenthal, *What is the Dark matter*, Proceedings of the third Moriond Astrophysics Meeting, *Formation and evolution of galaxies and large structures in the universe*, ed. by J. Audouze and J. Tran Thanh Van (Reidel, Dordrecht 1984) pp. 162-183.

[63] G. Gelmini and P. Gondolo, *DM production mechanisms*, (Ch. 7 of *Particle Dark Matter: Observations, Models and SAearches*, edited by G. Bertone (Cambridge Univ. Press, 2010), arXiv:1009.3690 [astro-ph.CO].

[64] H. Baer, K.-Y. Choi, j.E. Kim and L. Roszkowski, *Dark matter production in the early universe: beyond the thermal WIMP paradigm*, Phys. Rept. **555**, 1 (2014), arXiv:1407.0017 [hep-ph].

[65] E.W. Kolb and M.S. Turner, *The Early Universe* (Addison-Wesley, 1989).

[66] G.L. Kane, P. Kumar, B.D. Nelson and B. Zhang, *Dark matter production mechanisms with a non-thermal cosmological history - A classification*, arXiv:1502.05406 [hep-ph].

[67] L.D. Duffy and K. Van Bibber, New J. Phys. **11**, 105008 (2009), arXiv:0904.3346 [hep-ph].

[68] P. Sikivie, Int. J. Mode. Phys. **A 25**, 554 (2010), arXiv:0909.0949 [hep-ph].

[69] D. Hooper, *Kaluza-Klein dark matter*, in Proceeding of the *Workshop on Exotic Physics with Neutrino Telescopes*, 2006, available at www.physics.uu.se/files/hooper_epnt.pdf.

[70] K. Griest and M. Kamionkowski, Phys. Rev. Lett. **64**, 615 (1990).

[71] D.J.H. Chung, E.W. Kolb and A. Riotto, Phys. Rev. Lett. **81**, 4048 (1998), arXiv:hep-ph/9805473; *WIMPZILLA, Proceedings of the 2nd International Conference on dark matter in astro and particle physics*, arXiv:hep-ph/9810361.

[72] V. Kuzmin and T.I. Tkachev, Phys. Rev. **D 59**, 123006 (1999), arXiv:hep-ph/9809547.

[73] J.A. Frieman, G.B. Gelmini, M. Gleiser and E.W. Kolb, Phys. Rev. Lett. **60**, 2101 (1988).

[74] A.L. Macpherson and B.A. Campbell, Phys. Lett. **B 347**, 205 (1995), arXiv:hep-ph/9408387.

[75] R.B. Metcalf and J. Silk, Phys. Rev. Lett. **98**, 071302 (2007).

[76] Goddard Space Flight Center (May 14, 2004). Dark Matter may be Black Hole Pinpoints. NASA's Imagine the Universe. http://imagine.gsfc.nasa.gov/docs/

features/news/14may04.html. Retrieved 2008-09-13.

[77] M. Kesden and S. Hanasoge, *Transient solar Oscillation driven by primordial black holes*, Phys. Rev. Lett. **107**, 111101 (2011), arXiv:1106.0011 [astro-ph.CO].

[78] J.L. Feng and J. Kumar, *The WIMPless Miracle: Dark matter particles without weak-scale masses or weak interactions*, Phys. Rev. Lett. **101**, 231301 (2008), arXiv:0803.4196 [hep-ph].

[79] K.K. Boddy, J.L. Feng, M. Kaplinghat, Y. Shadmi, and T.M.P. Tait, *Strongly interaction dark: Self-interactions and KeV lines*, Phys. Rev. **D 90**, 095016 (2014), arXiv:1408.6532 [hep-ph].

[80] P. Hansson Adrian *et al.*, *Working Group Report: Dark Sectors and New, Light, weakly-coupled particles*, arXiv:1311.0029 [hep-ph].

[81] G. Steigman and M.S. Turner, Nucl. Phys. **B 253**, 375 (1985).

[82] N. Daci, I. De Bruyn, S. Lowette, M.H.G. Tytgat and B. Zaldivar, *Simplified SIMOs and the LHC*, arXiv:1503.05505 [hep-ph].

[83] Y. Hochberg, E. Kuflik, T. Volansky, J.G. Wacker, *The SIMP Miracle*, Phys. Rev. Lett. **113**, 171301 (2014), arXiv:1402.5143 [hep-ph].

[84] N. Bernal, C. Garcia-Cely, R. Rosenfeld, *WIMP and SIMP dark matter from the spontaneous breaking of a globle group*, arXiv:1501.0197 [hep-ph].

[85] J.L. Feng, *Dark matter candidates from particle physics and methods of detection*, Ann. Rev. Astron. Astrophys. **48**, 495 (2010), arXiv:1003.0904 [Astro-ph.CO].

[86] L. Roszkowski, Pramana **62**, 389 (2004).

[87] *Report on the Direct Detection and Study of Dark Matter, The Dark Matter Scientific Assessment Group, A Joint Sub-panel of HEPAP and AAAC*, p. 59. https://www.nsf.gov/mps/ast/aaac/dark_matter_scientific_assessment_group/dmsag // _final_report.pdf.

[88] S. Tremaine and J.E. Gunn, Phys. Rev. Lett. **42**, 407 (1979).

[89] J. Madsen, Phys. Rev. Lett. **64**, 2744 (1990); Phys. Rev. **D 44**, 999 (1991).

[90] Wim de Boer, *Physics Beyond the SM*, KSETA Lecturese, Beyond the SM, Kalsrsuhe, Oct. 2014. http://www-ekp.physik.uni-karlsruhe.de/d̃eboer/html/Talks/KIT_BSM_lectureII_short.pdf.

[91] J. Ellis and K.A. Olive, in *Particle Dark Matter, Observations, Models and Searches*

(Cambridge University Press, 2010), Ch. 8, *Supersymmetric dark matter candidates*, arXiv:1001.3651 [astro-ph.CO].

[92] Scott Dodelson,*Modern Cosmology* (Academic Press, 2003);

Errata: http://home.fnal.gov/~dodelson/errata.html.

[93] F. Bezrukov, *Light sterile neutrino dark matter in extensions of the standard model*, talk given at the Workshop CIAS Neudon 2011, Warm Dark matter int the galaxies: Theoretical and observational progress, June 8-10, 2011.

http://chalonge.obspm.fr/Cias_Meudon2011.html.

[94] M.R. Lovell, V. Eke, C.S.Frenk, L. Gao, A. Jenkins, T. Theuns, J. Wang, S.D.M. White, A. Boyarsky and O. Ruchayskiy, Mon. Not. R.. Astron. Soc. **420**, 2318 (2012), arXiv:1104.2929 [astro-ph.CO].

[95] N. Smith, *Status update on deep underground facilities*, talk given in TAUP 2011. http://taup2011.mpp.mpg.de/?pg=Agenda.

[96] Hesheng Chen, *Underground laboratory in china*, Eur. Phys. J. Plus **127**, 105 (2012). This article is in [97].

[97] *Focuspoint on Deep Underground Science Laboratories and Projects*, Ed. A, Bettini, Eur. Phys. J. Plus, **127**, Sept. 2012.

[98] J.D. Lewin and P.F. Smith, Astropart. Phys. **6**, 87 (1996).

[99] E. Armengaud, *Gif Lectures on direct detection of dark matter*, arXiv:1003.2380 [hep-ph].

[100] G. Jungman, M. Kamionkowski and K. Girest, Phys. Rept. **267**, 195 (1996), arXiv:hep-ph/9506380.

[101] K. Freese, J. Frieman, and A. Gould, Phys. Rev. **D 37**, 3388 (1988).

[102] D.R. Tovey, R.J. Gaitskell, P. Gondolo, Y.A. Ramachers and L. Roszkowski, Phys. Lett. **B 488**, 17 (2000), arXiv:0005041 [hep-ph].

[103] [KIMS Collaboration] S.C. Kim *et al.*, Phys. Rev. Lett. **108**, 181301 (2012), arXiv:1204.2646 [astro-ph.CO].

[104] T. Saab, *An introduction to dark matter direct detection searches & techniques*, arXiv:1203.2566 [physics.ins-det].

[105] M. Boezio*et al.* [PAMELA Collaboration], *PAMELA and indirect dark matter searches*, New J. Phys. **11**, 102053 (2009).

[106] D. Hooper, D.P. Finkbeiner and G. Dobler, Phys. Rev. **D76**, 083012 (2007), arXiv:0705.3655 [Astro-ph].

[107] M. Cirelli, *Indirect search for dark matter: a status review*, Pramana **79**, 1021 (2012), arXiv:1202.1454[hep-ph].

[108] Principle Converners: P. Nath and B. Nelson, *The Hunt for New physics at the Large Hadron Collider*, Ch. 5 *Connecting Dark Matter to the LHC*, arXiv:1001.2693 [hep-ph].

[109] A. Ringwald, L.J. Rosenberg and G. Rybka, *Axions and other similar particles* 2014 年四月更新，简短综述可以查看文献[11].

[110] G.G. Raffelt, *Astrophysical Axion Bounds*, Lect. Notes Physs. **741**, 51 (2008), arXiv:hep-ph/0611350.

[111] A. Friedland, M. Giannotti and M. Wise, Phys. Rev. Lett. **110**, 061101 (2013), arXiv:1210.1271 [hep-ph].

[112] G. Raffelt, Lect. Notes Phys. **741**, 51 (2008).

[113] G. Raffelt, *Viewpoint: Particle Physics in the Sky*, Physics **6**, 14 (2013); http://physics.aps.org/articles/v6/14.

[114] R. Essig *et al.*, *Working Group Report: Dark sectors and New, light, weakly-coupled particles*, Snowmass on Mississippi 2013, arXiv:1311.0029 [hep-ph].

[115] [LSND] C. Athanassopoulos, *et al.*, Phys. Rev. Lett. **75**, 2650 (1995), arXiv:nucl-ex/9504002].

[116] [MiniBooNE Collaboration] A.A. Aguilar-Arevalo *et al.*, *A Combined $\nu_\nu \to \nu_e$ and $\bar{\nu}_\nu \to \bar{\nu}_e$ Oscillation Analysis of the MiniBooNE Excesses*, Phys. Rev. Lett. **110**, 161801 (2013), arXiv:1207.4809 [hep-ex], arXiv:1303.2588 [hep-ex].

[117] [MiniBooNE Collaboration] K.B.M. Mahn *et al.*, Phys. Rev. **D 85**, 032007 (2012), arXiv:1106.5685 [hep-ex].

[118] K.N. Abazajian et al., *Light sterile neutrinos: A white paper*, arXiv:1204.5379 [hep-ph].

[119] T. Asaka, S. Blanchet and M. Shaposhnikov, Phys. Lett. **B 631**, 151 (2005), arXiv:hep-ph/0503065].

[120] T. Asaka and M. Shaposhnikov, Phys. Lett. **B 620**, 17 (2005), arXiv:hep-ph/0505013].

[121] A. Kusenko, Phys. Rept. **481**, 1 (2009), arXiv:0906.2968[hep-ph].

[122] A. Boyarsky, D. Iakubovskyi and O. Ruchayskiy, *Next decade of sterile neutrino stud-*

ies, Phys. Dark Univ. **1**, 136 (2012), arXiv:1306.4954 [astro-ph.CO].

[123] E. Bulbul *et al.*, *Detection of an unidentified emission line in the stacked X-ray spectrum of galaxy clusters*, Astrophy. J. **789**, 13 (2014), arXiv:1402.2301 [astro-ph.CO].

[124] A. Boyarsky, O. Ruchayskiy, D. Iakubovskyi and J. Franse, *An unidentified line in X-ray of the Andromeda and Sperseus galaxy cluster*, Phys. Rev. Lett. **113**, 251301 (2014), arXiv:1402.4119 [astro-ph.CO].

[125] K.N. Abazajian, *Resonantly-produced 7 keV sterile neutrino dark matte models and the properties of Milky Way satellites*, Phys. Rev. Lett. **112**, 162303 (2014), arXiv:1403.0954 [astro-ph.CO].

[126] [DAMA/LIBRA Collaboration] R. Bernabei *et al.*, *New Results from DAMA/LIBRA*, Euro. Phys. J. **C 67**, 39 (2010), arXiv:1002.1028 [astro-ph.GA].

[127] [CDMS collaboration] R. Angnese *et al.*, *Silicon Detector Deark Matter Results from the Final Exposure of CDMS* Ⅱ, Phys. Rev. Lett. **111**, 251401 (2013), arXiv:1304.4279 [hep-ex].

[128] [CoGeNT Collaboration] C.E. Aaseth *et al.*, *CoGeNT: A Search for Low-Mass Dark Matter using p-type Point Contact Germanium Detectors*, Phys. Rev. **D 88**, 012002 (2013), arXiv:1208.5737 [astro-ph.CO].

[129] [CRESST collaboration] G. Angloher *et al.*, *Results from 730 kg days of the CRESST-ⅡDark Matter Search*, Eur. Phys. J. **C 72**, 1971 (2012), arXiv:1109.0702 [astro-ph.CO].

[130] P. Belli, *Results from DAMA/LIBRA and perspectives of phase 2*, talk given at Aspen 2013-Closing in on Dark Matter, January 28∼February 3, 2013.

[131] P. Belli, *Results and strategisties for dark matter investigations*, Talk at NDM 2015, Jyvaskyla, Finland, June 1-5, 2015. http://people.roma2.infn.it/belli/belli_NDM15_jun15.pdf.

[132] M. Drees and G. Gerbier, *24. Dark matter*, mini review in[10].

[133] K. Blum, *DAMA vs. the annually modulated muon background*, arXiv:1110.0857 [astro-ph.HE].

[134] J. Klinger and V.A. Kudryavtsev, *Muon-induced neutrons do not explain the DAMA data.* Phys. Rev. Lett. **114**, 151301 (2015), arXiv:1503.07225 [hep-ph].

[135] C. Arina, E. Del Nobile and P. Panci, *Dark matter with pseudo-scalar-mediated*

interactions explains the DAMA signal and the galactic center excess, Phys. Rev. Lett **114**, 011301 (2015), arXiv:1406.5542 [hep-ph].

[136] [DM-Ice Collaboration] J. Cherwinka *et al.*, *First data from DM-Ice17*, Phys. Rev. **D 90**, 092005 (2014), arXiv:1401.4804 [astro-ph.IM].

[137] [The SuperCDMS Collaboration] R. Agnese *et al.*, *Search for low-mass weakly interacting massive particles with SuperCDMS*, Phys. Rev. Lett. **112**, 241302 (2014), arXiv:1402.7137 [hep-ex].

[138] P. Cushman, *WIMP Direct Detection Searches: Solid State Technologies*, SLAC, 2014.

[139] [The EURECA Collaboration] B. Angloher *et al.*, *EURECA conceptual design report*, Physics of the Dark Universe **3**, 41 (2014). http://www.sciencedirect.com/ science/article/pii/S2212686414000090.

[140] [GoGeNT Collaboration] C.E. Aalseth *et al.*, Phys. Rev. Lett. **106**, 131301 (2011), arXiv:1002.4703 [astro-ph.CO].

[141] [GoGeNT Collaboration] C.E. Aalseth *et al.*, Phys. Rev. Lett. **107**, 141301 (2011), arXiv:1106.0650 [astro-ph.CO].

[142] P.J. Fox, J. Kopp, M. Lisanti and N. Weiner, *A CoGeNT modulation analysis*, Phys. Rev. **D 85**, 036008 (2012), aXiv:1107.0717 [hep-ph].

[143] C. McCabe, *DAMA and CoGeNt without astrophysical uncertainties*, arXiv:1107.0741 [hep-ph].

[144] J. Herrero-Garcia, T. Schwetz and J. Zupan, *Astrphysics independent bounds on the annual modulation of dark matter signals*, arXiv:1205.0134 [hep-ph].

[145] E. Aprile*et al.* [XENON100 Collaboration],*First dark matter result from the XENON100 experiment*, arXiv:1005.0389 [astro-ph.CO].

[146] C.C. Aalseth *et al.*, *Search for an annual modulation in three years of CoGeNT dark matter detector data*, arXiv:1401.3295 [astro-ph.CO].

[147] J.H. Davis, C. McCabe and C. Boehm, *Quantifying the evidence for dark matter in CoGeNT data*, JCAP **1408**, 014 (2014), arXiv:1405.0495 [hep-ph].

[148] [CRESST Collaboration] G. Angloher *et al.*, *Results from 730 kg days of the CRESST-II Dark Matter Search*, Eur. Phys. J. **C 72**, 1971 (2012), arXiv:1109.0702[astro-ph.CO].

[149] [CRESST Collaboration] G. Angloher *et al.*, *Results on low mass WIMPs using an up-*

graded CRESST-II *detector*, Eur. Phys. J. **C 74**, 3184 (2014), arXiv:1407.3146 [astro-ph.CO].

[150] Xiao-Jun Bi, Peng-Fei Yin and Qiang Yun, *Status of Dark Matter Detection*, Front. Phys. China **8**, 794 (2013), arXiv:1409.4590 [hep-ph].

[151] M. Boudaud *et al.*, *A new look at the cosmic ray positron fraction*, Astron. Astrophys. **575**, A67 (2015).

[152] Su-JIe Lin, Qiang Yuan, Xiao-Jun Bi, *Quantitative study of the AMS-02 electron/positron spectra: Implications for pulsars and dark matter properties*, Phys. Rev. **D 91**, 063508 (2015), arXiv:1409.6248 [astro-ph.HE].

[153] Jie Feng and Hong-Hao Zhang, *Pulsar interpretation of the lepton spectra measured by AMS-02*, arXiv:1504.03312 [hep-ph].

[154] G. Giesen, M Boudaud, Y. Génolini, V. Poulin, M. Cirelli, P. Salati and P. D. Serpico, *AMS-02 Antiprotons, at last! Secondary astrophysical component and immediate implications for Dark Matter*, arXiv:1504.04276 [astro-ph.HE].

[155] K. Hamaguchi, T. Moroi, K. Nakayama, *AMS-02 Antiprotons from Annihilating or Decaying Dark Matter*, Phys. Lett. **B 747**, 523 (2015), arXiv:1504.05937 [hep-ph].

[156] L Bergstrom, *Dark Matter Evidence, Particle Physics Candidates and Detection Methodes*, Annalen der Physik special issue Dark Matter, ED. M. Bartelmann and V. Springel, to be published in Ann Phys (Berlin) **524** (2012).

[157] C. Weniger, *A tentative Gamma-ray line from dark matter annihilation at the Fermi Large Area Telescope*, arXiv:1204.2797 [hep-ph].

[158] M. Ackermann *et at.* [FermiLAT Collaboration], Phys. Rev. Lett. **107**, 241302 (2011), arXiv:1108.3546 [astro-ph.HE].

[159] A. Geringer-Smith and S.M. Koushiappas, Phys. Rev. Lett. **107**, 241303 (2011), arXiv:1108.2914 [astro-ph.CO].

[160] Y-L. S. Tsai, Q. Yuan, X. Huang, *A generic method to constrain the dark matter model parameter from Fermi observations of dwarf spheroids*, JCAP **1303** 018 (2013), arXiv:1212.3990 [astro-ph.HE].

[161] S. Ando and D. Nagai, JCAP **1207**, 017 (2012), arXiv:1201.0753 [astro-ph.HE].

[162] Jianxin Han, C.S. Frenk, V.R. Eke and Liang Cao, Mon. Not. Roy. Astron. Soc. **427**, 1651 (2012), arXiv:1207.6749 [astro-ph.CO].

[163] S. Ando and E. Komatsu, *Constraints on the annihilation cross section of dark matter particles from anisotropies in the diffuse gamma-ray background measured with Fermi-LAT*, arXiv:1301.5901 [astro-ph.CO].

[164] [Fermi-LAT Collaboration] E. Ackermann *et al.*, *The spectrum of isotropic diffuse gamma-ray emission between 100 MeV and 820 GeV*, Astrophys. J. **799**, 86(2015), arXiv:1410.3696 [astro-ph.DE].

[165] M. Fornasa and M.A. Sanchez-Conde, *The nature of the Diffuse Gamma-Ray Background*, arXiv:1502.02866 [astro-ph.CO].

[166] D. Hooper and T. Linden, *On the Origin of the Gamma Rays From the Galactic Center*, Phys. Rev. **D 84**, 123005 (2011), arXiv:1110.0006 [astro-ph.HE].

[167] A. Boyarsky, D. Malyshev and D. Ruchayskiy, *A comment on the emission from the Galactic Center as seen by the Fermi telescope*, Phys. Lett. **B 705**, 165 (2011), arXiv:1012.5839 [hep-ph].

[168] K.N. Abazajian, M. Kaplinghat, *Detection of a Gamma-Ray Source in the Galactic Center Consistent with Extended Emission from Dark Matter Annihilation and Concentrated Astrophysical Emission*, Phys. Rev. **D 86**, 083511 (2012), ibid **D 87**, 129902 (2013), arXiv:1207.6047 [astro-ph.HE].

[169] T. Daylan, D.P. Finkbeiner, D. Hooper, T. Linden, S.K.N. Portillo, N.L. Rodd, and T.R. Slatyer, *The Characterization of the Gamma-Ray Signal from the Central Milky Way: A Compelling Case for Annihilating Dark Matter*, arXiv:1402.6703 [astro-ph.HE].

[170] T. Bringmann, X. Huang, A. Ibarra, S. Vogl, C. Weniger, *Fermi LAT search for internal bremsstrahlung signatures from dark matter annihilation*, JCAP **1207**, 054 (2012), arXiv:1203.1312 [hep-ph].

[171] E. Tempel, A. Hektor and M. Raidal, *Fermi 130 GeV gamma-ran excess and dark matter annihilation in sub-haloes and in the galactic centre*, JCAP **1209**, 032 (2012), arXiv:1205.1045 [hep-ph].

[172] M. Ackermann *et al.*, *Updated search for spectral lines from Galactic dark matter interactions with pass 8 data from the Fermi Large Area Telescope*, Phys. Rev. **D 91**, 122002 (2015), no arXiv number.

[173] N. Prantzos *et al.*, *The 511 KeV emission from positron annihilation in the Galaxy,*

Rev. Mod. Phys. **83**, 1001 (2011), arXiv:1009.4620 [astro-ph.HE].

[174] K. Helbing *et al.* [The IceCube Collaboration], *Icecube as a discovery observatory for physics beyond the standard model*, to appear in the Proceedings of the 46th Recontres de Moriond, arXiv:1107.5227 [hep-ex].

[175] R. Kappl, M.W. Winkler, *New limits on dark matter from Super-Kamiokande*, Nucl. Phys. **B 805**, 505 (2011), arXiv:1104.0679 [hep-ph].

[176] M.G. Aartsen *et al.*, Phys. Rev. Lett. **110**, 131302 (2013), arXiv:1212.4097 [astro-ph.HE].

[177] [Super-K Collaboration] K. Choi *et al.*, *Search for neutrinos from annihilation of captured low-mass dark matter particles in the Sun by Super-Kamiokande*, arXiv:1503.04858 [hep-ex].

[178] [IceCube Collaboration] M.G. Aartsen *et al.*, *Search for dark matter annihilation in the galactic center with IceCube-79*, arXiv:1505.07259 [astro-ph.HE].

[179] F. Donato, N. Fernengo and P. Salati, Phys. Rev. **D 62**, 043003 (2000), arXiv:hep-ph/9904481.

[180] M. Kadastic, M. Raidal and A. Strumia, Phys. Lett. **B 683**, 248 (2010), arXiv:0908.1578 [hep-ph].

[181] T. Aramaki *et al.*, *Review of the theoretical and experimental status of dark matter identification with cosmic-ray antideuterons*, arXiv:1505.07785 [hep-ph].

[182] J.B. Billard and E. Figueroa-Feliciano, *Implication of neutrion backgrounds on the reach of next generation dark matter direct detection experiments*, Phys. Rev. **D 89**, 023524 (2014), arXiv:1307.5458 [hep-ph].

[183] M. Schumann, *Dark Matter 2014*, EPJ Web Conf. **96**, 01027 (2015), arXiv:1501.01200 [astro-ph.CO].

[184] [XENON Collaboration] E. Aprile *et at.*, *Physics reach of the XENON1T dark matter experiment*, submitted to JCAP, arXiv:1512.07501 [physics.ins-det].

[185] L. Baudis *et al.*, *Neutrino physics with multi-ton scale liquid xenon detector*, JCAP **1401**, 044 (2014), arXiv:1309.7024 [physics.ins-det].

[186] A. Kish, *Direct Dark Matter Detection with Xenon and DARWIN Experiment*, PoS TIPP2014, 164 (2014), C14-06-02 Proceedings.

[187] [LZ Collaboration] D.S. Akerib *et al.*, *LUX-ZEPLIN (LZ) Conceptual Design Report*,

LBNL-190005, arXiv:1509.02910 [physics.ins-det].

[188] D. Bauer *et al.*, *Snowmass CF1 Summary: WIMP Dark Matter Direct Detection*, arXiv:1310.8327 [hep-ex].

[189] L. Hsu, *Direct searches for dark matter*, ICHEP 2012. https://indico.cern.ch/conferenceTimeTable.py?confId=181298#20120705.detailed.

[190] R. Aaij *et al.* [LHCb Collaboration], Phys. Rev. Lett. **110**, 021801 (2013), arXiv:1211.2674 [hep-ex].

[191] I. Adachi *et al.* [Belle collaboration], Phys. Rev. Lett. **110**, 131801 (2013), arXiv:1208.4678 [hep-ex].

[192] A. Dighe, D. Ghosh, K.M. Patel and S. Raychaudhuri, *Testing Times for Supersymmetry: Looking under the Lamp Post*, arXiv:1303.0721 [hep-ph].

[193] G. Rolandi, *LHC Results-Highligthts*, Lecture given at the European School of High Energy Physics (ESHEP2012), June 2012, Anjou, France, arXiv:1211.3718 [hep-ex].

[194] A.V. Gladyshev and D.I. Kazakov, *Is (low Energy) SUSY still alive?* Lecture given at the European School of High Energy Physics (ESHEP2012), June 2012, Anjou, France, arXiv:1212.2548 [hep-ex].

[195] P. Bectle, T. Plehn and C. Sander, *The Status of Supersymmetry after the LHCC Run 1*, arXiv:1506.03091 [hep-ex].

[196] B.W. Lee and S. Weinberg, Phys. Rev. Lett. **39**, 165 (1977), in INSPIRE-HEP search, fulltext available at the Fermilab Library Server.

[197] D.E. Kaplan, M.A. Luty and K.M. Zurek, Phys. Rev. **D79**, 115016 (2009), arXiv:0901.4117 [hep-ph].

[198] H. Davoudiasl and R.N. Mohapatra, New J. Phys. **14**, 095011 (2012), arXiv:1203.1247 [hep-ph].

[199] P. Gondolo, *Theory of low mass WIMPs*, UCLA 2012. https://hepconf.physics.ucla.edu/dm12/agenda.html.

[200] N. Arkani-Hamed, D.P. Finkbeiner, T.R. Slatyer and N. Weiner, Phys. Rev. **D 79**, 015014 (2009), arXiv:0810.0713 [hep-ph].

[201] Steven Weinberg, *Gravitation and Cosmology, Principles and Applications of the General Theory of Relativity* (John Wiley & Sons, 1972).

[202] P.J.E. Peebles, *Principles of Physical Cosmology* (Princeton University Press, 1993).

[203] A. Linde, *Particle Physics and inflationary Cosmology*, Hardwood, Chur, Switzerland, 1990.

[204] Steven Weinberg,*Cosmology* (Oxford University Press, 2008); Errata: http://zippy.ph.utexas.edu/~weinberg/corrections.html.

[205] Lars Bergström and Ariel Goobar, *Cosmology and Particle Astrophysicws*, Second Edition (Springer, 2003).

[206] V. Mukhanov, *Physical Foundations of Cosmology*, Cambbridge University Press, 2005.

[207] D.H. Lyth and A.R. Liddle, *The Primordial Density Perturbation, Cosmology, Inflation, and the Origin of Structure*, Cambridge, 2009.

[208] A. Liddle and J. Loveday, Oxford Companion to Cosmology (Oxford University Press, 2008, 2009).

[209] J.A. Wheeler and K.W. Ford, *Geons, Black Holes, and Quantum Foam: A Life in Physics* (W.W. Norton & Company, Inc., 1998), p. 235.

[210] E.P. Hubble, *A relation between distance and radial velocity among extra-galactic nebulae*, Proc. Nat. Acad. Sci. **15**, 168 (1929).

[211] P.P. Penzias and R.W. Wilson, *A measurement of excess antenna temperature at 4048-Mc/s*, Astrophys. J. **142**, 419 (1965).

[212] J.C. Mather*et al.*, Astrophys. J. **354**, 237 (1990); **420**, 439 (1994).

[213] S. Weinberg,*The First Three Minutes*, (BasicBooks, 1993).

[214] A.G. Riess*et al.*, Astronomical J. **116**, 1009 (1989).

[215] S. Perlmutter*et al.*, Astrophys. J. **517**, 565 (1999).

[216] S.M. Carroll, *Lecture Notes on General Relativity*, Ch. 8, arXiv:gr-qc/9712019. http://preposterousuniverse.com/grnotes/.

[217] Eric V. Linder, *First Principles of Cosmology*, (Addison-Wesley, 1997).

[218] [Planck Collaboration] P.A.R. Ade *et al.*, *Planck 2013 results. XVI. Cosmological parameters*, arXiv:1303.5076 [astro-ph.CO].

[219] C. Kittel and H. Kroemer, *Thermal Physics*, (W.H. Freemann and Company, 1998).

[220] K.A. Olive, *The violent Universe: the Big Bang*, lectures given at the 2009 European School of Hing-Energy Physics, Bautzen, Germany, June 2009, arXiv:1005.3955 [hep-ph].

[221] R.J. Scherer and M.S. Turner, Phys. Rev. **D 33**, 1585 (1986); Erratum, Phys. Rev. **D 34**, 3263 (1986). [Article accessible on the Journal Server of Phys Rev D through a link provide by the arXiv list.]

[222] B.S. Ryden, *Introduction to Cosmology*, January 13, 2006. http://www.if.ufrgs. br/oei/santiago/fis02012/Introduction-Cosmology-Ryden.pdf.

[223] [WMAP Collaboration] L. Verde *et al.*, Astrophys. J. (Suppl. Series), **148**, 175 (2003), arXiv:astro-ph/0302209.

[224] J.R. Gott, M. Jurić, D. Schtegel, F. Hoyle, M. Vogeley, M. Tegmark, N. Bachall, and J. Brinkmann, *A Map of the Universe*, Astrophys. J. **624**, 463 (2005), arXiv:astro-ph/0310571.

[225] R.A. Alpher, H. Bethe and G. Gamov, *The origin of chemical elements*, Phys. Rev. **73**, 803 (1948).

[226] K. Jedamzik and M. Pospelov, New J. Phys., **11**, 105028 (2009), arXiv:0906.2087[hep-ph].

[227] K. Jedamzik and M. Pospelov, Ann. Rev. Nucl. Sci. **60**, 539 (2010), arXiv:1011. 1054[hep-ph].

[228] [WMAP Collaboration] C.L. Bennett et al., *First year Wilkinson Microwave Asnisotropy probe (WMAP) observations: Preliminary maps and basic results*, Astrophys. J. Suppl. **148**, 1 (2003), arXiv: astro-ph/0302207.

[229] V.F. Mukhanov, Int. J. Theor. Phys. **43**, 669 (2004), arXiv:astrp-ph/0303073.

[230] K.A. Olive, G. Steigman, T.P. Walker, Phys. Rept. **333**, 389 (2000), arXiv:astro-ph/9905320].

[231] D.N. Schramm and M.S. Turner, Rev. Mod. Phys. **70**, 303 (1998), arXiv:astro-ph/9706069.

[232] S. Sarkar, Rept. Prog. Phys. **59**, 1493 (1996), arXiv:hep-ph/9602260.

[233] J. Bernstein, L.S. Brown and G. Feinbeerg, *Cosmologica helium production simplied*, Rev. Mod. Phys. **61**, 25 (1989).

[234] R. Esmailzaedeh, G.D. Starkman and S. Dimopoulos, *Primordial nucleosynthesis without a computer*, Astrophys. J. **387**, 504 (1991), Scanned Version (KEK Library).

[235] V. Mukhanov, Int. J. Theor. Phys. **43**, 669 (2003), arXiv:astro-ph/0303073.

[236] C. Hayashi, Prog. Theo. Phys. **5**, 224 (1950).

[237] G. Steigman, D.N. Schramm and J. Gunn, Phys. Lett. **B 66**, 202 (1977).

[238] K.A. Olive and G. Steigman, Phys. Lett. **B 354**, 357 (1955).

[239] B.W. Carroll and D.A. Ostlie, *An Introduction to Modern Astrophysics* (Peason Education, 2007) Ch. 29.

[240] J. Bernstein, L.S. Brown and G. Feinberg, Phys. Rev. **D 32**, 3261 (1985).

[241] D.A. Dicus, E.W. Kolb and V.L. Teplitz, Phys. Rev. Lett. **39**, 168 (1977).

[242] E.W. Kolb and K.A. Olive, Phys. Rev. **D 33**, 1202 (1986), in INSPIRE Search, 完整内容可以在费米实验室网站找到.

[243] M.T. Ressell and M.S. Turner, Comments on Astrophysics, **14**, 323 (1990), Bull. Am. Astron. Soc. **22**, 753 (1990), Fermilab-pub-89/214-A, Oct. 1989, http://ntrs.nasa.gov/searh.jsp?R=19900004864.

[244] A. Lasenby, *Physics of Primary CMB Anisotropy*.

[245] J.C. Mather *et al.*, *A preliminary measurement of the cosmic microwave background spectrum by the Cosmic Background Explorer (COBE) Satellite*, Astrophys. J. **354**, L37 (1990).

[246] G.F Smoot *et al.*, *Structure in the COBE Differential Microwave Radiometer First-year Maps*, Astrophys. J. **396**, L1 (1992).

[247] [Planck Collaboration] R. Adam *et al*, *Plank 2015 results. I. Overview of products and Scientific results*, arXiv:1502.01582 [astro-ph.CO].

[248] [Planck Collaboration] P.A.R. Ade *et al.*, *Planck 2015 results.* XIII. *Cosmological parameters*, arXiv:1502.01589 [astro-ph.CO].

[249] Y. Itoh, K. Yahata and M. Takada, Phys. Rev. **D 82**, 043530 (2010), arXiv:0912.1460 [astro-ph.CO].

[250] [WMAP Collaboration] G. Hinshaw *et al*, Astrophys. J. Supp. **180**, 225 (2009).

[251] Ya.B. Zel'dovich and R.A. Sunyaev, Astrophys. Space Sci. **4**, 301 (1969); R.A. Sunyaev and Ya.B. Zel'dovich, Comments Astrophys and Space Phys. **2**, 173 (1972).

[252] J.E. Carlstrom, G.P. Hoder and E.D. Reese, Annual Rev. Astron. Astrophys. **40**, 643 (2002), arXiv:astro-ph/0208192.

[253] R.K. Sachs and A.M. Wolfe, *Perturbations of a cosmological model and angular variations of the microwave background*, Astrophys. J. **147**, 73 (1987), Gen. Rel. Grav. **39**. 1929 (2007).

[254] A.J. Nishizawa, *The integrated Sachs Wolfe effect and the Rees Sciama effect*, Prog. Theor. Exp. Phys. **2014**, 06B110 (2014), arXiv:1404.5102[Astro-ph.CO].

[255] W. Hu, CMB 各向异性指南: http://background.uchicago.edu/ whu/intermediate/.

[256] D. Langlois, *Isocurvature cosmology perturbation and the CMB*, C.R. Physique **4**, 953 (2003).

[257] C. Gordon, *Adiabatic and entropy perturbations in cosmology*, arXiv:astro-ph/0112523.

[258] W. Hu and M. White, *Acoustic signatures in the cosmic microwave background*, Astrophys. J. **471**, 30 (1996), arXiv:astro-ph/9602019.

[259] J.A. Peacock *Large-scale surverys and cosmic structure, 7. Anisotropies in the CMB*, http://ned.ipac.caltech.edu/level5/Sept03/Peacock/Peacock7.html.

[260] M White, *Big Bang Acoustics: Sound for the new born univers, 8. Removing Distortion*, http://www.astro.virginia.edu/ dmw8f/BBA_web/index_frames.html.

[261] Hannu Jurki-Suonio, *Cosmology* I & II. 第 12 和 13 章以及网页 http://theory.physics.helsinki.fi/~cpt/.

[262] U. Seljak, **435**, L87 (1994), arXiv:astro-ph/9406050.

[263] W. Hu and N. Sugiyama, AJP **444**, 489 (1995), arXiv:astro-ph/9407093.

[264] M. White and J.D. Cohn, Am. J. Phys. **70**, 106 (2002), arXiv:astro-ph/0203120.

[265] I.S. Gradshteyn and I.M. Ryzhik, *Table of Integrals, Series, and Products*, corrected and enlarged edition, Academic Press, 1980.

[266] M. Abramowitz and I.A. Stegun, *Handbook of Mathematical Functions* (Dover Pub., 1070).

[267] D. Baumann *Cosmology part* III*Mathematical Tripos*, pp. 80-81, http://www.damtp.cam.ac.uk/user/db275/Cosmology/Lectures.pdf.

[268] H. Kurki-Suonio, *Cosmological Perturbation Theory*, Sept. 30, 2012; http://www.helsinki.fi/ hkurkisu/CosPer.pdf/.

[269] H. Kodama and M. Sasaki, Prog. Theor. Phys. Suppl. **78**, 1 (1984); http://ptps.oxfordjournals.org/.

[270] J. Fritz, *An introduction to the theory of hydrodynamic limits*, http://www.math.bme.hu/ jofri/JOFRI/PUBLI/je.pdf.

[271] U. Seljak and M.Zaldarriaga, *A Line of sight integration approach to cosmic microwave*

background anisotropies, Astrophys. J. **469**, 437 (1996), [astro-ph/9603033].

[272] A. Lewis, A. Challinor and A. Lasenby, *Efficient computation of CMB anisotropies in closed FRW models,* Astrophys. J. **538**, 473 (2000) [astro-ph/9911177].

[273] M. Doran, *CMBEASY: an object oriented code for the cosmic microwave background,* JCAP **0510**, 011 (2005), [astro-ph/0302138].

[274] J. Lesgourgues, *The Cosmic Linear Anisotropy Solving System (CLASS) I: Overview,* arXiv:1104.2932 [astro-ph.IM]; D. Blas, J. Lesgourgues and T. Tram, *The Cosmic Linear Anisotropy Solving System (CLASS) II : Approximation schemes,* JCAP **1107**, 034 (2011), [arXiv:1104.2933 [astro-ph.CO]]; J. Lesgourgues, *The Cosmic Linear Anisotropy Solving System (CLASS) III: Comparision with CAMB for LambdaCDM,* arXiv:1104.2934 [astro-ph.CO]; J. Lesgourgues and T. Tram, *The Cosmic Linear Anisotropy Solving System (CLASS) IV: efficient implementation of non-cold relics,* JCAP **1109**, 032 (2011), [arXiv:1104.2935 [astro-ph.CO]].

[275] J. Lesgourgues, *The Cosmic Linear Anisortropy Solving System (CLASS) III: Comparison with CMB for* Λ*CDM,* arXiv:1104.2934 [astro-ph.CO].

[276] S. Zaroubi, *The Epoch of Reionization,* arXiv:1206.0267 [astro-ph.CO].

[277] D. Scott and G.F. Smoot, *27. Cosmic Microwave Background,* PDG[11].

[278] P.A.R. Ade *et al.* (Planck Collaboration), Astron. Astrophys. **571**, A1 (2014), arXiv:1303.5062 [astro-ph.CO].

[279] P.A.R. Ade *et al.* (Planck Collaboration), Astron. Astrophys. **571**, A15 (2014), arXiv:1303.5075 [astro-ph.CO].

[280] G. Hinshaw *et al.* (WMAP Collaboration), Astrophys. J. Suppl. **208**, 19 (2013), arXiv:1212.5226 [asrtro-ph.CO].

[281] C.L. Bennett *et al.* (WMAP Collaboration), Astrophys. J. Suppl. **208**, 20 (2013), arXiv:1212.5225 [astro-ph.CO].

[282] For a list of WMAP scientific publications, see <http://lambda.gsfc.nasa.gov/product/map/current/map_bibliography.cfm>.

[283] D. Larson J.L. Weiland, G, Hinshaw, C.L. Bennett, *Comparing Planck and WMAP9: Maps, Spectra, and Parameters,* arXiv:1409.7718 [astro-ph.CO].

[284] D.W. Hogg, *Distance measuers in cosmology,* arXiv:astro-ph/9905116.

[285] T.M. Davis and C.H. Lineweaver, PASA **21**, 97 (2004), arXiv:astro-ph/0310808].

[286]   C.H. Lineweaver and T.M. Davis, *Misconceptions about the Big Bang*, Scientific American, Feb. 21, 2005.

[287]   W. Rindler, *Visual Horizons in World models*, Mon. Not. Roy. Ast. Soc. **116**, 662 (1956).

[288]   A. Loeb, Phys. Rev. **D 65**, 047301 (2002), arXiv:astro-ph/0107568.

[289]   H, Bradt and S. Olbert, *Liouville's Theorem*, Suppl. to Ch. 3 of *Astrophysical Processes* by the same authors. The article can be found at https://www.cfa.harvard.edu/scranmer/Ay201a_2014/LecNotes/supp_liouville_Bradt.pdf.

[290]   J.D. Jackson, *Classical Electrodynamics*, Second Edition (John Wiley & Sons, Inc., 1975).

[291]   H. Goldstein, *Classical Mechanics* (Addison-Wesley, 1950), pp. **266-268**.

[292]   C. Kittel and H. Kroemer, *Thermal Physics* (W.H. Freeman and Company, 1998).

[293]   S. Dodelson and M.S. Turner, *Nonequilibrium Neutrino Statistical Mechanics in the expanding universe*, Phys. Rev. **D 45**, 3372 (1992), ArXiv: Fermilab scanned version.

[294]   Wolfram Alpha, Wolfram Research Company: http://www.wolframalpha.com.